"十四五"高等职业教育系列教材

浙江省普通高校"十三五"新形态教材

仪器分析

YIQI FENXI

第二版

张晓敏　主编

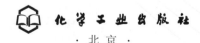

化学工业出版社

·北京·

内容简介

本教材是高等职业教育医药类系列教材，依据职业岗位群核心技能编写而成。教材中落实立德树人根本任务，贯彻党的二十大报告精神。内容主要包括仪器分析法基础、光谱分析法基础、紫外－可见分光光度法、原子吸收分光光度法、红外光谱法、荧光分光光度法、电化学分析法、直接电位法、电位滴定法、永停滴定法、色谱分析法、薄层色谱法、高效液相色谱法、气相色谱法、离子色谱法、毛细管电泳法、质谱法、色谱－质谱联用技术等18个项目。涉及各仪器分析法所用仪器结构部件、工作原理、检定方法及要求；定性、定量、结构分析方法的理论基础及应用案例等内容。教材采用创新工作手册式编写模式，按学习任务和工作任务结合内容领学、拓展促学、目标自测等学测结合的体裁和形式，实践项目按系统化工作过程展开，并配备工作流程图，以技能点为单元实现理论与实践相统一。本教材为书网融合新形态教材，即纸质教材有机融合电子教材、PPT课件、微课、思维导图等数字化资源服务教学，有利于提升教学效果。

本教材可作为职业院校药学、药品质量与安全、药物制剂、化妆品质量与安全、工业分析等专业的专业基础课程教材，也可作为医院、药厂及药店药学及分析检测等从业人员的参考书或培训用书。

图书在版编目（CIP）数据

仪器分析/张晓敏主编. —2版. —北京：化学工业出版社，2023.4

"十四五"高等职业教育系列教材

ISBN 978-7-122-42905-6

Ⅰ.①仪… Ⅱ.①张… Ⅲ.①仪器分析-高等职业教育-教材 Ⅳ.①O657

中国国家版本馆CIP数据核字（2023）第022586号

责任编辑：陈燕杰　　　　　　　　　文字编辑：何　芳
责任校对：王　静　　　　　　　　　装帧设计：王晓宇

出版发行：化学工业出版社（北京市东城区青年湖南街13号　邮政编码100011）
印　　刷：三河市航远印刷有限公司
装　　订：三河市宇新装订厂
787mm×1092mm　1/16　印张24¾　字数618千字
2024年5月北京第2版第1次印刷

购书咨询：010-64518888　　　　　　售后服务：010-64518899
网　　址：http://www.cip.com.cn

凡购买本书，如有缺损质量问题，本社销售中心负责调换。

定　　价：59.00元　　　　　　　　　　　　　　　版权所有　违者必究

编写人员名单

主　　编　张晓敏

副 主 编　丁　丽　俞松林　段昉伟

编　　者　丁　丽　浙江药科职业大学

　　　　　王菲菲　天津生物工程职业技术学院

　　　　　王淑君　浙江药科职业大学

　　　　　吕少风　浙江医药股份有限公司

　　　　　闫沛沛　山东医药技师学院

　　　　　牟丽娜　连云港中医药高等职业技术学校

　　　　　严爱娟　浙江药科职业大学

　　　　　张秀婷　天津生物工程职业技术学院

　　　　　张晓敏　浙江药科职业大学

　　　　　俞松林　浙江药科职业大学

　　　　　段昉伟　河南医药健康技师学院

　　　　　徐冰婉　浙江药科职业大学

　　　　　章璐幸　浙江药科职业大学

前言

PREFACE

《仪器分析》教材第一版于2012年出版发行以来，受到读者的广泛好评。因此，在第一版的基础上，作为新形态系列教材，编者对内容和内容展示进行了适当修订，增加了配套的电子资源，主要有以下三个方面。

一、增加了行业新知识和新技术。本版由原版的四个模块16个项目调整为五个模块18个项目。将在分析检测行业应用越来越多的质谱法和色谱–质谱联用技术作为模块五，增加质谱法、色谱–质谱联用技术两个项目的内容。

二、优化了教材内容展示形式。教材内容将"模块–项目–工作任务"调整为"模块–项目–学习任务–典型工作案例"，而且将原来按数字顺序排列的项目和任务改为项目按英文字母排序，任务和实训在项目下按数字排序，使每个项目内容自成体系，有利于学生知识和技能构建。学习任务为知识内容，实训内容为技能训练。工作案例中按工作过程切割技能点，每个技能点独立，可以迁移至其他同类案例，使内容融知识和技能为一体，做到知识和技能互相支撑，知行合一。

三、规范了术语和相关表示。本版教材所涉及术语以《中国药典》和国家标准为依据做了修改，使其更规范、更通用。

四、增加了相关电子资源，包括模块内容、项目内容的思维导图，仪器原理的视频、部分操作演示及授课视频等。

主编张晓敏负责教材编写的组织工作，并负责模块一，项目B、C、K、M；俞松林负责项目O、P；王淑君负责项目G、H、I；丁丽负责项目D、F；徐冰婉负责项目L；严爱娟负责项目E；吕少风负责项目N；章璐幸负责项目J；牟丽娜和张晓敏负责编写模块五。最后由张晓敏对全书进行整理并统稿，段昉伟、王菲菲、张秀婷、闫沛沛参与书稿部分项目编写；张晓敏和严爱娟负责整理数字化资源。

本书在修订过程中得到孙洁胤、钱江、吴惠芳、卓可奖、陈汉强等老师的大力协作，修订工作中胡英教授给予大力支持，在此一并表示衷心的感谢。

本教材落实立德树人根本任务，内容上将知识性任务和实践性工作案例分别以不同的形式展开，案例以工作过程为主线展开，按流程进行。由于编者水平有限，书中不妥之处在所难免，恳请广大师生批评指正，不胜感谢。

编　者

2024年1月

模块一
认识仪器分析法 001

模块二
光谱分析法 013

模块五
质谱法

本书数字资源

数字资源

数字资源目录——二维码1

思维导图目录——二维码2

思维导图

目标自测答案——二维码3

答案

模块一　认识仪器分析法

数字资源1-1　认识仪器分析微课（1）
数字资源1-2　认识仪器分析微课（2）

项目A　认识仪器分析

 **仪器分析概述**

思维导图

 **学习目标**

1. 建立安全实验的意识。
2. 熟悉仪器分析的内容。
3. 熟悉仪器分析应用范围及特点。
4. 了解仪器分析技术的发展趋势。

　　在20世纪40～60年代，传统的化学分析法已经不能满足越来越复杂的分析样品及越来越多的微量及痕量组分的分析要求，随着物理学、物理化学、电子技术、精密仪器制造技术等科学技术的发展，新的灵敏度高、速度快的分析方法逐渐产生并发展起来，这些分析方法都采用电学、电子学和光学等仪器设备，因而称其为"仪器分析法"。仪器分析法成为除化学分析法外分析化学的另一分支，也称为现代分析化学。20世纪70年代至今，生物学、信息学、计算机学、物理学、数学等学科新成就的持续引入，丰富了仪器分析的内容，使现代分析化学有了飞速发展。仪器分析方法吸收了当代科学技术的最新成就，不仅强化和改善了原有仪器的性能，而且推出了很多新的分析测试仪器，为科学研究和生产实际提供了更多、更新、更全面的信息，成为现代分析检测技术的重要支柱。

一、仪器分析内容及应用

（一）仪器分析的内容

仪器分析是以测量物质的物理和物理化学性质为基础的一类分析方法，因其在分析过程中要使用特殊仪器而称为"仪器分析"，通常将仪器分析和化学分析看成分析化学的两个分支。一般来说，仪器分析是指采用比较复杂或特殊的仪器设备，通过测量物质的某些物理或物理化学性质的参数及其变化来获取物质的化学组成、成分含量及化学结构等信息的一类方法。

仪器分析的内容繁多、各成体系。根据其分析检测原理一般将仪器分析方法分为光学分析法、电化学分析法、色谱分析法、质谱分析法及其他分析方法，每类方法又包含多种具体的分析检测方法。电化学分析法利用物质电化学特征参数进行定性、定量分析；光学分析法利用物质光学特性及光谱特征进行定性、定量分析；色谱分析法利用色谱分离技术和其他分析法结合进行定性、定量分析。常用的仪器分析方法概况见表A-1-1。

表A-1-1   常用的仪器分析方法

方法分类		分析方法	测量参数及原理
电化学分析法	电位分析法	直接电位法；电位滴定法	利用参数——电位及电位变化与物质浓度之间的定量关系进行定量分析的方法
	电解分析法	库仑法；库仑滴定法	利用参数——电量与物质浓度之间的定量关系进行定量分析的方法
	电导分析法	直接电导法；电导滴定法	利用特征参数——电导与物质浓度之间的定量关系进行定量分析的方法
	伏安法	极谱法；溶出伏安法；电流滴定法	利用特征参数（电位、电导、电流、电量等）与物质浓度之间的定量关系进行定量分析的方法
光学分析法	光谱法	吸收光谱法（紫外、红外等）；发射光谱法；散射光谱法	利用物质的光谱特征，进行定性、定量及结构分析的方法称为光谱法或光谱分析法
	非光谱法	折射法	检测被测物质的某种光学性质，进行定性、定量分析的方法
		旋光法	
		浊度法	
		X射线衍射法等	
色谱分析法		薄层色谱法	使用相关的色谱仪器，利用混合物中的各组分在互不相溶的两相之间相互作用（吸附、溶解等）的不同而产生的差速迁移而分离、分析的方法
		气相色谱法	
		液相色谱法	
		其他色谱法	
质谱法		有机质谱法、同位素质谱法等	检测各种碎片离子进行定性、定量分析的方法
其他分析法			热分析法、放射分析法等

（二）仪器分析的应用范围

仪器分析是体现学科交叉、科学与技术高度结合的一个综合性极强的科技分支。仪器分析的发展极为迅速，应用前景极为广阔，可用于获取分析数据、鉴定物质的化学组成、测定物质中有关组分的含量、确定物质的结构和形态、解决关于物质体系构成及其性质的问题。各种仪器分析方法有其特点和内在规律,适用于不同分析检测的情况,仪器分析可以应用到社会生活、经济建设、科学研究、教学等多个方面,尤其在石油、化学化工、食品与日用品、医药卫生、生物学、材料科学、环境科学等的科学研究和产品检测中应用越来越广泛,见表A-1-2。

表A-1-2 仪器分析的应用

技术	应用		
仪器分析	社会生活方面	体育(兴奋剂)、生活产品质量(鱼新鲜度、农药残留量)、环境污染实时检测、法庭化学(DNA技术、物证)	
	科学技术方面	生命科学、材料科学、环境科学、资源和能源科学	
	经济建设方面	在农业生产中	土壤成分和性质测定,化肥、农药的分析等
		在工业生产中	油田及煤矿等资源的勘探、工业原料的选择、工业流程的控制、成品检验等
	化学学科方面	新化合物的结构表征、分子层次上的分析方法	
	医药卫生事业方面	临床检验、疾病诊断、新药研制、药品质量全面控制、中草药有效成分的分离和测定、药物代谢和药物动力学研究、制剂的稳定性、生物利用度和生物等效性研究等	
	药学专业教育方面	药物分析、药物化学、天然药物化学、药剂学、药理学、中药学等多个学科都有广泛的应用	

二、仪器分析的特点

仪器分析用于试样组分的分析具有操作简便、快速的特点,特别是对于低含量组分的测定有独特之处,比一般的化学分析有较大的优势,检出限较低;仪器分析易于实现自动化和智能化,使人们摆脱传统的实验室手工操作,可以加快分析速度;仪器分析还能提供较多的检测信息,如物质结构、组分价态等;但是仪器分析与化学分析相比准确度不够高,通常相对误差达百分之几甚至更高,可满足低含量分析的要求,对常量组分的分析其准确度就不如化学分析高,所以在选择分析方法时要考虑到这点。此外,在进行仪器分析之前,通常要进行样品处理,使样品达到适宜测定的状态。总之,仪器分析和化学分析各有其特点,见表A-1-3。

表A-1-3 仪器分析的特点

特点	化学分析	仪器分析
优点	1.仪器简单 2.结果准确,误差小于千分之几 3.应用广泛	1.灵敏度高,检出限较低(ng) 2.选择性好 3.简便,快速,可自动化 4.应用广泛
缺点	1.费时 2.难测极微量杂质	1.误差大(1% ~ 5%) 2.价格高

三、仪器分析的发展趋势

仪器分析的主要发展趋势表现在下列几个方面。

（1）方法改进及创新　进一步提高方法的灵敏度、选择性及准确度是所有分析检测方法追求的目标。另外，各种选择性检测技术及多组分同时分析技术等是当前仪器分析研究的热点问题。

（2）分析仪器智能化　计算机在仪器分析技术中不仅用于处理数据，而且可以储存分析方法和标准数据、控制仪器的操作，实现分析的自动化和智能化。

（3）新型动态分析检测　在线实时分析检测和非破坏性分析检测是仪器分析发展的主流。离线的分析检测不能及时、直接、准确地反映生产实际和生命环境的实时情况，不利于及时解决和控制生产问题。目前，生物传感器、免疫传感器、DNA传感器、细胞传感器、电化学传感器、生物芯片的出现为实时、在线、新型的动态分析甚至是活体分析带来了机遇。

（4）多种方法联用技术　这是仪器分析发展的另一重要发展方向。不同仪器联用可以使不同方法的优点较好地发挥，克服单一仪器使用时的限制。

（5）扩展时空多维信息　随着其他科技的发展，仪器分析技术已经不再局限于对物质进行表征和测量，而是要为物质提供尽可能多的信息。

（6）仪器分析的另一个发展趋势是分析仪器的大众化、个性化、日用品化及贵重仪器的网络化。

总之，仪器分析正朝着高灵敏度、高选择性、快速、在线、原位分析、活体、无损分析等方向发展。

四、仪器分析的学习方法

仪器分析技术有其技术基础和通则，这些技术基础应用到不同领域的不同分析对象，其核心技术是不变的。我们可以将其分成样品处理部分及使用仪器采集数据，然后利用公式处理数据得出结果的过程，所以在学习中要达到下列要求。

> 弄懂记住基本概念，清楚理解方法原理；
> 掌握分清仪器装置，重点熟悉关键部件；
> 知晓方法计算公式，熟练使用常用公式；
> 提炼方法核心技术，扩展应用通用技术。

📖 目标自测

简答题

1.仪器分析的任务是什么？

2.简述仪器分析的发展趋势。

3.简述仪器分析和化学分析的特点。

答案

A-2任务 仪器分析实验基础知识

 学习目标

1. 熟悉分析实验室的规则。
2. 掌握实验室的安全知识。
3. 掌握实验用水的要求。
4. 掌握分析实验原始记录的书写细则。
5. 熟悉实验数据的常用处理方法。
6. 在实验室中行为规范符合实验室规则。

　　仪器分析是实践性课程，实验是仪器分析课程的重要内容。学习时，学生应在教师指导下，以分析仪器为工具，亲自动手获得所需要的数据并能根据数据得出实验结论。通过仪器分析实验，使学生加深理解有关方法原理；应用仪器分析的基本知识，解决分析检测的问题，学习仪器分析的技能；学会正确使用分析仪器、合理选择实验条件、正确处理实验数据和表达实验结果，培养学生严谨求实、精益求精的工作态度和独立工作的能力。但是，仪器分析实验室中多数仪器比较贵重且会用到化学试剂、气体钢瓶等，存在一定的不安全因素，学生一定要遵守相关的规章制度，安全、有效地完成实验，逐步养成相关的职业素养，为以后的学习和工作打下坚实的基础。

一、分析实验室规章

　　（1）仪器分析实验室仪器一般比较贵重，各种仪器使用都要征得实验室负责人同意后，方可使用。

　　（2）学生在实验前，应认真预习有关内容，明确实验目的和要求，了解实验步骤及注意事项。

　　（3）所用仪器在开机前，首先检查仪器是否清洁卫生，仪器有无损坏。接通电源后，检查是否运转正常，发现问题及时报告指导教师或仪器室管理人员。

　　（4）使用时要严格遵守相关《仪器操作规程》，详细了解仪器性能、使用范围及安全防范措施，严格按操作规程使用仪器设备，防止损坏仪器或发生安全事故。违反仪器操作规程造成仪器损坏的，按有关规定赔偿。

　　（5）仪器设备使用完毕后，必须立即取出样品，做好仪器内、外的清洁，切断电源，各种按钮恢复原位，填写仪器使用记录；清洗器皿，摆放整齐，经指导教师同意后方可离开。

　　（6）仪器设备不得擅自搬动，如情况特殊确需搬动者，必须经管理人员同意，才可搬动，使用完毕后，立即放回原处，并经管理人员检查。

　　（7）严禁在实验室内喝水、抽烟、吃东西，饮食用具不得带到实验室内。离开实验室

时要洗净双手。

（8）实验室应保持安静、整洁，禁止大声喧哗、打闹和乱扔杂物，自觉爱护实验仪器和用品，未经教师同意不得擅自动用其他仪器。最后离开实验室者应关好水、电、门、窗。

二、实验室安全知识

实验室安全包括人身安全及实验室仪器及设备的安全。仪器分析实验室主要应预防实验中使用的可燃气体、高压气体、电源、易燃易爆化学品发生火灾、爆炸等事故。

1.用电安全

（1）所有电器的金属外壳都应保护接地。电源裸露部分应有绝缘装置。

（2）不用潮湿的手接触电器。实验时应先接好线路再接通电源。实验结束后，先切断电源，再拆线路。

（3）不能用试电笔去试高压电。使用高压电源应有专门的防护措施。

（4）如果有人触电，应迅速切断电源，然后抢救。

（5）线路中各接点应牢固，电路组件两端接头不要互相接触，以防短路。

（6）修理或安装电器时，应先切断电源。

2.防火安全

（1）使用的保险丝要与实验室允许的用电量相符。

（2）要特别注意氢气、乙炔气、煤气等可燃气体的正确使用，严防泄漏。在使用燃气加热过程中，气源要与其他物品保持适当距离，人不得长时间离开，防止熄火漏气。用后要关闭燃气管道上的小阀门，离开实验室前需要再查看一遍，以确保安全。

（3）实验过程中万一发生火灾，不要惊慌，应尽快切断电源和气源，用石棉布或湿抹布盖住火焰。如果遇到电线起火，用沙子或二氧化碳灭火器灭火，禁止用水或泡沫灭火器等导电液体灭火。电器着火时，不可用水冲，以防触电，应使用干冰或干粉灭火器。着火范围较大时，应立即用灭火器灭火，并根据火情决定是否要报告消防部门。

三、实验用水

分析实验室用水目视观察应为无色透明的液体。水是仪器分析实验中最常用的纯净溶剂和洗涤剂。仪器分析中根据分析的目的及要求的不同，实验用水要求也不相同。一般的化学实验用一次蒸馏水或去离子水；一般的检测工作采用蒸馏水或去离子水即可；超纯分析或精密实验中，需要水质更高或特殊要求的蒸馏水等。

1.规格

国家标准《分析实验室用水规格和试验方法》（GB/T 6682—2008）中，规定了分析实验室用水的级别、规格、取样及贮存、试验方法和试验报告。其适用于化学分析和无机痕量分析等实验用水，可根据实际工作需要选用不同级别的水。该标准将分析实验室用水分为三个级别：一级水、二级水和三级水。

一级水：用于严格的分析实验，包括对颗粒有要求的实验，如高效液相色谱分析用水。一级水可用二级水经石英蒸馏器蒸馏或离子交换树脂混合床处理后，再经0.2μm微孔滤膜过滤来制取。

二级水：用于无机痕量分析等实验，如原子吸收光谱分析用水。二级水可采用多次蒸馏或离子交换等方法制取。

三级水：用于一般的化学分析实验。三级水可用蒸馏或离子交换等方法制取。

《中国药典》规定药品检测实验用水，除另有规定外，均系纯化水。酸碱度检测所用的水，均系新沸并放冷至室温的水。

2.纯水的制备方法

实验室制备纯水一般可用蒸馏法、离子交换法和电渗析法。蒸馏法是将自来水在蒸馏器中加热汽化，水蒸气冷凝即得蒸馏水。离子交换法是用阴离子、阳离子交换树脂除去水中杂质离子的方法，故制得的水也叫去离子水。电渗析法是在外电场的作用下，利用阴离子、阳离子交换膜对溶液中的离子进行选择性透过，使杂质离子从水中分离出来的方法。

现多数实验室使用超纯水机将蒸馏水或去离子水再净化使用。

3.纯水的检验方法

纯水的检验有物理方法（测定电导率）和化学方法两类。制备出的纯水水质一般以电导率为主要质量指标。一般的检验也可进行，如pH值、重金属离子、Cl^-、SO_4^{2-}的浓度检验等。对药用和医用的纯水，则需要进行生化及其他特殊项目的检验。国家标准（GB/T 6682—2008）要求的指标及检验方法见表A-2-1。

表A-2-1　实验用水要求指标及检验方法

名称	一级水	二级水	三级水	检验方法
pH值范围（25℃）	—	—	5.0～7.5	仪器法
电导率（25℃）/（mS/m）	≤0.01	≤0.01	≤0.50	仪器法
可氧化物质（以O计）/（mg/L）	—	≤0.08	≤0.4	高锰酸钾限量法
吸光度（254nm，1cm光程）	≤0.001	≤0.01	—	紫外-可见分光光度法
蒸发残渣（105℃±2℃）/（mg/L）	—	≤1.0	≤2.0	重量法
可溶性硅（以SiO_2计）/（mg/L）	≤0.01	≤0.02	—	硅钼蓝比色法

注：1.由于在一级、二级水的纯度下，难以测定其真实的pH值，因此，对其pH值范围不作规定。

2.由于在一级水的纯度下，难以测定其可氧化物质和蒸发残渣，故对其限量不作规定，可用其他条件和制备方法来保证一级水的质量。

四、分析实验原始记录书写细则

实验记录是出具实验报告的依据，是进行科学研究和技术总结的原始资料。为了保证各项实验工作的科学性和规范化，实验记录必须做到：记录原始、真实；内容完整、齐全；书写清晰、整洁。

1.实验记录的基本要求

（1）记录的原始性　实验记录应边实验边记录，严禁事后补记或转抄。原始记录应在实验过程中，可按实验顺序依次记录各实验项目，内容包括：项目名称，实验日期，操作方法，实验条件（如实验温度，仪器名称、型号、校准情况等），观察到的现象（不要照抄标准，而应是简要记录实验过程中观察到的真实情况；遇有反常现象，则应详细记录，并鲜明标出，以便进一步研究），实验数据，计算（注意有效数字和数值的修约及其运算）和结果判断等，均应及时、完整地记录。

（2）记录的规范性

① 人员签名：原始记录应有实验人员签名，所有签名必须由本人完成，不能代签。

② 项目结论：每个实验项目开始前应首先记录该实验的项目或目的。实验结束后也应对结果进行分析，并得出明确的结论。实验结果，无论成败（包括必要的复试），均应详细记录、保存。对废弃的数据或失败的实验，应及时分析其可能的原因，并在原始记录上注明。

③ 记录书写：原始记录的书写应字迹清晰、用字规范，所有的记录需用黑色墨水笔或碳素笔书写（显微绘图可用铅笔），不得使用铅笔或其他易褪色的书写工具书写。原始记录应使用规范的专业术语，不得出现不确定量（如 $1 \sim 2$ 滴、$5 \sim 10mL$），计量单位应采用国际标准计量单位，有效数字的取舍应符合实验要求；常用的外文缩写（包括实验试剂的外文缩写）应符合规范，首次出现时必须用中文加以注释；属外文译文的应注明其外文全称。

④ 记录修改：原始记录不得随意删除、修改或增减数据。如必须修改，可用单线划去并保持原有的字迹可辨，不得擦抹涂改；应在修改处签名盖章，以示负责。必要时注明修改时间及原因。

⑤ 实验依据：实验记录中，应先写明实验的依据。凡按《中国药典》、部（局）颁等标准的，应列出标准名称、版本、页数或标准批准文号。

（3）记录的可追溯性

① 溶液：常用的溶液有标准滴定液、标准pH缓冲液、标准比色液、标准铅溶液、标准砷溶液等。使用这些溶液时，要在原始记录中注明其来源，并应能在另外的记录本中追溯到配制、标定等记录。

② 仪器：实验过程中应做好仪器的使用记录，原始记录应与仪器的使用登记相对应。

③ 试药：一些特殊试药（毒、麻、精、放）的领用登记应与实验原始记录相对应。

④ 对照品：应记录其来源、批号和使用前的处理；用于含量（或效价）测定的，应注明其含量（或效价）和干燥失重（或水分）。

⑤ 照片：实验中的照片应粘贴在实验原始记录的相应位置上，底片或电子版应妥善保存。拍照时应做好标识记录，可以在旁边放一小纸条，把相应的名称、简要信息等一起拍照保存。

⑥ 图谱、表格：随着分析仪器的进步，数据采集和处理软件的功能越来越多，每次检测，系统可以记录下很多信息。一般选择项目包括：样品编号、采集时间、存盘路径、打印时间、方法、操作者等。打印出来，应粘贴于记录的适宜处，并有操作者签名。不宜粘贴的，另行整理装订成册加以编号，同时在记录本上相应处注明。热敏纸打印的记录，为防止日久褪色难以识别，应以黑色签字笔将主要数据记录于记录纸上，或复印后保存。

2.对具体实验项目记录的要求

（1）紫外-可见分光光度法　记录仪器型号，检查溶剂是否符合要求，吸收池的配对情况，供试品与对照品的称量（平行试验各2份）及其溶解和稀释情况，核对供试品溶液的最大吸收峰波长，狭缝宽度、测量波长及其吸收值（或附仪器自动打印记录）、计算式及结果是否正确。必要时应记录仪器的波长校正情况。

鉴别检查时：吸收系数及紫外-可见吸收光谱特征则要求记录仪器型号与狭缝宽度，供试品的称量（平行试验2份）及其干燥失重或水分，溶剂名称与检查结果，供试液的溶解稀释过程，测定波长（必要时应附波长校正和空白吸收度）与吸收度值（或附仪器自动打印记录），以及计算式与结果等。

（2）红外吸收光谱　记录仪器型号，环境温度与湿度，供试品的预处理和试样的制备方法，对照图谱的来源（或对照品的图谱），并附供试品的红外吸收光谱。

（3）原子吸收分光光度法　记录仪器型号和光源，仪器的工作条件（如波长、狭缝、光源灯电流、火焰类型和火焰状态），对照溶液与供试品溶液的配制（平行试验各2份），每一溶液各3次的读数，计算结果。

（4）薄层色谱（或纸色谱）　记录室温及湿度，薄层板所用的吸附剂（或层析纸的预处理），供试品的预处理，供试液与对照液的配制及其点样量，展开剂，展开距离，显色剂，色谱示意图；必要时，计算出R_f值。

（5）气相色谱法　记录仪器型号，检测器及其灵敏度，色谱柱长与内径，柱填料与固定相，载气和流速，柱温，进样口与检测器的温度，内标溶液，供试品的预处理，供试品与对照品的称量（平行试验各2份）和配制过程，进样量，测定数据，计算式与结果；并附色谱图。标准中如规定有系统适用性试验者，应记录实验的数据（如理论塔板数、分离度、校正因子的相对标准偏差等）。

（6）高效液相色谱法　记录仪器型号，检测波长，色谱柱与柱温，流动相与流速，内标溶液，供试品与对照品的称量（平行试验各2份）和溶液的配制过程，进样量，测定数据，计算式与结果；并附色谱图。如标准中规定有系统适用性试验者，应记录该实验的数据（如理论塔板数、分离度、校正因子的相对标准偏差等）。

鉴定时如为引用检查或含量测定项下所得的色谱数据，记录可以简略；但应注明检查（或含量测定）项记录的页码。

（7）pH值（包括原料药与制剂采用pH值检查的"酸度、碱度或酸碱度"）　记录仪器型号，室温，定位用标准缓冲液的名称，校准用标准缓冲液的名称及其校准结果，供试溶液的制备，测定结果。

（8）容量分析法　记录供试品的称量（平行试验2份），简要的操作过程，指示剂的名称，滴定液的名称及其浓度（mol/L），消耗滴定液的体积，空白试验的数据，计算式与结果。电位滴定法应记录采用的电极；非水滴定要记录室温；用于原料药的含量测定时，所用的滴定管与移液管均应记录其校正值。

（9）重量分析法　记录供试品的称量（平行试验2份），简要的操作方法，干燥或灼烧的温度，滤器（或坩埚）的恒重值，沉淀物或残渣的恒重值，计算式与结果。

（10）水分（费休氏法）　记录实验室的湿度，供试品的称量（平行试验3份），消耗费休氏试液的体积，费休氏试液标定的原始数据（平行试验3份），计算式与结果，以平均值报告。

五、实验数据记录和处理方法

1.列表法

列表法是以表格的形式表示数据的方法，具有直观、简明的特点，记录实验数据多用此法。列表需标明表格名称，表格的纵列一般为实验编号或因变量，横列为自变量。首行或首列应写上名称和量纲。名称尽量用符号表示，单位的写法采用斜线制，如该列的数据是表示体积V，则该列首应写成"V/mL"。记录数据应符合有效数字的规定。书写时应整齐统一，小数点要上下对齐，以利于数据的比较分析。表中的某个数据需特殊说明时，可在数据上做标记，再在表格的下方加注说明。

2.图解法

图解法是将实验数据按自变量与因变量的对应关系绘成图形，该法能够把变量间的变化趋势更加直观地显示出来，便于分析研究，从而在图上找出所需数据或发现某种规律等。在各种仪器中广泛使用记录仪或计算机工作软件直接获得测量图形，快速得到分析结果。

常用的图解法有：标准曲线法求未知物浓度，连续标准加入法作图外推求组分含量，用滴定曲线的转折点求电位滴定的终点，用图解积分法求色谱峰面积等。正确绘制图形时，应注意以下几点。

（1）坐标纸的选择　一般情况下选用直角毫米坐标纸，有时也用对数和半对数坐标纸。

（2）坐标标度的选择　用x轴代表可严格控制的自变量（如溶液的浓度、滴定体积等），y轴代表因变量（如仪器的响应值）。坐标轴应标明名称和单位，单位的写法采用斜线制。坐标轴的分度应与仪器的精度一致，以便于从图上读取任一点的数据。直角坐标的两个变量变化范围在两轴上表示的长度应该相近，以便于正确反映图形特征。直线图应处在坐标分角线附近，不必一定以坐标原点为分度的零点。若一张图上要绘制多条曲线时，各组数据点应选用不同符号标记，需要标明时尽量用阿拉伯数字或西文字母标注。在图的下方标明图名和必要的图注。若变量之间的关系为非线性，尽可能通过数据变换将其变为线性关系。

3.数学方程表示法

在仪器分析中，绝大多数情况下都是相对测量，需要标准或标准曲线进行定量分析。由于测量的误差不可避免，所有的数据点都处在同一直线上是较难的，特别是测量误差较大的方法，用简单的方法很难绘制出合理的曲线。在这种情况下以数学方程表示法来描述自变量和因变量的关系较为合适。

4.计算机软件应用

用计算机进行实验数据的处理、画图已经是一门比较成熟的技术，其快速准确的特点是其他方法无法替代的，现已广泛地应用于科研和教学中。

这些方法都将有计划地安排到本门课程整个教学过程中学习、强化并应用。

六、实验报告格式与要求

实验完毕，应用专门的实验报告本或实验报告纸，根据实验中的现象及数据记录等，及时、认真、规范地写出实验报告。仪器分析实用技术实验报告一般包括的内容如下。

1.实验目的

该部分明确实验应理解的理论基础以及应该掌握的技能，一般实验课本会给出，学生照写即可。如果没有给出，要求学生简要写出实验的主要观察指标、实验对象、实验技术及需要解决的问题与注意事项等内容。

2.实验原理

该部分要求学生简要地用文字或化学反应式对实验进行说明。例如，紫外-可见分光光度定量实验需要说明根据朗伯-比耳定律计算含量等；对于滴定分析，通常应有标定和滴定的反应方程式、基准物质和指示剂的变色原理以及计算公式等。对特殊仪器的实验装置，应画出实验装置图以及复杂设备的简要结构示意图、复杂操作的简要流程图等。

3.仪器与试剂

实验所需的主要仪器和试剂要求学生列出仪器的型号、规格、生产厂家等，以及实验中用到的主要试剂的试剂名称、级别等。

4.实验步骤与操作方法

要求学生简明扼要地写出实验步骤、方法流程及仪器测试条件等。

5.数据记录与处理

要求学生应用文字、表格、图形等形式将测量数据及实验结果表示出来，尽可能地将记录数据表格化。根据实验结果要求，对测量数据进行适当的数据处理，计算出分析结果，给出实验误差大小及精密度评价等。

6.问题讨论

该部分需要学生结合相关理论知识对实验中观察到的现象、测量产生的误差以及实验结果等进行分析、讨论和评价，同时包括解答实验后的思考题。通过问题讨论，培养学生发现问题、分析问题、解决问题的能力，为以后解决实际工作中的问题打下良好的基础。

上述各项内容的具体取舍，应根据不同实验的具体情况而定，以思路清晰、内容精练、表达准确、格式规范为原则完成实验报告的撰写。有些内容要求在实验前预习时完成，其他内容可在实验过程中或实验结束后填写、计算完成。

目标自测

答案

一、填空题

1.仪器分析的优点包括：_____、_____及简便快速、应用广泛等。

2.仪器分析是测量表征物质的某些_____的参数来确定其化学组成、含量或结构的分析方法。通常分为四大类：_____、_____、_____和_____。

3.仪器分析是测量表征物质的某些物理或物理化学的参数来确定其化学＿＿＿＿＿＿、＿＿＿＿＿＿或结构的分析方法。

二、简答题

1.如何规范、真实地记录原始数据？

2.实验报告通常包括哪几个方面？

3.在实验室中如何做到安全实验？

模块二　光谱分析法

项目B　光谱分析法基础

思维导图

　　光谱分析法是光学分析法中的一类分析方法。光学分析法是根据物质发射的电磁辐射或物质与光（辐射）相互作用后产生的辐射信号或信号变化建立起来的一类仪器分析方法。其本质是利用电磁辐射（光）能量和物质相互作用及作用后能量和物质的变化情况进行分析检测，辐射（光）能量及物质的变化包括辐射（光）的方向和速度的改变、辐射（光）信号强度的变化、产生新的辐射信号及物质能级发生跃迁等。光学分析法包括光谱分析法和非光谱分析法。

　　光谱分析法是指物质发生能级跃迁的光学分析法（如紫外-可见分光光度法、红外光谱法、原子吸收光谱法等），非光谱分析法是指只改变辐射（光）传播方向和速度的一类分析法（如折射法、旋光法、浊度法、X射线衍射法、圆二色性法）。本模块主要讨论的内容为常用的光谱分析法。

B-1任务 光谱分析法基础

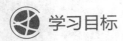 学习目标

1. 掌握光谱分析法的分类。
2. 熟悉电磁辐射与物质的相互作用。
3. 了解电磁波谱及电磁波的性质。

一、电磁辐射与物质的相互作用

（一）光的性质

光的本质属性是电磁辐射（又称电磁波），是一种以巨大的速度通过空间而不需要任何物质作为传播媒介的光（量）子流，它的传播是靠与传播方向垂直且相互垂直的电矢量、磁矢量交替振动进行的。其具有波动性和微粒性，即波粒二象性。

1. 波动性

光的波动性用波长（λ）、波数（σ）和频率（ν）作为表征。波长是指在波的传播路线上具有相同振动相位的相邻两点之间的线性距离，常用nm作为单位。波数是指每厘米长度中波的数目，常用cm^{-1}作为单位。频率是指单位时间（通常为1s）内光振动的次数，单位为Hz（赫兹）。在真空中，其关系符合式（B-1-1）和式（B-1-2）。

$$c = \lambda \nu \tag{B-1-1}$$

$$\sigma = \frac{1 \times 10^4}{\lambda} = \frac{\nu}{c} \tag{B-1-2}$$

式中，c为光在真空中的传播速度，单位为cm/s；σ为波数，单位为cm^{-1}；λ为波长，单位为μm；ν为频率，单位为Hz。

所有电磁辐射在真空中的传播速度均相同，$c=2.997925 \times 10^{10}$cm/s。在其他透明介质中，由于电磁辐射与介质分子的相互作用，传播速度比在真空中稍小一些，电磁辐射在空气中的传播速度与其在真空中相差不多，故也常用上述二式表示三者之间的关系。

2. 微粒性

光的微粒性用每个光子具有的能量E作为表征，E与光速、波长、频率及波数关系见式（B-1-3）。

$$E=h\nu=hc/\lambda=hc\sigma \tag{B-1-3}$$

式中，h为普朗克常数，其值为6.6262×10^{-34}J·s；E为粒子具有的能量，单位常用电子伏特（eV）或焦耳（J）表示，1eV等于1.6×10^{-19}J。其他参数同前。

应用式（B-1-3）可以计算不同波长或频率的电磁辐射粒子的能量。如一个波长为200nm的光子具有的能量如下：

$$E=\frac{6.6262\times10^{-34}\times2.997925\times10^{10}}{200\times10^{-7}}=9.93\times10^{-19}(J)$$

3.电磁波谱

把电磁辐射按照波长顺序排列起来，称为电磁波谱。太阳光就是一个电磁波谱。通常根据波长不同把电磁波谱分成不同的区域并命名，从γ射线到无线电波都属于电磁辐射，可见光也是电磁辐射的一部分，它们在性质上是相同的，但是不同波长的辐射具有不同的能量，在与物质相互作用时会产生不同类型的能级跃迁，产生不同的光谱类型。具体见表B-1-1。

表 B-1-1　电磁波谱分区及光谱类型示意

波谱区名称	波长范围	光子的能量/J	光谱类型	跃迁类型
γ射线	$5\times10^{-3}\sim0.14nm$	$4.0\times10^{-13}\sim1.3\times10^{-15}$	Γ射线	核能级
X射线	$10^{-3}\sim10nm$	$1.9\times10^{-13}\sim2.0\times10^{-17}$	X射线	内层电子能级
远紫外区	$100\sim200nm$	$2.0\times10^{-17}\sim9.6\times10^{-19}$	真空紫外	内层电子能级
近紫外区	$200\sim400nm$	$9.6\times10^{-19}\sim5.0\times10^{-19}$	紫外光谱	原子及分子价电子或成键电子
可见区	$400\sim760nm$	$5.0\times10^{-19}\sim2.7\times10^{-19}$	可见光谱	原子及分子价电子或成键电子
近红外区	$0.76\sim2.5\mu m$	$2.7\times10^{-19}\sim8.0\times10^{-20}$	近红外光谱	分子振动能级
中红外区	$2.5\sim25\mu m$	$8.0\times10^{-20}\sim3.2\times10^{-21}$	红外光谱	分子振动能级
远红外区	$25\sim1000\mu m$	$3.2\times10^{-21}\sim6.8\times10^{-23}$	远红外光谱	分子转动能级
微波区	$0.1\sim100cm$	$6.8\times10^{-23}\sim6.4\times10^{-26}$	微波吸收	分子转动能级
射频区（无线电波）	$1\sim1000m$	$6.4\times10^{-26}\sim6.4\times10^{-29}$	核磁共振	电子自旋和核自旋

（二）电磁辐射与物质的相互作用

电磁辐射与物质相互作用是普遍发生的复杂的物理现象，包括涉及物质内能变化的吸收、产生荧光、磷光和拉曼散射等；也包括不涉及物质内能变化但涉及光的透射、折射和旋光等，这些相互作用现象表述见表B-1-2。

表 B-1-2　电磁辐射与物质相互作用的常用术语

术语	定义
吸收	原子、分子或离子吸收光子的能量，从基态跃迁到激发态的过程
发射	物质从激发态跃迁回至基态，并以辐射的形式释放能量的过程
散射	光子与介质之间发生弹性碰撞，光子的能量不变，运动方向发生改变的现象
拉曼散射	光子与介质间发生非弹性碰撞，光子的能量大小和运动方向都发生改变的现象
反射	当光从介质1照射到介质2的界面上时，一部分光在界面上改变方向返回介质1，此现象称为光的反射

续表

术语	定义
折射	当光从介质1照射到介质2的界面上时，一部分光改变方向，以一定的角度进入介质2，此现象称为光的折射
干涉	在一定条件下，光波会相互作用，当其叠加时，将产生一个其强度视各波长相位而定的加强或减弱的合成波，此现象称为光的干涉
衍射	光波绕过障碍物或通过狭缝时，以180°的角度向外辐射，波前进的方向发生弯曲，此现象称为光的衍射

光学分析法就是依据这些现象而建立起来的一类分析方法。

二、光学分析方法的分类

光学分析法分类方式很多。根据光与物质作用有无能量变化分为光谱法和非光谱法。

一般仪器分析课程主要介绍光谱分析法。光谱分析法是基于物质与电磁辐射作用时，测量由物质内部发生量子化的能级之间的跃迁而产生的发射、吸收或散射辐射的波长和强度进行分析的方法。光谱法分类方式较多，除了根据物质吸收或发射等光谱性质分为吸收光谱法和发射光谱法外，还有利用吸收（或发射）光子的基团不同分为原子光谱法和分子光谱法；也有根据波谱区（表B-1-1）不同进行分类的，如紫外-可见光谱法、红外光谱法等，具体定义和区别分别见表B-1-3～表B-1-6。

表 B-1-3　光谱法与非光谱法比较

方法类型	基本概念	主要方法
光谱法	物质与电磁辐射相互作用时，记录光强度随波长变化的曲线，称为光谱图 利用物质的光谱图进行定性、定量和结构分析的方法称为光谱法（即有能量变化）	吸收光谱法、发射光谱法、散射光谱法等
非光谱法	指那些不以光的波长为特征参数（信号），仅通过测量电磁辐射的某些基本性质（反射、干涉、衍射和偏振）的变化的分析方法（传播方向变化）	折射法、干涉法、旋光法、浊度法、X射线衍射法等

表 B-1-4　原子光谱法和分子光谱法比较

光谱法	基本概念	光谱形状	应用
原子光谱法	以测量气态原子（离子）外层或内层电子能级跃迁产生的原子光谱为基础的分析方法	线状	测定物质元素的组成和含量
分子光谱法	以测量分子外层电子能级、振动和转动能级跃迁产生的分子光谱为基础的分析方法	带状	进行物质定性、定量和结构分析

表 B-1-5　吸收光谱法和发射光谱法比较

光谱法	基本概念	对应的光谱方法	光谱形状
吸收光谱法	物质吸收相应电磁辐射的能量从低能级跃迁到高能级产生的光谱为吸收光谱 利用吸收光谱进行定性、定量及结构分析的方法称为吸收光谱法	穆斯堡尔（γ射线）光谱法；X射线光谱法；原子吸收光谱法；紫外-可见吸收光谱法；红外吸收光谱法；电子自旋共振波谱法；核磁共振波谱法等	线状光谱（原子或离子发生外层或内层电子能级跃迁时的光谱） 带状光谱（分子发生分子外层电子能级、振动和转动能级跃迁时的光谱） 连续光谱（由炽热的固体或液体所发射）
发射光谱法	物质的原子、分子或离子受到辐射能、电能或化学能的激发跃迁到激发态后，由激发态跃迁到基态以辐射的方式释放能量而产生的光谱为发射光谱 利用发射光谱进行定性、定量及结构分析的方法称为发射光谱法	原子发射光谱法；原子荧光光谱法；分子荧光光谱法；分子磷光光谱法等	

表 B-1-6　光学分析法分类

分析方法	方法类型	具体方法
光学分析法	光谱法（分子光谱法、原子光谱法）	吸收光谱法（紫外吸收、红外吸收、原子吸收、核磁共振波谱法等）
		发射光谱法（荧光光谱法、原子发射光谱法）
		散射光谱法
	非光谱法	折射法、干涉法、旋光法、浊度法、X射线衍射法等

　　经过不断的发展和长期的应用，形成了较常应用的光谱分析方法。分光光度法是光谱法的重要组成部分。应用分光光度计，根据物质对不同特定波长处的单色光或一定波长范围内的吸收程度或发光强度不同而对物质进行定性和定量分析的方法，称为分光光度法。常用的方法包括紫外-可见分光光度法、红外分光光度法、荧光分光光度法和原子吸收分光光度法等。可见光区的分光光度法在早期被称为比色法。

📋 目标自测

一、填空题

1.吸收光谱法定义是_____。

2.光是_____，具有_____性、_____性。

3.吸收光谱产生的条件是_____。

4.光学分析法根据是否有能量变化可分为_____、_____两类。

答案

5.光谱形状有三类：_____、_____和_____。

二、简答题

1.说明太阳光谱的组成。

2.通过计算说明可见光的频率范围。

项目C 紫外–可见分光光度法

思维导图

 C–1任务 **紫外–可见分光光度法基础**

学习目标

1.掌握紫外–可见分光光度法的术语及定义。

2.掌握朗伯–比耳定律及相关知识。

3.熟悉朗伯–比耳定律偏离的因素。

在光谱分析中常根据波长在相应区域来定义方法名称。如紫外分光光度法、可见分光光度法、紫外-可见分光光度法、红外光谱法等。紫外-可见分光光度法是利用物质的分子对紫外-可见光区（200～760nm）辐射的吸收来进行定性、定量及结构分析的方法。物质吸收紫外-可见光区的电磁辐射而产生的吸收光谱称为紫外-可见吸收光谱，利用紫外-可见吸收光谱进行定性、定量分析的方法称为紫外-可见吸收光谱法。药物分析也常把测定波长位于紫外光区的称为紫外分光光度法，测定波长位于可见光区的称为比色法。广义的紫外光波长范围为100～400nm，分为远紫外光区（也叫真空紫外，100～200nm）和近紫外光区（200～400nm）。仪器分析的紫外-可见吸收光谱的波长为200～400nm的近紫外光区和400～760nm的可见光区，即指200～760nm［《中国药典》（2020年版）中为190～760nm］。

紫外-可见分光光度法的研究对象是具有共轭双键结构的分子，或是通过化学反应形成有色化合物的物质。紫外-可见分光光度法具有较高的灵敏度（$10^{-4}～10^{-7}$g/mL）和较高的准确度，且仪器设备简单、分析速度快，应用十分广泛。

一、基本术语和定义

紫外-可见分光光度法基于紫外-可见吸收光谱完成分析检测，紫外-可见吸收光谱及相关参数，特别是吸收峰是分析的基础，其吸收曲线及相关术语见图C-1-1，常用基本术语及定义见表C-1-1。

表 C-1-1 紫外-可见吸收光谱常用基本术语及定义

术语	定义及说明
紫外-可见吸收光谱（吸收曲线）	测定物质在不同波长处的吸光度，以波长（λ）为横坐标，吸光度（A）或透光率（T）为纵坐标描绘的曲线
吸收峰	吸收曲线上吸光度最大的位置
最大吸收波长	最大吸光度对应的波长为最大吸收波长，表示为 λ_{max}
吸收谷	吸收曲线上峰与峰之间吸光度最小的位置
最小吸收波长	最小吸光度对应的波长为最小吸收波长，表示为 λ_{min}
肩峰	在吸收峰旁产生一个曲折，对应波长为肩峰波长，表示为 λ_{sh}
末端吸收	在吸收曲线短波端（200nm）呈现了吸收而不成峰形的部分
生色团	有机化合物分子结构中含有 $\pi \rightarrow \pi^*$、$n \rightarrow \pi^*$ 跃迁的基团，即能在紫外-可见光范围内产生吸收的不饱和基团，如 $C\!=\!C$、$C\!=\!O$、$-N\!=\!N-$、$-NO_2$、$-C\!=\!S$ 等
助色团	当与生色团相连接时，使其吸收峰向长波方向移动，并使吸收强度增加的基团（通常为含有非键电子的杂原子饱和基团，如 $-OH$、$-NH_2$、$-OR$、$-SH$、$-SR$、$-Cl$、$-Br$、$-I$ 等）
蓝（紫）移	由于化合物的结构改变或受溶剂影响使吸收峰向短波方向移动的现象，又称短移
红移	由于化合物的结构改变或受溶剂影响使吸收峰向长波方向移动的现象，又称长移
减色效应和增色效应	由于化合物的结构改变或其他原因，使吸收强度减弱的现象，称减色效应或淡色效应；使吸收强度增强的现象，称增色效应或浓色效应
强带或弱带	在紫外-可见吸收光谱中，凡摩尔吸收系数 $\varepsilon_{max} > 10^4$ 的吸收峰，称为强带；凡 $\varepsilon_{max} < 10^2$ 的吸收峰，称为弱带

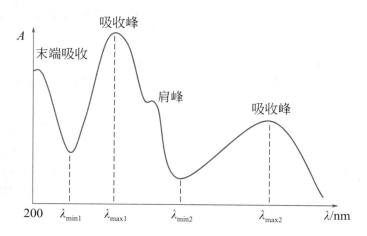

图 C-1-1 紫外-可见吸收光谱吸收曲线及相关术语

吸收曲线及曲线上的相关参数是紫外-可见分光光度法定性及定量分析中常用的指标。

二、基本原理

朗伯-比耳定律是物质吸收电磁辐射（光）的基本定律，是吸收光谱法的基本定律，是光谱分析法定量分析的基础。

1.物质选择性吸收电磁辐射

物质选择性吸收特定波长的电磁辐射，是定性分析的基础。电磁辐射和物质相互作用，物质吸收辐射能，由低能级（基态）跃迁至高能级（激发态）发生的必要条件是辐射粒子（光子）所提供的能量正好与物质分子的外层电子高低能级的能量差相当，即物质只能吸收特定波长的光。比如当我们直接看太阳光时，会觉得很刺眼，戴眼镜就没那么刺眼，戴墨镜基本不刺眼，戴不同颜色的墨镜会看见不同的颜色，这就是眼镜片对太阳光中的部分光产生了吸收，而且是不同颜色的镜片吸收了太阳光中的不同波长的光，这是因为物质对光选择性吸收，这与物质的结构有关。紫外-可见光区辐射所具有的能量恰好满足物质分子外层价电子在不同能级间的跃迁。不同物质具有不同的结构，不同结构的物质分子能级差不同，跃迁需吸收的能量不同，所以其选择性吸收不同波长的光，可产生与物质结构相对应的紫外-可见吸收光谱，据此可辅助进行定性分析。这也是该法用来辅助鉴别药物的依据。

2.朗伯-比耳定律

图C-1-2中，物质吸收特定波长的电磁辐射，吸收的量与浓度有关，这是定量分析的基础。同样是戴墨镜，同样的墨镜镜片，厚些的镜片是不是吸收的光更多？把几个墨镜叠起来又会怎样？把墨镜换成不同物质的溶液又会怎样？再把同种物质的溶液浓度改变又会出现什么样的情况？有没有什么规律，又怎样应用于分析？

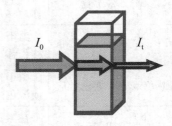

图 C-1-2　物质吸收光示意

很多学者针对这个问题进行了研究，朗伯及比耳发现特定的物质可以对特定波长的光产生吸收，其吸收光的程度除与分子的结构有关外，还与被测物质溶液的浓度及光通过物质的厚度有关，由此得出了朗伯-比耳定律。

朗伯-比耳定律定量表达了这种关系。具体表述为：当一束单色光透过均匀、非散射的溶液时（图C-1-2），在一定浓度范围内被该物质吸收的光量与溶液中该物质浓度和液层厚度（光路长度）成正比。表达式如下：

$$A = -\lg T = \lg \frac{1}{T} = -\lg \frac{I_t}{I_0} = Ecl \quad\quad\quad （C-1-1）$$

式中，T 为透光率，是透过光强度 I_t 与入射光强度 I_0 之比；A 为吸光度，是透光率的负对数；l 为液层厚度，也叫光程，cm；c 为被测物质的浓度，mol/L 或 g/100mL；E 为吸收系数。

3.吸收系数

吸收系数为物质的物理（特性）常数，在一定条件下，物质的吸收系数是恒定的，且与入射光的强度、吸收池厚度及样品浓度无关。E 越大，说明物质对某波长光的吸收能力越强。

吸收系数有摩尔吸光系数和百分比吸光系数两种表示形式，对应两种不同的朗伯-比耳定律表达式，见式（C-1-2）、式（C-1-3）。

$$A=\varepsilon cl \tag{C-1-2}$$

式中，ε 为摩尔吸光系数，L/（mol·cm），其物理意义为当物质浓度（c）为1mol/L、液层厚度（l）为1cm时，在一定条件下（波长、溶剂、温度一定）测得的吸光度值。

$$A=E_{1cm}^{1\%}cl \tag{C-1-3}$$

式中，$E_{1cm}^{1\%}$ 为百分比吸光系数（比吸收系数），mL/（g·cm），其物理意义为当吸光物质浓度（c）为1g/100mL、液层厚度为1cm时，在一定条件下（波长、溶剂、温度一定）测得的吸光度值。

摩尔吸光系数和比吸收系数二者之间的关系见式（C-1-4）。

$$\varepsilon=E_{1cm}^{1\%}\frac{M}{10} \tag{C-1-4}$$

朗伯-比耳定律在实际分析检测中常采用式（C-1-2），该公式是紫外-可见分光光度法定量分析的基础，也是其他光吸收分析法定量分析的基础。

4.朗伯-比耳定律适用的条件

朗伯-比耳定律成立的前提是：①入射光为单色光；②吸收发生在均匀的介质；③在吸收过程中吸收物质互相不发生作用。

三、可见分光光度法

在可见光区域利用有色物质的光吸收进行定性、定量分析的分光光度法，称为可见分光光度法。《中国药典》（2020年版）称为比色法。用于分析的有色物质可以通过化学反应生成。

（一）显色反应及显色剂

将试样中被测组分转变成有色化合物的化学反应，叫显色反应。能与被测组分形成有色化合物的试剂通常称为显色剂。

（二）显色剂的选择

显色反应可以是氧化还原反应，也可以是配位反应，或是兼有上述两种反应，其中配位反应应用最普遍。同一组分可与多种显色剂反应生成不同的有色物质。在分析时，究竟选用何种显色剂较合适，可以根据下列因素参考。

1.选择性好

一种显色剂最好只与被测物一种组分起反应，或显色剂与被测物以外的其他组分生成的化合物的吸收峰与被测组分的吸收峰相差比较大，干扰少。

2.灵敏度高

要求反应生成的有色化合物的摩尔吸光系数大。

3.稳定性好

生成的有色化合物组成要恒定，化学性质要稳定，测量过程中应保持吸光度基本不变，否则会影响结果的准确性及重现性。

4.显色剂不干扰测定

显色剂如果有色，则要求显色剂与形成的有色化合物之间颜色差别要大，以减小试剂空白值，提高测定准确度。通常把两种有色物质的最大吸收峰之差称为"对比度"。一般要求显色剂与有色化合物的对比度 $\Delta\lambda$ 在60nm以上。

5.显色条件易于控制

以保证具有较好的重现性，另外，要综合考虑环保、实验成本等因素。

（三）显色剂的分类

常用的显色剂可分为无机显色剂、有机显色剂两大类。

1.无机显色剂

许多无机显色剂能与金属离子发生显色反应，但由于灵敏度及选择性不高，可实际应用的品种不多。常用的无机显色剂有硫氰酸盐、钼酸铵、氨水及过氧化氢等。

2.有机显色剂

有机显色剂与金属离子形成的配合物的稳定性、灵敏度及选择性都比较高，而且有机显色剂种类多，在实际工作中应用广泛。常用的有机显色剂有磺基水杨酸、邻菲啰啉、偶氮胂Ⅲ、铬天青S等。

有关显色剂的种类、性质及其应用可以查阅有关手册。

（四）显色反应条件和测量条件

C-8实训为显色比色法，方法的实验条件（如各试剂的加入量、pH值等）是经过了方法学实验得出的结论。在进行方法学研究的过程中要进行下列显色条件及测量条件的研究。

1.显色剂用量

其合适用量可以通过实验确定。配制一系列被测元素浓度相同而显色剂用量不同的溶液，分别测其吸光度，作吸光度对显色剂用量（$A\text{-}c$）的曲线，找出曲线的平台部分，根据条件易控、节约成本的原则，选择一个合适的用量即可。

2.体系的酸度

方法同"显色剂用量"，配制一系列溶液，控制其他条件不变，只改变溶液的酸度（pH），测定吸光度，作吸光度对酸度（$A\text{-}pH$）的曲线，选择合适的酸度范围。

3.有色配合物的稳定性

配制测定溶液，测定放置不同时间的吸光度，作吸光度对时间（$A\text{-}t$）的曲线。配合物完成反应的时间不能太长，且稳定时间应足够，至少应保证在完成测定的时间段内稳定不变。

4.测定波长的选择

在紫外-可见分光光度法中，都需要选择一个测定波长测吸光度。一般情况下，应选择被测物的最大吸收波长作为测定波长，这样不仅灵敏度高，准确性也好。当有干扰物质存在时，不能选择最大吸收波长，可根据"吸收最大，干扰最小"的原则来选择测定波长（且应该处于较平坦处），一般还要求显色剂与有色化合物的对比度 $\Delta\lambda$ 在60nm以上。

5.参比溶液的选择

根据具体情况选择合适的参比溶液（详情可参阅C-7实训）。

6.干扰的排除

当被测试液中有其他组分干扰测定时，必须采取一定措施消除干扰。常用的消除干扰的措施如下。

（1）根据被测组分与干扰物化学性质的差异，通过控制酸度，加掩蔽剂、氧化剂等方法消除干扰。

（2）选择合适的测定波长，避开干扰物质的影响。

（3）选择合适的参比溶液来抵消干扰组分或试剂在测定波长下的吸收。

（4）选择适当的分离手段，消除干扰。

（五）目视比色法

这是直接用眼睛观察有色物质的颜色深浅得出实验结论的方法。这类方法在产品的杂质限量检查中及对结果要求不高的实验中应用较多，详情可参阅C-8实训。

 知识拓展

一、吸光度的加和原理

物质对光的吸收除了符合朗伯-比耳定律外，吸光度还具有加和性，即溶液中存在多种（a，b，c……）无互相作用的吸光物质时，溶液的吸光度（A）等于各物质吸光度之和。

$$A=\sum_{i=1}^{n}A_i=\sum_{i=1}^{n}\varepsilon_ilc_i=\sum_{i=1}^{n}E_{i1cm}^{1\%}lc_i \qquad (C\text{-}1\text{-}5)$$

二、朗伯-比耳定律偏离线性的因素

根据朗伯-比耳定律，吸光度 A 与浓度 c 的关系应是一条通过原点的直线，称为"标准曲线"。但事实上往往容易发生偏离直线的现象而引起误差，尤其在高浓度时偏离现象较严重。造成偏离的原因如下。

（一）吸收定律本身的局限性

事实上，朗伯-比耳定律是一个有限的定律，只有在稀溶液中才能成立，如样品浓度过高（＞0.01mol/L）会产生偏离。

（二）化学因素

溶液中的溶质可因浓度 c 的改变而有解离、缔合、配位以及与溶剂间的作用等而发生偏离朗伯-比耳定律的现象。

（三）仪器因素（非单色光的影响）

朗伯-比耳定律的重要前提是"单色光"，即只有一种波长的光，实际上，真正的单色

光难以得到。由于吸光物质对不同波长的光的吸收能力不同（吸收系数不同），就出现偏离。"单色光"仅是一种理想情况，即使用棱镜或光栅等所得到的"单色光"实际上是有一定波长范围的光谱带，"单色光"的纯度与狭缝宽度有关，狭缝越窄，所包含的波长范围也越窄。

（四）其他光学因素

1.散射和反射

浑浊溶液由于溶液中粒子的散射光和反射光的影响，使吸光度不准而偏离。

2.非平行光

吸收池决定了光程，非平行光改变了光程，使吸光度偏大而出现偏离。

3.杂散光等影响

样品池密封不好，仪器单色器精度不高，都有可能产生杂散光，出现偏离。

目标自测

一、填空题

1.通常近紫外光区的波长范围在_____nm，可见光的波长范围在_____nm。

2.最大吸收波长指_____。

3.朗伯-比耳定律适用条件为_____光，_____溶液。

4.偏离朗伯-比耳定律与仪器有关的因素是_____、_____和_____。

5.吸收系数通常有_____、_____两种表示方式。

二、选择题（单项）

1.某有色溶液在某一波长下光程为2cm测得其吸光度为0.750，若改用0.5cm和3cm的光程，则吸光度各为（　　　）。

A. 0.188/1.125　　　　B. 0.108/1.105　　　　C. 0.088/1.025　　　　D. 0.180/1.120

2.某有色溶液稀释后，最大吸收波长、吸收系数和吸光度变化如下（　　　）。

A.短移，减小，减小　　　　　　　　　　B.长移，减小，减小

C.短移，增大，减小　　　　　　　　　　D.不变，不变，减小

3.吸收系数的大小取决于（　　　）。

A.波长　　　　　　B.光程　　　　　　C.入射光强度　　　　D.溶液浓度

4.光学分析中，$\lg(I_0/I_t)$ 是（　　　）。

A.透光率　　　　　B.吸光度　　　　　C.透光强度　　　　D.摩尔吸光系数

5.下列参数中，哪个不是紫外-可见吸收曲线上的（　　　）。

A.峰宽　　　　　　B.吸收峰　　　　　C.肩峰　　　　　　D.末端吸收

三、计算题

1.一溶液在361nm处用1cm吸收池测得透光率为31.4%，其摩尔吸光系数为28056.8，被测物质的摩尔质量为1355.4，则该波长处的比吸收系数为多少？该溶液的浓度为多少？

2.测某物质中组分Q，Q在361nm处有吸收：称取待测物质0.0625g，溶解在250mL容量瓶中，水定容。取其中10mL至100mL容量瓶中，稀释至刻度。取该溶液在361nm处用1cm吸收池测得透光率为31.4%，其摩尔吸光系数为28056.8，被测物质的摩尔质量为1355.4，计算该样品中组分Q的百分含量。

C-2任务　紫外－可见分光光度计

 学习目标

1.掌握紫外－可见分光光度计的主要部件及作用。
2.熟悉紫外－可见分光光度计的分类。
3.熟悉检查仪器检定方法，建立规范检验的意识。
4.熟悉分光光度计的构造及主要部件的日常维护保养。

紫外-可见分光光度法通过紫外-可见分光光度计实现物质组分定性、定量及结构分析。1854年，杜包斯克（Duboscq）和奈斯勒（Nessler）等人将朗伯-比耳定律应用于分析化学领域，并设计出了第一台比色计。到1918年，美国国家标准局制成了第一台紫外-可见分光光度计。此后，紫外-可见分光光度计随着电子技术的发展不断改进，出现自动记录、自动打印、数字显示、微机控制等各种类型的仪器，使分光光度法的灵敏度和准确度不断提高，其应用范围也不断扩大。

一、仪器的工作原理及主要部件

紫外-可见分光光度计种类繁多，但主要由光源、单色系统、样品池、检测器、记录及显示系统五大功能部件组成，基本结构框图见图C-2-1。其工作原理为：由光源发出的光经过单色系统后获得测定所需波长的单色光平行照射到样品池中的待测溶液后，因待测溶液中组分吸收一定的光，使通过待测溶液前后的光强发生变化，该变化经检测器转换为电信号的变化，再经记录及读出装置放大后以吸光度（A）或透光率（T）等显示或打印出，完成测定，测定结果在一定条件下符合朗伯-比耳定律。

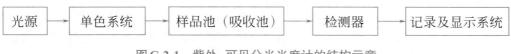

图C-2-1　紫外-可见分光光度计的结构示意

（一）光源

光源的作用是提供一定强度、稳定的连续光谱的入射光。一般分为可见光源和紫外光源两类。

1. 紫外光源

提供紫外光区的入射光，通常为气体放电灯，如氢灯、氘灯或汞灯等，以氢灯及同位素的氘灯应用最为广泛。可发射 $160 \sim 500nm$ 的光，最适宜的使用范围是 $180 \sim 350nm$。氘灯发射光的强度比同样的氢灯大 $3 \sim 5$ 倍，使用寿命比氢灯也长。

2. 可见光源

提供可见光区的入射光，通常为钨灯（白炽灯）或卤钨灯。钨灯可发射波长为 $320 \sim 2500nm$ 的连续光谱，其中最适宜的使用范围为 $320 \sim 1000nm$。卤钨灯的发光效率比钨灯高，寿命也长。新的分光光度计多采用碘钨灯。

（二）单色系统

单色系统也叫分光系统，其作用是将来自光源的复合光色散成按一定波长顺序排列的连续光谱，并从中分离出测定所需波长的单色光。单色系统由入射狭缝、准直镜、色散元件、聚焦透镜、出射狭缝等部件组成。

1. 色散元件

色散元件是单色系统中最重要的组成部分，有滤光片、棱镜及光栅等。早期的色散元件主要是棱镜，近年来由于光栅可方便地得到高质量的、分布均匀的连续光谱而被广泛采用。

2. 狭缝

狭缝是单色器的又一重要部件。狭缝的宽度直接影响到单色光的谱带宽度，宽度过大，单色光的纯度差；宽度过小，光强度减小，检测灵敏度降低。狭缝的选择是分析时的选择条件之一。

（三）样品池

通常也叫吸收池，是放置待测溶液的地方，主要使用部件是比色皿。

1. 比色皿的形状

比色皿一般为长方体，其底及两侧为磨砂玻璃，另两面为光学玻璃制成的透光面。比色皿用于盛装待测样品溶液或空白溶液，以测定吸光度，两透光面的距离决定光通过样液的厚度（朗伯-比耳定律的光程）。

2. 比色皿的材质及适用范围

常用的比色皿由玻璃或石英两种材质制成。有 0.5cm、1cm、2cm、3cm 等不同的规格。测定时应选择在测定波长范围内没有吸收的材质制成的比色皿。玻璃比色皿仅适用于370nm以上的可见光区，不适用于紫外光区的测定，原因是其能吸收紫外光；石英比色皿既适用于紫外光区，也适用于可见光区的测定，但由于价格较贵，通常仅在紫外光区使用。

（四）检测器

紫外-可见分光光度计的检测器是将紫外-可见光的光信号转变为电信号的装置。对检测器的要求是：产生的光电流与照射其上的光强度成正比，响应灵敏度高，速度快，噪声小，稳定性强等。

1.常用的检测器

常用的检测器有光电池、光电管或光电倍增管等，现代仪器多使用光电倍增管。它们都可将接收的光信号转变成相应比例的电信号，信号再经过处理和记录就可以得到紫外吸收光谱或吸光度。

2.光电二极管阵列检测器

这是近年来发展起来的新型检测器。它是由紧密排列的一系列光二极管组成。当光通过晶体硅时，每个光二极管接收到波长范围不同（一般仅为几纳米宽）的光信号，并将其转化成相应比例的电信号，这样在同一时间间隔内可以快速得到一张全波长范围的光谱图。二极管的数目越多，每个二极管测定的波长区域越窄，分辨率越高。在装配有光电二极管阵列检测器的紫外-可见分光光度计中，复合光先通过比色皿，透过光再进行色散，最后被检测器检测。

（五）记录及显示系统

记录及显示系统的作用是将检测器输出的电信号以吸光度（A）、透光率（T）或吸收光谱的形式显示出来。通常包括放大装置和显示装置。常用的显示测量装置有电位计、检流计、自动记录仪、数字显示装置或计算机直接记录并处理数据，得出分析结果。

二、紫外-可见分光光度计的分类

（一）按使用波长范围分类

1.紫外分光光度计

能够在200～400nm的波长范围进行测定的分光光度计叫紫外分光光度计。

2.可见分光光度计

能够在400～760nm的波长范围进行测定的分光光度计叫可见分光光度计。

3.紫外-可见分光光度计

能够在200～760nm的波长范围进行测定的分光光度计叫紫外-可见分光光度计。

（二）按光路分类

1.单光束分光光度计

所谓单光束是指从光源中发出的光，经过单色器等一系列光学元件及吸收池后，最后到达检测器时始终为一束光。其工作原理见图C-2-2。

图C-2-2 单光束分光光度计

单光束分光光度计的特点是结构简单、价格低，主要适用于定量分析。其不足之处是测定结果受光源强度波动的影响较大，因而给定量分析带来较大的误差。关于这类仪器的更详细内容参见国家标准《单光束紫外可见分光光度计》（GB/T 26798—2011）。

2.双光束分光光度计

双光束分光光度计的工作原理见图C-2-3所示。从光源中发出的光经过单色器后被一个旋转的扇形反光镜（切光器）分为强度相等的两束光，分别通过参比溶液和样品溶液。利用另一个与前一个同步的切光器，使两束光在不同时间交替地照射在同一个检测器上，通过一个同步信号发生器对来自两个光束的信号加以比较，并将两信号的比值经过对数转换为相应的吸光度值。

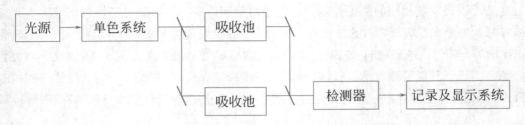

图 C-2-3　双光束分光光度计

常用的双光束紫外-可见分光光度计有普析通用T6型，美普达1800型及日本岛津的UV1800、UV2550等。其主要特点是：能连续改变波长，自动比较样品及参比溶液的透光强度，自动消除光源强度变化所引起的误差。对于必须在较宽的波长范围内制作复杂的吸收光谱曲线的分析，此类仪器非常合适。关于这类仪器的更详细内容参见国家标准《双光束紫外可见分光光度计》（GB/T 26813—2011）。

（三）按单位时间通过溶液的波长数分类

1.单波长分光光度计

单光束和双光束的分光光度计都属于单波长分光光度计。

2.双波长分光光度计

双波长分光光度计与单波长分光光度计的主要区别在于采用双单色器，用于同时得到两束波长不同的单色光，其工作原理见图C-2-4。

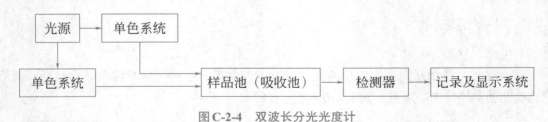

图 C-2-4　双波长分光光度计

光源发出的光分成两束，分别经两个可以自由转动的光栅单色器，得到两束具有不同波长λ_1和λ_2的单色光。借切光器，使两束光以一定的时间间隔交替照射到装有试液的吸收池，由检测器显示出试液在波长λ_1和λ_2的透光率差值ΔT或吸光度差值ΔA，则

$$\Delta A = A_{\lambda_1} - A_{\lambda_2} = (E_{\lambda_1} - E_{\lambda_2})cl \tag{C-2-1}$$

这就是双波长分光光度计进行定量分析的理论基础。

常用的双波长分光光度计有国产的 WFZ800S 及日本岛津的 UV-300、UV-365。这类仪器的特点是：不用参比溶液，只用一个待测溶液，因此可以消除背景吸收的干扰，包括待测溶液与参比溶液组成的不同及吸收池厚度的差异的影响，提高了测量准确度。它特别适合混合物和浑浊样品的定量分析，可进行导数光谱分析等。其不足之处是价格昂贵。

三、紫外－可见分光光度计的检定

应定期对紫外-可见分光光度计的性能（技术指标）进行检定，检定项目一般包括波长准确度和重复性、透光率（或吸光度）的准确性和重复性、杂散光、吸收值的配套性等，其方法、步骤应根据相关的国家标准进行，检定周期为一年。但当条件改变，如更换或修理影响仪器主要性能的零配件或单色器、检测器等，或对测量结果有怀疑时，则应随时进行检定。

（一）国家标准

关于紫外-可见分光光度计的性能检定及评价，共有几项相关标准适用于不同情况，可参照国家标准《双光束紫外可见分光光度计》（GB/T 26813—2011）、《单光束紫外可见分光光度计》（GB/T 26798—2011）、计量技术规范《紫外可见分光光度计型式评价大纲》（JJF 1641—2017）和《紫外、可见、近红外分光光度计检定规程》（JJG 178—2007）。

（二）《中国药典》（2020年版）规定

《中国药典》（2020年版）规定了对波长、吸光度准确性及杂散光等相关项目的日常检定方法。

1.波长的校正

为保证测定结果的准确性，《中国药典》（2020年版，四部）规定，除定期对仪器进行全面的校正和检定外，还应在测定前对波长进行校正。这是由于环境条件变化对机械部分的影响使仪器的波长经常会有所变动。常以汞灯中的几根较强的谱线或用仪器中氘灯的特定谱线为参照进行校正；钬玻璃因为在特定的波长有尖锐的吸收，也可做波长校正使用。但需注意，不同来源的钬玻璃可能有微小的差异。近年常使用高氯酸钬溶液校正双光束仪器，仪器波长的允许误差为：紫外光区 ±1nm，500nm附近 ±2nm。

2.吸光度的准确度检定

吸光度的准确性可用重铬酸钾的硫酸溶液来检定。取在120℃干燥至恒重的基准重铬酸钾约60mg，精密称定，用0.005mol/L的硫酸溶液溶解并稀释至1000mL，在规定的波长处测定吸光度，计算吸收系数，与表C-2-1规定的值相比，应符合规定。

表C-2-1　仪器检定用重铬酸钾硫酸溶液的吸收系数

波长 /nm	235（最小）	257（最大）	313（最小）	350（最大）
吸收系数（$E_{1cm}^{1\%}$）的规定值	124.5	144.0	48.62	106.6
吸收系数（$E_{1cm}^{1\%}$）的许可范围	123.0 ～ 126.0	142.8 ～ 146.2	47.0 ～ 50.3	105.5 ～ 108.5

3.杂散光的检查

杂散光是一些不在谱带范围内且与所需波长相隔较远的光，一般来源于光学仪器表面的瑕疵。杂散光的检查方法是配制一定浓度的碘化钠和亚硝酸钠溶液，在杂散光影响较显著的波长处测定透光率，不得大于规定值，见表C-2-2。

表C-2-2　杂散光检查用试剂、浓度、波长及透光率

试剂	浓度/（g/100mL）	测定用波长/nm	透光率/%
碘化钠	1.00	220	＜0.8
亚硝酸钠	5.00	340	＜0.8

关于检定的具体步骤参见C-5实训，这里不再赘述。

四、紫外－可见分光光度计的维护及常见故障消除

紫外-可见分光光度计是精密光学仪器，要注意日常维护保养，见表C-2-3；并熟悉常见故障及排除方法，见表C-2-4。

表C-2-3　分光光度计的日常维护保养

序号	保养项目	具体方法
1	安装要求	应安装在太阳光不能直接照到的地方，以免"室光"太强，影响仪器的使用寿命
2	环境要求	做好清洁卫生工作。保持仪器外部及内部环境干燥（使用干燥剂）
3	防止受潮	经常开机。如果仪器长时间不用，最好每周开机1～2h，可以去潮湿，防止光学元件和电子元件受潮；同时可保持各机械部件不会生锈，以保证仪器能正常运转
4	定期校验指标	一般每半年检查一次，最好每季度检查一次，最少一年要检查一次，其检查方法参看标准规程。指标不正常请维修工程师检查调试维修
5	部件润滑	紫外-可见分光光度计有许多转动部件，如光栅的扫描机构、狭缝的传动机构、光源转换机构等。使用者对这些活动部件应经常加一些钟表油，以保证其活动自如。有些使用者不易触及的部件，可以请制造厂的维修工程师或有经验的工作人员帮助完成
6	故障排除方法	使用者应掌握一般的故障诊断及排除方法

表C-2-4　常见故障及排除方法

序号	故障	排除方法
1	打开主机后，不能自检，主机风扇不转	1.检查电源开关是否正常；2.检查保险丝（或更换保险丝）；3.检查计算机主机与仪器主机连线是否正常
2	自检时，某项不通过，或出现错误信息	1.关机，稍等片刻再开机重新自检；2.重新安装软件后再自检；3.检查计算机主机与仪器主机连线是否正常

续表

序号	故障	排除方法
3	自检时出现"钨灯能量低"的错误	1.检查光度室是否有挡光物；2.打开光源室盖，检查钨灯是否点亮；如果钨灯不亮，则关机，更换新钨灯；3.开机重新自检；4.重新安装软件后再进行自检
4	自检时出现"氘灯能量低"的错误	1.检查光度室是否有挡光物；2.打开光源室盖，检查氘灯是否点亮；如果氘灯不亮，则关机，更换新氘灯，换氘灯时，要注意型号；3.检查氘灯保险丝（一般为0.5A），看是否松动、氧化、烧断，如有故障，立即更换；4.开机重新自检；5.重新安装软件后再进行自检
5	波长不准，并发现波长有平移	1.检查计算机与主机连线是否松动，是否连接不好；2.检查电源电压是否符合要求（电源电压过高或过低都可能产生波长平移现象）；3.重新自检；4.如果还是不行，则打开仪器，用干净小毛刷蘸干净的钟表油刷洗丝杆
6	整机噪声很大	1.检查氘灯、钨灯是否寿命到期；查看氘灯、钨灯的发光点是否发黑；2.检查220V电源电压是否正常；3.检查氘灯、钨灯电源电压是否正常；4.检查电路板上是否有虚焊；5.查看周围有无强电磁场干扰；6.检查样品是否浑浊；7.检查比色皿是否沾污
7	吸光度准确度不合格	1.首先检查样品是否正确、称样是否准确、操作是否正确；2.比色皿是否沾污；3.波长是否准确；4.重新进行暗电流校正；5.检查保险丝是否有问题（松动、接触不良、氧化）；6.杂散光是否太大；7.噪声是否太大；8.光谱带宽选择是否合适；9.基线平直度是否变坏
8	基线平直度指标超差	1.基线平直度测试的仪器条件选择是否正确；2.重新作暗电流校正；3.光源是否有异常（光源电源不稳、灯泡发黑、灯角接触不良）；4.波长是否不准（是否平移）；5.重新安装软件
9	测量时吸光度值很大	1.检查样品是否太浓；2.检查光度室是否有挡光物（波长设置在546nm左右，用白纸在样品室观看光斑）；3.检查光源是否点亮；4.开机，重新自检；5.检查电源电压是否太低；6.重新安装软件
10	吸光度或透光率的重复性差	1.检查样品是否有光解（光化学反应）；2.检查样品是否太稀；3.检查比色皿是否沾污；4.是否测试时光谱带宽太小；5.周围有无强电磁场干扰

 目标自测

答案

一、填空题

1.紫外-可见分光光度计主要由_____、_____、_____、_____和_____五个部分组成。

2.分光系统的作用是将复合光分解成_____或有一定宽度的波长带。由_____、_____、_____、_____和_____五个部分组成。

3.比色皿按材料分为_____和_____两种。

4.应用最多的紫外-可见分光光度计是_____分光光度计。

5.应用最多的紫外光源是_____，可见光源是_____。

二、选择题（单项）

1.下列分析方法遵循朗伯-比耳定律的是（　　　）。

A.滴定法　　　　　　　　　　　　B.液相色谱法

C.紫外-可见分光光度法　　　　　　D.气相色谱法

2.在300nm进行分光光度测定时，应选用（　　　）比色皿。

A.硬质玻璃　　　　B.软质玻璃　　　　C.石英　　　　D.透明塑料

3.紫外-可见分光光度计中应用最多的色散元件是（　　　）。

A.棱镜　　　　　　B.光栅　　　　　　C.滤光片　　　　D.光电池

4.下列不适合做紫外-可见分光光度计光源的是（　　　）。

A.空心阴极灯　　　B.氘灯　　　　　　C.钨灯　　　　　D.碘钨灯

5.紫外-可见分光光度法的适合检测波长范围是（　　　）。

A.400～760nm　　B.200～400nm　　C.200～760nm　　D.200～1000nm

6.紫外分光光度法的适合检测波长范围是（　　　）。

A.400～760nm　　B.200～400nm　　C.100～400nm　　D.100～200nm

7.在分光光度法中，应用光的吸收定律进行定量分析，应采用的入射光为（　　　）。

A.白光　　　　　　B.单色光　　　　　C.可见光　　　　D.复合光

8.双波长分光光度计通常有（　　　）个单色器。

A.2　　　　　　　　B.3　　　　　　　　C.1　　　　　　　D.0

三、简答题

1.分光光度计的主要部件有哪些？各部件的作用是什么？

2.简述分光光度计的工作原理。

3.什么是杂散光？检定原理是什么？

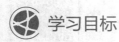 **C-3任务　紫外-可见分光光度法应用**

学习目标

1.掌握紫外-可见分光光度法的定性分析原理和方法。

2.掌握紫外-可见分光光度法定量的方法。

3.熟悉紫外-可见分光光度定量分析的计算。

紫外-可见分光光度法有广泛的应用，可用于多领域的定量分析、辅助定性分析和有机结构分析。紫外-可见分光光度法定量测量的准确度和灵敏度要比近红外光谱法和红外光谱法高。物质的紫外-可见吸收光谱专属性差，但是很适合做定量分析，对于大多数物质也是有用的辅助鉴别方法。

一、定性分析方法

紫外-可见分光光度法应用于辅助定性分析或是药物质量检验中的鉴别，依据物质的吸收光谱及相关参数（如特定波长下的吸收值），其单独使用时专属性不好，通常与其他方法联合使用，进行辅助定性。归纳起来常用三种方法，方法本质主要是对比一致性，可以是待检测物质和标准物质对比，也可以是两种未知物对比。方法简单，但是要注意对比后结论，具体方法及结论见表C-3-1。

表 C-3-1　紫外-可见分光光度法的定性分析的具体方法及结论

定性分析的方法	具体方法及所用参数	结论
对比吸收曲线的一致性	配制相同浓度的试样与标准品的溶液，在相同条件下分别绘制吸收曲线，对比；或将样品图谱与文献所载的标准图谱对比	如果两者完全相同，则两者可能是同一种化合物
对比吸收光谱的特征数据	在相同条件下，测定试样与标准品化合物的吸收光谱特征值，对比。如对比λ_{max}、λ_{min}、λ_{sh}、ε_{max}、$E_{1cm}^{1\%}$	如果两者有明显差别，则肯定不是同一种化合物
对比吸光度（或吸收系数）比值	在相同条件下，选定2个波长（吸收峰或谷），测试样与标准品相应波长的吸光度（或吸收系数）比值对比	

二、定量分析方法

紫外-可见分光光度法定量分析的基础是朗伯-比耳定律。因为吸光度具有加和性，需要考虑待测组分以外的吸光物质的影响，所以在讨论定量分析方法时分为单组分和多组分应用两种情况。单组分不需考虑其他可能吸收的干扰，主要的定量方法有吸收系数法、对照品比较法和标准曲线法；多组分时某一组分含量的测定则要考虑干扰消除问题，用到一些计算的方法，这类方法随着色谱法发展，应用逐渐减少。

1.吸收系数法

具体内容见表C-3-2。

2.对照品比较法

具体内容见表C-3-3。

3.标准曲线法

具体内容见表C-3-4。

表 C-3-2　吸收系数法

方法名称	吸收系数法
具体操作	在测定条件下，配制试样溶液，在测量波长处测吸光度（A），用相同条件下的标准吸收系数值，通过朗伯-比耳定律求出待测物质的浓度［式（C-3-1）］。具体参见 C-7 实训
计算公式	$$c=\dfrac{A}{E_{1cm}^{1\%}l} \qquad\text{（C-3-1）}$$
适用范围	本法适用于组成单一或除测定组分外其他组分无吸收的样品分析，如原料药和注射剂等
注意事项	此法要求分光光度计单色器的分辨率足够高，要注意仪器的校正和检定

表 C-3-3　对照品比较法

方法	对照品比较法
具体操作	在相同条件下配制标准溶液（c_s）和试样溶液（c_x），在测定波长处，分别测定吸光度（A_s）与（A_x），根据朗伯-比耳定律，两者吸光度比与浓度比值相等，按式（C-3-2）求出试样中被测组分的浓度
计算公式	$$c_x=\dfrac{A_x}{A_s}c_s \qquad\text{（C-3-2）}$$
适用范围	本法适用于了解待测组分含量的大概范围，如药物制剂
注意事项	此法要求在测定过程中，测定条件与仪器的工作状态要固定。在测定浓度范围内，吸光度与浓度成一条过原点的直线或近似过原点的直线关系；未知试样组分浓度与标准溶液浓度相近，一般标准溶液的量应为样品待测组分规定量的 100%±10%。所以，其适用于个别样品的分析，药物分析中应用较多

表 C-3-4　标准曲线法

方法	标准曲线法
具体操作	在相同条件下配制试样溶液和一系列梯度浓度的标准溶液，在测量波长下测其吸光度，根据标准溶液浓度与吸光度求回归方程或以标准溶液浓度（c）为横坐标，吸光度（A）为纵坐标，描绘 A-c 关系图。把试样吸光度代入回归方程［式（C-3-3）］或从 A-c 关系图求出试样中被测组分的浓度
计算公式	$$A=ac+b \qquad\text{（C-3-3）}$$
适用范围	待测组分含量不清、成批样品的分析，它可以消除一定的随机误差。比较法可以看成是标准曲线一点法
注意事项	此法要求在测量过程中，测定条件与仪器的工作状态要固定。在测定浓度范围内，吸光度与浓度成直线或近似直线的关系

三、纯度检查

利用紫外-可见分光光度法进行纯度检查（杂质检查）是利用主成分物质和杂质的紫外-可见吸收光谱的差异进行，主要方法见表C-3-5。

表C-3-5 纯度检查的方法

检查	在特定光区吸收的情况		具体检查方法	检查结果及结论
	化合物	杂质		
杂质	没明显吸收	有较强的吸收	在选定光区扫描化合物图谱	若选定光区有吸收，则有杂质存在
	有较强的吸收峰	在化合物的吸收峰处无吸收或弱吸收	测化合物吸收峰处的吸收系数	若吸收系数降低，则有杂质存在
	有较强的吸收峰	在化合物的吸收峰处比化合物的吸收更强	测化合物的吸收光谱和吸收峰处的吸收系数	若光谱变形或吸收系数增大，则有杂质存在
杂质的限量检查	没明显吸收	有较强的吸收	在杂质吸收峰波长处测化合物的吸光度值	规定化合物的吸收值不得超过允许的限值
	有较强的吸收峰和谷	在化合物吸收峰处无吸收，在化合物的吸收谷处有吸收	测定化合物吸收峰处和吸收谷处的吸光度的比值	规定化合物的吸光度比值不得低于最小允许值

四、测定波长的选择

在紫外-可见分光光度法定性、定量分析中，大多数方法会给定一个测定波长，这个波长是怎么选择的？

选择测定波长通常根据"吸收最大，干扰最小"的原则。在一般情况下，应选择最大吸收波长（λ_{max}）作为测定波长。在最大吸收波长附近，因其峰形变化较缓，波长的稍许偏移引起的吸光度变化较小，可得到较好的测量精度，而且以λ_{max}为测定波长，测定灵敏度高。但是，如果最大吸收峰附近有干扰存在（共存物质或所用试剂有吸收），则在保证有一定灵敏度的情况下，可以选择吸收曲线中其他波长进行测定（应选曲线较平坦处对应的波长），以消除干扰。

应选择被测物的最大吸收波长作为测定波长，这样不仅灵敏度高，准确性也好。当有干扰物质存在时，不能选择最大吸收波长，且应该处于较平坦处。

 知识拓展

多组分的定量分析方法

在《中国药典》（2020年版）中把这一类方法叫作计算分光光度法。主要是将测得的吸

光度进行适当的数学处理，消除样品中干扰组分对测定结果的影响，以获得供试品中待测物质的量，如双波长分光光度法、导数光谱法等，具体见表C-3-6。

表C-3-6　多组分（a+b的混合物）定量分析方法

方法	方法说明	公式
解线性方程组法	在a、b两组分的最大吸收波长（λ_1和λ_2）处，分别测定试样的吸光度（$A_{\lambda_1}^{样}$和$A_{\lambda_2}^{样}$），根据吸光度的加和性和朗伯-比耳定律列出二元一次方程组，假设液层厚度为1cm，求试样中的a、b组分的浓度	$A_{\lambda_1}^{样}=A_{\lambda_1}^{a}+A_{\lambda_1}^{b}=E_{\lambda_1}^{a}c_{a}l+E_{\lambda_1}^{b}c_{b}l$ $A_{\lambda_2}^{样}=A_{\lambda_2}^{a}+A_{\lambda_2}^{b}=E_{\lambda_2}^{a}c_{a}l+E_{\lambda_2}^{b}c_{b}l$ 解出 c_a 和 c_b
等吸收双波长消去法	在干扰组分b的等吸收波长（λ_1和λ_2）处，分别测定试样的吸光度（$A_{\lambda_1}^{样}$和$A_{\lambda_2}^{样}$），计算差值。然后根据ΔA计算组分a的含量。 　　选择波长的原则：①干扰组分b在两波长处的吸光度相等，即$\Delta A^{b}=A_{\lambda_2}^{b}-A_{\lambda_1}^{b}=0$；②待测组分在两波长处的吸光度差值$\Delta A$应足够大。故常选待测组分最大吸收波长做测量波长$\lambda_2$，干扰组分与$\lambda_2$吸光度相等的等吸收波长做参比波长$\lambda_1$。当$\lambda_1$有几个波长可选时，应当选取使待测组分的$\Delta A$尽可能大的波长做参比波长。若待测组分的最大吸收波长不适合作为测定波长时，也可选择吸收光谱的其他波长，但要符合上述波长选择原则	吸收系数法的计算公式 $\Delta A=A_{\lambda_2}^{样}-A_{\lambda_1}^{样}$ $\quad=(A_{\lambda_2}^{a}+A_{\lambda_2}^{b})-(A_{\lambda_1}^{a}+A_{\lambda_1}^{b})$ 因为$A_{\lambda_2}^{b}=A_{\lambda_1}^{b}$ 所以$\Delta A=A_{\lambda_2}^{a}-A_{\lambda_1}^{a}=(E_{\lambda_2}^{a}-E_{\lambda_1}^{a})c_{a}l$ $c_a=\dfrac{\Delta A}{(E_{\lambda_2}^{a}-E_{\lambda_1}^{a})l}$ 对照品比较法计算公式： $\Delta A_{样}=A_{样\lambda_2}^{a}-A_{样\lambda_1}^{a}=(E_{\lambda_2}^{a}-E_{\lambda_1}^{a})c_{样}^{a}l$ $\Delta A_{对}=A_{对\lambda_2}^{a}-A_{对\lambda_1}^{a}=(E_{\lambda_2}^{a}-E_{\lambda_1}^{a})c_{对}^{a}l$ $c_{样}^{a}=\dfrac{\Delta A_{样}c_{对}^{a}}{\Delta A_{对}}$

📋 **目标自测**

一、填空题　　　　　　　　　　　　　　　　　　　　　　　　　　　　　　答案

1.在紫外-可见分光光度法中，常用的定性分析方法有_____、_____和_____。

2.紫外-可见分光光度法中，如果两者吸收光谱完全相同，则_____是同一种化合物；如果两者吸收光谱有明显差别，则肯定_____同一种化合物。

3.紫外-可见分光光度法中，通常选_____作为测定波长。

4.在紫外-可见分光光度分析中，常用的单组分样品的定量方法有_____、_____和_____等。

5.紫外-可见分光光度法根据样品中主成分与杂质的_____检查杂质。

二、简答题

为什么分光光度法定量分析时最好选择最大吸收波长作为测定波长？

C-4任务　紫外－可见吸收光谱与物质结构

学习目标

1. 熟悉紫外光谱产生的原因。
2. 熟悉紫外光谱的常见吸收带。
3. 了解物质结构与紫外光谱的关系。
4. 能够解释紫外－可见吸收光谱与物质共轭体系的关系。

　　不同物质具有不同的吸收特征，这些吸收特征与结构有一定的关系，如何利用结构分析物质的吸收特征，利用吸收特征推测和判断物质的结构，经过总结有一定的规律存在，下面介绍相关电子跃迁类型、吸收带与分子结构之间的关系及影响吸收带的因素。

一、有机化合物紫外－可见吸收光谱的产生

　　物质分子的内部运动可分为分子内价电子（外层电子）运动、分子内原子的振动、分子绕其重心的转动三种形式。根据量子力学的原理，分子每一种运动形式都有一定的能级而且能级是量子化的。所以分子具有电子能级、振动能级、转动能级。分子吸收紫外-可见光发生分子电子能级跃迁产生紫外-可见吸收光谱。

　　根据Franck-Condon原理，在紫外-可见吸收光谱中电子能级发生跃迁的同时也必然伴随着振-转能级的变化，所以分子光谱是带状光谱，紫外-可见吸收光谱一般都是宽峰，这是由于电子跃迁与振-转次能级相互叠加所致。

二、电子跃迁的类型

　　从化学键性质考虑，与有机物分子紫外-可见吸收光谱有关的电子是：形成单键的σ电子、形成双键的π电子以及未共享的或称为非键电子的n电子（见图C-4-1）。

　　电子跃迁发生在电子基态分子轨道和反键轨道之间或基态原子的非键轨道和反键轨道之间，即处于基态的电子吸收了一定能量的光子后，可分别发生σ→σ*、σ→π*、π→σ*、n→σ*、π→π*、n→π*跃迁类型。π→π*跃迁和n→π*跃迁所需能量较小，图C-4-2所示吸收波长大多数落在紫外和可见光区，是紫外-可见光谱主要的跃迁类型。σ→σ*跃迁和n→σ*跃迁大部分在远紫外区。

　　所以，一般的饱和烃和大部分含有O、N、C、X等杂原子的饱和化合物，没有紫外吸收，为非发色团。而发色团的电子结构特征是具有π电子，不饱和化合物中具有π电子的

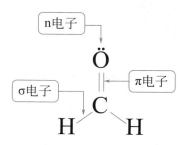

图 C-4-1　甲醛分子中不同化学键的电子示意

基团C＝C、C＝O等都是发色团。大量的实验数据表明单个发色团（只有一个双键）的 $\pi\to\pi^*$ 跃迁虽是强吸收区，但是却在远紫外区，当分子具有多个发色团时（共轭双键），其吸收出现在近紫外区。发色团对应的跃迁类型是 $\pi\to\pi^*$ 跃迁和 $n\to\pi^*$ 跃迁。电子跃迁类型及其特征见表C-4-1。不同的物质是由这三种电子组成，有的有共轭体系，且有不同的化学环境，所以，不同的物质会表现出不同的紫外-可见吸收。

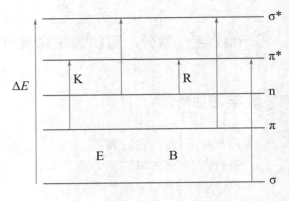

图C-4-2　有机物中不同类型化学键能级示意

表C-4-1　电子跃迁类型及其特征

跃迁类型	能量大小	吸收峰的位置	摩尔吸光系数 ε	相应化合物结构	溶剂效应影响
$\sigma\to\sigma^*$	最大	＜150nm		饱和烃类	
$n\to\sigma^*$	较大	约200nm	$100\sim3000$	含杂原子饱和化合物，如 —OH、—NH$_2$、—X、—S	
$\pi\to\pi^*$	较小	＞200nm	$>10^4$	含共轭双键的有机物	溶剂极性增大，吸收峰长移
$n\to\pi^*$	最小	$200\sim400nm$	$10\sim100$	含杂原子不饱和基团及其衍生物	溶剂极性增大，吸收峰短移
电荷迁移跃迁		可见光区	$>10^4$	无机配合物，有些取代芳烃	
配位场跃迁		可见光区	$<10^2$	过渡金属离子与配位体形成的配合物	

三、吸收带类型

吸收带是吸收峰在紫外-可见吸收光谱中的位置。根据分子结构中形成吸收峰的跃迁种类，可把吸收带分成下列几种。

1. K吸收带

在共轭非封闭体系中 $\pi\to\pi^*$ 跃迁产生的吸收带称为K吸收带（是由德文Konjugation而来，是共轭的意思）。

其特征 $\varepsilon_{max}>10^4$，为强带，具有共轭双键的分子出现K带。如丁二烯有K带，$\lambda_{max}=$ 217nm，$\varepsilon_{max}=21000$。在芳环上有发色基团取代时，例如苯乙烯、苯甲醛、苯乙酮等也会出现K吸收带，因为它们都具有 π-π 共轭双键结构。这些 $\pi\to\pi^*$ 跃迁通常用高摩尔吸光系数 $\varepsilon_{max}>10^4$ 来表征，极性溶剂使K带发生红移。

2. B吸收带（苯吸收带）

芳香族和含杂芳香族化合物的特征谱带，也是$\pi \rightarrow \pi^*$跃迁产生的，苯的B吸收带在230～270nm的近紫外区范围内是一个宽峰，是跃迁概率较小的禁阻跃迁产生的弱吸收带（$\varepsilon_{max} \approx 200$），它包含多重峰或称精细结构。这是由于振动次能级对电子跃迁的影响。当芳环上连有一个发色团时（取代基与芳环有π-π共轭），不仅可以看到K带，而且可以观察到芳环的特征B带。如苯乙烯可观察到两个吸收带，B带的吸收波长比K带长。K吸收带：$\lambda_{max}=244nm$，$\varepsilon_{max}=12000$。B吸收带：$\lambda_{max}=282nm$，$\varepsilon_{max}=450$。

当芳环上有取代基时B带的精细结构减弱或消失；在极性溶剂中，由于溶质与溶剂相互作用，B带的精细结构也被破坏。

3. E吸收带

在封闭共轭体系（如芳香族和含杂芳香族化合物）中，$\pi \rightarrow \pi^*$跃迁产生的K带又称E吸收带，是跃迁概率较大或中等的允许跃迁，E带类似于B带，也是芳香族结构的特征谱带。其中E_1带$\varepsilon_{max} > 10^4$，而E_2带$\varepsilon_{max} \approx 10^3$。

4. R带

由$n \rightarrow \pi^*$跃迁产生的吸收带，R带是由德文Radikal而来，是基团的意思。只有分子中同时存在杂原子（具有n非键轨道）和双键π电子时才有可能产生，如C=O、N=N、N=O、C=S等，都是杂原子上的非键电子向反键π^*跃迁。

5. 电荷转移吸收带

电荷转移跃迁是指光辐射照射到某些无机或有机化合物时，可能发生一个电子从体系中的电子给予体部分转移到该体系的电子接收体所产生的跃迁。

6. 配位场吸收带

在配体的配位体场的作用下过渡金属离子的d轨道和镧系、锕系的f轨道裂分，吸收辐射后，所产生的d-d和f-f跃迁而形成的吸收带。

四、吸收带与分子结构之间的关系

不同化学键的电子产生跃迁形成相应的吸收带，不同的物质具有不同的化学键和不同的化学环境，所以一定物质的结构决定其有相应的跃迁类型和相应的吸收带，吸收带的特征见表C-4-2。

表C-4-2　吸收带及其特征

吸收带	跃迁类型	相应化合物结构	吸收峰位置	吸收强度	其他特征
R	$n \rightarrow \pi^*$	含杂原子不饱和基团，如 —C=O、—NO、—NO_2、—N=N—等的特征吸收	约300nm	< 100	溶剂极性增大，吸收峰短移
K	共轭 $\pi \rightarrow \pi^*$	含共轭双键基团的特征吸收	210～250nm	> 10^4	溶剂极性增大，吸收峰长移；共轭双键增多，吸收峰长移，吸收强度增加

续表

吸收带	跃迁类型	相应化合物结构	吸收峰位置	吸收强度	其他特征
B	芳香族C═C骨架振动及环内$\pi\rightarrow\pi^*$	芳香族（包括含杂芳香族）化合物的特征吸收	230～270nm	约200	蒸气状态出现精细结构
E	$\pi\rightarrow\pi^*$	也是芳香族化合物的特征吸收	约180nm（E_1）约280nm（E_2）	约10^4（E_1）约10^3（E_2）	助色团取代，吸收峰长移；生色团取代，与K带合并

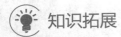 知识拓展

影响吸收带的因素

　　影响吸收带的因素包括：位阻、跨环效应、溶剂效应及体系pH值。

　　总的来说，物质表现出的吸收特性与物质结构中所含有的基团及基团在结构中的化学环境有关。紫外-可见吸收光谱能够判断物质结构的共轭骨架，但是不能判断其具体的结构。

C-5实训　紫外-可见分光光度计的性能检查

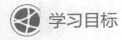 学习目标

1.会使用紫外-可见分光光度计测吸光度。

2.会使用比色皿，并进行配套性检查。

3.能完成紫外-可见分光光度计的性能检查。

4.能完成实验数据记录及处理。

一、任务内容

（一）比色皿（吸收池）配套性检查

1.石英比色皿

（1）分别将蒸馏水装入待用的1cm石英比色皿中（2～4只，编号），在220nm波长处，用其中一个比色皿（透光率最大的）调透光率（T）为100%（吸光度A调零），测其他各比色皿的透光率，记录数据。

（2）用重铬酸钾溶液替换蒸馏水溶液，在350nm处，重复操作（1）。

（3）标准规定：（1）、（2）中凡透光率之差（ΔT）小于0.5%的比色皿可以配成一套使用。

2.玻璃比色皿

（1）用蒸馏水装入准备的1cm玻璃比色皿（或其他所用的），在600nm波长处，将一个比色皿的透光率调至100%（相当于做空白），测定其他各比色皿的透光率，记录。

（2）再于比色皿中装入上述重铬酸钾溶液，在400nm处，重复操作（1）。

（3）标准规定：（1）、（2）中凡透光率之差（ΔT）小于0.5%的比色皿可以配成一套使用。

（二）紫外-可见分光光度计的性能检查

1.波长准确度与波长重现性检查

由于环境因素对机械部分的影响，仪器的波长经常会略有变动，因此除应定期对所用的仪器进行全面校正检定外，还应于测定前校正测定波长。常用汞灯中较强谱线237.83nm、253.65nm、275.28nm、296.73nm、313.16nm、334.15nm、365.02nm、404.66nm、435.83nm、546.07nm与576.96nm，或用仪器中氘灯的486.02nm与656.10nm谱线进行校正，钬玻璃在波长279.4nm、287.5nm、333.7nm、360.9nm、418.5nm、460.0nm、484.5nm、536.2nm与637.5nm处有尖锐吸收峰，也可以用作波长校正，但因来源不同或使用时间的推移会有微小的变化，使用时应注意。另外，还可以用高氯酸钬溶液校正，按规定配制的溶液在241.13nm、278.10nm、287.18nm、333.44nm、345.47nm、361.31nm、416.28nm、451.30nm、485.29nm、536.64nm和640.52nm有吸收峰。仪器波长的允许误差为：紫外光区±1nm，500nm附近±2nm。应符合规定。

2.吸光度的准确度检定

取在120℃干燥至恒重的基准重铬酸钾约60mg，精密称定，用0.005mol/L的硫酸溶液溶解并稀释至1000mL，以0.005mol/L的硫酸溶液为参比，用1cm的石英比色皿在规定的波长处测定吸光度，计算吸收系数，与表C-5-1规定的值相比，应符合规定。

表C-5-1　仪器检定用重铬酸钾硫酸溶液的吸收系数

波长/nm	235（最小）	257（最大）	313（最小）	350（最大）
吸收系数（$E_{1cm}^{1\%}$）的规定值	124.5	144.0	48.62	106.6
吸收系数（$E_{1cm}^{1\%}$）许可范围	123.0～126.0	142.8～146.2	47.0～50.3	105.5～108.5

3.杂散光的检查

用浓度为10g/L的碘化钠水溶液，以蒸馏水做参比，1cm的石英比色皿，在缝全高的情况下，于220nm波长处测定溶液的透光率，记录。不得大于表C-5-2规定值。

表C-5-2　杂散光检查用试剂、浓度、波长及透光率

试剂	浓度/（g/100mL）	测定用波长/nm	透光率/%
碘化钠	1.00	220	＜0.8
亚硝酸钠	5.00	340	＜0.8

二、实训原理

检定和校准的依据是用已知的固定值来判断测定结果的准确性。根据不同物质对光吸收的特性不同完成不同项目的检测。根据汞灯、氘灯和特定物质溶液的特征波长检测仪器的波长准确性；根据标准重铬酸钾溶液在特征波长处的吸光度确定其吸收值的准确性；根据吸光物质来检测仪器的杂散光等。

三、实验过程

（一）实验准备清单

见表C-5-3。

表C-5-3　紫外-可见分光光度计实验准备清单

	名称	规格	数量/方法	用途
仪器及配件	紫外-可见分光光度计	美普达1800等		待检定
	比色皿	石英，1cm	1套	待检定
	比色皿	玻璃，1cm	1套	待检定
	废液杯	500mL	1	装废液
	其他	洗瓶、擦镜纸等	适量	实验用
试药试液	高氯酸钬溶液	氧化钬（Ho_2O_3）4%	适量	检定波长
	重铬酸钾的0.005mol/L硫酸溶液		适量	配套检查、准确性检查
	硫酸溶液	0.005mol/L	适量	配制溶液，参比
	碘化钠水溶液	10g/L	适量	检查杂散光
	亚硝酸钠水溶液	50g/L	适量	
	纯化水		适量	配对，洗涤器皿，参比

（二）工作流程图及技能点解读

1.流程图

见图C-5-1。

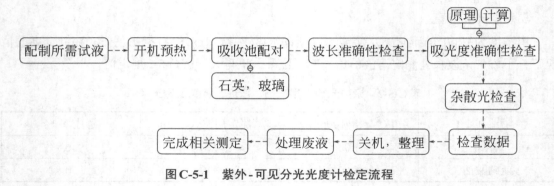

图C-5-1　紫外-可见分光光度计检定流程

2.技能点解读表

实验所涉主要技能见表C-5-4。

表C-5-4　实验所涉主要技能

以紫外-可见分光光度计为例		
序号	技能单元	操作方法及要求
1	配制试液 — 重铬酸钾溶液	取在120℃干燥至恒重的基准重铬酸钾约60mg，精密称定（记录数据），用0.005mol/L的硫酸溶液溶解并稀释至1000mL
	高氯酸钬溶液	取10%高氯酸为溶剂，加入氧化钬（Ho_2O_3）配成4%溶液，即得
	碘化钠溶液	取碘化钠1.0g，用水溶解并定容至100mL
	亚硝酸钠溶液	取在105℃干燥至恒重的亚硝酸钠5.0g，用水溶解并定容至100mL
2	开机预热	检查电源是否接好，检查样品室，打开电源开关，预热20min
3	吸收池配对	（1）石英吸收池配套　根据分光光度计操作规程，按照实验方法，在220nm处，以水为参比，测定透光率；在350nm处，以0.005mol/L的硫酸溶液为参比，测定透光率；并记录数据于表C-5-5 （2）玻璃吸收池配套　根据分光光度计操作规程，按照实验方法，在600nm处，以水为参比，测定透光率；在400nm处，以0.005mol/L的硫酸溶液为参比，测定透光率；并记录数据于表C-5-6 （3）判断配套结果，选择能配套使用的完成后续实验
4	波长检查	根据分光光度计操作规程，按照实验方法，以10%高氯酸为参比，扫描高氯酸钬溶液；并记录数据于表C-5-7（或将数据标示于光谱图）
5	吸光度检查	根据分光光度计操作规程，按照实验方法，分别在235nm、257nm、313nm、350nm处，以0.005mol/L的硫酸溶液为参比，测定吸光度；并记录数据于表C-5-8，并计算，得出结论
6	杂散光检查	根据分光光度计操作规程，按照实验方法，在600nm处，以水为参比，测定透光率；在400nm处，以0.005mol/L的硫酸溶液为参比，测定透光率；并记录数据于表C-5-9
7	检查数据	检查数据完整性和合理性
8	关机	检查样品室，放入干燥剂，关闭电源开关
9	整理工作	具体步骤及要求：填写仪器使用记录→清理实验室→清洗器皿→按要求清洗比色皿后入盒保存→按要求洗涤实验所用器皿并保存→整理工作台：仪器室和实验准备室的台面清理，物品摆放整齐，凳子放回原位，并填写表C-5-10

（三）全过程数据记录

盐酸环丙沙星胶囊含量测定数据记录见表C-5-5～表C-5-10。

表 C-5-5　比色皿（石英）配套数据记录

比色皿编号	1	2	3	4	结论
透光率（220nm）/%	100				
透光率（350nm）/%	100				

表 C-5-6　比色皿（玻璃）配套数据记录

比色皿编号	1	2	3	4	结论
透光率（600nm）/%	100				
透光率（400nm）/%	100				

表 C-5-7　波长检查数据记录

波长规定值/nm	241.13	278.10	287.18	333.44	345.47	361.31
波长测定值						
波长差						
结论						
波长规定值/nm	416.28	451.30	485.29	536.64	640.52	
波长测定值						
波长差						
结论						

表 C-5-8　吸光度的准确度检定数据记录

波长/nm	235（最小）	257（最大）	313（最小）	350（最大）
吸收系数（$E_{1cm}^{1\%}$）的规定值	124.5	144.0	48.62	106.6
吸收系数（$E_{1cm}^{1\%}$）的许可范围	123.0～126.0	142.8～146.2	47.0～50.3	105.5～108.5
吸光度（A）				
吸收系数（$E_{1cm}^{1\%}$）的测定值				
结论				

表 C-5-9　杂散光检查数据记录

试剂	浓度/(g/100mL)	测定波长/nm	规定透光率/%	测定透光率/%	结论
碘化钠	1.00	220	＜0.8		
亚硝酸钠	5.00	340	＜0.8（0.7；1.5）		

表 C-5-10 对照品溶液配制及数据记录

实验过程中特殊问题			
	项目	是	否（说明原因）
	所需数据测定		
	记录是否完整		
实验检查	仪器使用登记		
	器皿是否洗涤		
	台面是否整理		
	三废是否处理		
教师评价			

（四）实验数据处理

关于比吸收系数的相关计算：在吸光度准确度检查项，根据测定的吸光度，计算出比吸收系数并与规定的值比较。计算公式如下。

$$E_{1cm}^{1\%} = \frac{A}{cl} \tag{C-5-1}$$

计算出结果并填入数据记录表。

（五）实验注意事项

技能点	操作方法及注意事项
使用比色皿	比色皿的使用是分光光度法的最基本技能。其使用方法及注意事项可按工作过程执行 1.拿 操作时用食指和拇指接触比色皿的两侧毛面偏上方拿起比色皿，检查比色皿的透光面是否有划痕、裂痕后，编号，洗净并润洗 2.装液 装入适当的溶液至池高3/4处，不要太满，尽量少流到比色皿外面，以免溢出腐蚀吸收池架和仪器 3.擦拭 用滤纸吸干外面的水滴（注意不能擦透光面），再用擦镜纸或丝绸巾沿同一方向轻轻擦拭光面至无痕迹，检查皿内无气泡后。按池上所标示的箭头方向垂直放在吸收池架上并固定好，吸收池放入样品室时应注意每次放入方向相同 4.洗 使用后用自来水冲洗、用纯化水洗干净，必要时用洗液。如用重铬酸钾洗液清洗时，吸收池不宜在其中长时间浸泡，否则重铬酸钾结晶会损坏比色皿的光学表面，并应充分用水冲洗，以防重铬酸钾吸附于比色皿表面 5.存放 洗净后控干水分，防尘晾干，放入配套盒中保存，备用

续表

技能点	操作方法及注意事项
使用比色皿	6.其他 使用挥发性溶液时应加盖，透光面要用擦镜纸由上而下擦拭干净，检视应无残留溶剂，为防止溶剂挥发后溶质残留在池子的透光面，可先用蘸有空白溶剂的擦镜纸擦拭，然后再用干擦镜纸拭净
配对比色皿	比色皿决定了光程长度。由于一般商品比色皿的光程精度与其标示值有微小误差，且材质也不能达到完全相同，所以即使是同一厂家生产的同一规格的比色皿也不一定完全能够互换使用。所以仪器出厂前比色皿都经过检验配套，在使用时不应弄混配套关系。实际工作中，尤其是定量测定中，为了消除误差，在测量前还必须对比色皿进行配套性检验。检验方法根据国标JJG 178—2007规定的检查方法 实际工作中，可以采用较为简便的方法进行配套检查。即：在比色皿毛面上口附近用铅笔在洗净的比色皿毛面外壁编号并用箭头标注光路的走向。在比色皿中分别装入测定用溶剂（空白），以其中一个为参比，测定其他比色皿的透光率。若不相等，可选出透光率值最大的比色皿为参比，测其他的吸光度，求出修正值。测定样品时，将待测溶液装入校正过的比色皿，测量其吸光度，所测得的吸光度减去该比色皿的修正值即为此待测溶液本身的吸光度 随着仪器自动化程度的提高，双光束并带有自动数据处理系统的仪器，可以在调零过程中自动进行比色皿的配对及校正。比如，岛津UV-1800分光光度计就不需要单独进行比色皿的配对
使用分光光度计	分光光度计的一般使用过程为：开机预热→选定测定功能（通常为测吸光度或绘制光谱）→选定并确定测定波长→调零（用空白溶液）→测定（用待测的各溶液） 1.开机预热 接通仪器电源，注意检查电压是否和仪器要求的吻合。打开电源开关，仪器预热20min。这是分光光度计使用的第一步 2.选定测定功能 早期一般的分光光度计用旋钮调节选择测定吸光度（A）或是透光率（T）；但是现在的分光光度计都是数显、触摸按钮。常用的功能为测定吸光度值（透光率）、绘制光谱，实际工作根据需要选择 3.选定（确定）测定波长 要测定吸光度，必须选择测定波长（或波长范围），分光光度计都有该功能键 4.调零（用空白溶液） 测定准确的待测物质的吸光度，要扣除测定溶液中其他物质的吸收，以及比色皿可能产生的吸收，所以需要选择合适的空白溶液放入样品室，调节吸光度（A）为0或透光率（T）为100%；分光光度计上也有该功能键 5.测定（用待测的各溶液） 完成上述步骤后就可以将各待测溶液放入样品室中测量其吸光度（A）
测定数据	在具体实验过程中，测定吸光度或透光率时，更换测定液后，注意空白液是否需要更换；更换空白液，需要重新调零；换不同波长测定时，需重新调零
数据处理	计算时，注意公式单位符合要求

（六）三废处理

实验废弃物		处理方法
废液	实验废液回收到待处理废液桶	定期回收，统一收集处理
		实验室废液桶回收
固体废物	使用后的滤纸和擦镜纸	回收到实验室其他类垃圾箱中

四、实验报告

按要求完成实验报告。

五、拓展提高

（一）检定结果使用

1.用分析仪器测定数据前，要保证仪器处于正常工作状态。即仪器要按照国家标准进行周期检定，实际工作过程中要进行日常的检定。

2.只有检定合格的仪器才可以进行定性及定量的分析。

3.不同仪器或同种仪器不同使用目的要求检定的项目和方法会有不同，实际工作中要根据国家标准及行业标准的要求完成检定。

（二）简答题

假设比色皿配对不符合规定，如何消除对后续检定项目的影响？

（三）选择题（不定项）

1.《中国药典》（2020年版）规定可用于检定紫外-可见分光光度计波长的有（　　　）。

A.高氯酸钬溶液　　　　　　　　　　B.钬玻璃

C.氘灯　　　　　　　　　　　　　　D.汞灯

2.《中国药典》（2020年版）规定分光光度计波长允许的误差在紫外、可见光范围内分别为（　　　）。

A.±1nm，±1nm　　　　　　　　　　B.±2nm，±2nm

C.±1nm，±2nm　　　　　　　　　　D.±2nm，±1nm

3.《中国药典》（2020年版）规定可用（　　　）检定紫外-可见分光光度计吸光度的准确性。

A.高氯酸钬溶液　　　　　　　　　　B.重铬酸钾的硫酸溶液

C.硫酸溶液　　　　　　　　　　　　D.重铬酸钾的水溶液

4.《中国药典》（2020年版）规定可用于检定紫外-可见分光光度计杂散光的有（　　　）。

A.高氯酸钬溶液　　　　　　　　　　B.1.00g/100mL碘化钠

C.5.00g/100mL亚硝酸钠　　　　　　D.重铬酸钾

5.《中国药典》（2020年版）规定紫外-可见分光光度计的检定项目有（　　　）。

A.波长的准确性　　　　　　　　　　B.吸光度的准确性

C.杂散光　　　　　　　　　　　　　D.线性

C-6实训 绘制紫外－可见吸收光谱

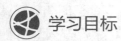 学习目标

1. 会绘制吸收光谱。
2. 能利用吸收光谱确定常用参数。
3. 能用坐标纸和计算机处理数据并绘制吸收曲线。
4. 能用吸收光谱鉴别维生素 B_{12} 注射液。
5. 加深对朗伯－比耳定律的理解。

一、任务内容

1. 质量标准

取含量测定项下的供试品溶液，照紫外-可见分光光度法（通则0401）测定，在361nm与550nm波长下有最大吸收，361nm波长处的吸光度与550nm波长处的吸光度比值应为3.15 ～ 3.45［《中国药典》（2020年版，二部）维生素 B_{12} 注射液项下 ］。

2. 内容解析

吸收曲线是紫外-可见分光光度法的基础，在紫外-可见分光光度法中，绘制物质的吸收曲线是一个重要学习过程。通过吸收曲线的绘制，能够更清楚地了解物质对不同波长光的吸收，对加深理解定性、定量方法的基本原理，理解仪器的工作原理，更好地完成各种定性、定量分析方法起到促进作用。本实训维生素 B_{12} 注射液鉴别用双光束分光光度计绘制其在200 ～ 600nm波长范围内的吸收曲线后，标示相关数据，进行必要的计算即可完成。

（避光操作）精密量取维生素 B_{12} 注射液（规格 1mL：0.5mg）适量，用水定量稀释成每1mL 中约含维生素 B_{12} 25μg的溶液。

二、实验原理

吸收光谱也称为吸收曲线，是以波长（λ）为横坐标、吸光度（A）或透光率（T）为纵坐标描绘的曲线。对某一特定的物质（如维生素 B_{12}）一定范围内的波长与吸光度值绘制成曲线，为该物质的吸收光谱。在吸收曲线上能够确定最大吸收波长、测定波长等参数，也可以利用吸收曲线对物质进行初步定性。

三、实验过程

（一）实验准备清单

参见表C-7-1。

（二）完成任务的主要工作流程图及解读

依据《中国药典》（2020年版）的相关规定，绘制吸收曲线的工作过程按技能点可以切割成以下几个步骤。绘制曲线简单说就是测定供试液一系列波长处的吸光度，以波长为横坐标、吸光度为纵坐标绘制曲线。

1.流程图

见图C-6-1。

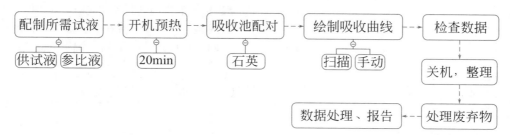

图 C-6-1　绘制吸收曲线工作流程

2.技能点解读表

实验所涉主要技能见表C-6-1（与C-7实训中相同的技能点这里不再赘述）。

表 C-6-1　绘制吸收光谱主要技能单元解读

以维生素B_{12}注射液为例		
序号	知识、技能单元	具体内容
1	配制所需溶液　供试品溶液	取适量维生素B_{12}注射液，打开安瓿瓶，将内容物倒入清洁干燥的小烧杯中，精密量取5mL置100mL棕色容量瓶中，用水定容，摇匀备用
	参比溶液	配制供试品溶液所用水
2	绘制吸收曲线	**扫描法绘制吸收光谱** 选择光谱功能 → 设置波长扫描范围 → 设置步长 → 设置吸光度取值范围 图谱优化 ← 供试液扫描 ← 背景扫描 ← 设置仪器要求的其他条件 储存、记录数据或打印、拍摄图谱 **手动绘制吸收光谱** 确定绘制波长范围和步长 → 测定起始波长的吸光度 → 测定下一个波长的吸光度 记录测得的吸光度 ← 拐点加密 ← 重复上一步骤

续表

序号	知识、技能单元	具体内容
2	绘制吸收曲线	（1）步长　选定两个相邻测定点波长的差值。仪器扫描时，步长通常选择1nm；手动测定时因工作量大，通常选5～10nm，有时也会选择20nm，但一般波长点不少于20个 （2）拐点加密　拐点指改变曲线向上或向下方向的点。加密指步长变小，这样绘制的光谱才能反映物质的真实结构 （3）图谱优化　对于不熟悉的物质，配制的供试液的浓度或设置的初始条件不同，可以根据实际测定情况改变浓度或调整横坐标和纵坐标，如果扫描图谱正常，标示出相关参数，如吸收峰、谷及相对应的波长，也可以记录特征波长的吸光度
3	检查数据	检查测定数据是否合理，拐点步长是否足够小（一般为1nm）

（三）全过程数据记录

扫描和手动需要记录的数据不同，扫描绘制只记录表C-6-3。手动绘制需记录表C-6-2和表C-6-3两个表格。

表C-6-2　吸光度测定值记录

波长/nm	200							
吸光度（A）								
波长/nm								
吸光度（A）								
波长/nm								
吸光度（A）								

表C-6-3　绘制吸收曲线数据记录

基本信息	仪器信息				
	供试品信息				
供试品溶液配制					
参比溶液配制					
比色皿配对	$A_{皿差}=$		仪器自动校正 □		
参数记录	最大吸收波长				
	吸光度				
实验过程中特殊问题					

	项目	是	否（说明原因）
实验检查	所需数据测定		
	记录是否完整		
	仪器使用登记		
	器皿是否洗涤		
	台面是否整理		
	三废是否处理		
教师评价			

（四）实验数据处理

首先判断最大吸收波长是否符合规定。

1.计算维生素 B_{12} 测定液（供试液）的最大吸收波长处吸光度比

$$\frac{A_{361}}{A_{550}}$$

2.手工及电脑绘制吸收光谱

用坐标纸手工绘制吸收光谱；用 Excel 软件绘制出吸收光谱。注意线的类型、点大小及坐标刻度的选择要能反映出相应的精度。标示出相关参数如 A_{max}、λ_{max}、A_{min}、λ_{min} 等。

（五）实验注意事项

参见 C-7 实训。

（六）三废处理

参见 C-7 实训。

四、实验报告

按要求完成实验报告，给出鉴别是否符合要求的结论。

五、拓展提高

1.有两种无色的溶液，分别是维生素 C 和对乙酰氨基酚的溶液，请用紫外-可见分光光度法区分出维生素 C 溶液和对乙酰氨基酚溶液。

2.将实验中维生素 B_{12} 测定液的浓度稀释后，得到的吸收曲线有什么变化（形状、吸收值、最大吸收波长）？分析浓度对吸收曲线形状和参数的影响。

3.设计高锰酸钾吸收曲线的绘制方法。

C-7实训　测定维生素B$_{12}$注射液含量——吸收系数法

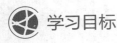 学习目标

1. 能使用紫外-可见分光光度计规范采集并记录相关数据。
2. 能独立计算供试液的浓度。
3. 能在教师指导下正确计算注射剂含量，并独立判断其含量是否合格。
4. 具备与小组成员及教师及时沟通、合作的能力。
5. 能独立完成实验报告。
6. 能根据维生素B$_{12}$注射液的含量测定完成相关拓展提高的要求。
7. 培养依法检验、垃圾分类、环境保护等意识和能力。

一、任务（实验）内容

（一）实验方法（质量标准）

照紫外-可见分光光度法（通则0401）测定，避光操作。

供试品溶液：精密量取维生素B$_{12}$注射液（规格1mL：0.5mg）适量，用水定量稀释成每1mL中约含维生素B$_{12}$ 25μg的溶液。

测定法：取供试品溶液，在361nm的波长处测定吸光度，按维生素B$_{12}$（C$_{63}$H$_{88}$CoN$_{14}$O$_{14}$P）的吸收系数（$E_{1cm}^{1\%}$）为207计算［《中国药典》（2020年版，二部）］。

（二）方法解析

该方法为《中国药典》（2020年版）中紫外-可见分光光度法定量分析方法的吸收系数法。下面依照《中国药典》（2020年版，二部）的相关规定按实际工作过程，分解相关技术单元，逐步完成该项检测任务。

二、实验原理

维生素B$_{12}$注射液的活性成分维生素B$_{12}$在361nm处有最大吸收，在实验条件下，吸光度（A）与维生素B$_{12}$的浓度成正比，鉴于注射液成分简单，其他成分对其吸收值测定的影响可忽略，可用吸收系数法定量。因此根据其在361nm波长下的吸收系数及朗伯-比耳定律计算出测定液的浓度，进而计算出维生素B$_{12}$注射液的含量，并比较与标示值的符合程度，依据《中国药典》（2020年版）判断含量是否符合规定要求。

三、实验过程

（一）实验准备清单

见表C-7-1。

表 C-7-1　吸收系数法测定含量实验准备清单

	名称	规格	数量及单位	用途
仪器及配件	紫外-可见分光光度计			测定吸光度
	石英比色皿	1cm	1对	测定吸光度
	烧杯	20mL 或 50mL	1个	装维生素 B_{12} 注射液
	容量瓶	100mL（棕色）	2个	配制供试品溶液
	吸量管	5mL	1支	移取维生素 B_{12} 注射液
	胶头滴管	5mL	1支	调刻度定容用
	洗耳球	中号	1只	移取溶液
	洗瓶	500mL	1个	洗玻璃器皿及比色皿用
	废液杯	500mL	1只	装废液
	废纸杯	500mL	1只	装废纸
	砂轮	块	适量	切割安瓿瓶
	滤纸及擦镜纸		适量	测吸光度
试药试液	维生素 B_{12} 注射液	1mL：0.5mg	规定取样	供试品（待检品）
	供试品溶液	含维生素 B_{12} 25μg/mL	100mL	待配制，测定吸光度
	参比（空白）溶液	纯水	适量	参比，调零用
	纯水	三级水	适量	配制溶液，洗涤器皿

（二）完成任务的主要工作流程图及解读

依据《中国药典》（2020 年版）的相关规定，吸收系数法测定含量的工作过程按技能点可以分解成以下几个步骤。

1.流程图

见图 C-7-1。

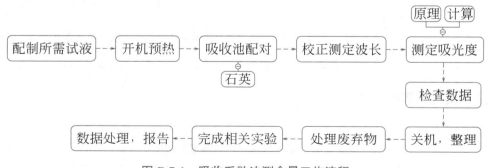

图 C-7-1　吸收系数法测含量工作流程

2.技能点解读表

实验所涉主要技能见表 C-7-2。

表 C-7-2　实验所涉主要技能

序号	知识、技能单元		具体内容
1	配制所需溶液	供试品溶液	取适量维生素B_{12}注射液，打开安瓿瓶，将内容物倒入清洁干燥的小烧杯中，精密量取5mL置100mL棕色容量瓶中，用水定容，摇匀备用
		参比溶液	配制供试品溶液所用水
2	配对比色皿		在361nm处，配对比色皿（具体方法参见C-5实训）
3	校正测定波长		《中国药典》（2020年版）规定： 　1.测定时，除另有规定外，应以配制供试品溶液的同批溶剂为空白对照，采用1cm的石英吸收池，在规定的吸收峰波长±2nm内测试几个点吸光度，或由仪器在规定波长附近自动扫描测定，以核对供试品的吸收峰波长位置是否正确 　2.除另有规定外，吸收峰波长应在该品种项下规定的波长±2nm以内，并以吸光度最大的波长作为测定波长 　具体操作方法： （1）开机预热　按要求打开紫外-可见分光光度计并预热20min （2）校正测定波长　取配对好的比色皿，分别装入供试品溶液（配制好的维生素B_{12}溶液）和参比溶液（蒸馏水），分别测定359nm、360nm、361nm、362nm、363nm波长处的吸光度（或自动扫描361nm附近曲线），记录数据（表C-7-3）。最大值在给定波长±2nm（本实验为361nm±2nm）说明仪器处于正常工作状态，可以进行下一步实验。否则要校正波长后测定
4	测定吸光度		在选定的最大吸收波长（本实验选择361nm±2nm以内最大吸收波长）为测定波长，根据所用仪器的操作规程以纯化水为参比，测定供试品溶液的吸光度，记录并检查。《中国药典》（2020年版）规定：一般供试品溶液的吸光度读数，以0.3～0.7为宜
5	检查数据		测得A值应该在0.3～0.7范围内，否则应检查原因
6	整理工作		数据采集完毕后，进行整理工作。具体步骤及要求： （1）关机　取出吸收池，检查并整理样品室（如有液体请擦干），关闭软件、电源，罩上防尘罩；填写仪器使用记录 （2）清洗器皿　按要求清洗吸收池后入盒保存；按要求洗涤实验所用器皿并保存 （3）整理工作台　仪器室和实验准备室的台面清理，物品摆放整齐，凳子放回原位

（表头"以维生素B_{12}注射液为例"）

（三）全过程数据记录

见表C-7-3。

表 C-7-3　吸收系数法测定含量数据记录

基本信息	仪器信息	
	供试品信息	
供试品溶液配制		

续表

参比溶液配制						
比色皿配对	$A_{皿差}=$		仪器自动校正 □			
校正测定波长	λ/nm	359	360	361	362	363
	A					
	测定波长/nm					
测定吸光度（供试液）	序号	A			$A_{平均}$	
	1					
	……					
实验过程中特殊问题						
实验检查	项目	是		否（说明原因）		
	所需数据测定					
	记录是否完整					
	仪器使用登记					
	器皿是否洗涤					
	台面是否整理					
	三废是否处理					
教师评价						

（四）实验数据处理

1.计算维生素B_{12}测定液（供试液）的浓度

$$c_x = \frac{A}{E_{1cm}^{1\%} \times l \times 100}(\text{g/mL}) \tag{C-7-1}$$

2.计算维生素B_{12}注射液的含量

在药物分析中，制剂（片剂、注射剂、胶囊等）含量是用活性药物占标示量的百分含量表示。即

$$制剂含量 = \frac{单位制剂实测的药物量}{标示量} \times 100\% \tag{C-7-2}$$

注射剂含量的计算如下。

$$注射剂含量 = \frac{实测量}{标示量} \times 100\% = \frac{实测浓度}{配制浓度} \times 100\% \tag{C-7-3}$$

根据式（C-7-1）和式（C-7-3）得出紫外-可见分光光度法——吸收系数法测注射剂含量计算公式如下。

$$注射剂含量 = \frac{c_x}{c_{配制}} \times 100\% = \frac{A \times V_{稀释}}{E_{1cm}^{1\%} \times 100 \times V_{供} \times S} \times 100\% \tag{C-7-4}$$

式中，c_x 为用于测定吸光度（A）供试品溶液的浓度，g/mL；$V_{供}$ 为配制供试品溶液所取的供试品溶液的体积，mL；$V_{稀释}$ 为配制供试品溶液最终稀释的体积，mL；S 为注射液的标示量，g/mL。

本实验中维生素 B_{12} 试液（供试品溶液）浓度可根据式（C-7-1）计算得出。

$$c_{测B_{12}} = \frac{A}{E_{1cm}^{1\%} \times l \times 100}(g/mL) = \frac{A}{207 \times 1 \times 100}(g/mL)$$

维生素 B_{12} 注射液配制的浓度计算公式如下。

$$c_{配B_{12}} = \frac{S \times V_{供}}{V_{稀释}}(g/mL) = \frac{0.5 \times 5 \times 10^{-3}}{100}(g/mL) \qquad （C-7-5）$$

（五）实验注意事项

技能点	操作方法及注意事项
供试液配制	注意防割伤。讲解演示操作要领，准备创可贴及相关用品
开机预热	注意实验时间合理安排，利用预热时间准备实验
吸收池配对	同装蒸馏水在选定测定波长处配对
校正测定波长	对波长要求严格的实验，特别是吸收系数法进行定量分析时，要进行波长校正。本实验因为用361nm处的比吸收系数，所以对波长要求高。校正波长目的是防止仪器显示波长不准，给实验带来误差
测定吸光度	定量分析通常做平行样，且每份样品测定2～3次，取平均值，减小偶然误差；数值不稳，检查拉杆位置
检查数据	检查数据合理性和规范性。注意定量分析测得A值应该在0.3～0.7范围内
使用分光光度计	仪器连续使用时间不应超过3h。若需长时间使用，最好间歇30min 必须正确使用吸收池，应特别注意保护吸收池的两个光学面。检测器为光电转换元件，不能长时间曝光，且应避免强光照射或受潮积尘，随时关闭样品室。当仪器停止工作时，必须切断电源
仪器不用时	要定期通电，每次不少于20～30min，以保持整机呈干燥状态，并且维持电子元器件的性能
注意用电安全	安全考试准入制度

（六）三废处理

废物类型	实验废弃物	处理方法
废液	剩余维生素 B_{12} 注射液	倒入废液桶
	剩余供试品溶液及废液	倒入水池
固体废物	安瓿瓶	回收到固定容器，防割伤处理
	纸质药盒	回收到固定地点，可回收
	废纸	回收到其他垃圾桶

四、实验报告

按要求完成实验报告。

五、拓展提高

（一）参比溶液

1.测定吸光度要使用参比溶液的原因

在分光光度分析中测定吸光度时，由于入射光的反射以及溶剂、试剂等对光的吸收会造成透射光通量的减弱（被吸收）。为了使光通量的减弱（吸光度）仅与溶液中待测物质的浓度有关，需要选择合适的组分溶液做参比溶液（空白溶液），先以它来调节透光率（T）为100%（$A=0$），然后再测定待测溶液的吸光度。这实际上是以通过参比溶液的光作为供试品溶液、对照品溶液或标准溶液的入射光来测定溶液中待测组分的吸光度。这样就可以消除溶液中除待测组分外的其他吸收（吸收池、溶剂、试剂等），排除干扰，比较真实地反映待测组分对光的吸收，因而也就能比较真实地反映待测组分的浓度。

2.常用的参比溶液类型

参比溶液有时也叫空白溶液。《中国药典》（2020年版）规定：除另有规定外，比色法所用的空白系指用同体积的溶剂代替对照品或供试品溶液，然后依次加入等量的相应试剂，并用同样方法处理。在紫外-可见分光光度技术中，常用的参比溶液有下面几种。

（1）溶剂参比　试样简单、共存的其他成分对测定波长吸收弱、只考虑消除溶剂与吸收池等因素时，选择溶剂作为测定的空白溶液（如维生素B_{12}分析）。

（2）试样参比　如果试样基体溶液在测定波长有吸收，而显色剂不与试样基体显色时，可按与显色反应相同的条件处理试样，只是不加入显色剂，即选择试样溶液作为空白溶液。

（3）试剂参比　如果显色剂或其他试剂在测定波长有吸收，按显色反应相同的条件，不加入试样，同样加入试剂和溶剂配制的溶液作为空白溶液，称为试剂参比（如C-8实训中水中铁含量测定的参比）。

（4）平行操作参比　用不含被测组分的试样，在相同的条件下与被测试样同时进行处理，由此得到平行操作参比溶液。

3.如何选择参比溶液

选择参比溶液是一个关键技术。实际分析中，选择参比溶液视分析体系及反应原理而定。

（二）对照品比较法

假设有一维生素B_{12}注射液（规格1mL：1mg）含量采用紫外-可见分光光度法的比较法测定，请完成下列表格。

供试品溶液配制	
对照品溶液配制	
参比溶液配制	
含量计算公式	

（三）对乙酰氨基酚

照紫外-可见分光光度法（通则0401）测定。供试品溶液：取本品约40mg，精密称定，置250mL量瓶中，加0.4%氢氧化钠溶液50mL溶解后，加水至刻度，摇匀，精密量取5mL，置100mL量瓶中，加0.4%氢氧化钠溶液10mL，加水稀释至刻度，摇匀。

测定法：取供试品溶液，在257nm的波长处测定吸光度，按对乙酰氨基酚（$C_8H_9NO_2$）的吸收系数（$E_{1cm}^{1\%}$）为715计算 [《中国药典》（2020年版，二部）]。

请完成下列表格。

该定量方法名称	
供试品溶液配制	
参比溶液配制	
含量计算公式	

 C-8实训　邻二氮菲光度法测定水样中铁含量

学习目标

1.会配制标准曲线溶液并测定吸光度。

2.会用邻二氮菲法测定铁含量。

3.理解样品显色的方法及影响条件。

4.掌握紫外-可见分光光度法的分析技能。

5.会用标准曲线法处理数据。

一、任务内容

（一）实验方法

1.标准曲线溶液的配制及测定

分别移取铁标准工作液0.00mL、1.00mL、2.00mL、4.00mL、6.00mL、8.00mL、10.00mL，置于7个50mL容量瓶中，依次加入1.0mL盐酸羟胺溶液（10%），稍摇动，加2.0mL邻二氮菲溶液（0.1%）、5mL醋酸-醋酸钠缓冲溶液（pH≈5.0），轻摇，加水稀释至刻度，充分摇匀。放置10min，测吸光度。

2.水样的配制及测定

取水样2.00mL于50mL容量瓶中，平行2个，后续操作同标准曲线溶液的配制，显色后，放置10min，测吸光度。

（二）内容解析

本法为显色比色的可见分光光度法，《中国药典》（2020年版）中将其称为比色法，常用于无机离子含量的测定。这种方法要经过显色和测量（吸光度）两个过程。铁离子在一定条件下与邻二氮菲反应生成有色物质，在一定波长下，该有色物质颜色的深浅（吸光度大小）与铁离子浓度成正比，利用标准曲线法根据吸收值可以得出样品中铁的含量。

二、实验原理

在一定条件下，铁离子与邻二氮菲试剂生成有色化合物，有色化合物在510nm有最大吸收，有色化合物颜色深浅（吸收值大小）与铁含量成正比，根据吸收值可以得出样品中铁的含量。采用标准曲线法定量测定水样中铁含量。

邻二氮菲又称为邻菲啰啉，是测定微量铁的一种高灵敏度、高选择性的显色剂。在pH 2～9（一般控制pH 5～6）的范围内，亚铁离子（Fe^{2+}）与邻二氮菲生成稳定的橙色配合物，该有色物质在510nm处有最大吸收。在还原剂（盐酸羟胺）存在下，颜色可保持几个月不变，稳定性非常好。

三价铁离子（Fe^{3+}）与邻二氮菲生成淡蓝色配合物，在加入显色剂之前，需用还原剂（盐酸羟胺）先将其还原为亚铁离子（Fe^{2+}），所以该法测定的铁量是样液中三价铁离子（Fe^{3+}）和亚铁离子（Fe^{2+}）的总量，也称全铁量。

该方法，有相当于铁量40倍的Sn^{2+}、Al^{3+}、Ca^{2+}、Mg^{2+}、Zn^{2+}，20倍的Cr（Ⅵ）、V（Ⅴ）、P（Ⅴ），5倍的Co^{2+}、Ni^{2+}、Cu^{2+}等，不干扰测定，具有较高的选择性。

三、实验过程

（一）实验准备清单

见表C-8-1。

表C-8-1　标准曲线法测定含量准备清单（以邻二氮菲法测铁为例）

	名称	规格	数量及单位	用途
仪器及配件	紫外-可见分光光度计			测定吸光度
	比色皿	1cm（配套）	1套	测吸光度
	容量瓶	50mL	9个	标准曲线溶液、水样显色用
	吸量管	5mL	4支	移取显色剂等溶液
	吸量管	10mL	1支	移取铁标准溶液
	吸量管	5mL（单刻度）	1支	移取水样用
	胶头滴管	5mL	1支	调刻度定容用
	洗耳球	中号	1只	移取溶液
	洗瓶	500mL	1个	洗涤用；定容用
	废液杯	500mL	1只	装废液
	废纸杯	500mL	1只	装废纸
	滤纸及擦镜纸		适量	测吸光度

续表

名称		规格	数量及单位	用途
试药试液	水样		适量	供试品（待检品）
	铁标准液（储备液）	100μg/mL	适量	用于配制工作液
	铁标准液（工作液）	10μg/mL	适量	用于配制标准曲线溶液
	盐酸羟胺溶液	10%	适量	用于显色
	邻二氮菲溶液	0.1%	适量	显色剂
	醋酸-醋酸钠缓冲液	（pH ≈ 5.0）		用于控制显色条件
	盐酸溶液	（1+1）	适量	配制铁标准溶液
	纯水	三级水	适量	配制溶液，洗涤器皿

（二）完成任务的主要工作流程图及解读

标准曲线法测定含量的工作过程按技能点可以分解成以下几个步骤。

1. 流程图

见图C-8-1。

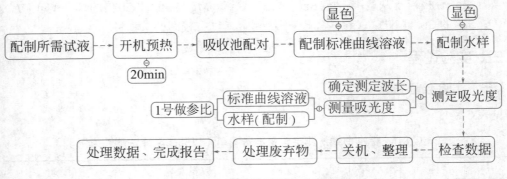

图 C-8-1　标准曲线法测定含量流程

2. 技能点解读表

实验所涉主要技能见表C-8-2。

表 C-8-2　实验所涉主要技能

以邻二氮菲比色法测铁为例			
序号	知识、技能单元		具体内容
1	配制所需溶液	铁标准溶液（储备液）	准确称取0.8634g的硫酸铁铵［NH₄Fe(SO₄)₂·12H₂O］（G.R.），置于烧杯中，加入20mL盐酸（6mol/L）和少量水，溶解后，定量转移至1000mL容量瓶中，加水稀释至刻度，充分摇匀
		铁标准溶液（工作液）	精密移取上述铁标准溶液10mL，置于100mL容量瓶中，加盐酸（6mol/L）2.0mL，用水稀释至刻度，充分摇匀

续表

序号	知识、技能单元	具体内容
2	配制标准曲线溶液	取7个容量瓶编号，按下表分别加入铁标准工作液，按顺序加入其他试剂，显色 编号表与标准系列样液图 注意：容量瓶按编号排序，规范移取溶液，用同一吸量管移取溶液。显色后，与同样显色的水样同时测定吸光度
3	配制水样	预估水样中铁的含量，确定取水样的量，控制水样的吸光度值落在标准曲线的中段。本实训取水样2mL，2份平行，同标准曲线同样步骤显色
4	测定吸光度	在510nm波长处，以标准系列1号液为参比，测定标准曲线溶液和样液的吸光度，记录至表C-8-3 条件和时间允许，可让同学们扫描选测定波长
5	检查数据	（1）检查标准曲线数据的合理性（浓度与吸收值，最大值和最小值，点的分布） （2）检查样液数据的合理性（平行性，落在吸收曲线的位置，大小是否符合规定）
6	整理工作	数据采集完毕后，进行整理工作。具体步骤及要求如下： （1）关机　取出吸收池，检查并整理样品室（如有液体请擦干），关闭软件、电源，罩上防尘罩；填写仪器使用记录 （2）清洗器皿　按要求清洗吸收池后入盒保存；按要求洗涤实验所用器皿并保存 （3）整理工作台　仪器室和实验准备室的台面清理，物品摆放整齐，凳子放回原位

其中序号2的表格：

编号	1	2	3	4	5	6	7
Fe标/mL	0	1	2	4	6	8	10

（三）全过程数据记录

见表C-8-3。

表C-8-3 标准曲线法测定含量数据记录

基本信息	仪器信息			
	供试品信息			
测定波长/nm			$A_{皿}$	

续表

标准曲线	吸光度						
	1	2	3	4	5	6	7
水样测定液	1				2		
水样中铁含量/（g/mL）							
实验过程中特殊问题							
实验检查	项目		是		否（说明原因）		
	所需数据测定						
	记录是否完整						
	仪器使用登记						
	器皿是否洗涤						
	台面是否整理						
	三废是否处理						
教师评价							

（四）实验数据处理

1.绘制标准曲线

（1）计算吸收曲线各序列中铁的浓度（表C-8-4），以浓度为横坐标、吸光度（A）为纵坐标绘制标准曲线。

表C-8-4　铁标准曲线数据

序号	1	2	3	4	5	6	7
铁标准工作液/（μg/mL）	0	2.00	4.00	8.00	12.00	16.00	20.00
A	0						

（2）在坐标纸上绘制　绘制时注意有效数字的体现、描点的大小。另外，绘制的工作曲线不能超过浓度最大点，图上应标示出必要信息（图名，坐标名称、单位等）。标示出水样吸光度对应的浓度值，记录为c_{x_1}。

（3）计算机软件（Excel）绘制，给出回归方程，打印。根据回归方程计算出水样吸光度对应的浓度值，记录为c_{x_2}。

2.计算出水样中铁的浓度

$$T_{Fe}=\frac{c_x V}{V_水}　　　　　　（C-8-1）$$

式中，V为显色定容的体积，mL；$V_水$为显色取水样的体积，mL；c_x为上述计算出的浓度c_{x_1}和c_{x_2}。

（五）实验注意事项

技能点	操作方法及注意事项
标准曲线绘制	实际工作中，为了避免使用中出差错，在所做的标准曲线上必须标明标准曲线的名称、标准溶液（或标样、对照品、标准品）名称和浓度、坐标分度及单位、测量条件（仪器型号、测定波长、吸收池规格、参比液名称等）以及制作日期和制作者姓名
水样配制	在测定样品时，应按相同的方法制备待测试液（为了保证条件一致，操作时一般是试样与标准溶液同时操作），在相同的条件下测量吸光度。为保证测定的准确度，要求标样与试样溶液的组成保持一致，待测样液的浓度应在标准曲线的线性范围内，最好在工作曲线中部
标准曲线的使用次数	实际工作中，有时稳定性高的标准曲线可多次使用。但应定期校准，且如果实验条件变动（如更换标准溶液，所用试剂重新配制，仪器经过修理、搬动、更换光源等情况），标准曲线应重新绘制 如果实验条件不变，那么每次测量只要带一个标准溶液，校验一下实验条件是否变化，就可以用此标准曲线测量试液的含量
检查数据	检查数据合理性和规范性。可以检查线性情况，及时发现问题
标准溶液	显色用的标准溶液通常浓度很小，特别是金属离子，且容易水解，所以实际工作中，先配制浓度较大的储备液，浓度较稀的工作液应现用现配，减小实验误差
盐酸羟胺溶液	盐酸羟胺在本实验中作为还原剂还原高价铁，易分解，需新鲜配制
邻二氮菲溶液	先用少量乙醇溶解，新鲜配制，2周内有效
水样铁含量计算	注意测定液浓度和待测样品浓度的区别和相互关系

（六）三废处理

废物类型	实验废弃物	处理方法
废液	有色溶液	倒入废液桶待处理
固体废弃物	废纸	弃入其他类垃圾桶

四、实验报告

按要求完成实验报告，附手工绘制标准曲线及电脑绘制的标准曲线。

五、拓展提高

（一）标准曲线与回归方程

1.标准曲线与工作曲线

标准曲线法在一些情况下称为工作曲线法。药物分析中应用不多，但在有些分析检测特别是复杂样品分析中应用很多。通常直接用标准溶液配制的不经样品前处理过程的称为标准曲线法；而标准溶液经过和样品前处理一样过程的，比如过滤、萃取、色谱分离等过程的称为工作曲线法。根据要求，标准曲线至少有4个点。邻二氮菲比色法测定铁标准曲线如图C-8-2所示。

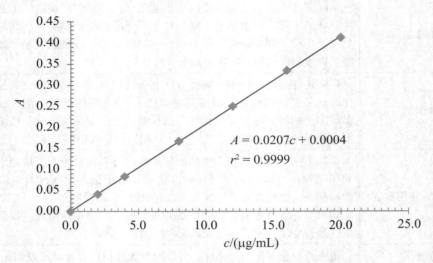

图C-8-2   邻二氮菲比色法测定铁标准曲线

2.线性回归的方法与回归方程

由于受到各种因素的影响，实际实验时测出的各点可能不完全在一条直线上，这时"画"直线的方法就显得随意性大了一些，若采用直线回归的方法就要准确得多了。采用直线回归的方法通常为最小二乘法。

标准曲线各点的关系可以用一元线性方程表示，即

$$y=a+bx \tag{C-8-2}$$

式中，x为标准溶液的浓度；y为相应的吸光度；a、b为回归系数，直线称为回归曲线（直线）。

b为直线斜率，可由下式求出。

$$b=\frac{\sum_{i=1}^{n}(x_i-\bar{x})(y_i-\bar{y})}{\sum_{i=1}^{n}(x_i-\bar{x})^2} \tag{C-8-3}$$

式中，$\bar{x}$、$\bar{y}$分别为x和y的平均值；x_i为第i个点的标准溶液的浓度；y_i为第i个点的相应的吸光度（以下同）。

a为直线的截距，可由下式求出。

$$a=\frac{\sum_{i=1}^{n}y_i-b\sum_{i=1}^{n}x_i}{n}=\bar{y}-b\bar{x} \tag{C-8-4}$$

工作曲线线性好坏可以用回归直线的相关系数来表示，相关系数r可由下式求出。

$$r=b\sqrt{\dfrac{\sum\limits_{i=1}^{n}(x_i-\bar{x})^2}{\sum\limits_{i=1}^{n}(y_i-\bar{y})^2}} \tag{C-8-5}$$

相关系数越接近1，说明工作曲线越好。一般要求所做的工作曲线的相关系数要大于0.999。

用Excel作图得到的方程，实际上是软件已完成上述计算过程。

分光光度计内的定量分析模块也可以直接显示出标准曲线和分析结果，实际上也完成了上述计算过程，希望通过该内容的学习大家能更好地理解仪器相关功能的工作原理，也能理解手绘标准曲线准确度较差的原因。

（二）目视比色法

有色物质或是显色物质的溶液可以用眼睛来观察颜色深浅，进而确定物质的含量，这种分析方法称为目视比色法。

虽然目视比色法测定的准确度较差（相对误差为5%～20%），但由于它所需要的仪器简单、操作简便，仍然用于一些准确度要求不高的中间控制分析，更主要的是应用在限量分析中。限量分析是指要求确定样品中待测杂质含量是否在规定的限度以下。限量分析在药物杂质检查中应用较多。

目视比色的方法原理是：将有色标准溶液和被测溶液在相同条件下进行颜色比较，当溶液液层厚度相同，颜色深浅度一样时，两者的浓度相等，颜色深者，浓度较大。

目视比色的测定方法：将上述铁含量测定实验中的50mL容量瓶，改用50mL比色管，就可以进行目视比色了。

具体方法是：从比色管口垂直向下观察，比较待测溶液与标准溶液（色阶）中各标准溶液的颜色。如果待测溶液与标准色阶中某一标准溶液颜色深度相同，则其浓度亦相同。如果介于相邻两标准之间，则被测溶液浓度为这两标准溶液浓度的平均值，或是根据实际情况在两个浓度之间得出估算值。

如果需要进行的是"限量分析"，即要求某组分含量在某浓度以下，那么只需配制浓度为限量浓度的标准溶液，并与试样同时进行显色比较。若试样颜色比标准溶液颜色深，则说明试样中待测组分含量已超出允许的限量。药物中一般杂质"铁盐""重金属"等都是采用这种方法检查。

目视比色法要求的条件包括所用比色管要配套，即比色管的直径、长度、刻线位置、玻璃厚度及色泽等都相同；另外标准和样品溶液的操作条件要相同。

（三）硫酸阿托品片含量的测定——酸性染料比色法

取本品20片，研细，精密称取适量（约相当于硫酸阿托品2.5mg），置50mL量瓶中，加水振摇使硫酸阿托品溶解并稀释至刻度，滤过，取续滤液，作为供试品溶液。

另取硫酸阿托品对照品约25mg，精密称定，置25mL量瓶中，加水溶解并稀释至刻度，摇匀，精密量取5mL，置100mL量瓶中，加水稀释至刻度，摇匀，作为对照品溶液。

　　精密量取供试品溶液与对照品溶液各2mL，分别置预先精密加入三氯甲烷10mL的分液漏斗中，各加溴甲酚绿溶液（取溴甲酚绿50mg与邻苯二甲酸氢钾1.021g，加0.2mol/L氢氧化钠溶液6.0mL使溶解，再加水稀释至100mL，摇匀，必要时滤过）2.0mL，振摇提取2min后，静置使分层，分取澄清的三氯甲烷液，照紫外-可见分光光度法（通则0401），在420nm的波长处分别测定吸光度，计算，并将结果与1.027相乘，即得供试量中含有$(C_{17}H_{23}NO_3)_2 \cdot H_2SO_4 \cdot H_2O$的重量［《中国药典》（2020年版，二部）］。

　　方法解析：本方法为萃取显色后的比色法，具体定量方法为对照品比较法。

　　问题：

1.写出对照品溶液和供试品溶液萃取显色过程。

2.写出与本法有关的所有计算公式。

（四）方法比较

　　查阅《食品中亚硝酸盐与硝酸盐的测定》（GB 5009.33—2016），找出标准曲线的制作方法和样品溶液的配制与显色方法。

项目D　原子吸收分光光度法

思维导图

 D-1任务　原子吸收分光光度法基础

学习目标

1.掌握原子吸收分光光度法的定量依据。

2.熟悉原子吸收分光光度法的基本原理。

3.了解原子吸收轮廓变宽的因素。

　　原子吸收分光光度法（atomic absorption spectrometry，AAS）是基于蒸气中原子对特征电磁辐射的吸收进行定量分析的一种方法，也称原子吸收光谱法。原子吸收分光光度法可以测定金属元素、部分非金属元素（如卤素、硫、磷）和一些有机化合物（如维生素B_{12}、葡萄糖、核糖核酸酶等）。测定的样品一般经高温破坏呈原子态，在气态下利用自由原子的光谱性质进行测量，常用于药物中无机元素的测定。

一、术语与定义

　　原子吸收分光光度法中常见的术语及定义见表D-1-1。

表 D-1-1　常见的术语及定义

术语	定义
共振线	共振吸收线：原子外层电子由基态跃迁到第一激发态时吸收一定频率的光辐射而产生的吸收谱线，简称共振线
	共振发射线：当电子从第一激发态跃迁回基态时发射同样频率的光辐射，也简称共振线
锐线光源	发射线半宽度远小于吸收线半宽度的光源
多普勒变宽	又称为热变宽，由于原子热运动引起的谱线变宽
洛伦兹变宽	吸收原子与蒸气中局外原子或分子等相互碰撞而引起的谱线轮廓变宽
赫鲁兹马克变宽	又称共振变宽，是同种原子碰撞引起的发射或吸收光量子频率改变而导致的谱线变宽
自然宽度	在没有外界影响下，谱线固有的宽度
自吸变宽	由自吸现象而引起的谱线变宽

二、基本原理

（一）共振吸收线

任何元素的原子都是由原子核和围绕原子核运动的电子组成。电子按照能级的高低分层分布，因此一个原子可能具有多个不同的能级状态。在一般情况下，原子处于最稳定基态（最低能级状态），称为基态原子。基态原子受到外界的能量激发时，外层电子吸收能量处于激发态（不同的较高能级状态）。当处于基态的原子中的电子吸收一定的能量跃迁到能量最低的激发态（第一激发态）时产生共振吸收线。当电子从第一激发态跃迁回到基态时，则发射出共振发射线。

由于各种元素原子的结构和外层电子排布不同，不同元素的原子从基态激发到第一激发态吸收的能量不同，各种元素的共振线各具特征性，故又称为元素的特征谱线。共振线是灵敏度最高的谱线（灵敏线），大多数元素利用原子吸收分光光度法分析时，首先共振线作吸收谱线，因此，元素的共振线又称为分析线。

（二）原子吸收谱线的轮廓

1.原子吸收谱线的轮廓

从理论上讲，原子吸收光谱应该是线状光谱。但实际上任何原子发射或吸收的谱线都不是绝对单色的几何线，而是具有一定宽度的谱线。图 D-1-1 为透过光强 I_ν（纵坐标）对频率 ν（横坐标）作图所得的曲线图，ν_0（中心频率）对应的透过光强最小，则基态原子的吸收最大。

图 D-1-2 所示是吸收系数 K_ν（纵坐标）对频率 ν（横坐

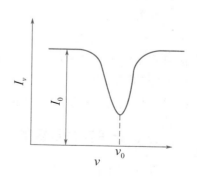

图 D-1-1　I_ν-ν 曲线

标）作图得到原子吸收谱线的轮廓。从图中可看出，v_0 对应极大值数 K_0（峰值吸收系数或中心吸收系数），当 $K_v = K_0/2$ 时，所对应吸收轮廓上两点间的距离称为吸收峰的半宽度 Δv。原子辐射谱线呈具有一定宽度的谱线轮廓，所谓谱线轮廓是指谱线强度按波长有一分布值，是同种基态原子在吸收其共振辐射时被展宽了的吸收带，原子吸收线轮廓上的任意各点都与相同的能级跃迁相联系。原子辐射谱线的吸收线轮廓（Δv 为 $0.001 \sim 0.005$nm）比发射线轮廓（Δv 为 $0.0005 \sim 0.002$nm）更宽。

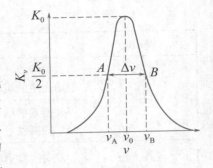

图 D-1-2　K_v-v 曲线

2.谱线变宽的因素

影响谱线变宽的因素比较复杂，一般分为两个方面，一方面是由原子本身的性质决定了谱线的自然宽度；另一方面是由于外界因素的影响引起的谱线变宽。

（1）自然变宽（Δv_N）　在没有外界因素影响的情况下，谱线本身固有的宽度称为自然宽度。不同谱线的自然宽度不同，它与原子发生能级跃迁时激发态的平均寿命有关，寿命长则谱带宽度窄。自然变宽的影响比其他变宽因素影响要小得多，其大小一般在 10^{-5}nm 数量级。

（2）多普勒（Doppler）变宽（Δv_D）　多普勒变宽是由于原子在空间作无规则热运动引起的，也叫热变宽。当运动波源（运动着的原子发出的光）"背向"检测器运动时，被检测到的频率较静止波源所发出的频率低，称为波长"红移"；当运动波源"向着"检测器运动时，被检测到的频率较静止波源所发出的频率高，称为波长"紫移"，此即多普勒效应。原子量小的元素多普勒线宽较宽，温度越高，线宽越宽。通常多普勒变宽为 10^{-3}nm 数量级。

（3）压力变宽　压力变宽是由于产生吸收的原子与蒸气中的原子或分子相互碰撞引起的谱线变宽，所以又称为碰撞变宽。

洛伦兹（Lorentz）变宽是产生吸收的原子与其他的粒子（如外来气体的原子、离子或分子）碰撞引起的变宽。其大小随局外气体压力的增加而增大，也随局外气体性质的不同而不同。在通常的原子吸收分光光度法测定条件下，它与多普勒变宽的数值具有相同的数量级，洛伦兹变宽效应对气体中所有原子是相同的，是均匀变宽，是按一定比例引起吸收值减小的固定因素，只降低分析灵敏度，不破坏吸收值与浓度间的线性关系。

赫鲁兹马克（Holtsmark）变宽是同种原子之间发生碰撞而引起的变宽，又称为共振变宽。一般在浓度较大时出现，随试样原子蒸气浓度增加而增加。在通常原子吸收分光光度法测定条件下，金属原子蒸气压在 133.3Pa 以下时，共振变宽可忽略不计。

影响谱线变宽的还有电场变宽、磁场变宽等因素，但在通常的实验条件下，影响吸收线轮廓变宽的主要因素是多普勒变宽和洛伦兹变宽。

三、原子在各能级的分布

在正常情况下，原子是以它的最低能态即基态形式存在的。但是在原子化过程中，因为有热能的存在，是不是有基态的原子变成了激发态？能不能根据基态原子吸收光源辐射的值来计算含量？这个是需要考虑的问题。实际上，在原子化状态下，也只有极少数原子以较高能态存在。在热平衡状态时，处于基态和激发态的原子数目N取决于该能态的能量E和体系的温度T，遵循玻尔兹曼分布律。即：

$$\frac{N_j}{N_0} = \frac{g_j}{g_0} \exp\left(\frac{-E_j - E_0}{KT}\right) \qquad （D\text{-}1\text{-}1）$$

式中，N_j、N_0和g_j、g_0分别为激发态、基态的原子数目和统计权重；E_j、E_0分别为激发态及基态时原子的能量，$E_j > E_0$；T为热力学温度；K为玻尔兹曼常数。

根据玻尔兹曼分布律，N_j/N_0比值随温度呈指数变化。在原子光谱中，一定波长谱线的g_j/g_0和E_j都已知，不同温度T的N_j/N_0可用式（D-1-1）求出。表D-1-2列出了几种元素的第一激发态与基态原子数之比N_j/N_0。

表 D-1-2　某些元素的第一激发态与基态原子数之比 N_j/N_0

元素及共振线波长/nm	g_j/g_0	E_j	N_j/N_0		
			2000K	3000K	4000K
Na（589.0）	2	2.104	0.99×10^{-5}	1.14×10^{-4}	5.83×10^{-4}
Cu（324.7）	2	3.817	4.82×10^{-10}	4.04×10^{-8}	6.65×10^{-7}
Ag（328.1）	2	3.778	6.03×10^{-10}	4.84×10^{-8}	8.99×10^{-7}
Mg（285.2）	3	4.346	3.35×10^{-11}	5.20×10^{-9}	1.50×10^{-7}
Ca（422.7）	3	2.932	1.22×10^{-7}	3.67×10^{-6}	3.55×10^{-5}
Zn（213.9）	3	5.795	7.45×10^{-15}	6.22×10^{-12}	5.50×10^{-10}
Pb（283.3）	3	4.375	2.83×10^{-11}	4.55×10^{-9}	1.34×10^{-7}
Fe（372.0）	—	3.332	2.29×10^{-9}	1.04×10^{-7}	1.31×10^{-6}

从表D-1-2中可见，当$T < 3000K$时，比值都很小，不超过1%，即基态原子数N_0比N_j大得多，占总原子数的99%以上。通常情况N_j相对于N_0可以忽略不计，N_0可以看作等于总原子数N，认为所有的吸收都是在基态进行的，这就大大地减少了可以用于原子吸收的吸收线的数目。所以在紫外光谱区，每种元素仅有3～4个有用的光谱线，这是原子吸收分光光度法灵敏度高、抗干扰能力强的一个重要原因。

由于基态原子数N_0占约99%比重，在常用原子化的实验条件温度范围内，温度变化对比值的影响不是很大，N_0可以看作等于总原子数N，这样就可以根据光源辐射强度的变化与基态原子吸收的情况来得出元素的含量。

四、原子吸收值与原子浓度的关系

（一）积分吸收

原子蒸气层中的基态原子吸收共振线的全部能量为积分吸收，即相当于图D-1-2中所示吸收线轮廓下面所包含的整个面积。根据理论推导积分吸收与基态原子数的关系为：

$$\int K_\nu \mathrm{d}\nu = \frac{\pi e^2}{mc} f N_0 \qquad （\text{D-1-2}）$$

式中，c 是光速；m、e 分别为电子的质量和电荷；f 是振子强度，即为被入射光激发的每个原子的电子平均数；N_0 是每立方厘米中能够吸收频率为（$\nu_0 \pm \Delta\nu$）范围光的基态原子数目。式（D-1-2）表明，基态原子浓度 N_0 与吸收系数轮廓所包围的面积（称为积分吸收系数）成正比。

（二）峰值吸收

由于原子吸收线很窄，要在如此小的轮廓准确积分，要求单色器的分辨本领达 50 万以上，这是一般光谱仪所不能达到的。1955 年瓦尔什从理论上证明在吸收池内元素的原子浓度和温度不太高且变化不大的条件下，峰值吸收系数 K_0 与待测基态原子浓度间存在线性关系，可以用测定峰值吸收系数 K_0 来代替积分吸收系数的测定，而 K_0 的测定，只要使用锐线光源，而不必要使用高分辨率的单色器就能做到。

当光源发射线的中心波长与吸收中心波长一致，即 $\Delta\nu$ 完全由决定 $\Delta\nu_D$，且发射线的半宽度比吸收线的半宽度小得多时，峰值吸收系数 K_0 与吸收线的半宽度 $\Delta\nu$ 和积分系数的函数关系如下：

$$\int K_\nu \mathrm{d}\nu = \frac{1}{2}\sqrt{\frac{\pi}{\ln 2}} K_0 \Delta\nu \qquad （\text{D-1-3}）$$

由式（D-1-2）与式（D-1-3）得到：

$$K_0 = \frac{2}{\Delta\nu}\sqrt{\frac{\ln 2}{\pi}} \frac{\pi e^2}{mc} f N_0 \qquad （\text{D-1-4}）$$

（三）定量分析的依据

在实际工作中，通常不是测定峰值吸收系数 K_0 的大小得出物质的浓度，而是通过测定基态原子吸光度的大小并根据吸收定律来进行定量的，即：

$$A = -\lg \frac{I_\nu}{I_0} = 0.4343 K_0 L \qquad （\text{D-1-5}）$$

如果将 N_0 从 K_0 中提出来，并近似地把它视为原子总数 N，令 K_0 的余项与 0.4343 的乘积为 K，则得到如下简单关系：

$$A = KNL \qquad （\text{D-1-6}）$$

在实际工作中通常要求测定被测试样中的某组分浓度，而当试样中被测组分浓度 c 与蒸气相中原子总数 N 之间保持某种稳定的比例关系时，得到

$$N = \alpha c \qquad （\text{D-1-7}）$$

式中，α 为比例系数。令 $K' = KL\alpha$，则得原子吸收分光光度法常用的定量公式：

$$A = K'c \qquad （\text{D-1-8}）$$

式中，A 为吸收值；c 为测定溶液的浓度值，单位视实验情况而定，常用 μg/mL 或 ng/mL，且待测样液与标准样液浓度相同；K' 为吸收系数，与实验条件和测定元素性质有关。

即在一定条件下，吸光度与试样中被测组分的浓度呈线性关系，这就是原子吸收分光光度法的定量分析依据。

 知识拓展

原子吸收光谱法和紫外吸收光谱法都是由物质对光的吸收而建立起来的光谱分析法，属于吸收光谱法。不同之处是吸光物质的状态不同。原子吸收光谱分析中，吸光物质是基态原子蒸气，而紫外-可见分光光度分析中的吸光物质是溶液中的分子或离子。原子吸收光谱是线状光谱，而紫外-可见光谱是带状光谱。由于吸收机理的不同使两种方法的仪器各部件的连接顺序、具体部件及分析方法都有不同。

与分子光谱法比较，原子吸收分光光度法具有以下特点。

（1）灵敏度高　常规分析中，火焰光度法大多数元素可达到每毫升10^{-6}g级别；如果采用特殊手段（无火焰），还可达到$10^{-10} \sim 10^{-14}$级别。微量试样测定，采用无火焰原子吸收法，试样用量仅需试液$5 \sim 100\mu L$或固体$0.05 \sim 30mg$。

（2）选择性好，抗干扰能力强　原子吸收带宽很窄，一般测定时共存元素干扰较小，可以不经分离测定，测定比较简单，因此，有条件实现全自动化操作。

（3）分析速度快　准备工作做完后，一般几分钟即可完成一个样品的操作，自动进样就更快。

（4）测量范围广　目前，可以采用原子吸收测定的元素已达70多种。

原子吸收分光光度法也有其局限性，主要表现在：测定不同的元素要使用不同的元素灯，使用不便，且多元素同时测定尚有困难；工作曲线的线性范围较窄；个别元素的灵敏度较低；对于复杂样品要经过烦琐的样品处理消除干扰。

D-2任务　原子吸收分光光度计

 学习目标

1. 掌握原子吸收分光光度计的组成、结构及主要部件、作用并能正确区分。
2. 熟悉原子吸收分光光度法的干扰因素及其消除方法。
3. 熟悉原子吸收分光光度计使用、保养与维护的注意事项。
4. 了解原子吸收分光光度计的检定项目与要求。

与其他仪器分析方法相同，原子吸收分光光度法应用于分析检测通过原子吸收分光光度计实现。原子吸收分光光度计又称原子吸收光谱仪，是20世纪50年代中期出现并逐渐发展起来的一种分析仪器，是集光学、机械学、电子学和计算机为一体，技术密集的高科技产品。其工作原理是从光源发射出具有待测元素特征谱线的光，通过试样原子蒸气时被蒸气中待测元素基态原子吸收，由光源发射特征谱线光强减少的程度（吸光度）来测定试样中待测元素的含量。

一、原子吸收分光光度计的基本结构及主要部件

原子吸收分光光度计与紫外-可见分光光度计的结构基本上相同，也包括五个主要组成部分：光源、样品室、单色系统、检测系统及记录显示系统，但有些组成部件的具体要求及作用不同，所以位置关系及叫法不同，如样品室根据作用称为原子化器。原子吸收分光光度计根据功能可分为五个组成部分：光源、原子化器、单色器、检测系统及记录显示系统（图 D-2-1）。

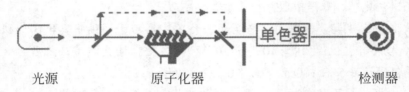

光源　　　　　　　原子化器　　　　　　　检测器

图 D-2-1　原子吸收分光光度计示意

（一）光源

原子吸收光谱仪中光源的功能是发射被测元素基态原子所吸收的特征共振辐射。对光源的基本要求是：发射辐射的波长半宽度要明显小于吸收线的半宽度，辐射强度足够大，稳定性好，使用寿命长。

1.空心阴极灯

空心阴极灯的结构见图 D-2-2。

空心阴极灯有一个由被测元素材料制成的空腔形阴极和一个钨制阳极。阴极内径约为 2mm，放电集中在较小的空间内，可得到高辐射强度。阴极和阳极密封在带有光学窗口的玻璃管内，内充惰性气体，根据所需透过辐射波长，光学窗口在 370nm 以下用石英，370nm 以上用普通光学玻璃。

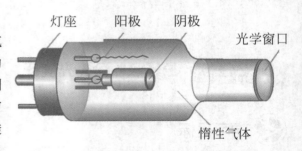

图 D-2-2　空心阴极灯结构

空心阴极灯是一种特殊辉光放电装置，放电主要集中在阴极腔内，当在两极加上 200 ～ 500V 电压时，阴极发出的电子在电场作用下被加速，在飞向阳极的过程中，与载气的原子碰撞并使之电离。荷正电的载气离子又从电位差获得动能，轰击阴极表面，将阴极材料的原子从晶格中溅射出来。溅射出来的原子再与电子、原子、离子等碰撞而被激发，发出被测元素特征的共振线。在这个过程中，同时还有载气的谱线产生。灯内填充气压较低，一般为 399.9 ～ 798.9Pa，阴极溅射的金属蒸气密度相对于大气压下气体放电而言，也是很低的，因此，谱线的碰撞变宽被限制到了很小程度。灯的工作电流较小，一般为几毫

安至20mA，因此，阴极温度和气体放电温度都不很高，谱线的多普勒变宽可控制得很小。所以空心阴极灯是一种实用的锐线光源。缺点是测一种元素需换一个灯，使用不便。

2.多元素空心阴极灯

多元素灯就是在阴极内含有两种或两种以上不同元素，点燃时，阴极负辉区能同时辐射出两种或多种元素的共振线，只要更换波长，就能在一个灯上同时进行几种元素的测定。缺点是辐射强度、灵敏度、寿命都不如单元素灯，组合越多，光谱特性越差，谱线干扰也大。

（二）原子化器

原子化器的功能是将试样转化为所需的基态原子。被测元素由试样溶液中转入气相，并解离为基态原子的过程，称为原子化过程。

实现原子化的方法有两种：火焰原子化法和无火焰原子化法。

1.火焰原子化法

实现火焰原子化的原子化器称为火焰原子化器，有两种类型，即全消耗型和预混合型。全消耗型原子化器系将试液直接喷入火焰；预混合型原子化器（图D-2-3）包括雾化器、雾化室和燃烧器三部分，雾化器将试液雾化并使雾滴均匀化，然后再喷入火焰中。一般仪器多采用预混合型。

雾化器的作用是使试液雾化。目前普遍采用同心型雾化器，多用特种

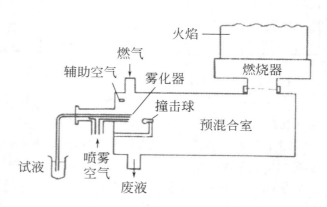

图D-2-3 预混合型原子化器

不锈钢或聚四氟乙烯塑料制成，其中的毛细管多用贵金属的合金制成，能耐腐蚀。当高压载气（助燃气）以高速通过时，在毛细管外壁与喷嘴口构成的环形间隙中形成负压区，从而将试液沿毛细管吸入，并被高速气流分散成雾滴，经节流管碰在撞击球上，进一步被分散成细雾。未被细微化的雾滴在雾化室内凝结为液珠，沿排泄管排出；细雾则在室内与燃气充分混合形成气溶胶并进入燃烧器。

燃烧器的作用是形成火焰，使进入火焰的微粒原子化。常用的燃烧器是单缝型喷灯，缝长有5cm和10cm两种。

预混合型原子化器的特点是：进入火焰的微粒均匀且细微，在火焰中可瞬时原子化，形成的火焰稳定性好，有效吸收光程长。缺点是试样利用效率较低，一般约为10%，试液浓度高时，试样在雾化室壁有沉积，产生"记忆"效应。试样雾滴在燃烧器产生的火焰中，经干燥、蒸发、解离产生大量基态原子。火焰燃烧的速度影响火焰稳定性和操作安全，而火焰温度会影响试样的蒸发和分解。火焰温度越高，产生的热激发态原子越多，但同时也可能会产生干扰。因此，在保证待测元素充分解离为基态原子的前提下，尽量采用低温火焰。

火焰温度取决于燃气与助燃气类型，不同的元素应选择不同温度的火焰。空气-乙炔火焰最为常用，最高温度2600K，能测35种元素。乙炔-氧化亚氮火焰也较为常用。不同火焰的温度见表D-2-1。

表 D-2-1　不同火焰温度

火焰	发火温度/℃	燃烧速度/（cm/s）	火焰温度/℃
煤气–空气	560	55	1840
丙烷–空气	510	82	1935
氢气–空气	530	320	2050
氢气–氧气	450	900	2700
乙炔–空气	350	160	2300
乙炔–氧气	335	1130	3060
乙炔–氧化亚氮	400	180	2955
乙炔–氧化氮	—	90	3095

2.无火焰原子化法

在无火焰原子化法中，有石墨炉法、氢化物发生原子化法及冷蒸气发生原子化法等，应用最广的原子化器是管式石墨炉原子化器。

（1）管式石墨炉原子化器　结构如图D-2-4所示。本质上，它是一个电加热器，由电热石墨炉及电源等部件组成。其功能是利用电能加热盛放试样的石墨容器，使之达到高温，将供试品溶液干燥、灰化，再通过高温原子化阶段使待测元素形成基态原子。石墨炉是外径为6mm、内径为4mm、长度为53mm的石墨管，管两端用铜电极夹住。样品用微量注射器直接由进样孔注入石墨管中，通过铜电极向石墨管供电。石墨管作为电阻发热体，通电

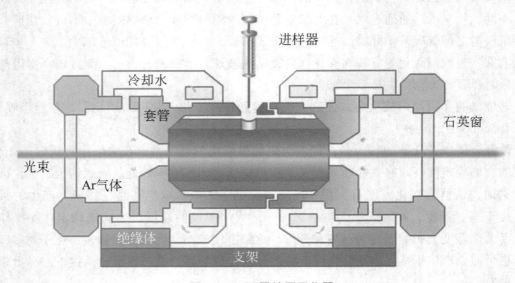

图 D-2-4　石墨炉原子化器

后可达到 $2000 \sim 3000℃$ 高温，以蒸发试样和使试样原子化。铜电极周围用水箱冷却。盖板盖上后，构成保护室，室内通以惰性气体氩气或氮气，以保护已原子化的原子不再被氧化，同时也可延长石墨管的使用寿命。

原子化过程分为干燥、灰化（去除基体）、原子化、净化（去除残渣）四个阶段，待测元素在高温下生成基态原子。

与火焰原子化方法相比，石墨炉原子化法的特点是：原子化在充有惰性保护气的气室内，在强还原性石墨介质中进行，有利于难熔氧化物的分解；取样量小，通常固体样品为 $0.1 \sim 10mg$，液体样品为 $1 \sim 50\mu L$，试样全部蒸发，原子在测定区的有效停留时间长，几乎全部样品参与光吸收，绝对灵敏度高；排除了化学火焰中常常产生的被测组分与火焰组分之间的相互作用，减小了化学干扰；固体试样与液体试样均可直接应用。其缺点是：由于取样量小，试样组成的不均匀性影响较大，测定精度不如火焰原子化法好；有强的背景；设备比较复杂，费用较高。

（2）氢化物发生原子化器 由氢化物发生器和原子吸收池组成，可用于砷、硒、铅、镉、锗、锡、锑等元素的测定，其功能是将待测元素在酸性介质中还原成低沸点、易受热分解的氢化物，再由载气导入由石英管、加热器等组成的原子吸收池，在吸收池中氢化物被加热分解，并形成基态原子。

（3）冷蒸气发生原子化器 由汞蒸气发生器和原子吸收池组成，专门用于汞的测定。其功能是将供试品溶液中的汞离子还原成汞蒸气，再由载气导入石英原子吸收池，进行测定。

非火焰原子化法的优点是灵敏度高，取样量少，甚至可不经过前处理直接进行分析。但基体的影响比火焰法大，测定的精密度（5% ~ 10%）比火焰法（1%）差。

（三）单色器

单色器的作用是将所需的共振吸收线从光源发射的电磁辐射中分离出来，仪器光路应能保证良好的光谱分辨率和在相当窄的光谱带（0.2nm）下正常工作的能力，波长范围一般为 $190.0 \sim 900.0nm$。由于原子吸收分光光度计采用锐线光源，吸收值测量采用瓦尔什提出的峰值吸收系数测定方法，吸收光谱本身也比较简单，因此，对单色器分辨率的要求不是很高。单色器中的关键部件是色散元件，现多用光栅。为了阻止来自原子吸收池的所有辐射不加选择地都进入检测器，单色器通常配置在原子化器以后的光路中。

（四）检测系统

检测系统主要由检测器、信号处理器和指示记录器组成。检测器多为光电倍增管和稳定度约达0.01%的负高压电源组成，要求具有较高的灵敏度和较好的稳定性，并能及时跟踪吸收信号的急速变化。

（五）记录与显示系统

该系统通常也称为数据处理系统。检测器将光信号转化为电信号后，经放大器和解调器得到直流信号，直流信号经转换和标尺扩展，最后用读数器读数或记录，现多通过计算机记录并存储数据。

二、原子吸收分光光度计的检定

为保证测量的精密度和准确度，锐线光源原子吸收分光光度计应按照国家计量检定规程《原子吸收分光光度计》（JJG 694—2009）进行首次检定、后续检定和使用中检定。仪器检定前，应检查仪器名称、型号、出厂编号、制造厂名、制造日期、额定工作电源电压及频率，国产仪器应有制造计量器具许可证标志及编号。所有紧固件均应安装牢固，连接件应连接良好，各调节旋钮、按键和开关均能正常工作，无松动现象，电缆线的接插件应接触良好。气路连接正确，不得有漏气现象，气源压力应符合出厂说明规定的指标。外观不应有影响仪器正常工作的损伤。仪表的所有刻线应清晰、粗细均匀。指针的宽度不应大于刻线的宽度，并应与刻线平行。数显部位显示清晰、完整。检定工作应在室温10～35℃、相对湿度≤85%、通风良好、无强光直射的环境下进行，电源电压为（220±22）V、频率为（50±1）Hz，并具有良好的接地。仪器应置于水平、无振动的工作台上，周围无强磁场、电场或振动源干扰，无强气流影响，操作时也不得有振摇现象。原子吸收分光光度计检定项目及计量性能要求分别见表D-2-2和表D-2-3。

表D-2-2　原子吸收分光光度计检定项目

检定项目	首次检定	后续检定	使用中检定
标志、标记、外观结构	+	+	+
波长示值误差与重复性	+	+	—
光谱带宽偏差	+	—	—
基线稳定性	+	+	+
边缘能量	+	—	—
检出限	+	—	+
测量重复性	+	+	+
线性误差	+	+	+
表观雾化率	+	—	—
背景校正能力	+	—	—

注："+"为应检项目，"—"为可不检项目。

表D-2-3　原子吸收分光光度计计量性能要求

项目	计量性能	
	火焰原子化器	石墨炉原子化器
波长示值误差与重复性	波长示值误差不超过±0.5nm，波长重复性不大于0.3nm	同左
光谱带宽偏差	不超过±0.02nm	同左
基线稳定性	零点漂移吸光度不超过±0.008/15min，瞬时噪声吸光度≤0.006	—

续表

项目	计量性能	
	火焰原子化器	石墨炉原子化器
边缘能量	谱线背景值/谱线峰值应不大于2%，瞬时噪声吸光度应不大于0.03	同左
检出限	≤0.02μg/mL	≤4pg/mL
测量重复性	≤1.5%	≤5%
线性误差	≤10%	≤15%
表观雾化率	≥8%	—
背景校正能力	≥30倍	≥30倍

注：波长自动校准的仪器可不进行波长示值误差测量。手动波长仪器光谱带宽的测量用分辨率测量代替。

三、测定条件的选择

测定条件对测定灵敏度、准确性及干扰情况有决定性影响，在进行分析时，原子吸收分光光度法要进行条件选择。原子吸收实际工作应用较多，现在的新仪器基本都有测定条件的参考，实际工作中根据具体仪器情况参照选择。

1.分析线

通常选择共振线作为分析线，因为共振线一般也是最灵敏的吸收线。但是，并不是在任何情况下都要选用共振线作为分析线。有些元素如Hg、As等的共振线位于远紫外区，火焰组分对来自光源的光有明显吸收，这时就不宜选择它们的共振线作分析线。当被测定元素的共振线受到其他谱线干扰时，此时也不宜选择共振线作分析线，应选用不受干扰而吸收值适度的谱线作为分析线。最强的吸收线最适宜于痕量元素的测定。

2.狭缝宽度

狭缝宽度影响光谱通带宽度与检测器接收的能量。由于吸收线的数目比发射线的数目少得多，谱线重叠的概率就大大减少，因此，在原子吸收分光光度计测定试样时，允许使用较宽的狭缝，这样可以增加光强，同时使用小的增益来降低检测器的噪声，从而提高信噪比与改善检测限。合适的狭缝宽度也可由实验方法确定，将试液喷入火焰中，调节狭缝宽度，测定在不同狭缝宽度时的吸光度，达到某一宽度后，吸光度趋于稳定，进一步增加狭缝宽度，当其他谱线或非吸收光出现在光谱通带内时，吸光度将立即减小。不引起吸光度减小的最大狭缝宽度就是理应选取的最合适的狭缝宽度。

3.空心阴极灯的工作电流

空心阴极灯的发射光谱特性依赖于工作电流。灯电流过低，放电不稳定，光谱输出稳定性差，光谱输出强度下降。灯电流过大，放电也不稳定，而且会引起谱线变宽，从而导致灵敏度下降，因此，尽量选用低的工作电流。每只空心阴极灯上标有允许使用的最大电流和建议使用的适宜工作电流。在具体条件下究竟选用多大电流合适，需要实验确定。

4.原子化条件的选择

在火焰原子化法中，火焰选择和调节是很重要的，因为火焰类型与燃气混合物流量是影响原子化效率的主要因素。对于一般元素，可使用中温火焰如空气-乙炔火焰。对于分析线在200nm以下的短波区的元素，由于烃类火焰有明显吸收，宜用空气-氢气火焰。对于易电离元素如碱金属，不宜采用高温火焰。反之，对于易形成难解离氧化物的元素如稀土等，则应采用高温火焰如氧化亚氮-乙炔火焰，最好使用富燃火焰。火焰的氧化还原特性明显影响原子化效率和基态原子在火焰中的空间分布，因此，调节燃气与助燃气的流量以及燃烧器的高度，使来自光源的光通过基态原子浓度最大的火焰区，从而获得最高的测定灵敏度。

在石墨炉原子化法中，合理选择干燥、灰化和原子化温度十分重要。干燥是一个低温除去溶剂的过程，应在稍低于溶剂沸点的温度下进行。热解、灰化的目的是破坏和蒸发除去样品基体，在保证被测元素没有明显损失的前提下，应将样品加热到尽可能高的温度。原子化阶段，应选择达到最大吸收信号的最低温度作为原子化温度。各阶段的加热时间，依不同样品而不同，需由实验来确定。常用的保护气体氩气，气体流速在$1 \sim 5L/min$。

5.样品量

在火焰原子化法中，在一定范围内，喷雾样品量增加，原子吸光度随之增加。但是，当样品喷雾量超过一定值之后，喷入的样品并不能有效地原子化，吸光度不再随之增大；相反，由于试液对火焰的冷却效应，吸光度反而有所下降。因此，应该在保持燃气和助燃气一定比例与一定的总气体流量的条件下，测定吸光度随喷雾样品量的变化，达到最大吸光度的样品喷雾量就是应当选取的样品喷雾量。

使用石墨原子化器，取样量大小依赖于石墨管内容积的大小，一般固体取样量为$0.1 \sim 10mg$，液体取样量为$1 \sim 5\mu L$。

四、干扰及抑制方法

虽然原子吸收分光光度法的干扰较小，但在某些情况下干扰问题仍不容忽视。原子吸收测定中的干扰效应主要有电离干扰、物理干扰、光学干扰和化学干扰四类。

1.电离干扰

电离干扰是由于原子的电离而引起的干扰效应，其结果使火焰中待测元素的基态原子数减小，测定结果偏低。电离度（金属正离子浓度与该金属总浓度之比）随火焰中被测元素浓度增大而减小，因此，有电离干扰存在时，校正曲线弯向纵坐标轴。加入易电离元素，增加火焰中的自由电子浓度，可以有效地抑制和消除电离干扰效应。常用的消电离剂是碱金属。

2.物理干扰

物理干扰就是指样品在转移、蒸发和原子化过程中，由于样品物理特性的变化引起吸光度下降的效应。在火焰原子化法中，试液的黏度改变影响进样速度；表面张力影响形成的雾珠大小；溶剂的蒸气压影响蒸发速度和凝聚损失；雾化气体压力、取样管的直径和长度影响取样量的多少等。在石墨炉原子化法中，进样量大小、保护气的流速影响基态原子在吸收区的停留时间，所有这些因素最终都会改变吸光度。

物理干扰是非选择性干扰，对样品中各元素的影响基本上是相似的。配制与被测样品组成相似的标准样品，是消除物理干扰最常用的方法。采用标准加入法来消除物理干扰也是行之有效的方法。

3.光学干扰

光学干扰主要指谱线干扰和背景干扰——分子吸收、光散射、光折射。

（1）谱线干扰　谱线干扰是指原子光谱对分析线干扰，即在所选通带内，共振线旁侧有一条非吸收线，它们同时到达接收器，结果吸光度被"冲淡"，工作曲线向浓度轴弯曲，可以用减小狭缝的方法来抑制这种干扰。此外，干扰元素共振吸收线的重叠，会产生"假吸收"，导致结果偏高。可另选波长或用化学方法分离干扰元素来解决。

（2）背景干扰　背景干扰是一种非原子性吸收，是指原子化过程中生成的气体分子、氧化物、盐类等这类分子对辐射吸收而引起的干扰，如钙在空气-乙炔火焰中生成$Ca(OH)_2$，后者在$530 \sim 560nm$有一吸收带。火焰气体燃烧时，主要成分有N_2、OH、CO_2、CN、C、CH等，因此亦会出现分子吸收干扰。在用H_2SO_4、H_3PO_4处理样品时，在波长小于$250nm$处有酸分子吸收干扰。消除办法是：火焰气体的分子吸收用零点扣除的办法解决；碱金属盐的分子吸收可通过高温解离；其他盐和酸的分子吸收可在标准液中加相同浓度的盐或酸来解决；样品处理一般采用HNO_3、HCl或王水，避免使用H_2SO_4、H_3PO_4。此外，在原子化过程中形成的固体微粒在通过光路时对光产生散射，被散射的光偏离光路，不被检测器所检测，造成"假吸收"，其效果就好像有一分子吸收叠加到被测定的原子吸收信号上一样。散射光强与辐射波长的四次方成反比，因此散射的影响在短波区比在长波区要大。高温石墨炉在原子化过程中生成烟雾与固体颗粒，"光散射"比火焰原子化器严重得多。"光折射"在均匀稀薄吸收介质中是很小的，但在溶液黏度较大或石墨原子化过程中，由于"光折射"作用，亦可能引进"假吸收"，此类"假吸收"一般可以通过仪器"调零"来解决。但是，要注意"样液"和"调零试液"（一般是纯水）差异可能带来的影响。

背景干扰也可以用仪器技术来校正背景，主要有邻近线法、连续光源法和塞曼（Zeeman）效应法等。邻近线法是用分析线测量原子吸收与背景吸收的总吸光度，在分析线相邻处选一条非吸收共振线，测量背景吸收，两次测量值之差即为扣除背景后被测元素的原子吸收光度值。连续光源法是采用双光束外光路，斩光器使锐线光源与氘灯发射出的强度相等的光辐射交替通过原子化器，锐线光源测定的是原子吸收与背景吸收的总吸光度，氘灯测定的仅是背景吸收，两者相减即为扣除背景干扰后的被测元素的吸光度值。塞曼效应法是在磁场作用下，将吸收线分裂为具有不同偏振方向的组分，利用这些分裂的偏振成分来区分被测元素和背景吸收。

4.化学干扰

化学干扰是指在溶液中或气相中由于被测元素与其他组分之间的化学作用而引起的干扰效应，它主要影响被测元素的化合物解离和它的原子化，它是原子吸收分析的主要干扰来源。

　　消除化学干扰的常用方法是加入释放剂和保护剂。释放剂与干扰组分形成更稳定或更难挥发的化合物，从而使被测元素从与干扰组分形成的化合物中释放出来，例如磷酸盐干扰钙的测定，当加入镧或锶后，镧或锶与磷酸根结合而将钙释放出来。保护剂的作用是它与被测元素形成稳定的化合物，阻止了被测定元素和干扰元素之间的结合，而保护剂与被测元素形成的化合物在原子化条件下又易于分解和原子化，例如加入EDTA，它与被测元素钙、镁形成络合物，从而抑制磷酸根对钙、镁的干扰。提高火焰温度可以抑制或避免某些化学干扰，如在高温氧化亚氮-乙炔火焰中，磷比钙量大200倍，也不干扰钙的测定，而在空气-乙炔火焰中，干扰则是很显著的。化学分离不仅能消除干扰，而且能使被测元素得到富集，提高灵敏度，但化学分离步骤比较复杂。

五、使用、维护及保养的注意事项

1.原子吸收分光光度计使用的注意事项

　　对一台从未使用过的原子吸收分光光度计，在操作之前，必须认真阅读仪器标准操作规程，详细了解和熟练掌握仪器各部件的功能，严格按照仪器标准操作规程给出的方法操作。在使用原子吸收分光光度计的过程中，最重要的是注意安全，避免发生人身、设备事故。使用火焰法测定时排放废液管必须有水封装置，要特别注意防止回火，特别注意点火和熄火时的操作顺序。点火时一定要先打开助燃气，然后再打开燃气；熄火时必须先关闭燃气，待火焰熄灭后再关闭助燃气。新安装的仪器和长时间未用的仪器，千万不要忘记在点火之前检查气路是否有泄漏现象。使用石墨炉时，要特别注意先接通冷却水和氩气，确认冷却水和氩气正常后再开始工作。

2.维护与保养的注意事项

　　原子吸收分光光度计的日常维护保养是不容忽视的。这不仅关系到仪器的使用寿命，还关系到仪器的技术性能，有时甚至直接影响分析数据的质量。原子吸收分光光度计的日常维护与保养包括以下几个方面。

　　① 应保持空心阴极灯灯窗清洁，不小心被沾污时，可用酒精棉擦拭。空心阴极灯用完待冷却后放好。

　　② 定期检查供气路是否漏气。检查时可在可疑处涂一些肥皂水，看是否有气泡产生，千万不能用明火检查是否漏气。高档仪器有漏气自检功能。

　　③ 在空气压缩机的送气管道上应安装汽水分离器，经常排放汽水分离器中集存的冷凝水。冷凝水进入仪器管道会引起喷雾不稳定，进入雾化器会直接影响测定结果。

　　④ 经常保持雾化室内清洁、排液通畅。测定结束后应继续吸入超纯水5～10min，将残留的试样溶液冲洗出去。

　　⑤ 燃烧器缝口若积存盐类，会使火焰分叉，影响测定结果。遇到这种情况应将火焰熄灭，用滤纸插入缝口擦拭，也可以用刀片插入缝口刮除，必要时也可用水冲洗。

　　⑥ 测定溶液应经过过滤或达到澄清，防止堵塞雾化器。金属雾化器的进样毛细管堵塞时，可用软细金属丝疏通。如果玻璃雾化器的进样毛细管堵塞，应小心拆卸下来用水或稀

酸清洗。

⑦ 不要用手触摸外光路的透镜。当透镜有灰尘时，可以用洗耳球吹去，必要时可用擦镜纸擦净。

⑧ 单色器内的光栅和反射镜多为表面有镀层的器件，受潮后容易霉变，故应保持单色器的密封和干燥。不要轻易打开单色器。当确认单色器发生故障时，应请专业人员处理。

⑨ 长期使用的仪器，因内部积尘太多有时会导致电路故障；必要时，可用洗耳球吹去或用毛刷刷净。处理积尘时务必切断电源。

⑩ 长期不使用的仪器应保持其干燥，潮湿季节应定期通电运转。

3.紧急情况处理

工作中如遇突然停电，应迅速熄灭火焰。用石墨炉分析，应迅速关断电源。然后将仪器的各部分恢复到停机状态，待恢复供电后再重新启用。

进行石墨炉分析时，如遇突然停水，应迅速停止石墨炉工作，以免烧坏石墨炉。进行火焰法测定时，万一发生回火，千万不要慌张，首先要迅速关闭燃气和助燃气，切断仪器的电源。如果回火引燃了供气管道和其他易燃物品，应立即用二氧化碳灭火器灭火。发生回火后，一定要查明回火原因，排除引起回火的故障。在未查明回火原因之前，不要轻易再次点火。在重新点火之前，切记检查水封是否有效，雾化室防爆膜是否完好。

💡 知识拓展

近年来，电感耦合等离子体原子发射光谱法（inductively coupled plasma-atomic emission spectrometry，ICP-AES）和电感耦合等离子体质谱法（inductively coupled plasma-mass spectrometry，ICP-MS）在药物分析中的应用增加，《中国药典》（2020年版）中收载了这两种方法。不同于原子吸收分光光度法一次只能测定一种元素，ICP-AES和ICP-MS可以实现多种元素的同时测定。

电感耦合等离子体原子发射光谱法是以等离子体为激发光源的原子发射光谱分析方法，适用于各类药品中痕量至常量的元素分析，尤其是矿物类中药、营养补充剂等的元素定性、定量测定。ICP-AES所用仪器是电感耦合等离子体原子发射光谱仪，其由样品引入系统、电感耦合等离子体（ICP）光源、色散系统、检测系统等构成，并配有计算机控制及数据处理系统、冷却系统、气体控制系统等。其工作原理是：样品由载气引入雾化系统进行雾化后，以气溶胶形式进入等离子体的中心通道，在高温和惰性气体中被充分蒸发、原子化、电离和激发，发射出所含元素的特征谱线。根据各元素特征谱线的存在与否，鉴别样品中是否含有某种元素，根据特征谱线强度测定样品中相应元素的含量。

电感耦合等离子体质谱法是以等离子体为离子源的一种质谱型元素分析方法，可与其他色谱分离技术联用，进行元素形态及其价态分析，适用于各类药品痕量至微量元素的分析，尤其是痕量重金属元素的测定。ICP-MS的仪器是电感耦合等离子体质谱仪，由样品引入系统、ICP光源、接口、离子透镜系统、四极杆质量分析器、检测器等构成，其他支持系统有真空系统、冷却系统、气体控制系统、计算机控制及数据处理系统等。电感耦合等离子体质谱仪的工作原理是：样品由载气引入雾化系统进行雾化后，以气溶胶形式进入等离子体的中心通道，在高温和惰性气体中被去溶剂化、原子化、气化、解离和电离，转化成带正电荷的正离子，经离子采集系统进入质量分析器，质量分析器根据质荷比进行分离，根据元素质谱峰强度测定样品中相应元素的含量。

目标自测

答案

一、填空题

1.原子化的方法有_____、_____、_____和_____。

2.用原子吸收光谱法测定钙时，加入EDTA是为了消除_____干扰。

3.原子吸收分光光度计主要部件包括：_____、_____、_____、_____、_____。

4.用原子吸收分光光度法测定高纯Zn中的Fe含量时，应当采用_____的盐酸。

5.空心阴极灯发射的是_____光源。

6.原子吸收分光光度法中，常用的火焰是_____。

二、选择题（不定项）

1.调节燃烧器高度是为了（   ）。

A.控制燃烧速度　　　　　　　　　　B.增加燃气和助燃气预混时间

C.提高试样雾化效率　　　　　　　　D.选择合适的吸收区域

2.原子吸收分光光度计采用空心阴极灯是为了（   ）。

A.延长灯寿命　　　　　　　　　　　B.防止光源谱线变宽

C.扣除背景干扰　　　　　　　　　　D.克服火焰中的干扰谱线

3.在原子吸收分析中，如灯中有连续背景发射，宜采用（   ）。

A.减小狭缝　　　　　　　　　　　　B.用化学方法分离

C.另选测定波长　　　　　　　　　　D.用较高纯度的单元素灯

4.为消除火焰原子化器中待测元素的发射光谱干扰，应采用下列哪项措施（   ）。

A.扣除背景　　　　　　　　　　　　B.减小灯电流

C.直流放大　　　　　　　　　　　　D.交流放大

5.原子化器的主要作用是（   ）。

A.将试样中待测元素转化为离子　　　B.将试样中待测元素转化为中性原子

C.将试样中待测元素转化为基态原子　D.将试样中待测元素转化为激发态原子

6.原子吸收分光光度法中，被测元素的灵敏度、准确度很大程度上取决于（   ）。

A.火焰　　　　　　B.空心阴极灯　　　　C.分光系统　　　　D.原子化系统

7.原子吸收分光光度法中，如怀疑存在化学干扰，可采取补救措施，下列哪种措施不适宜（   ）。

A.加入释放剂　　　　B.加入保护剂　　　　C.提高火焰温度　　　　D.改变光谱通带

8.原子吸收分光光度法中，已知由于火焰发射背景信号很高，欲消除此背景干扰，下列哪种措施不合适（　　　）。

A.减小光谱通带

B.改变燃烧器高度

C.加入有机试剂

D.使用高功率光源

9.原子吸收分光光度法测定易形成难解离氧化物时，需要采用的火焰为（　　　）。

A.空气-乙炔

B.氧化亚氮-乙炔

C.空气-氧气

D.氩气-氧气

D-3任务　原子吸收分光光度法的应用

学习目标

1.掌握标准曲线法。

2.掌握标准加入法。

3.了解内标法。

4.能正确绘制标准曲线，利用标准曲线计算待测元素的浓度或含量。

原子吸收分光光度法通常只用于定量分析。其定量分析常用的方法有标准曲线法、标准加入法和内标法。

一、标准曲线法

配制含待测元素不同浓度的标准溶液至少5份，由低浓度到高浓度分别加入制备样品溶液的相应试剂，同时以相应试剂制备空白对照溶液。依次测定空白对照溶液和各浓度标准溶液的吸光度，以吸光度为纵坐标，相应浓度为横坐标，绘制标准曲线或进行线性回归计算。

在相同条件下，测定样品溶液的吸光度时，和标准曲线一样，通常测定3次，取3次读数的平均值，从标准曲线上查得相应的浓度，计算被测元素含量。为了保证测定结果的准确度，标准溶液的组成应尽可能接近实际样品的组成；样品溶液中待测元素的浓度应在标准曲线浓度范围内；每次测定样品之前，应用标准溶液对标准曲线进行检查和校验；校正曲线的浓度范围应使产生的吸光度位于$0.2 \sim 0.8$。关于标准曲线法曲线绘制及线性回归方法参照C-8实训。

二、标准加入法

当样品基体影响较大，又没有纯净的基体空白或测定纯物质中极微量元素时，可以采用标准加入法，具体做法为：取至少4份等量的被测样品溶液，其中一份不加入被测元素的标准溶液，其余各份分别精密加入不同浓度的被测元素的标准溶液，分别用溶剂稀释至相同体积，制成从加入标准溶液浓度从零开始递增的一系列溶液，c_x+0、c_x+c_0、c_x+2c_0、c_x+3c_0等。然后在相同条件下分别测定它们的吸光度A_0、A_1、A_2、A_3等，绘制吸光度（纵坐标）对相应被测元素加入量（横坐标）的工作曲线，如图 D-3-1 所示。延长工作曲线与横坐标轴的

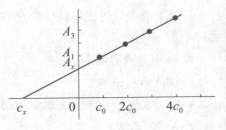

图 D-3-1　标准加入法工作曲线

延长线相交，此交点至原点的距离即相当于样品溶液取用量中待测元素的含量，再以此计算样品中被测元素的含量。这种方法也称之为作图外推法。

三、内标法

内标法是在对照品溶液和样品溶液中分别加入一定量的样品中不存在的元素作内标元素，同时测定这两种溶液中被测元素与内标元素的吸光度，并以吸光度之比值对被测元素的含量或浓度绘制工作曲线。内标元素应与被测元素在原子化过程中具有相似的特性，内标法可消除在原子化过程中由于实验条件（如气体流量、火焰状态、石墨炉温度等）变化而引起的误差。内标法需要使用双通道型原子吸收分光光度计。

 知识拓展

使用标准加入法测定元素含量时，应注意：样品中待测元素的浓度应在工作曲线的线性范围内；样品溶液至少准备4份，且加入被测元素标准浓度c_0最好与样品中待测元素浓度c_x相当，被测元素标准加入量使测量值增加约1倍、2倍、3倍等；应该扣除试剂空白。标准加入法适合于组成复杂样品的含量测定，可消除基体效应，但不能消除背景吸收的影响。

当标准加入法用于杂质限量检查时，取2份等量的样品溶液，其中一份加入限度量的待测元素溶液，制成对照品溶液。照上述标准曲线法操作，设对照品溶液的读数为a，供试品溶液的读数为b，b值应小于（$a-b$）。

目标自测

一、判断题　　　　　　　　　　　　　　　　　　　　　　　　　　　　答案

1.原子吸收分光光度计由光源、原子化器、单色器、检测器、记录显示系统与数据处理系统组成。（　　）

2.原子吸收分光光度计测定什么元素就用该元素的空心阴极灯作光源。（　　）

3.原子吸收分光光度法只可测定金属元素。（　　）

4.原子吸收分光光度法的定量分析方法有标准曲线法、标准加入法和外标法。（　　）

5.标准加入法至少需准备5份供试品溶液。（　　）

6.原子吸收分光光度计的光源是空心阴极灯。（　　　）

7.原子吸收分光光度计使用前应预热至少30min。（　　　）

8.原子吸收分光光度法可用于定性、杂质检查与定量分析。（　　　）

9.原子吸收分光光度计可与气体钢瓶放置在同一房间。（　　　）

10.标准曲线法至少需准备5份供试品溶液。（　　　）

二、选择题（单项）

1.若组分较复杂且被测组分含量较低时，为了简便准确地进行分析，最好选择下列哪种方法进行分析（　　　）。

　A.内标法　　　　　　B.比较法　　　　　　C.标准加入法　　　D.工作曲线法

2.采用标准加入法可消除（　　　　）。

　A.基体效应的影响　　　　　　　　B.光谱背景的影响

　C.电离效应　　　　　　　　　　　D.其他谱线干扰

三、计算题

用原子吸收分光光度法测定某元素M时，测得未知液的吸光度是0.218，取1mL 100mg/L的M标准溶液于9mL未知液中，测得其吸光度为0.418。计算未知液中M的含量。

 **D-4实训**　**测定水中钙离子含量——标准加入法**

学习目标

1.掌握标准加入法的工作过程。

2.掌握根据行业规范解读方法并确定所采集的数据。

3.能正确使用原子吸收分光光度计，规范采集并记录相关数据。

4.能独立绘制标准曲线并根据标准曲线计算出样品中钙的含量。

5.能独立完成实验报告。

6.具备在实验过程中，与小组成员及教师及时沟通、合作的能力。

一、任务内容

1.实验方法

（1）供试品溶液的配制　根据相关样品的处理方法，配制成适宜测定的溶液。

（2）钙标准溶液（100.00μg/mL）　吸取钙标准贮备液（1000.00μg/mL）10mL至100mL容量瓶中，用去离子水稀释至刻度。

（3）测定溶液的配制　精密吸取5份2.00mL试样溶液，分别置于50mL容量瓶中。各加入钙标准溶液0.0mL、1.0mL、2.0mL、3.0mL、4.0mL于容量瓶中，以去离子水稀释至刻度，配制成一组样液加标准溶液的测定溶液。该系列溶液加钙浓度分别为0.00μg/mL、2.00μg/mL、4.00μg/mL、6.00μg/mL、8.00μg/mL。

（4）空白溶液　不加供试品或用溶剂代替供试品，按与供试品同法操作得到的溶液。

（5）测定法　用火焰原子化法，分别测定各溶液的吸光度，记录或打印，按标准加入法计算含量。

2.内容解析

本实训采用原子吸收分光光度法的标准加入法，原子吸收光谱仪使用火焰原子化器。按照操作要求测量吸光度（A），计算得出钙离子的含量。

二、实验原理

在一定实验条件下，基态原子蒸气对锐线光源发射出的共振线的吸收符合朗伯-比耳定律，即溶液的吸光度与待测元素在试样中的浓度成正比，根据该关系可以用标准曲线法或标准加入法进行定量分析。

含钙的样品溶液被直接吸入火焰，在火焰中形成的钙原子对特征电磁辐射产生吸收，在一定浓度范围内，可准确测定样品溶液的吸光度，并通过标准曲线计算钙的含量。

三、实验过程

（一）实验准备清单

见表D-4-1。

表 D-4-1　标准加入法测钙（AAS）实验准备清单

	名称	规格	数量及单位	用途
仪器及配件	原子吸收分光光度计	A6800	1台	测定试样吸光度
	钙空心阴极灯			测定钙
	乙炔气及空气压缩机			火焰原子化
	容量瓶	50mL	5个	配制溶液
	吸量管	5mL，2mL	各1支	吸取溶液
	烧杯	100mL	2个	配制测定液
	洗瓶及其他需要材料		适量	配制相关溶液
	废液杯	500mL	1个	
	废纸杯	500mL	1个	
试液	钙标准溶液	100.00μg/mL	1瓶	
	供试品溶液（水样）	500mL	1瓶	
	含硝酸（1+1）的水溶液	500mL	1瓶	洗涤器皿
	纯化水	二级水	适量	稀释溶液，定容

（二）工作流程图及技能单元解读

1.流程图

见图D-4-1。

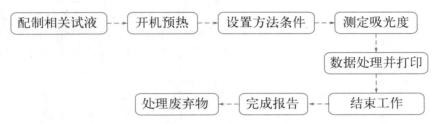

图 D-4-1 标准加入法测定钙含量流程

2.技能点解读

见表D-4-2。

表 D-4-2 标准加入法测钙（AAS）技能点解读

以水溶液中钙含量测定为例		
序号	技能点	操作方法及要求
1	清洗玻璃器皿	AAS法多用于微量元素分析，对容量瓶等玻璃器皿要求洁净程度高。通常在使用前通过稀硝酸浸泡，二级水润洗，干燥后使用。测定不同元素时还应考虑玻璃组成元素的影响
2	配制溶液	配制测定溶液时，使用二级水定容。配制标准溶液的标准满足光谱分析的要求
3	开机	（1）开机前准备：装上（或确定）钙空心阴极灯，检查仪器的配置是否完好，检查乙炔钢瓶气体压力是否符合要求 （2）开机：打开乙炔气体钢瓶（逆时针旋转1～1.5周），顺时针调节减压阀旋钮使次级压力表指针指示为0.09MPa；打开空气压缩机，调节输出压力为0.35MPa，打开排气扇 打开仪器主机电源，打开电脑，仪器发出"滴—滴—滴"三声后表明仪器自身检查完成
4	设置方法条件	（1）双击工作站图标，连接计算机与主机，执行初始化至漏气检查 （2）根据仪器操作规程，按下列数据，设置测量条件：钙吸收线波长422.7nm；灯电流4mA；狭缝宽度0.4nm；燃烧器宽度8mm；空气流量6.5L/min；乙炔流量1.4L/min；发送参数到仪器 （3）确认乙炔、空气已供给，排风机已打开后点火，检查基线情况、火焰情况，优化原子化条件。按软件指示完成相关检查
5	测吸光度	（1）火焰点燃后，吸入超纯水，观测火焰是否正常。火焰预热15min后开始样品测试 （2）以空白液为参比，分别测定5份供试品溶液的吸光度

续表

序号	技能单元	操作方法及要求
6	数据处理	测定完成后，完成相关设置，记录或打印数据
7	关机	数据采集完毕后，关机并进行整理工作。具体步骤及要求如下 （1）关机步骤：用超纯水为样品溶液吸入仪器中，清洗火焰燃烧头；熄火，关闭气体钢瓶、空气压缩机及排气设备，关闭软件与仪器电源 （2）填写仪器使用记录
8	结束	（1）清洗器皿：按要求清洗玻璃器皿 （2）整理工作台：仪器室和准备实验室的台面清理，物品摆放整齐，凳子放回原位

（三）全过程数据记录

见表D-4-3。

表D-4-3　标准加入法测钙（AAS）数据记录

<table>
<tr><td rowspan="2">基本信息</td><td>仪器信息</td><td colspan="5"></td></tr>
<tr><td>供试品信息</td><td colspan="5"></td></tr>
<tr><td>供试品溶液配制</td><td colspan="6"></td></tr>
<tr><td rowspan="2">供试液的吸光度</td><td>钙标准/（μg/mL）</td><td>0.00</td><td>2.00</td><td>4.00</td><td>6.00</td><td>8.00</td></tr>
<tr><td>A</td><td></td><td></td><td></td><td></td><td></td></tr>
<tr><td>实验中特殊情况记录</td><td colspan="6"></td></tr>
<tr><td rowspan="6">实验检查</td><td>项目</td><td colspan="2">是</td><td colspan="3">否（说明原因）</td></tr>
<tr><td>数据检查</td><td colspan="2"></td><td colspan="3"></td></tr>
<tr><td>记录是否完整</td><td colspan="2"></td><td colspan="3"></td></tr>
<tr><td>器皿是否洗涤</td><td colspan="2"></td><td colspan="3"></td></tr>
<tr><td>台面是否整理</td><td colspan="2"></td><td colspan="3"></td></tr>
<tr><td>废水是否处理</td><td colspan="2"></td><td colspan="3"></td></tr>
<tr><td>教师评价</td><td colspan="6"></td></tr>
</table>

（四）实验数据处理

1.绘制吸光度对含量的标准曲线。

2.将标准曲线延长至与横坐标相交处，则交点至原点间的距离对应于2.00mL试样中钙的含量（也可根据仪器软件处理得出试样中的钙含量）。

3.换算成水样中钙的含量（mg/L）。

（五）实验注意事项

技能点	操作及注意事项
使用乙炔等燃气	实验前强调注意安全，按燃气要求放置和使用乙炔
使用硝酸溶液	配制时注意在通风橱中操作；使用时注意皮肤防护，戴手套
实验过程中	实验过程中有火焰，严格注意安全操作，避免在实验室打闹。教师不得离开实验室留学生单独操作原子吸收分光光度计
注意用电安全	安全教育

（六）废液处理

实验废物	名称	处理方法
废液	硝酸溶液（1+1）	废液桶
	供试品溶液（含钙离子）	废液桶

四、实验报告

按要求完成实验报告。

五、拓展提高

原子吸收分光光度法测定复方乳酸钠葡萄糖注射液中氯化钾的含量

取经105℃干燥2h的氯化钾适量，精密称定，加水溶解并定量稀释制成每1mL中约含15μg的溶液作为对照品溶液。精密量取本品10mL，置100mL量瓶中，用水稀释至刻度，摇匀，精密量取10mL，置100mL量瓶中，用水稀释至刻度，摇匀，作为供试品溶液。精密量取对照品溶液15mL、17.5mL、20mL、22.5mL与25mL，分别置100mL量瓶中，各精密加混合溶液［取乳酸钠0.31g、氯化钠0.60g、氯化钙（$CaCl_2 \cdot 2H_2O$）0.02g及无水葡萄糖5.00g，置100mL量瓶中，加水溶解并稀释至刻度］1.0mL，用水稀释至刻度，摇匀。同法制备空白溶液。取上述各对照品溶液与供试品溶液，照原子吸收分光光度法（第一法）在767nm波长处测定，同时进行空白试验校正，计算。本品含氯化钾的标示量应为95.0%～110.0%。

（一）方法解析

本法采用原子吸收分光光度法测定注射液中氯化钾的含量，定量方法为标准曲线法。

（二）实验准备

按要求配制对照品溶液、供试品溶液与空白溶液。

（三）测定方法

按规定方法分别测定对照品溶液与供试品溶液的吸光度，同时用空白溶液校正。

（四）计算

　　绘制出不同浓度对照品溶液的吸光度与相应浓度的工作曲线，在工作曲线上通过供试品溶液的吸光度找到对应的浓度，也可将供试品溶液的吸光度代入回归方程，计算出供试品溶液的浓度，再计算出复方乳酸钠葡萄糖注射液中氯化钾的含量。

（五）思考及完成问题

　　1. 对照品溶液中为何要加入乳酸钠、氯化钠、氯化钙（$CaCl_2 \cdot 2H_2O$）及无水葡萄糖？

　　2. 空白溶液如何配制？若采用溶剂作为空白溶液，是否会影响测定结果？

　　3. 参考表 D-4-1～表 D-4-3 的格式分别写出本实验的实验准备、实验过程及数据处理步骤。

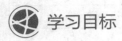

D-5实训　检查维生素C中铜、铁——标准加入限量法

学习目标

　　1. 掌握标准加入法在药物杂质限量检查中的应用。

　　2. 掌握根据行业规范解读方法并确定所采集的数据。

　　3. 能正确使用原子吸收分光光度计，规范采集并记录相关数据。

　　4. 能正确处理数据。

　　5. 能独立完成实验报告。

　　6. 具备在实验过程中，与小组成员及教师及时沟通、合作的能力。

一、任务内容

（一）实验方法

1. 铁的检查

　　标准铁溶液：精密称取硫酸铁铵863mg，置1000mL量瓶中，加1mol/L硫酸溶液25mL，用水稀释至刻度，摇匀，精密量取10mL，置100mL量瓶中，用水稀释至刻度，摇匀，即得。

　　对照溶液（A_1）：取维生素C 5.0g，置25mL量瓶中，加标准铁溶液1.0mL，再加0.1mol/L硝酸溶液溶解并稀释至刻度，摇匀。

　　供试品溶液（B_1）：取等量维生素C，置25mL量瓶中，加0.1mol/L硝酸溶液溶解并稀释至刻度，摇匀。

　　测定法：用火焰原子化法，以0.1mol/L硝酸为空白，在248.3nm的波长处分别测定对照溶液与供试品溶液的吸光度。

2. 铜的检查

　　标准铜溶液：精密称取硫酸铜393mg，置1000mL量瓶中，加水溶解并稀释至刻度，摇匀，精密量取10mL，置100mL量瓶中，用水稀释至刻度，摇匀，即得。

对照溶液（A₂）：取维生素C 2.0g，置25mL量瓶中，加标准铜溶液1.0mL，再加0.1mol/L硝酸溶液溶解并稀释至刻度，摇匀。

供试品溶液（B₂）：取等量维生素C，置25mL量瓶中，加0.1mol/L硝酸溶液溶解并稀释至刻度，摇匀。

测定法：用火焰原子化法，以0.1mol/L硝酸为空白，在324.8nm的波长处分别测定对照溶液与供试品溶液的吸光度。

［《中国药典》（2020年版）维生素C］

（二）内容解析

本实训是采用原子吸收分光光度法，检查杂质铁、铜是否符合质量标准。定量分析采用标准加入的限量检查法。按照操作要求分别测量对照溶液与供试品溶液的吸光度（A），计算维生素C中的铁与铜的吸光度，判断其是否超过规定限量。

二、实验原理

药物中杂质的检查通常采用限量检查法，对于原子吸收分光光度法检查维生素C中的铁和铜杂质采用标准加入的限量检查法。标准加入法同D-4实训中一样，在样品中加入待测元素的标准品。用于杂质限量检查时，只需要加入一个点的标准品，标准品的量根据待测杂质的限量确定。测定结果通过比较吸光度即可得出。只要是样品中待测元素产生的吸光度值不大于标准品的吸光度值就是符合规定。

三、实验过程

（一）实验准备清单

见表D-5-1。

表D-5-1　检查维生素C中铜和铁实验准备清单

	名称	规格	数量及单位	用途
仪器及配件	原子吸收分光光度计		1台	测定试样吸光度
	铁空心阴极灯		1个	测定铁
	铜空心阴极灯		1个	测定铜
	容量瓶	25mL	4个	配制溶液
	吸量管	2mL	2支	吸取溶液
	烧杯	100mL	2个	配制溶液
	洗瓶等其他所需器皿			
	托盘天平		1台	
	废液杯	500mL	1个	废液
	废纸杯	500mL		废纸

续表

名称		规格	数量及单位	用途
试药试液	铁标准溶液	500mL	1瓶	待配制
	铜标准溶液	500mL	1瓶	待配制
	对照溶液（A_1）	5g维生素C+1mL铁标准	25mL	待配制
	对照溶液（A_2）	2g维生素C+1mL铜标准	25mL	待配制
	供试品溶液（B_1）	5g维生素C	25mL	待配制
	供试品溶液（B_2）	2g维生素C	25mL	待配制
	硝酸溶液	0.1mol/L	适量	溶剂
	含硝酸的水溶液	（1+1）	适量	洗涤器皿
	纯化水	二级水	适量	稀释溶液

（二）工作流程图及技能点解读

1.流程图

见图D-5-1。

图 D-5-1　标准加入法检查铁、铜含量流程

2.技能点解读

见表D-5-2。

表 D-5-2　检查铜、铁技能点解读

以维生素C检查为例		
序号	技能点	操作方法及要求
1	清洗玻璃器皿	同D-4实训
2	配制溶液	按实验方法配制相关对照溶液、供试品溶液
3	开机预热	（1）开机前准备：装上（或确定）铁、铜空心阴极灯，检查仪器的配置是否完好，检查乙炔钢瓶气体压力是否符合要求 （2）开机：打开乙炔气体钢瓶（逆时针旋转1～1.5周），顺时针调节减压阀旋钮使次级压力表指针指示为0.09MPa；打开空气压缩机，调节输出压力为0.35MPa，打开排气扇

续表

序号	技能点	操作方法及要求
3	开机预热	打开仪器主机电源，打开计算机，仪器发出"滴—滴—滴"三声后表明仪器自身检查完成
4	设置方法条件	（1）双击工作站图标，连接计算机与主机，执行初始化至漏气检查 （2）根据仪器操作规程，按下列数据设置测量条件：铁吸收线波长248.3nm（铜吸收线波长324.8nm）；灯电流4mA；狭缝宽度0.4nm；燃烧器宽度8mm；空气流量6.5L/min；乙炔流量1.4L/min （3）确认乙炔、空气已供给，排风机已打开后点火，检查基线情况、火焰情况，优化原子化条件
5	测定吸光度	（1）火焰点燃后，吸入超纯水，观测火焰是否正常。火焰预热15min后开始样品测试 （2）以0.1mol/L硝酸为空白，分别测定对照溶液（A_1）、供试品溶液（B_1）、对照溶液（A_2）、供试品溶液（B_2）的吸光度，记录
6	关机	数据采集完毕后，进行整理工作。具体步骤及要求如下 （1）关机步骤：用超纯水为样品溶液吸入仪器中，清洗火焰燃烧头；熄火，关闭气体钢瓶、空气压缩机及排气设备，关闭软件与仪器电源 （2）填写仪器使用记录
7	结束	（1）清洗器皿：按要求清洗玻璃器皿 （2）整理工作台：仪器室和实验准备室的台面清理，物品摆放整齐，凳子放回原位

（三）全过程数据记录

见表D-5-3。

表D-5-3　原始数据记录

基本信息	仪器信息		
	对照品信息		
	供试品信息		
对照溶液配制方法			
供试品溶液配制方法			
吸光度的测定	检查项目	吸光度		结论
		供试品（B）	供试品（A）	
	铁			
	铜			
实验中特殊问题			

续表

实验检查	项目	是	否（说明原因）
	数据检查		
	记录是否完整		
	器皿是否洗涤		
	台面是否整理		
	废水是否处理		
教师评价			

（四）实验数据处理

1. 设对照溶液的读数为 a，供试品溶液的读数为 b，若 b 值小于（$a-b$），则样品中所含杂质限量符合规定，否则不符合规定。

2. 分别计算对照溶液（A_1）与供试品溶液（B_1）吸光度的差值 a_1-b_1，对照溶液（A_2）与供试品溶液（B_2）吸光度的差值 a_2-b_2。

3. 比较 a_1-b_1 与 b_1、a_2-b_2 与 b_2 的大小，判断是否符合规定。

（五）实验注意事项

具体参见 D-4 实训。

（六）废液处理

实验废物	名称	处理方法
废液	硝酸溶液（1+1）、0.1mol/L 硝酸	废液桶
	对照溶液、供试品溶液（含铁或铜离子）	废液桶

四、实验报告

按实验要求完成报告，给出维生素 C 中铁、铜的量是否符合要求。

五、拓展提高

石墨炉原子吸收法测定明胶中的铬

取本品 0.5g，置聚四氟乙烯消解罐中，加硝酸 5～10mL，混匀，浸泡过夜，盖上内盖，旋紧外套，置适宜的微波消解炉内，进行消解。消解完全后，取消解内罐置电热板上缓缓加热至红棕色蒸气挥尽并近干，用 2% 硝酸转移至 50mL 量瓶中，并用 2% 硝酸稀释至刻度，摇匀，作为供试品溶液；同法制备空白溶液。另取铬单元素标准溶液，用 2% 硝酸稀释制成每 1mL 含铬 1.0μg 的铬标准储备液，临用时，分别精密量取铬标准储备液适量，用 2% 硝酸溶液稀释制成每 1mL 含铬 0～80ng 的对照品溶液。取供试品溶液与对照品溶液，以石墨炉为原子化器，照原子吸收分光光度法（第一法）在357.9nm波长处测定，同时进行空白试验校正，计算。规定明胶中含铬量不得超过百万分之二。

方法解析：本法采用原子吸收分光光度法的标准曲线法，原子吸收光谱仪使用石墨炉原子化器；样品前处理法是微波消解法。

实验准备：按要求处理样品，并配制供试品溶液、空白溶液与对照品溶液。

测定方法：按规定方法分别测定对照品溶液与供试品溶液的吸光度，同时用空白溶液校正。

计算：绘制出不同浓度对照品溶液的吸光度与相应浓度的工作曲线，在工作曲线上通过供试品溶液的吸光度找到对应的浓度，也可将供试品溶液的吸光度代入回归方程，计算出供试品溶液的浓度，再计算出明胶中铬的含量。

思考及完成问题：

1.比较石墨炉法与火焰法的特点。

2.样品处理与消解是否完全对分析结果影响较大，一般在处理样品时应注意哪些问题？还有没有其他处理样品的方法？利用课余时间查找资料，设计血清中铬含量的测定方案。

3.参考表D-5-1～表D-5-3的格式，分别写出本实验的实验准备、实验过程及数据处理步骤。

项目E　红外光谱法

思维导图

 **红外光谱法基础**

学习目标

1.掌握红外光谱的产生条件及作用。

2.掌握红外光谱图及相关参数。

3.掌握红外光谱固体制样方法。

4.熟悉红外光谱法的基本原理。

5.了解红外光谱用于鉴别有机物的方法。

在电磁波谱中波长长于可见光（最长波长是红色光）而短于微波的电磁波称为红外光（辐射），波长范围为0.76～1000μm。根据仪器技术和应用不同，习惯上又将红外光区分为三个区：近红外光区（0.76～2.5μm）、中红外光区（2.5～25μm）、远红外光区（25～1000μm）。

一、红外光谱定义

不同波长的光子具有不同的能量，物质具有不同的能级形式，当不同的光照射物质时可使物质的不同能级发生跃迁。红外光照射物质时可以使物质吸收能量产生分子中基团的振动能级跃迁，同时伴随着转动能级的跃迁，产生红外吸收光谱，也称为振-转光谱。

红外吸收光谱是一种分子吸收光谱，与分子的结构密切相关，是研究表征分子结构的一种有效手段。与其他方法相比较，红外光谱由于对样品没有太多限制（纯度有要求），是一种公认的重要分析工具。分子中的某些基团或化学键在不同化合物中所对应的谱带波数基本上是固定的或只在小波段范围内变化，因此许多有机官能团如甲基、亚甲基、羰基、氰基、羟基、氨基等在红外光谱中都有特征吸收。通过红外光谱测定，人们就可以判断未知样品中存在哪些有机官能团，这为最终确定未知物的分子结构奠定了基础。

当样品受到连续变化的红外光照射时，分子吸收了某些频率的辐射，并由其振动和转动引起偶极矩变化，产生分子振动和转动能级从基态到激发态的跃迁，使相应于这些吸收区域的透射光强度减弱。记录红外光透射被测物质的百分透光率与波数或波长的关系曲线，就得到红外光谱。

人们采集了成千上万种已知化合物的红外光谱图，并把它们存入计算机中，编辑成红外光谱标准图库。只需把测得未知物的红外光谱图与标准图库中的光谱图进行比对，就可以迅速判定未知化合物的结构。

1.近红外光谱

近红外光区（$0.76 \sim 2.5\mu m$）的吸收带主要是由低能级电子跃迁、含氢原子团（如O—H、N—H、C—H）伸缩振动的倍频吸收产生。该区的光谱可用来研究稀土和其他过渡金属离子的化合物，并适用于水、醇、某些高分子化合物以及含氢原子团化合物的定量分析，近年来关于该区的研究逐渐增多。

2.远红外光谱

远红外光区（$25 \sim 1000\mu m$）的吸收带是由气体分子中的纯转动跃迁、振动-转动跃迁、液体和固体中重原子的伸缩振动、某些变角振动、骨架振动以及晶体中的晶格振动所引起的。由于低频骨架振动能灵敏地反映出结构变化，所以对异构体的研究特别方便。

3.中红外光谱

中红外光区（$2.5 \sim 25\mu m$，波数$4000 \sim 400cm^{-1}$）是绝大多数有机化合物和无机离子的基频吸收带［由基态振动能级（$v=0$）跃迁至第一振动激发态（$v=1$）时，所产生的吸收峰称为基频峰］。由于基频振动是红外光谱中吸收最强的振动，所以该区最适于进行红外光谱的定性和定量分析。同时，由于中红外光谱仪最为成熟、简单，而且目前已积累了该区大量的数据资料，因此它是研究最多、应用最广的区域。通常所说的红外光谱就是指中红外吸收光谱，简称红外吸收光谱或红外光谱（infrared spectroscopy，IR）。

二、常用术语与定义

红外光谱的常用术语及概念列于表E-1-1。

表 E-1-1 红外光谱的常用术语及定义

术语	定义
峰位	红外光谱中吸收峰的峰值对应的波长或波数
基频峰	振动能级由基态跃迁到第一激发态而产生的红外吸收峰
倍频峰	振动能级由基态跃迁到第一激发态以外的激发态而产生的红外吸收峰
振动自由度	分子基本振动数目（非线性分子 $3N-6$，线性分子 $3N-5$）
特征区	指红外光谱中波数位于 $4000 \sim 1300 cm^{-1}$ 范围内的区域，该区域的峰比较稀疏，容易辨认，能确定基团及化合物的类型
指纹区	指红外光谱中波数位于 $1300 \sim 400 cm^{-1}$ 范围内的区域，该区域的峰密集、复杂多变，可作为相关峰确定基团的旁证
特征峰	能用于鉴别基团存在的吸收峰
相关峰	由一个基团产生的一组相互具有依存关系的吸收峰
简并	振动频率相同的红外吸收在红外光谱图上仅表现出一个峰的现象

三、红外光谱的表示方法与特点

1.红外光谱的表示法

连续改变红外光的波数（或波长），记录红外光的透光率（T），就可得到物质的红外吸收光谱。红外吸收光谱一般用 T-λ 曲线或 T-σ 曲线表示（图 E-1-1）。纵坐标为百分透光比 $T\%$（这点与紫外-可见光谱不同），因而吸收峰向下，向上则为谷；横坐标是波长（λ，单位为 μm）或波数（σ，单位为 cm^{-1}）。波长与波数之间的关系为 $\sigma/cm^{-1}=10^4/(\lambda/\mu m)$。

2.红外光谱法的应用特点

红外光谱法可用于分子结构的基础研究（通过测定分子的键长、键角推断出分子的立体构型，通过所得的力常数来推测化学键的强弱等）、化学组成的分析（化合物的定性与定量分析），应用最广的还是有机化合物的结构鉴定。在药物质量检验中用来鉴别药物的真伪，《中国药典》（2020年版）中收载的几乎所有原料药和部分制剂需采用红外光谱技术鉴别。其应用的主要特点如下。

（1）应用范围广，提供信息多且具有特征性。除单原子分子及单核分子外，几乎所有的有机物均有红外吸收。根据分子红外吸收光谱的吸收峰位置、吸收峰强度及数目，可以鉴定未知化合物的分子结构或确定其基团；也可以根据标准谱图的对比确定是否为检测物。依据吸收峰的强度与分子或某化学基团的定量关系，可进行纯度检定和定量分析。

（2）不受样品物态的影响，气体、液体、固体样品都可直接测定。也不受熔点、沸点、蒸气压的影响。

（3）样品用量少，不破坏样品，有时可以回收样品，分析速度快，操作方便。

（4）现已积累了大量标准红外光谱图（如 Sadtler 标准红外光谱集等），可供查阅。

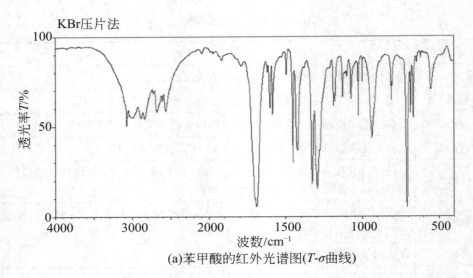

(a)苯甲酸的红外光谱图(*T*-*σ*曲线)

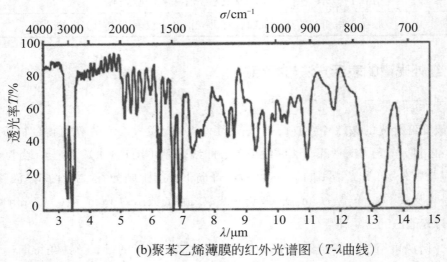

(b)聚苯乙烯薄膜的红外光谱图（*T*-*λ*曲线）

图 E-1-1　红外光谱图

（5）红外光谱技术也有其局限性，即对不能产生红外光谱的物质及有些旋光异构体、不同分子量的同一种高聚物不能进行鉴别。红外光谱技术在定量分析上的准确度、灵敏度不及紫外-可见光谱技术高。另外，红外光谱技术要求分析样品有足够的纯度。

四、红外光谱法的基本原理

（一）振动能级与振动形式

1.分子振动能级

红外光谱是由于分子的振动能级跃迁同时伴有转动能级跃迁而产生的。分子的振动可近似地看做原子以平衡点为中心以很小的振幅做周期性振动。表现形式就是化学键的键长和键角发生变化。研究分子振动的规律借助于弹性力学简谐振动模型，如双原子分子，把组成化学键的两个原子看成是两个刚性小球（谐振子），而化学键看成是连接谐振子的弹簧，弹簧的长度就是化学键的长度。多原子分子则看成是多个双原子分子的组合。外力让这个体系振动，其振动是发生在连接小球的键轴方向（键长变化），其振动频率取决于弹簧的强度（即化学键的强度）及两个小球的质量。根据量子力学，两个谐振子处于振动的不同位置具有不同的能量，表现为不同的振动能级，且其振动能量是量子化的。具有的能量可表示为：

$$E_v=(v+\frac{1}{2})hv \quad\quad （E\text{-}1\text{-}1）$$

式中，v 为振动的频率［可通过胡克定律求出，见式（E-1-5）］；v 为振动的量子数（v=0，1，2，3，4⋯）。

分子处于基态时，v=0，$E_v=\frac{1}{2}hv$，此时振动的振幅很小。当分子受到光的照射时，若光子所具有的能量等于分子的振动能级能量差时，则分子吸收光子的能量由低能级状态跃迁至高能级状态（红外光的能量正好在这范围）。跃迁要符合量子力学的规律即跃迁几乎表示跃迁从基态跃迁至不同的激发态。即

$$hv_{光}=\Delta E_v \quad\quad （E\text{-}1\text{-}2）$$

由式（E-1-1）可得分子振动能级差为

$$\Delta E_v=\Delta vhv \quad\quad （E\text{-}1\text{-}3）$$

将式（E-1-2）代入式（E-1-3）得：

$$v_{光}=\Delta vv \quad\quad （E\text{-}1\text{-}4）$$

式（E-1-4）说明，只有当红外辐射频率等于振动频率的 Δv 倍时，分子才能吸收红外辐射，产生红外光谱。

2.分子的振动形式

研究分子的振动形式，便于进一步了解光谱中吸收峰的起因、数目及变化规律。分子的振动形式基本上分为两大类：伸缩振动和变形振动。

（1）伸缩振动（stretching vibration） 是化学键两端的原子沿着键轴方向做规律的伸缩运动，即键长变化而键角无变化，用 v 表示。伸缩振动又分为对称伸缩振动（symmetrical stretching vibration）（v_s）及不对称伸缩振动（asymmetrical stretching vibration）（v_{as}）。双原子分子只有一种振动形式，即伸缩振动。下面以亚甲基为例说明不同的振动形式（图E-1-2）。

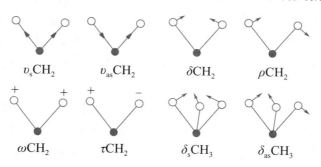

图 E-1-2 伸缩、弯曲和变形振动示意

+表示垂直于纸面向上；-表示垂直于纸面向下

亚甲基的对称伸缩振动表示为$v_s(CH_2)$，是亚甲基上的两个碳氢键同时伸长或缩短。亚甲基的不对称伸缩振动表示为$v_{as}(CH_2)$，是亚甲基上的两个碳氢键同一时间一个伸长一个缩短。

（2）变形振动（deformation vibration） 是键角发生规律性变化的振动，又称为弯曲振动（bending vibration）或变角振动，具体分为以下几种。

① 面内（in-plane）弯曲振动：在由几个原子所构成的平面内进行的弯曲振动，用符号δ表示。面内弯曲振动又可分为剪式振动和面内摇摆振动。剪式振动是振动过程中键角发生规律性的变化，似剪刀的"开"与"闭"，表示符号为δ。多个化学键端的原子相对于分子的其余部分的弯曲振动，有键角变化。用符号δ表示变形振动有对称变形和不对称变形。对称变形振动是分子中的三个化学键与分子轴线构成的夹角θ同时变小或变大，形似花瓣的"开"与"闭"，用符号δ_s表示。不对称变形振动是分子中的三个化学键与分子轴线构成的夹角θ交替变小或变大，用符号δ_{as}表示。面内摇摆是振动过程中两键中的键角无变化，但对分子的其余部分作面内摇摆，表示符号为ρ。亚甲基的面内摇摆振动，表现为两个碳氢键同方向同角度的摆动。

② 面外（out-of-plane）弯曲振动：在垂直于由几个原子所构成的平面方向上进行的弯曲振动，用符号γ表示。面外弯曲振动又可分为面外摇摆振动和卷曲振动。面外摇摆振动是分子中的两个化学键端的原子同时做向同垂直于平面方向上的运动，表示符号为ω。卷曲振动是分子中的两个化学键端的原子同时做反向垂直于平面方向上的运动，用符号τ表示。

（二）振动自由度与红外光谱的峰数

1.振动自由度

振动自由度是分子基本振动的数目，即分子的独立振动数。讨论分子振动的自由度可以了解分子红外光谱可能产生的峰数。$2.5 \sim 25\mu m$的中红外辐射能量较小，不足以引起分子电子能级的跃迁，故只需考虑分子中的平动（平移）、振动和转动能量的变化。分子平动能量的改变不产生光谱，而转动能级跃迁产生的远红外光谱超出了红外光谱的研究范围。因此要扣除这两种运动形式。

设分子由N个原子组成，每个原子在空间的位置都由3个坐标（x，y，z）来确定，即每个原子有3个运动的自由度，因此，N个原子组成的分子总共应有$3N$个自由度，即$3N$种运动状态。但在这$3N$种运动状态中，包括3个整个分子的质心沿x、y、z方向平移运动（因为分子是由化学键连成的一个整体，分子的重心向任何方向的移动都可以分解为沿3个坐标方向的移动）和3个整个分子绕x轴、y轴、z轴的转动运动。这6种运动都不属于分子振动，所以

分子振动的自由度=3N（运动的自由度）-平动自由度-转动自由度

因此，分子振动形式应有（$3N-6$）种。但对于直线形分子，若贯穿所有原子的轴是在x轴方向，则整个分子只能绕y轴、z轴转动，因此，直线形分子的振动形式为（$3N-5$）种。振动自由度数可以用来估计分子的基本振动数目。每个振动自由度相当于红外光谱图上一个基频吸收带。

2.红外光谱的吸收峰数

每个振动自由度相当于一个红外吸收峰，但在实际的谱图中发现，红外光谱实际吸收峰数一般少于分子的振动自由度数。水属于非线形分子，其振动自由度数为3，其红外光谱有3个吸收峰；二氧化碳为线形分子，其振动自由度数应为4，包括对称伸缩振动、不对称伸缩振动、面内弯曲振动和面外弯曲振动，理论上应出现4个峰，但实际上二氧化碳的红外光谱只有2个吸收峰，即667cm^{-1}和2369cm^{-1}。主要原因一是因为有些振动为红外非活性振动，二是红外光谱有简并现象。

3.简并

简并可使红外光谱峰数减少。以CO_2分子为例（图E-1-3），虽然振动形式δ（C＝O）与γ（C＝O）不同，但振动频率相同，吸收红外光的频率相同，所以在红外光谱图上表现出一个峰。这种振动形式不同，但是振动频率相同，表现出一个吸收峰的现象称为简并。简并是基本振动吸收峰少于振动自由度数的首要原因。

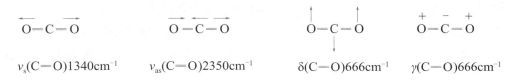

$$v_s(C＝O)1340cm^{-1} \qquad v_{as}(C＝O)2350cm^{-1} \qquad \delta(C＝O)666cm^{-1} \qquad \gamma(C＝O)666cm^{-1}$$

图E-1-3　二氧化碳振动形式示意

4.红外光谱的产生条件

（1）红外光谱产生的条件　产生红外光谱必须满足两个条件。

① 红外辐射的能量必须与分子激发态和基态振动能级的能量差相当，即；

$$E_光=\Delta vh\upsilon \quad 或 \quad \upsilon_光=\Delta v\upsilon$$

式中，$E_光$为光子的能量；$\upsilon_光$为光子的频率；Δv为振动能级差；υ为振动频率。

② 分子振动过程中其偶极矩必须发生变化，偶极矩的净变化不等于零（$\Delta\mu\neq0$），即只有红外活性振动才能产生吸收峰（关于偶极矩μ参见本任务后拓展内容）。

（2）红外活性振动和红外非活性振动　CO_2分子虽有$v_s(C＝O)$振动，但红外光谱图上却没有反映出来有该峰（1340cm^{-1}）。这是由于CO_2是线形分子，虽然两个键的偶极矩都不等于零，单分子的偶极矩在分子处于振动平衡位置时，偶极矩$\mu=0$。在对称伸缩振动过程中，正、负电荷中心仍然重合，$r=0$，$\mu=0$，偶极矩没有变化，$\Delta\mu=0$。但在不对称伸缩振动过程中，其中一个键伸长时，另一个键缩短，使正、负电荷中心不重合，$r\neq0$，$\mu\neq0$，故$\Delta\mu\neq0$。因此，其不对称吸收峰在2369cm^{-1}处表现出来。只有在振动过程中偶极矩发生变化的振动才能吸收能量相当的红外辐射，在红外光谱上表现出吸收峰。把能引起偶极矩变化的振动称为红外活性振动。反之，把不能引起偶极矩变化的振动称为红外非活性振动。H_2、O_2、N_2、Cl_2等双原子分子相应的振动为红外非活性振动。红外非活性振动是基本振动吸收峰少于振动自由度的另一个原因。

红外光谱的吸收峰数不一定等于振动自由度，一般少于振动自由度数。除了上述两个使吸收峰数减少的因素外，倍频峰可增加吸收峰数。

（三）吸收峰的位置、强度与化学键

1.吸收峰的位置

红外光谱中吸收峰在横坐标上的位置简称峰位，通常用 σ_{max}（或 υ_{max}、λ_{max}）表示，即振动能级跃迁时所吸收的红外辐射的波数 σ_L（或频率 υ_L、波长 λ_L）。对基频峰［分子吸收一定频率的红外辐射由基态（$\nu=0$）跃迁至第一激发态（$\nu=1$），所产生的吸收峰］而言，其峰位即为分子或基团的基本振动频率。如在振动能级中研究的那样，把振动运动看成是谐振子的简谐振动，则其基本振动频率 υ 可由经典力学的胡克定律推导出的简谐振动公式计算：

$$\upsilon=\frac{1}{2\pi}\sqrt{\frac{K}{\mu}}$$

（E-1-5）

式中，K 为化学键的力常数，N/cm；μ 为双原子的折合质量，$\mu=\frac{m_1 m_2}{m_1+m_2}$，$m_1$ 和 m_2 分别为化学键两端的原子的质量。

化学键的力常数 K 是指将化学键两端的原子由平衡位置拉长单位长度后的恢复力，与键能和键长有关。发生振动能级跃迁需要能量的大小取决于键两端原子的折合质量和键的力常数，即取决于分子的结构特征。有机物中碳碳原子的单键、双键及叁键的力常数及峰位见表 E-1-2。

表 E-1-2　常见碳-碳键的力常数及峰位

键类型	—C≡C—	—C=C—	—C—C—
力常数 $K/$（N/cm）	15～17	9.5～9.9	4.5～5.6
峰位	4.5μm	6.0μm	7.0μm
	2060cm^{-1}	1680cm^{-1}	1190cm^{-1}

根据波数与频率及波长的关系：

$$\sigma=\frac{1}{\lambda}=\frac{\upsilon}{c}$$

则化学键基本振动的波数可表示为：

$$\sigma=\frac{1}{2\pi c}\sqrt{\frac{K}{\mu}}$$

（E-1-6）

从表 E-1-2 及式（E-1-6）可见，化学键键能越强（即键的力常数 K 越大）、原子折合质量越小，化学键的振动频率越大，吸收峰将出现在高波数区。三类化学键虽然折合质量相同，但是键的力常数不同，红外吸收峰的位置表现也不相同。键力常数大的吸收峰出现在高波数区（短波长区）；反之，出现在低波数区（高波长区）。

通过上述分析可以看出，不同原子组成的化学键，相同原子不同类型的化学键，具有不同的振动频率，表现在红外光谱上即出现在不同的位置，但是同一振动类型出现的位置基本是固定的。所以，可以根据物质分子的红外光谱的峰位初步判断组成分子的化学键（或基团）类型，这是红外光谱法用于定性分析和结构判断的基础。

2.吸收峰的峰强

这里讨论吸收峰的强度不是浓度和吸光度之间的关系，而是在同一红外光谱图中，有些峰强，有些峰弱，即红外光谱上各吸收峰的相对强弱，简称为峰强。

（1）峰强与电负性 经过对标准红外光谱图的研究发现：在不考虑相邻基团相互影响的前提下，键两端原子电负性相差越大（极性越大），吸收峰越强，即键的偶极矩越大，伸缩振动过程中的偶极矩变化也越大，其吸收峰就越强。因此分子中含杂原子时，其红外吸收峰一般比较强。如 $C=O$、$C-X$ 等振动的吸收强度较强，而 $C=C$、$C-C$、$N=N$ 等振动的吸收强度较弱。

（2）峰强与跃迁概率 吸收峰的强度还与振动能级的跃迁概率有关，吸收峰的强度是跃迁概率的量度。跃迁概率越大，其吸收峰的强度越大。当基态分子中很少一部分吸收某个频率的红外辐射后，跃迁到激发态。处于激发态的分子不稳定，由于与周围基态分子碰撞等原因损失能量返回基态。当达到动态平衡时，激发态分子占分子总数的百分率称为跃迁概率。例如：分子吸收红外辐射，能级从基态（$v=0$）跃迁至第一激发态（$v=1$）后，继续吸收能量跃迁至第二激发态（$v=2$），其振幅加大，偶极矩变大，峰强本该增强，但是由于这种跃迁概率很低，结果峰强反而很弱，有些甚至观察不到。

（3）其他 不同振动形式对分子的电荷分布影响不同，产生的偶极矩净变化也不同，所以吸收峰的强度不同。通常振动形式与峰强的关系有以下基本规律：一般情况下，伸缩振动峰强大于变形振动的峰强，不对称伸缩振动峰强大于对称伸缩振动的峰强。

总结得知，吸收峰的强度主要由两个因素决定：一是振动过程中的偶极矩变化；二是振动能级的跃迁概率。

红外光谱的吸收峰的绝对强度用摩尔吸光系数（ε）来描述。按摩尔吸光系数 ε 的大小划分吸收峰的强弱等级，一般划分方法如下：$\varepsilon > 100$ 为非常强峰（vs）；$20 < \varepsilon < 100$ 为强峰（s）；$10 < \varepsilon < 20$ 为中等强峰（m）；$1 < \varepsilon < 10$ 为弱峰（w）。

（四）有机化合物的红外光谱

随着研究的深入人们发现，物质的红外光谱图有很多规律，将其分成不同的区域和不同类型的峰。

1.特征峰和相关峰

物质的红外光谱是其分子结构的客观反映，谱图中的吸收峰对应分子中的各化学键或基团的振动形式。

（1）特征峰（特征频率） 把能用于鉴别基团存在的吸收峰称为特征吸收峰，简称特征峰或特征频率。同一基团的振动频率总是出现在一定的区域，例如分子中含有羰基（$-C=O$），则在 $1870 \sim 1540cm^{-1}$ 出现强吸收峰，即在一个红外谱图上，如果在 $1870 \sim 1540cm^{-1}$ 区间出现强吸收峰，一般可以判定为羰基伸缩振动 $[\upsilon(C=O)]$ 峰，进而可以认为化合物的结构中存在羰基。所以，在 $1870 \sim 1540cm^{-1}$ 区间的强吸收峰是羰基的特征峰。而一般来说，用光谱中不存在某基团的特征峰来否定某些基团的存在，也是红外光谱解析中常用的方法。

（2）相关峰　相关吸收峰是由一个基团产生的一组有互相依存关系的吸收峰，简称相关峰。用一组相关峰来确定一个基团的存在，是红外光谱解析的一条重要原则。

有时，由于峰与峰的重叠或峰强度太弱，并非所有相关峰都能被观测到，但必须找到主要的相关峰才能认定该基团的存在。例如，在 $1870 \sim 1540 cm^{-1}$ 区间出现强吸收峰，说明有羰基存在；但是要说明是醛的话，还需要与醛氢的峰来相互佐证，假设有醛氢的峰，可以说是醛羰基，反之就不是。

2.基频峰和泛频峰

（1）基频峰　是分子或基团的基本振动频率。它是分子吸收一定频率的红外辐射，由振动能级的基态（ $v=0$ ）跃迁至第一激发态（ $v=1$ ）时所产生的吸收峰。基频峰的强度一般较大，其峰位的规律性也较强，所以在红外光谱上最容易识别。

（2）倍频峰　在红外光谱上除基频峰外，振动能级由基态（ $v=0$ ）跃迁至第二激发态（ $v=2$ ）、第三激发态（ $v=3$ ）等，所产生的吸收峰称为倍频峰。由 $v=0$ 跃迁至 $v=2$ 时，$\Delta v=2$，则 $v_L=2v$，产生的吸收峰称为二倍频峰。由 $v=0$ 跃迁至 $v=3$ 时，$\Delta v=3$，产生的吸收峰称为三倍频峰。依次类推。在倍频峰中，二倍频峰还比较强。三倍频峰以上，因跃迁概率很小，一般很弱，常常不能测到。

（3）合频峰、差频峰　有些弱吸收峰是由两个或多个基频峰频率的和或差产生，将这些吸收峰称为合频峰或差频峰。这些峰多数很弱，一般不容易辨认。将倍频峰、合频峰和差频峰统称为泛频峰。

泛频峰的存在增加了红外光谱的复杂性，但也增加了特征性。

3.特征区和指纹区

（1）特征区　在中红外光谱区，习惯上把 $4000 \sim 1300 cm^{-1}$ 称为特征区（或称为基团频率区、官能团区）。在该区域内光谱有一个明显的特点，即每个吸收峰都与一定的基团相对应，且有机化合物分子中主要基团的特征峰都发生在这个区域内。该区域的光谱峰比较稀疏，容易辨认，常用于鉴定官能团。区内的峰主要是由各含氢单键伸缩振动峰，各种叁键、双键伸缩振动峰，部分含氢单键面内弯曲振动峰产生的吸收带。

特征区在光谱解析中的作用是通过该区域内查找基团特征峰存在与否来确定或否定基团的存在，以确定化合物的类别和结构。

（2）指纹区　在 $1300 \sim 400 cm^{-1}$ （主要是 $600 cm^{-1}$ ）区域内吸收峰密集、多变、复杂，称为指纹区。除单键的伸缩振动外，还有因弯曲振动产生的谱带，这种振动与整个分子的结构有关。当分子结构稍有不同时，该区的吸收就有细微的差异，并显示出分子特征。这种情况就像人的指纹一样具有区分性，因此称为指纹区。指纹区对于指认结构类似的化合物很有帮助，而且可以作为化合物存在某种基团的旁证。

指纹区在光谱解析中的作用，首先查找相关的吸收峰，以进一步确定基团的存在。其次，确定化合物较细微的结构。依据这些大量密集多变的吸收峰的整体状态分析有机化合物分子的具体特征，用来与标准图谱或已知物谱图比较。

（五）常见基团吸收峰分布规律

常见的化学基团在中红外区（4000～400cm^{-1}）范围内有特征基团频率。在实际应用时，为便于对光谱进行解析，常将这个波数范围分为四个部分，具体见表E-1-3。

表E-1-3　常见基团吸收带数据

吸收带			基团	峰位/cm^{-1}
特征吸收带	含氢化学键	活泼氢	O—H	3630
			N—H	3350
			P—H	2400
			S—H	2570
		不饱和氢	≡C—H	3330
			Ar—H	3060
			=C—H	3020
		饱和烃	—CH$_3$	2960，2870
			—CH$_2$	2926，2853
			—CH	2890
	叁键		C≡C	2050
			C≡N	2240
	双键		R$_2$C=O	1715
			RHC=O	1725
			C=C	1650
指纹吸收带	伸缩振动		C—O	1100
			C—N	1000
	变形振动		C—C	900
			C—C—C	＜500
			C—N—O	约500
			H—C=C—H	960（反）
			R—Ar—H	650～900
			H—C—H	1450

1. X—H伸缩振动区（4000～2500cm^{-1}），X代表C、N、O、S等原子

（1）羟基特征峰（—O—H）　羟基的伸缩振动出现在3650～3200cm^{-1}范围内，它可以作为判断有无醇类、酚类和有机酸类的重要依据。

当醇和酚溶于非极性溶剂（如CCl$_4$），且浓度为0.01mol/L时，在3650～3580cm^{-1}处出现游离O—H的伸缩振动吸收峰，峰形尖锐，且没有其他吸收峰干扰，易于识别。当试样浓度增加时，羟基化合物产生缔合现象，羟基的伸缩振动吸收峰向低波数方向位移，在

$3400 \sim 3200cm^{-1}$ 出现一个宽而强的吸收峰。

（2）氨基特征峰（—N—H）　胺和酰胺的N—H伸缩振动也出现在 $3500 \sim 3100cm^{-1}$ 范围内，因此，可能会对O—H伸缩振动有干扰。

伯胺中 NH_2 的伸缩振动有对称和反对称两种，因而也在 $3500 \sim 3300cm^{-1}$ 出现双峰；仲胺在 $3400cm^{-1}$ 出现单峰；叔胺无N—H，因而在此区域内无吸收峰。

（3）碳氢键（—C—H；≡C—H）　C—H的伸缩振动可分为饱和与不饱和两种。

① 饱和的C—H伸缩振动出现在 $3000cm^{-1}$ 以下，在 $3000 \sim 2800cm^{-1}$ 范围内，取代基对它们影响很小。如—CH_3 的伸缩吸收出现在 $2960cm^{-1}$ 和 $2870cm^{-1}$ 附近；—CH_2 的吸收出现在 $2930cm^{-1}$ 和 $2850cm^{-1}$ 附近（高波数的为反对称伸缩振动峰）；—CH的吸收峰则出现在 $2890cm^{-1}$ 附近，但强度很弱。

② 不饱和的C—H伸缩振动出现在 $3000cm^{-1}$ 以上，以此来判断化合物中是否含有不饱和的C—H键。双键＝C—H的吸收出现在 $3040 \sim 3010cm^{-1}$ 范围内，末端＝CH_2 的吸收出现在 $3085cm^{-1}$ 附近，据此可以判断是否有烯烃及双键的大概位置。叁键≡CH上的C—H伸缩振动出现在更高的区域（$3300cm^{-1}$ 附近）。苯环的C—H键伸缩振动出现在 $3060cm^{-1}$ 附近，它的特征是谱带比较尖锐。

2. 叁键（C≡C）和累积双键伸缩振动区（$2500 \sim 1900cm^{-1}$）

（1）RC≡CH $2140 \sim 2100cm^{-1}$，RC≡CR′ $2260 \sim 2190cm^{-1}$（R=R′ 时无红外活性）。

（2）RC≡N $2260 \sim 2210cm^{-1}$，非共轭在 $2260 \sim 2240cm^{-1}$，共轭在 $2230 \sim 2220cm^{-1}$。

3. 双键伸缩振动区（$1900 \sim 1200cm^{-1}$）

RC＝CR′ $1680 \sim 1620cm^{-1}$，强度弱［R=R′（对称）时无红外活性］。

① 单核芳烃的C＝C键伸缩振动在 $1650 \sim 1626cm^{-1}$ 范围，在苯环上有取代基时会表现出不同的情况。

② 羰基（C＝O）特征峰出现在 $1850 \sim 1600cm^{-1}$ 范围内且为强度大、尖锐的峰。在不同类型化合物中羰基峰有一定的规律：酮中羰基出现在 $1715cm^{-1}$；酯键羰基峰出现在 $1750 \sim 1725cm^{-1}$；羧酸羰基峰出现在 $1820 \sim 1750cm^{-1}$；酰胺羰基峰出现在 $1680cm^{-1}$。

4. X—Y的伸缩振动、X—H变形振动区

出现在 $＜1650cm^{-1}$ 区域内。

（六）影响峰位变化的因素

在红外光谱中，相同基团的特征吸收并不总在一个固定频率上，而是出现在一定范围内，因为化学键的振动频率不仅与其本身键的性质有关，还受分子内部结构和外部因素的影响。

1. 分子内部结构因素

（1）电子效应　电子效应由化学键的电子分布不均匀引起，包括诱导效应和共轭效应。

① 诱导效应：吸电子基团的诱导效应（I效应）使吸收峰向高频方向移动（蓝移）。如不同基团连接的羰基的伸缩振动频率见表E-1-4。

$$R-\overset{\ddots\text{O}}{\overset{|}{C}} \longrightarrow X \longleftrightarrow R-\overset{\delta^+\ddot{\text{O}}}{\overset{\|}{C}}---X^{\delta^-}$$

表 E-1-4　不同基团相连的羰基的振动频率

含羰基的有机物	羰基的伸缩振动峰	含羰基的有机物	羰基的伸缩振动峰
R—COR	v（C=O）　1715cm^{-1}	R—COF	v（C=O）　1870cm^{-1}
R—COH	v（C=O）　1730cm^{-1}	F—COF	v（C=O）　1928cm^{-1}
R—COOR′	v（C=O）　1735cm^{-1}	R—CONH$_2$	v（C=O）　1650cm^{-1}
R—COCl	v（C=O）　1800cm^{-1}		

② 共轭效应：是指两个或两个以上双键（叁键）以单键相连接时所发生的电子离位作用。+C（或+M）（通常将共轭体系中给出 π 电子的原子或原子团所显示的共轭效应称为+C效应）常使吸收峰向低频方向移动。

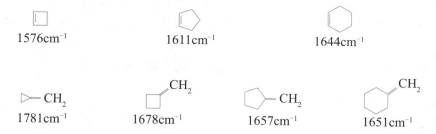

以上述的几个酮类有机物为例，由于羰基与苯环或环烯的双键共轭，其 π 电子的离域增大（共轭体系越大，增大越多），使羰基的双键性减弱，伸缩性力常数减小，故羰基伸缩振动频率降低，其吸收峰向低波数方向移动，共轭体系越大则移动越多。

在一个化合物中，诱导效应与共轭效应经常同时存在，所以吸收峰的移动方向要由占主导地位的那种效应决定。

（2）空间效应

① 环张力（键角效应）：当环有张力时，环外双键、环上羰基随着环张力的增加，波数增加；环内双键随着环张力的增加，波数降低。

② 空间位阻（空间障碍）：使共轭体系受到影响或破坏，吸收频率将移向较高的波数。

（3）氢键效应　氢键的形成使电子云密度平均化，从而使伸缩振动频率降低，吸收峰强度增强，峰变宽。

分子内氢键对谱带位置有明显的影响，但分子内氢键不受浓度影响。分子间氢键受浓度影响较大，随浓度的变化吸收峰位置改变。

游离羧酸的C＝O频率出现在1760cm⁻¹左右。在固体或液体中，由于羧酸形成二聚体，C＝O频率出现在1700cm⁻¹。

（4）费米（Fermi）共振　当一振动的倍频与另一振动的基频接近时，由于发生相互作用而产生很强的吸收峰或发生裂分，这种现象称为Fermi共振。

2.外部因素

（1）溶剂的影响　在溶液中测定光谱时，溶剂的种类、浓度和测定时的温度不同，同一种物质所测得的光谱也可能不同。通常在极性溶剂中，溶质分子的极性基团的伸缩振动频率随溶剂极性的增加而向低波数方向移动，并且强度增大。因此，在红外光谱测定中，应尽量采用非极性的稀溶剂测定。如羧酸中的羰基（C＝O）伸缩振动峰：气态时 v(C＝O)为1780cm⁻¹；在非极性溶剂中 v(C＝O)为1760cm⁻¹；在乙醚溶剂中 v(C＝O)为1735cm⁻¹；乙醇溶剂中 v(C＝O)为1720cm⁻¹。

（2）物质的状态　同一物质的不同状态，由于分子间相互作用力不同，所得到的光谱往往也有区别。分子在气态时，其相互作用力很弱，此时可以观察到伴随振动光谱的转动精细结构。液态和固态分子间作用力较强，在有极性基团存在时，可能发生分子间的缔合或形成氢键，导致特征吸收带频率、强度和形状有较大的改变。例如，丙酮在气态时的 v_{C-H} 为1742cm⁻¹，而在液态时为1718cm⁻¹。

📋 目标自测

一、填空题

答案

1.红外光区分为三个区：近红外光区_____、中红外光区_____、远红外光区_____（填波长范围）。

2.红外光照射物质时可以使物质吸收能量产生分子中基团的振动能级跃迁，同时伴随着转动能级的跃迁，产生红外吸收光谱，也称为_____光谱。

3.红外光谱图纵坐标为_____，横坐标为_____或_____。

4.直线形分子的振动自由度为_____，非线形分子的振动自由度为_____。

5.在中红外光谱区，习惯上把4000～1300cm⁻¹称为_____，1300～400cm⁻¹称为_____。

6.在振动过程中，键或基团的_____不发生变化，就不吸收红外光。

二、选择题（单项）

1.红外光谱是（　　　）。

A.分子光谱　　　　　　　　　　B.原子光谱

C.发射光谱　　　　　　　　　　D.电子光谱

2.在下面各种振动模式中，不产生红外吸收的是（　　　）。

A.乙炔分子中—C≡C—对称伸缩振动

B.乙醚分子中O—C—O不对称伸缩振动

C. H_2O 分子中 H  H 对称伸缩振动

D. HCl 分子中 H—Cl 伸缩振动

3. 下面几种气体，不吸收红外光的是（　　　）。

A. H_2O　　　　　　　B. CO_2　　　　　　　C. HCl　　　　　　　D. N_2

4. 分子不具有红外活性的，必须是（　　　）。

A. 分子的偶极矩为零　　　　　　　B. 分子没有振动

C. 非极性分子　　　　　　　　　　D. 分子振动时没有偶极矩变化

5. Cl_2 分子在红外光谱图上基频吸收峰的数目为（　　　）。

A. 0　　　　　　　　　B. 1　　　　　　　　　C. 2　　　　　　　　　D. 3

E-2任务　红外光谱仪

学习目标

1. 掌握红外光谱仪的主要部件及工作原理。
2. 熟悉红外光谱仪的日常维护与保养。
3. 熟悉红外光谱仪的检定方法和要求。

　　红外光谱法的定性、定量通过红外光谱仪来实现，其型号、规格有多种。20世纪40年代中期，出现双光束红外光谱仪，它们大都采用棱镜作为色散元件，称为棱镜式红外光谱仪。50年代末期，用光栅作为色散元件的光栅式红外光谱仪问世。棱镜和光栅光谱仪都属于色散型光谱仪，它的单色器为棱镜或光栅，属单通道测量，即每次只测量一个窄波段的光谱化。转动棱镜或光栅，逐点改变其方位后，可测得光源的光谱分布。这类红外光谱仪在扫描速度、波长精确度、光谱分辨率以及信噪比等诸多方面远低于傅里叶变换红外光谱仪，其基本上已被傅里叶变换红外光谱仪（特别在中红外和远红外区）取代。60年代以来，由于快速傅里叶变换算法的出现和计算机技术的日益完善，使得通过对干涉图进行傅里叶变换从而求取样品的红外光谱的技术成为可能，第一台商品化傅里叶变换红外光谱仪在70年代中期出现。目前已发展了各种类型的中红外、近红外和远红外光谱仪，并已生产了如半导体、燃油、遥控测量、工业过程控制等专用仪器。

　　傅里叶变换红外光谱仪（简称为傅里叶红外光谱仪）不同于色散型红外分光的原理，是基于对干涉后的红外光进行傅里叶变换的原理而开发的红外光谱仪，可以对样品进行定性和定量分析，广泛应用于医药化工、地矿、石油、煤炭、环保、海关、宝石鉴定、刑侦等领域。

一、红外光谱仪的基本结构及主要部件

（一）色散型红外光谱仪的基本结构及主要部件

色散型红外光谱仪的结构和紫外-可见分光光度计相似，也由光源、吸收池、单色器、检测器以及记录显示装置组成。不同的是红外光谱仪的样品池在光源和单色器之间，而紫外-可见分光光度计的样品池则在单色器和检测器之间。

1.光源

红外光谱仪中的光源通常是一种惰性固体，通电加热使之发射高强度的连续红外辐射。理想的红外光源应是能发射高强度、连续红外辐射的物体。常用的有能斯特（Nernst）灯和硅碳棒等。

（1）能斯特灯　是用氧化锆、氧化钇和氧化钍混合烧结而成的中空棒或实心棒。直径为 $1 \sim 3mm$，长 $2 \sim 5cm$。在两端绕有铂丝作为导体。能斯特灯在室温下不导电，加热到 $800℃$ 变为导体，开始发光，因此，在工作之前要预热。工作温度为 $1500 \sim 1700℃$，在此高温下导电并发射红外光，工作波数为 $5000 \sim 400cm^{-1}$。它的特点是发射强度高，使用寿命长，稳定性较好。缺点是价格比硅碳棒贵，机械强度差，操作不如硅碳棒方便。

（2）硅碳棒　是由碳化硅烧结而成的中间细、两头粗的实心棒，中间为发光部分。工作温度为 $1200 \sim 1500℃$。在低波数区发光强度大，工作波数为 $5000 \sim 200cm^{-1}$。与能斯特灯相比，其优点是坚固，寿命长，发光面积大，且室温下是导体，不需要预热。缺点是工作时需要水冷却装置，以免放出大量的热影响仪器其他部件的功能。

2.样品室（吸收池）

用于放置气态、液态、固态待测样品，样品室应对通过的红外光无吸收。因玻璃、石英等材料不能透过红外光，红外吸收池使用可透过红外光的材料制成窗片；不同的样品状态（固态、液态、气态）使用不同的样品池。固态样品可与晶体混合压片制成，多与溴化钾（KBr）混匀压片。

3.单色器

单色器的作用是将入射的复合红外光色散为单色光，再逐一由出射狭缝射出。单色器由色散元件、准直镜和狭缝构成。色散元件常用光栅。在金属或玻璃片上每毫米间隔刻画数十条甚至上百条等距离线槽而构成光栅。以光栅为分光元件的红外光谱仪的不足之处有三：一是需采用狭缝，光能量受到限制；二是扫描速度慢，不适于动态分析及和其他仪器联用；三是不适于过强或过弱的吸收信号的分析。

4.检测器

检测器的作用是将照射在它上面的红外光变成电信号。常用的红外检测器有三种：真空热电偶、热释电检测器和碲镉汞检测器等。

（二）傅里叶变换红外光谱仪的基本结构及主要部件

1.结构组成

傅里叶变换红外光谱仪（Fourier transform infrared spectrometer，FTIR），主要由光学探

测部分和计算机部分组成。光学探测部分由干涉仪、光源和探测器三部分组成。仪器的具体部件由红外光源、光阑、干涉仪（分束器、动镜、定镜）、样品室、检测器以及各种红外反射镜、激光器、控制电路板和电源组成（图E-2-1）。与传统色散型光谱仪相比，傅里叶变换红外光谱仪的核心部分是一台干涉仪（如迈克尔逊干涉仪）。

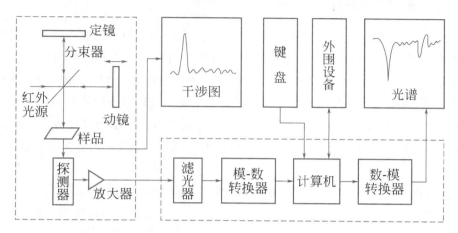

图 E-2-1　傅里叶变换红外光谱仪的结构排列及工作示意

2.干涉仪

由分束器、定镜和动镜组成。分束器将红外光分成两束，一束到达定镜，另一束到达动镜，两者再回到分束器。当动镜移动时，经过干涉仪的两束相干光间的光程差（x）就改变，探测器所测得的光强也随之变化，从而得到干涉图。可以证明，入射光的功率谱与干涉图信号之间是一个傅里叶变换对。因此，通过傅里叶变换，就可以从干涉图导出样品的红外光谱。这种方法可以理解为以某种数学方式对光谱信息进行编码的摄谱仪，它能同时测量、记录所有光谱元的信号，并以更高的效率采集来自光源的辐射能量，从而使其具有比传统光谱仪高得多的信噪比和分辨率。

干涉仪将来自光源的信号以干涉图的形式送往计算机进行傅里叶变换的数学处理，将干涉图还原成光谱图。干涉图包含着光源的全部频率和强度按频率分布的信息。因此，如将一个有红外吸收的样品放在干涉仪后面的光路中，由于样品吸收掉某些频率的能量，所得到的干涉图曲线就相应地产生某些变化，相应的光谱图也发生变化。

3.傅里叶变换红外光谱仪的主要优点

（1）同时测量所有光谱元信号，测量速度快，可多次叠加，信噪比高。

（2）没有入射和出射狭缝限制，因而光通量高，提高了仪器的灵敏度。

（3）以氦、氖激光波长为标准，波数值的精确度可达 $0.01cm^{-1}$。

（4）动镜移动的距离增加就可提高光谱分辨率（最佳已达 $0.0008cm^{-1}$）。

（5）工作波段可从可见区延伸到毫米区（已达 $50000 \sim 4cm^{-1}$），使远红外光谱的测定得以实现。

（6）使用调制音频测量，检测器仅对调制的音频信号有反应，杂散光（包括样品自身的红外辐射）不影响检测。

（7）样品置于分束器后测量，大量辐射由分束器阻挡，样品仅接收调制波，热效应极小。

（8）扫描速度最快已达117张光谱图/秒，可用于动力学研究，并可实现与气相色谱仪、液相色谱仪等联机检测。

二、红外光谱仪的校正和检定

《中国药典》规定，无论使用色散型红外分光光度计还是傅里叶变换红外光谱仪，必须对仪器进行校正，以确保测定波数的准确性和仪器的分辨率符合要求。具体方法根据中华人民共和国国家计量检定规程《色散型红外分光光度计》（JJG 681—2005）和《中国药典》（2020年版）通则规定，并参考仪器说明书，对仪器定期进行校正检定。目前国家尚未颁布傅里叶变换红外光谱仪的计量检定规程，但这类仪器可参照色散型红外分光光度计的有关检定规程和药典规定进行检定。《中国药典》（2020年版）规定校正的方法和要求如下。

1.波数的准确性

波数的准确性的校正方法是以聚苯乙烯薄膜（厚度约0.04mm）为测试样品，绘制其红外光谱图，用$3027cm^{-1}$、$2851cm^{-1}$、$1601cm^{-1}$、$1028cm^{-1}$、$907cm^{-1}$处的吸收峰对仪器的波数进行校正。《中国药典》（2020年版）要求，傅里叶变换红外光谱仪在$3000cm^{-1}$附近的波数误差应不大于$\pm5cm^{-1}$，在$1000cm^{-1}$附近的波数误差应不大于$\pm1cm^{-1}$。

2.分辨率

用以上聚苯乙烯薄膜的红外光谱图对仪器的分辨率进行检查，要求在$3110\sim2850cm^{-1}$范围内应能清楚地分辨出7个峰，峰$2851cm^{-1}$与谷$2870cm^{-1}$之间的分辨深度不小于18%透光率，峰$1583cm^{-1}$与谷$1589cm^{-1}$之间的分辨深度不小于12%透光率；仪器的标称分辨率，除另有规定外，应不低于$2cm^{-1}$。具体操作详见E-5实训。

三、样品制备方法

（一）红外光谱分析对样品的要求

用红外光谱法分析的试样对物态没有要求，可以是液体、固体或气体。但一般应满足下列要求。

（1）试样应该是单一组分的纯物质，一般纯度应＞98%或符合商业规格，才便于与纯物质的标准光谱进行对照。

（2）多组分试样应在测定前尽量预先用分馏、萃取、重结晶或色谱法进行分离提纯，否则各组分光谱相互重叠，难以判断。

（3）试样中不应含有游离水。水本身有红外吸收，会严重干扰样品光谱，而且会侵蚀吸收池的盐窗。

（4）试样的浓度和测试厚度应选择适当，以使光谱图中的大多数吸收峰的透射比处于10%～80%范围内。

进行红外光谱分析时，通常采用压片法、石蜡糊法、薄膜法、溶液法和气体吸收法等对样品进行处理后再测定。对于吸收特别强烈或不透明表面上的覆盖物等供试品，可采用如衰减全反射、漫反射等红外光谱方法。对于极微量或需微区分析的供试品，可采用显微红外光谱方法测定。

（二）液体试样

1.液体池法

一般液体试样及含有合适溶剂的固体试样可以采用液体池法。液体池的两侧是用NaCl或KBr等岩盐作成的窗片。常用的液体吸收池有两种：固定式吸收池和可拆式吸收池。

2.液膜法

液膜法（或称夹片法）是定性分析中常用的简便方法，尤其对沸点较高、不易清洗的液体样品采用此法更为方便。在可拆池两窗之间滴上1～2滴液体样品，形成一薄膜。液膜厚度可借助于池架上的紧固螺丝做微小调节。低沸点、易挥发的样品不宜采用此法。

（三）固体试样

固体试样常用的制样方法是压片法、石蜡糊法和薄膜法。实验中采用最多的是压片法。

1.压片法

它是将样品与固体分散介质混合压制成透明的片。KBr（一般要求光谱纯）是常用的固体分散介质。若测定试样为盐酸盐时，应使用KCl作为分散介质。试样与分散介质的比例一般为1∶200。《中国药典》（2020年版）要求称取1～2mg干燥的待测样品+200mg干燥的KBr→玛瑙研钵中研细至粒度小于2μm（散射小）混匀→压片机中压成透明薄片→直接测定（具体步骤详见E-4实训）。

2.石蜡糊法（糊膏法）

将固体试样研细后→分散在与其折射率相近的液体介质中→夹于盐片间。最常用的液体分散介质为石蜡，其为高碳数饱和烷烃，因此该法不适于研究饱和烷烃。

3.薄膜法

该法在样品制备的过程中因为引入的其他物质较少，所以没有溶剂及分散介质的干扰。实验时根据物质的不同理化性质，用不同的方法制备合适厚度（0.01～0.1mm）的薄膜。低熔点的试样可在熔融后倾于平滑的表面上制膜；结晶性试样可在熔化后置于岩盐的窗片上制膜；不溶于水的试样在热熔后倾于水中，使其在水面上成膜。

四、红外光谱仪的维护及保养

见表E-2-1。

表 E-2-1　红外光谱仪的维护及保养

序号	项目	维护及保养方法
1	环境要求	红外光谱仪放置的环境有特殊的要求，即放置红外光谱仪的室内温度应在15～30℃，相对湿度应保持在65%以下，所用电源应配备有稳压装置和接地线。因要严格控制室内的相对湿度，因此红外光谱实验室的面积不要太大，能放得下必需的仪器设备即可。为防止仪器受潮而影响使用寿命，红外光谱实验室应经常保持干燥，所以室内一定要有除湿装置

续表

序号	项目	维护及保养方法
1	环境要求	如果所用的是单光束型傅里叶变换红外分光光度计（目前应用最多），实验室里的CO_2含量不能太高，因此实验室里的人数应尽量少，无关人员最好不要进入，还要注意适当通风换气
2	样品室	仪器样品室内应常年放一杯变色硅胶使样品室保持干燥。至少每2周观察一次颜色，受潮要及时更换
3	维护保养	仪器长时间不用时，至少每2周（潮湿季节更短）要打开仪器的电源，观察仪器面板上右上角的湿度指示灯（如果变成红色，则需要更换干涉仪腔体里的干燥剂。更换时防止任何杂物落入仪器内部），每次半天，同时开除湿机。特别是空气湿度大的梅雨季节，最好是能每天开除湿机
4	干燥剂	随机带的干燥剂是分子筛，可以重复使用。受潮后，应倒出放进一个烧杯里在烘箱中烘干，条件是150℃下连续烘24h，降温时可置于干燥器中以防止再度吸潮。注意千万不能连干燥管一起放进烘箱烘干
5	预热	最佳状态下使用仪器，仪器室最好配备空调和除湿机，但不要让空调出风口对着仪器。长时间停机后再次开机，至少等待30min预热稳定后再进行测量。每天都需使用仪器时，应让仪器24h打开电源
6	其他	仪器内外所有镜面或窗片禁止任何擦拭和用手指等直接接触，并注意防潮

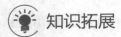 知识拓展

傅里叶变换红外光谱仪的发展热点

（1）由于计算机技术和自动化技术在仪器分析中的广泛使用，使得红外光谱仪的调试、控制、测试及结果的分析大部分由计算机程序控制和完成，红外光谱仪日益智能化，即红外光谱仪自动化程度不断提高。

（2）随着仪器精密度的提高，有些仪器公司在分辨率、扫描速度等方面达到了很高的指标。

（3）不同类型的专用仪器和多功能联用技术的发展　各公司为适应不同用途的需要，设计了各种不同类型的仪器。如Bruker公司不同类型的傅里叶变换红外仪器达17种之多，他们与制造热重分析仪的Netisch公司共同设计了光谱仪与热重分析仪的接口，使仪器联用测试的灵敏度大大提高，并可同时采集热重和红外数据。Nicolet公司有研究型、分析型和普及型等不同类型的仪器，他们的Nexus光谱仪，除了高度自动化外，还配上不同类型的附件，用于不同的测量要求。Bio-Rad公司为适应学校教学需要，仪器窗盖用透明材料制成。有些公司将同一仪器增加外光路出口，增加联用功能，如Bruker的EquinoxTM 55多达6个外光路，可与拉曼附件、GC、TC和红外显微镜四机联用。

（4）各种实用附件的发展　随着红外光谱仪应用范围越来越广，各种实用附件也不断出现。如以前在测定红外光谱时要在红外灯下制样等，现在先进的仪器上有自动模拟水和二氧化碳在测定条件下的吸收情况，扣除对光谱的影响。另外还有其他实用的附件，可根据需要选用。

目标自测

答案

一、填空题

1.傅里叶变换红外光谱仪简写为_____。

2.红外光谱仪中所用的光源通常是一种惰性固体，通电加热使之发射高强度的连续红外辐射，常用的有_____和_____等。

3.红外光谱仪的结构主要由_____、_____、_____、_____以及记录显示装置组成。

4.《中国药典》（2020年版）规定波数的准确性的校正方法是以_____为测试样品，绘制其红外光谱图。

5.进行红外分析时，通常采用_____、_____、_____、溶液法和气体吸收法等进行测定。

6.氢键效应使羟基伸缩振动频率向_____波方向移动。

二、选择题（单项）

1.红外光谱法，试样状态为（　　　　）。

A.气体状态　　　　　　　　　　　　B.固体、液体状态

C.固体状态　　　　　　　　　　　　D.气体、液体、固体状态都可以

2.在红外光谱分析中，用KBr制作试样池窗片，这是因为（　　　　）。

A.KBr晶体在 $4000 \sim 400 cm^{-1}$ 范围内不会散射红外光

B.KBr在 $4000 \sim 400 cm^{-1}$ 范围内有良好的红外吸收特性

C.KBr在 $4000 \sim 400 cm^{-1}$ 范围内无红外吸收

D.在 $4000 \sim 400 cm^{-1}$ 范围内，KBr对红外光无反射

3.一种能作为色散型红外光谱仪色散元件的材料为（　　　　）。

A.玻璃　　　　　B.石英　　　　　C.卤化物晶体　　　　　D.有机玻璃

4.红外光谱法试样可以是（　　　　）。

A.水溶液　　　　　B.含游离水　　　　　C.含结晶水　　　　　D.不含水

5.用红外吸收光谱法测定有机物结构时，试样应该是（　　　　）。

A.单质　　　　　B.纯物质　　　　　C.混合物　　　　　D.任何试样

6.色散型红外分光光度计检测器多用（　　　　）。

A.电子倍增器　　　　B.光电倍增管　　　　C.高真空热电偶　　　　D.无线电线圈

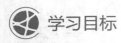 **E-3任务 红外光谱法的应用**

学习目标

1.掌握红外光谱法在物质鉴别中的应用方法及要求。
2.熟悉红外光谱法定性、定量应用方法及要求。
3.了解红外光谱图解析的基本过程和方法。

红外光谱法与其他仪器分析法一样，可用于物质的定性检定、结构分析和定量分析，但最广泛的应用是产品的质量监控，尤其是产品的鉴别，在定量分析方面的应用较少。

一、定性分析

1.已知物的鉴别

红外光谱技术常应用于已知物的鉴别，尤其在药物的质量检测中应用很多。绘制待鉴别物的谱图，一种方法是与标准的谱图进行对照（或者与文献上的谱图进行对照）；另一种方法是与对照品同时绘制谱图对照。如果对照的两张谱图中各吸收峰的位置和形状完全相同，峰的相对强度一样，就可以认为待鉴定物是该种标准物。如果两张谱图不一样或峰位不一致，则说明两者不为同一化合物或样品有较多杂质。如用计算机谱图检索，则采用相似度来判别。使用文献上的谱图对照时应当注意试样的物态、溶剂、测定条件以及所用仪器类型均应与标准谱图相同。

2.抉择性鉴定

在被测物可能是某几个已知化合物时，仅需用红外光谱法予以肯定。若无标准图谱，必须先对红外谱图进行官能团定性分析，根据分析结果，推断最可能的化合物。

3.红外标准图谱集

进行定性分析时，对于能获得相应纯品的化合物，一般通过待鉴别物和纯品的图谱对照即可。对于没有已知纯品的化合物，则需要与标准图谱进行对照。最常用的标准图谱有三种：萨特勒（Sadtler）标准红外光谱集、分子光谱文献"DMS"（documentation of molecular spectroscopy）穿孔卡片和"API"红外光谱资料。①"API"红外光谱资料由美国石油研究所（API）编制，该图谱集主要是烃类化合物的光谱。②分子光谱文献"DMS"由英国和德国联合编制。卡片有三种类型：桃红色卡片为有机化合物，淡蓝色卡片为无机化合物，淡黄色卡片为文摘卡片。卡片正面是化合物的许多重要数据，反面则是红外光谱图。③应用最多的是萨特勒（Sadtler）标准红外光谱集，由美国Sadtler Research Laborationies编辑出版。"萨特勒"收集的图谱最多，现已有约23万张谱图。另外，它有各种索引，使用甚为方便。各厂家的红外光谱仪中都带有标准红外光谱图库。

药物的鉴别所使用的标准红外光谱为《中国药典》（2020年版）配套使用的药品红外光谱集。

二、未知物结构分析

测定未知物的结构是红外光谱法定性分析的一个重要用途。如果未知物不是新化合物，可以通过两种方式利用标准谱图进行查对：①查阅标准谱图的谱带索引，以寻找试样光谱吸收带相同的标准谱图。②进行光谱解析，判断试样的可能结构，然后再由化学分类索引查找标准谱图对照核实。

未知物结构分析一般步骤如下。

1.准备工作

收集待测化合物的信息。在进行未知物光谱解析之前，必须对样品有透彻的了解，例如样品的来源、外观，根据样品存在的形态，选择适当的制样方法；注意观察样品的颜色，辨别气味等，它们往往是判断未知结构的佐证。还应注意样品的纯度以及样品的元素分析及其他物理常数的测定结果。元素分析是推断未知样品结构的另一依据。样品的分子量、沸点、熔点、折射率、比旋光度等物理常数，可作光谱解析的旁证，并有助于缩小化合物的范围。

2.计算分子的不饱和度

不饱和度是指有机分子中碳原子的不饱和程度，是分子结构中碳原子达到饱和所缺一价元素的"对"数。从不饱和度可推出化合物可能的范围。

由元素分析的结果可求出化合物的经验式，由分子量可求出其化学式，并求出不饱和度。如：乙烯变成饱和烷烃需要两个氢原子，不饱和度为1。若分子中仅含一价、二价、三价、四价元素（H、O、N、C），则可按式（E-3-1）进行不饱和度的计算。

$$\Omega = 1 + n_4 + \frac{n_3 - n_1}{2} \tag{E-3-1}$$

式中，n_4、n_3、n_1分别为分子中所含的四价、三价和一价元素原子的数目。二价原子如S、O等不参加计算。

当$\Omega = 0$时，表示分子是饱和的，为链状烃及其不含双键的衍生物。

当$\Omega = 1$时，可能有一个双键或脂环。

当$\Omega = 2$时，可能有两个双键和脂环，也可能有一个叁键。

当$\Omega = 4$时，可能有一个苯环等。

3.进行官能团分析

查找基团频率，推测分子可能的官能团（基团）。根据官能团的初步分析可以排除一部分结构的可能性，肯定某些可能存在的结构，并可以初步推测化合物的类别。

4.图谱解析

图谱的解析主要是靠长期的实践、经验的积累，至今仍没有一个特定的办法。一般程序是先官能团区，后指纹区；先强峰后弱峰；先否定后肯定。

首先在官能团区（4000 ～ 1300cm⁻¹）搜寻官能团的特征伸缩振动，再根据指纹区的吸收情况，通过相关峰进一步确认该基团的存在以及与其他基团的结合方式。如果是芳香族化合物，应定出苯环取代基个数及位置。最后再结合样品的其他分析资料，综合判断分析结果，提出最可能的结构式。然后用已知样品或标准图谱对照，核对判断的结果是否正确。

5.验证

通过其他定性方法进一步确证：如果样品为新化合物，则需要结合紫外光谱、质谱、核磁共振波谱等数据，才能决定所提的结构是否正确。

三、定量分析

红外光谱定量分析是通过对特征谱带强度的测量来求出组分的含量。其理论依据是朗伯-比耳定律。

由于红外光谱的谱带较多，选择的余地大，所以能方便地对单一组分和多组分进行定量分析。此外，该法不受样品状态的限制，能定量测定气体、液体和固体样品。因此，红外定量分析应用广泛。但红外光谱技术灵敏度较低，尚不适用于微量组分的测定。

红外定量分析的方法与紫外分析基本相同，但其在选择吸收带时要注意以下几点。

① 必须是被测物质的特征吸收带。例如分析酸、酯、醛、酮时，必须选择羰基的振动有关的特征吸收带。

② 选择的吸收带的吸收强度应与被测物的浓度有线性关系。

③ 选择的吸收带应有较大的吸收系数且周围尽可能没有其他吸收带存在，以免干扰。

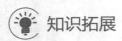 知识拓展

近红外光谱仪及在药物分析中的应用

近红外（near infrared，NIR）光谱的波长范围是 $780 \sim 2526nm$（$12820 \sim 3959cm^{-1}$），通常又将此波长范围划分为近红外短波区（$780 \sim 1100nm$）和近红外长波区（$1100 \sim 2526nm$）。由于该区域主要是 O—H、N—H、C—H、S—H 等含氢基团振动光谱的倍频及合频吸收，谱带宽，重叠严重，而且吸收信号弱，信息解释复杂，所以虽然该谱区发现较早，但分析价值一直未能得到足够重视。近年来，由于巨型计算机与化学统计学软件的发展，特别是化学计量学的深入研究和广泛应用，使其成为发展最快、最引人注目的光谱技术。且由于该技术方便快速、无需对样品进行预处理，适用于在线分析等特点，在药物质量检测领域中正不断得到重视与应用。

近红外光谱在药物分析领域中的应用范围广，不仅适用于药物的多种不同状态（如原料药、完整的片剂、胶囊剂与液体制剂等），还可以用于不同类型药品（如蛋白质、中草药、抗生素等）的分析。

近红外光谱技术不是通过观察供试品谱图特征或测量供试品谱图参数直接进行定性或

定量分析，而是首先通过测定样品校正集的光谱、组成或性质数据（组成或性质数据需通过其他认可的标准方法测定），采用合适的化学计量学方法建立校正模型，再通过建立的校正模型与未知样品进行比较，实现定性或定量分析。近红外光谱仪是药物快速分析车中常配备的仪器。

目标自测

答案

一、填空题

1.随着环张力增大，使环外双键的伸缩振动频率_____，而使环内双键的伸缩振动频率_____。

2.如下两个化合物中双键的伸缩振动频率高的为____〔(a)＝N—N＝; (b) —N≡N—〕。

3.CO_2 分子基本振动数目为_____个，红外光谱图上有_____个吸收谱带，强度最大的谱带由于_____振动引起的。

4.化合物 C_5H_8 不饱和度是_____。

5.红外光谱定量分析是通过对特征谱带强度的测量来求出组分的含量，其理论依据是_____。

二、选择题（单项）

1.某化合物在红外光谱的 $3040 \sim 3010 cm^{-1}$ 及 $1680 \sim 1620 cm^{-1}$ 区域有吸收，则下面几个化合物最可能的是（　　）。

A. ⬠—CH_2　　　　　B. ⬠—CH_3　　　　C. OH⬠　　　　D. O⬠

2.某化合物在紫外光区 204nm 处有一弱吸收，在红外光谱中有如下吸收峰：$3300 \sim 2500 cm^{-1}$（宽峰），$1710 cm^{-1}$，则该化合物可能是（　　）。

A.醛　　　　　　　B.酮　　　　　　　C.羧酸　　　　　　D.烯烃

3.水分子有（　　）红外谱带，波数最高的谱带对应于（　　）振动。

A.2 个，不对称伸缩　　　　　　　　B.4 个，弯曲

C.3 个，不对称伸缩　　　　　　　　D.2 个，对称伸缩

4.苯分子的振动自由度为（　　）。

A. 18　　　　　　　B. 12　　　　　　　C. 30　　　　　　　D. 31

5.乙炔分子振动自由度为（　　）。

A. 5　　　　　　　　B.6　　　　　　　C. 7　　　　　　　　D. 8

6.试比较同一周期内下列情况的伸缩振动（不考虑费米共振与生成氢键）产生的红外吸收峰，频率最小的是（　　）。

A. C—H　　　　　　B. N—H　　　　　　C. O—H　　　　　　D. F—H

E-4 实训　绘制对乙酰氨基酚的红外光谱（压片法）

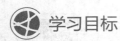 学习目标

1. 能正确使用压片机完成压片制样。
2. 能按规程操作红外光谱仪绘制红外光谱图。
3. 能判断红外光谱图是否符合要求。
4. 认识实验条件及操作对红外光谱图的影响。

一、任务（实验）内容

（一）质量标准

本品的红外光吸收图谱应与对照图谱（光谱集131图）一致。

（二）方法解析

实验内容为对乙酰氨基酚质量标准中红外鉴别项，是药物分析中红外光谱法应用最多的技术。

压片法是固体样品红外光谱分析中最常用的制样方法，凡是易于粉碎的固体样品都可以采用此方法。

具体制样方法：取供试品 $1 \sim 1.5mg$，置玛瑙研钵中，研细，加入干燥的溴化钾或氯化钾细粉 $200 \sim 300mg$（与供试品的比约为 $200 : 1$）作为稀释剂，充分研磨混匀，置于直径13mm的压片模具中，铺展均匀，抽真空约2min，加压至 $0.8 \times 10^6 kPa$，保持压力约2min，撤去压力并放气后取出制成的供试片，目视检测应呈透明状，其中供试品分布应均匀，并无明显颗粒。亦可采用其他直径的压模制片，供试品与稀释剂的用量需相应调整，以保证制得的供试片浓度合适。

压片法制样并绘制固体样品的红外光谱是分析检测的基本技能，通过该实训的学习能掌握压片法制作方法，包括压片模具和压片机的使用方法和注意事项；也能熟悉红外光谱仪的使用方法，了解红外光谱绘制的基本过程和如何评价一张红外光谱图。下面按实际工作过程，分解相关技术单元，逐步完成该项检测任务。

二、实验原理

不同的样品有相对应的红外光谱图。不同的样品状态（固体、液体、气体等）需要采用相应的制样方法才能得出真实、准确的红外光谱图。制样方法的选择和制样技术的好坏直接影响谱带的形状、峰位、数目和强度。绘制固体粉末的对乙酰氨基酚的红外光谱图，常采用压片法制样，样品制备的好坏直接影响谱图质量。规范正确的操作才能得到反映样品结构的红外光谱图，完成后续的定性和定量分析。

三、实验过程

（一）实验准备清单

见表 E-4-1。

表 E-4-1　对乙酰氨基酚的红外光谱绘制（压片法）准备清单

名称		规格	数量及单位	用途
仪器及配件	红外光谱仪	Bruker Tensor27	1台	扫描光谱
	压片机	小吨位油压机	1个	压片
	制样模具	13mm	1个	压片
	玛瑙研钵	直径60mm或其他规格	1个	研磨试样
	不锈钢药匙	规格不限	3个	取样
试药试液	对乙酰氨基酚原料药	纯度≥98%	1瓶	供试品
	溴化钾	光谱纯	1瓶	稀释剂
	无水乙醇	分析纯	1瓶	清洗器皿

（二）工作流程与技能点解析

1.流程图

见图 E-4-1。

图 E-4-1　压片法制样并绘制红外光谱流程

2.技能单元解读表

见表 E-4-2。

表 E-4-2　红外光谱绘制（压片法）技能单元解读

以对乙酰氨基酚为例		
序号	技能单元	具体操作及要求
1	开机预热	打开红外光谱仪的主机电源，预热20min；打开计算机，点击红外光谱软件（不同仪器名称不同，Bruker红外光谱仪为OPUS软件）
2	设置方法	根据仪器的使用规程要求设置相应的参数，运行仪器检测前的步骤
3	清洗玛瑙研钵	用无水乙醇清洗玛瑙研钵，用擦镜纸擦干后，再用红外灯烘干

序号	技能单元	具体操作及要求
4	空白样片的制备与背景扫描（压片）	取溴化钾200mg，置于玛瑙研钵中，充分研磨后装入压片用模具中，施加10～12kgf压力，保持压力2～3min，将薄片取出，置于样品池中，背景扫描
5	供试品样片的制备（压片）	取对乙酰氨基酚1～2mg，溴化钾200mg，置于玛瑙研钵中，在红外灯下混合后，充分研磨后将混合物装入压片用模具中，施加10～12kgf压力，保持压力2～3min，将薄片取出。置于样品池中，绘制光谱图
6	谱图处理与打印	对所测图谱进行基线校正及适当的平滑处理，标出主要吸收峰的波数值，储存数据并打印图谱。具体操作见仪器标准操作规程
7	结束工作	数据采集完毕后，进行整理工作。具体步骤及要求如下 （1）关机：取出吸收池，检查并整理样品室（如有液体请擦干），关闭软件、电源，罩上防尘罩 （2）填写仪器使用记录 （3）清洗器皿：按要求清洗玛瑙研钵置干燥器中保存；按要求洗涤实验所用器皿并保存 （4）整理工作台：仪器室和实验准备室的台面清理，物品摆放整齐，凳子放回原位

（三）实验数据记录

见表E-4-3。

表 E-4-3　对乙酰氨基酚的红外光谱绘制（压片法）数据记录

基本信息	仪器信息			
	供试品信息			
供试品制备方法				
空白制备方法				
红外光谱图	（可附页）			
特殊情况记录				
实验检查		项目	是	否（说明原因）
		数据检查		
		记录是否完整		
		器皿是否洗涤		
		台面是否整理		
		三废是否处理		
教师评价				

（四）数据处理

（1）采用常规图谱处理功能，对所测图谱进行基线校正及适当的平滑处理，标出主要吸收峰的波数值，储存数据并打印图谱。

（2）根据得到的图谱判别和注明各个官能团的归属（羟基、酰胺基、苯环及对位取代的情况）。

（3）利用软件进行图谱检索，并将样品图谱与标准图谱对比。

（4）根据《中国药典》2020年版要求鉴别样品是否符合规定：对比所绘制的红外光谱与《药品红外光谱集》的131图，查看主要峰形、峰数、峰强等是否相同，得出结论。

（五）实验注意事项

技能点	操作及注意事项
开关机	注意开关机的顺序
样品室	保持干燥、清洁
玛瑙研钵	（1）在使用过程中应特别小心，不能研磨硬度过大的物质，不能与氢氟酸接触 （2）进行研磨操作时，研钵应放在不易滑动的物体上，研杵应保持垂直 （3）玛瑙研钵不能进行加热，切勿放入电烘箱中干燥
压片机	（1）粉末压片机中的机油要定时检查清洁，压片模具不用时要及时清洁 （2）不能长时间用压片机压压片模具 （3）压片原料应干燥
实验室	红外光谱仪要求实验室温度适中，相对湿度不得超过65%，实验室应装有除湿机。仪器应放在防震台上

（六）三废处理

实验废物		处理方法
废液	无	
	无	
固体废物	实验残余对乙酰氨基酚与溴化钾	回收到固定容器

四、实验报告

按要求完成实验报告。

五、拓展提高

（1）红外光谱是因为物质的振动能级吸收电磁辐射跃迁产生的，特征基团对应特征峰，所以，要求其纯度达到98%以上，所以对达不到要求的样品要进行适当的分离提纯。如对乙酰氨基酚片剂在绘制红外光谱前要进行样品的处理：取本品细粉适量（约相当于对乙酰氨基酚100mg），加丙酮10mL，研磨溶解，滤过，滤液水浴蒸干，残渣经减压干燥，绘制红外光谱。

（2）采用固体制样技术时，最常碰到的问题是多晶现象，固体样品的晶型不同，其红外光谱往往也会产生差异。当供试品的实测光谱与《药品红外光谱集》所收载的标准光谱不一致时，在排除各种可能影响光谱的外在或人为因素后，应按该药品光谱图中备注的方法或各品种项下规定的方法进行预处理，再绘制光谱，进行比对。如未规定该品种供药用的晶型或预处理方法，则可使用对照品，并采用适当的溶剂对供试品和对照品在相同的条件下同时进行重结晶，然后依法绘制光谱，进行比对。如已规定特定的药用晶型，则应采用相应晶型的对照品依法比对。

（3）讨论

1.用压片法制样时，常用的固体分散介质有哪些？对其各有什么要求？

2.为什么红外样品及分散剂要求干燥？为什么要在红外光灯下操作？

3.对于一些较难研细的样品，采用什么方法制样较好？

4.如何绘制苯甲酸、维生素C等其他类似固体的红外光谱图？

E-5实训　红外光谱仪的检定（绘制薄膜的红外光谱）

学习目标

1.掌握用红外光谱鉴别物质的方法。

2.掌握红外光谱仪性能检查的方法和技巧。

3.熟悉薄膜的红外光谱绘制方法。

4.熟悉红外光谱的原理。

5.了解傅里叶变换红外光谱仪的结构和基本使用方法。

一、任务（实验）内容

（一）质量标准

可使用傅里叶变换红外光谱仪或色散型红外分光光度计。

用标准聚苯乙烯薄膜（厚度约为0.04mm）校正仪器。绘制其红外光谱图并检定红外光谱仪。

（1）波数的准确性　用3027cm^{-1}、2851cm^{-1}、1601cm^{-1}、1028cm^{-1}、907cm^{-1}处的吸收峰对仪器的波数进行校正。傅里叶变换红外光谱仪在3000cm^{-1}附近的波数误差应不大于

±5cm⁻¹，在1000cm⁻¹附近的波数误差应不大于±1cm⁻¹。

（2）分辨率 用聚苯乙烯薄膜校正时，仪器的分辨率要求在3110～2850cm⁻¹范围内应能清晰地分辨出7个峰，峰2851cm⁻¹与谷2870cm⁻¹之间的分辨深度不小于18%透光率，峰1583cm⁻¹与谷1589cm⁻¹之间的分辨深度不小于12%透光率。除另有规定外，仪器的标称分辨率应不低于2cm⁻¹。

（二）方法解读

该方法为《中国药典》（2020年版）中红外分光光度法仪器与校正方法。下面依照《中国药典》（2020年版，四部）的相关规定按实际工作过程，分解相关技术单元逐步完成该项检测任务。在该法下学习薄膜试样的红外光谱绘制过程及红外光谱仪性能检查的一般操作过程。

1.绘制标准聚苯乙烯薄膜及一般聚苯乙烯薄膜的红外光谱图

（1）绘制标准的聚苯乙烯薄膜红外光谱图 将薄膜置于样品池，按仪器使用说明书要求设置参数，以常用的扫描速度记录厚度为50μm的标准聚苯乙烯薄膜红外光谱图，采用常规图谱处理功能，对所测图谱进行基线校正及适当的平滑处理，标出主要吸收峰的波数值，储存数据并打印图谱。

（2）绘制聚苯乙烯薄膜供试品的红外光谱图 同上方法绘制供试品红外光谱图。

2.红外光谱仪的性能检查

分析标准聚苯乙烯薄膜的红外光谱图（图E-5-1），有关谱带的位置，其吸收光谱图应符合《药品红外光谱集》所附聚苯乙烯图谱的要求，并与参考波数比较，计算波数准确度及确定分辨率。

二、实验原理

红外光谱分析是研究分子振动和转动信息的分子光谱。当化合物受到红外光照射，化合物中某个化学键的振动或转动频率与红外频率相当时，就会吸收光能，并引起分子偶极矩的变化，产生分子振动和转动能级从基态到激发态的跃迁，使相应频率的透射光强度减弱。分子中不同的化学键振动频率不同，会吸收不同频率的红外光，检测并记录透过光强与波数或波长的特征曲线，就可得到红外光谱图。

乙烯聚合成聚乙烯的过程中，乙烯双键被打开，聚合成（H_2C-CH_2）$_n$长链，因而聚乙烯分子中仅有的基团是饱和亚甲基（CH_2），其基本振动形式及频率有：亚甲基反对称伸缩振动（2926cm⁻¹）、亚甲基对称伸缩振动（2853cm⁻¹）、亚甲基对称弯曲振动（1465cm⁻¹）、长亚甲基链面内摇摆振动（720cm⁻¹）。

在聚苯乙烯结构中，除了亚甲基（CH_2）外，还有次甲基（CH）、苯环上不饱和碳氢基团（=CH）和碳碳骨架（C=C）。因此，聚苯乙烯基本振动形式还有：苯环上的不饱和碳氢基团伸缩振动（3100～3000cm⁻¹）、次甲基伸缩振动（2955cm⁻¹）、苯环骨架振动（1600～1450cm⁻¹）、苯环上不饱和碳氢基团面外弯曲振动（770～730cm⁻¹、710～690cm⁻¹）等。

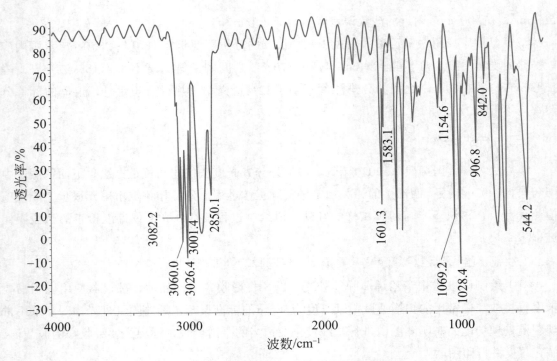

图 E-5-1　聚苯乙烯标准物质红外光谱图

　　根据特征光谱出现的位置可以判断出特征的基团。根据标准样品的特征基团的峰位可以判断仪器的有关参数。

　　透明的薄膜试样不需进行处理，可直接进行红外光谱扫描，然后将获得的红外光谱图进行分析比较。

三、实验过程

（一）实验准备清单

见表 E-5-1。

表 E-5-1　红外光谱仪的检定（聚苯乙烯薄膜的红外光谱的绘制）准备清单

名称		规格	数量及单位	备注
仪器及配件	红外光谱仪	Bruker Tensor27	1 台	绘制光谱
	不锈钢剪刀	无	1 个	裁剪薄膜
试药试液	标准聚苯乙烯薄膜	标准	1 片	标准品
	聚苯乙烯供试品	无	1 片	供试品

（二）工作流程与技能点解析

1.流程图

见 E-4 实训。

2.知识技能解读表

见表E-5-2。

表 E-5-2 红外光谱仪的检定（聚苯乙烯薄膜的红外光谱的绘制）技能解读

序号	技能单元	具体操作及要求
1	开机	打开红外光谱仪的主机电源，预热20min；打开计算机，点击红外光谱软件（不同仪器名称不同，Bruker红外光谱仪为OPUS软件）；根据仪器的使用规程要求设置相应的参数，运行仪器检测前的步骤
2	扣除背景	在未放样品前，按仪器使用规程，扫描背景
3	绘制标准样品的红外光谱	将标准的薄膜样品用剪刀制成大小合适的小片（可以是圆形，也可以是方形），直接固定于样品架上，置于样品池，扫描图谱
4	谱图处理与打印	采用常规图谱处理功能，对所测图谱进行基线校正及适当的平滑处理，标出主要吸收峰的波数值，储存数据并打印图谱
5	绘制供试品的红外光谱	操作同标准品
6	数据处理	分析标准谱图，检查红外光谱仪的波数的准确度及分辨率
7	结束工作	数据采集完毕后，进行整理工作。具体步骤及要求如下 （1）关机：取出吸收池，检查并整理样品室（如有液体请擦干），关闭软件、电源，罩上防尘罩 （2）填写仪器使用记录 （3）整理工作台：仪器室和实验准备室的台面清理，物品摆放整齐，凳子放回原位
8	完成报告	

（三）全过程数据记录

数据记录见表E-5-3。

表 E-5-3 红外光谱仪的检定（聚苯乙烯薄膜的红外光谱的绘制）数据记录

基本信息	仪器信息	
	供试品信息	
供试品制备方法		
空白制备方法		
红外光谱图		可附页

续表

	项目	是	否（说明原因）
实验检查	数据检查		
	记录是否完整		
	器皿是否洗涤		
	台面是否整理		
	三废是否处理		
教师评价			

（四）数据处理

（1）采用常规图谱处理功能，对所测图谱进行基线校正及适当的平滑处理，标出主要吸收峰的波数值，储存数据并打印图谱。

（2）根据得到的图谱判别和注明各个官能团的归属。

（3）利用软件进行图谱检索，并将样品图谱与标准图谱对比。

（4）根据《中国药典》（2020年版）要求判断仪器是否符合规定（按实验内容判断）。

（五）实验注意事项

操作点	操作及注意事项
开关机	注意开关机的顺序
样品室	保持干燥、清洁
图谱解析	在解析红外吸收光谱图时，一般从高波数到低波数依次进行，但不必对光谱图中的每一个吸收峰都进行解析，只需指出各基团的特征吸收即可
实验室	红外光谱仪要求实验室温度适中，相对湿度不得超过65%，实验室应装有除湿机。仪器应放在防震台上

（六）三废处理

实验废弃物		处理方法
废液	无	无
	无	无
固体废弃物	实验残余聚苯乙烯薄膜	回收到固定容器

四、实验报告

按要求完成实验报告并讨论。

1.区别饱和与不饱和碳氢的主要标志是什么？

2.苯环的光谱特征是什么？

3.如何判断仪器波数的准确度及分辨率？

4.比较标准样品的谱图与供试品谱图的异同，并分析原因。

五、拓展提高

1.选用的供试品薄膜应尽量透明、无色且较薄。

2.深色或透明度不够的薄膜可以使用薄膜法，将其用溶剂溶解（或加热熔化），制成薄膜后进行测定。

E-6实训　解析未知样品的红外光谱图

 学习目标

1.掌握红外光谱解析未知物结构的一般过程。

2.掌握利用红外光谱特征峰及相关峰解析官能团的一般方法。

3.熟悉常见基团的相关峰、不同类型有机物的光谱特征。

一、任务内容

（一）实践内容

某化合物的分子式为 C_8H_8O，试根据其红外光谱图（图E-6-1）推测其结构。

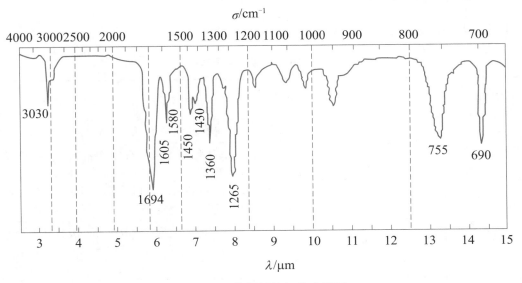

图E-6-1　待解析的红外光谱图

（二）方法解析

该任务选用已绘制好的红外光谱图进行解析，根据谱图确定物质的结构。

分析确定未知物的结构，是红外光谱法定性分析的一个重要用途。红外光谱是物质分子中振动能级吸收红外辐射而产生的吸收光谱。红外光谱的峰数、峰形、峰位、峰强都与其结构密切相关，特定基团有其对应的特征峰和相关峰，基团在不同的物质结构中有其不同的变化，即不同结构的物质有与其结构相对应的红外光谱图，所以通过解析红外光谱图，再结合其他相关信息，可以确定未知物的结构。

（三）确定未知物结构的步骤及技能点

技能解读见表E-6-1。

表 E-6-1　解析未知样品的红外光谱图技能解读

序号	技能单元	具体操作及要求
1	准备工作	收集待测化合物的信息，根据任务知道其分子式
2	计算分子的不饱和度	根据式（E-3-1）计算该化合物的不饱和度
3	根据官能团分析红外光谱	查找基团频率，推测分子可能的官能团（基团）。根据官能团的初步分析可以排除一部分结构的可能性，肯定某些可能存在的结构，并初步可以推测化合物的类别
4	图谱解析	分析图谱数据
5	通过其他定性方法进一步确证	如果样品为新化合物，则需要结合紫外、质谱、核磁等数据，才能决定所提的结构是否正确

二、实训解析过程及结果

按上述步骤解析列于表E-6-2。

表 E-6-2　解析及结果

不饱和度	$\Omega=1+8+\dfrac{0-8}{2}=5$		可能含有苯环和双键（C＝C；C＝O）或脂环
谱峰及归属	（1）	$3030cm^{-1}$	苯环上的＝C—H伸缩振动，说明可能是芳香族化合物
	（2）	$1694cm^{-1}$	C＝O的特征吸收峰，因为分子中没有N，可能是醛或是酮；醛、酮羰基C＝O伸缩振动吸收峰一般大于$1700cm^{-1}$，如果C＝O和苯环相连因共轭效应使吸收频率向低波数位移，所以，可能是羰基与苯环直接相连
	（3）	$1605cm^{-1}$ $1580cm^{-1}$	苯环C＝C骨架的伸缩振动。$1600cm^{-1}$吸收峰裂分、同时$1500cm^{-1}$吸收峰不出现，说明有基团与苯环相连形成共轭效应
	（4）	$1450cm^{-1}$	芳环C＝C骨架的伸缩振动

续表

谱峰及归属	（5）	1430cm⁻¹	CH₃的C—H不对称变形振动，波数位置低移，甲基与羰基相连
	（6）	1360cm⁻¹	甲基对称变形振动，波数低移，甲基酮特征
	（7）	1265cm⁻¹	C—C骨架伸缩振动吸收峰，芳酮特征
	（8）	755cm⁻¹ 690cm⁻¹	苯环上相邻5个H原子的═C—H的面外变形振动和环骨架变形振动，苯环单取代的特征
推测结构			
结构验证			其不饱和度与计算结构相符；并与标准图谱对照证明结构解析正确

三、讨论

1.怎样确定一个有羰基峰的化合物是酮还是醛？

2.试说明利用基团相关峰解析红外光谱图的一般步骤。

3.说明按峰强顺序解析红外光谱图的步骤。

目标自测

一、填空题

答案

1.不是所有的分子振动形式相应的红外光谱带都能被观察到，这是因为_____、_____。

2.红外光谱仪可分为_____型和_____型两种类型。

3.在含羰基的分子中，增加羰基的极性会使分子中该键的红外吸收带_____。

4.红外吸收光谱的产生是由于_____。

5.一般多原子分子的振动类型分为_____振动和_____振动。

6.分子的红外活性振动是指_____。

7.红外光区位于可见光区和微波光区之间，习惯上又可将其细分为_____、_____和_____三个光区。

二、简答题

1.产生红外光谱的条件有哪些？

2.红外光谱的波长范围是什么？

3.常用来描述红外光谱的参数峰位（频率）、峰强、峰数分别与哪些因素有关？

4.如何确定物质的振动自由度数？振动自由度数与红外光谱的峰数是否相等？为什么？若不等请说明大或小的原因？

5.红外光谱一般有哪些应用?

6.红外光谱仪的类型及主要部件有哪些?

7.红外光谱仪如何检定?

8.红外制样技术有哪些? (样品有何要求?如何处理?)

9.红外光谱图能提供的信息区有哪些?

项目F　荧光分光光度法

思维导图

F-1任务　荧光分光光度法基础

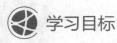 学习目标

1.熟悉荧光产生的原理。

2.熟悉荧光与物质结构的关系。

3.熟悉荧光产生的条件。

4.了解影响荧光强度的外部因素。

5.能根据物质结构分析产生荧光的可能性。

　　某些物质对特定波长的光有一定的吸收,从而产生吸收光谱。有些物质受到光的照射时,除吸收某种波长的光之外,还会发射出波长相同或比吸收波长更长的光,这种现象称为光致发光。最常见的光致发光现象是荧光和磷光。根据激发光波长范围的不同,可分为X射线荧光、红外荧光、紫外-可见荧光。某些有机物质在紫外-可见光激发时可发射出荧光,荧光谱线位置及其强度可进行物质鉴定和物质含量测定,由此建立的方法称为荧光分光光度法。如果待测物质是原子,称为原子荧光分光光度法;如果待测物质是分子,则称为分子荧光分光光度法。本章介绍的是分子荧光分光光度法。

　　荧光分光光度法最主要的优点是测定灵敏度高和选择性好。一般紫外-可见分光光度法的检出限约为10^{-7}g/mL,而荧光分析法的检出限可达到10^{-10}g/mL甚至10^{-12}g/mL。虽然具有天然荧光的物质数量不多,但许多重要的生化物质、药物及致癌物质都有荧光现象,而荧光衍生化试剂的使用又扩大了荧光分光光度法的应用范围。所以荧光分光光度法在医药和临床分析中有着特殊的重要性。

一、常用术语与定义

荧光分光光度法中的常用术语与定义见表F-1-1。

表 F-1-1 荧光分光光度法中的常用术语与定义

术语	定义
荧光	物质分子吸收光子能量而被激发，然后从激发态的最低振动能级返回基态时所发射出的光
振动弛豫	同一电子能级中，电子由高振动能级向低振动能级跃迁而以热的形式失去多余能量的过程
内转移	当两个相邻电子能级相距较近以致其振动能级重叠时，电子从较高激发态的最低振动能级转移到另一较低激发态的高振动能级上的过程
外转移	又称外部猝灭，分子通过碰撞将能量转移给其他分子，直接回到基态的过程
体系间跨越	分子由激发单重态跨越到激发三重态的无辐射跃迁过程
荧光熄灭	由于荧光物质分子间或与其他物质相互作用，引起荧光强度显著下降的现象叫做荧光熄灭或猝灭
荧光效率	激发态分子发射荧光的光子数与基态分子吸收激发光的光子数之比

二、基本原理

（一）荧光产生的原理

根据玻尔兹曼分布，分子在室温时基本上处于电子能级的基态。当吸收了紫外-可见光后，基态分子中的电子只能跃迁到激发单线态的各个不同振动-转动能级，根据自旋禁阻选律，不能直接跃迁到激发三线态的各个振动-转动能级。激发单线态与相应三线态的区别在于电子自旋方向不同及三线态的能级稍低一些，如图 F-1-1 所示。

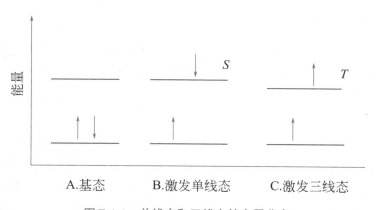

A.基态　　　B.激发单线态　　　C.激发三线态

图 F-1-1 单线态和三线态的电子分布

处于激发态的分子是不稳定的，它可能通过辐射跃迁和无辐射跃迁等分子内的去活化过程释放多余的能量而返回至基态，发射荧光是其中的一条途径，如图 F-1-2 所示。

1.振动弛豫与内转移

无论分子最初是在哪一个激发单线态，通过内转移及振动弛豫，均可返回到第一激发单线态的最低振动能级，然后再以辐射形式发射光量子而返回到基态的任一振动能级上，

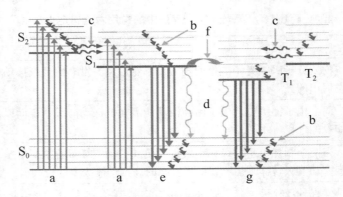

图 F-1-2　荧光与磷光的产生

a—吸收；b—振动弛豫；c—内转移；d—外转移；e—荧光；f—体系间跨越；g—磷光；
S₀—基态；S₁—第一电子激发单线态；S₂—第二电子激发单线态；
T₁—第一电子激发三线态；T₂—第二电子激发三线态

这时发射的光量子即称为荧光（fluorescence）。振动弛豫与内转移均以热的形式发出，属于无辐射跃迁。振动弛豫只能在同一电子能级内进行，发生振动弛豫的时间约为 10^{-12}s 数量级。内转移是在能量接近且有部分重叠的两个能级间进行，图 F-1-2 中，激发态 S₁ 的较高振动能级与激发态 S₂ 的较低振动能级的势能非常相近，内转移过程很容易发生。由于振动弛豫和内转移损失了部分能量，荧光的能量小于激发光能量，故荧光的发射波长总比激发光波长要长。发射荧光的过程为 10^{-9} ～ 10^{-7}s。由于电子返回到基态时可以停留在任一振动能级上，因此得到的荧光谱线有时呈现几个非常靠近的峰。通过进一步振动弛豫，这些电子都很快地回到基态的最低振动能级。

2.外转移

在第一激发单线态或第一激发三线态的最低振动能级向基态转移的过程中，常发生外转移。外转移是一种热平衡过程，是一种无辐射跃迁，所需时间为 10^{-9} ～ 10^{-7}s，外转移可降低荧光强度。

3.体系间跨越

图 F-1-2 中，如果激发态 S₁ 的最低振动能级同三线态 T₁ 的最高振动能级重叠，则有可能发生电子的体系间跨越。分子由激发单线态跨越到三线态后，荧光强度减弱甚至熄灭。含有重原子如碘、溴等的分子，体系间跨越最为常见，原因是在高原子序数的原子中，电子的自旋与轨道运动之间的相互作用较大，有利于电子自旋反转的发生。另外，在溶液中存在氧分子等顺磁性物质也容易发生体系间跨越，从而使荧光减弱。

经过体系间跨越的分子再通过振动弛豫降至三线态的最低振动能级，分子在三线态的最低振动能级可以存活一段时间，然后返回基态的各个振动能级而发出光辐射，这种光辐射称为磷光（phosphorescence）。由于激发三线态的最低振动能级比激发单线态的最低振动能级能量低，所以磷光辐射的能量比荧光更小，故磷光的波长比荧光的更长。另外，从紫外光照射到发射荧光的时间为 10^{-14} ～ 10^{-8}s，而发射磷光则更迟一些，在照射后的

$10^{-4} \sim 10 s$，原因是分子在激发三线态的寿命较长。由于荧光物质分子与溶剂分子间相互碰撞等因素的影响，处于三线态的分子常常通过无辐射过程失活转移至基态，因此在室温下溶液很少呈现磷光，必须采用液氮在冷冻条件下才能检测到磷光，所以磷光分析法不如荧光分析法应用普遍。

（二）物质结构与荧光的关系

物质的分子结构与荧光的发生及荧光强度紧密相关，根据物质的分子结构可判断物质的荧光特性。

1.荧光效率

荧光效率是指激发态分子发射荧光的光子数与基态分子吸收激发光的光子数之比，常用φ_f表示。

$$\varphi_f = \frac{发射荧光的光子数}{吸收激发光的光子数} \qquad （F-1-1）$$

如果在受激分子回到基态的过程中没有其他去活化过程与发射荧光过程竞争，那么在这一段时间内所有激发态分子都将以发射荧光的方式回到基态，这一体系的荧光效率就等于1。事实上，任何物质的荧光效率φ_f都不可能大于1，而是在 0 ～ 1 之间。例如荧光素钠在水中$\varphi_f=0.92$；荧光素在水中$\varphi_f=0.65$；蒽在乙醇中$\varphi_f=0.30$；菲在乙醇中$\varphi_f=0.10$。荧光效率低的物质虽然有较强的紫外吸收，但所吸收的能量都以无辐射跃迁形式释放，内转移与外转移的速率很快，所以没有荧光发射。

2.物质分子结构与荧光的关系

能够发射荧光的物质应同时具备两个条件，即物质分子必须有强的紫外-可见吸收和一定的荧光效率。分子结构中具有$\pi \rightarrow \pi^*$跃迁或$n \rightarrow \pi^*$跃迁的物质都有紫外-可见吸收，但$n \rightarrow \pi^*$跃迁引起电子跃迁概率小，由此产生的荧光极弱。所以，实际上只有分子结构中存在共轭的$\pi \rightarrow \pi^*$跃迁才可能有荧光发生。一般来说，长共轭分子具有$\pi \rightarrow \pi^*$跃迁，刚性平面结构分子具有较高的荧光效率，而在共轭体系上的取代基对荧光光谱和荧光强度也有很大影响。

（1）长共轭结构　绝大多数能产生荧光的物质都含有芳香环或杂环，因为芳香环或杂环分子具有长共轭的$\pi \rightarrow \pi^*$跃迁。π电子共轭程度越大，荧光强度（荧光效率）越大，而荧光波长也长移。下面即为三个化合物的共轭结构与荧光的关系。

	苯	萘	蒽
λ_{ex}	205nm	286nm	356nm
λ_{em}	278nm	321nm	404nm
φ_f	0.11	0.29	0.36

（2）分子的刚性和共平面性　在同样的长共轭分子中，分子的刚性和共平面性越大，荧光效率越大，并且荧光波长产生长移。例如，在相似的测定条件下，联苯和芴的荧光效

率分别为0.2和1.0，二者的结构差别在于芴的分子中加入亚甲基成桥，使两个苯环不能自由旋转，成为刚性分子，共轭π电子的共平面性增加，使芴的荧光效率大大增加。

联苯　　　　　　　芴

$\varphi_f=0.2$　　　　$\varphi_f=1.0$

同样情况还有酚酞和荧光素，它们分子中共轭双键长度相同，但荧光素分子中多一个氧桥，使分子的三个环成一个平面。随着分子的刚性和共平面性增加，π电子的共轭程度增加，因而荧光素有强烈的荧光，而酚酞的荧光很弱。

本来不发生荧光或发生较弱荧光的物质与金属离子形成配位化合物后，如果刚性和共平面性增强，那么就可以发射荧光或增强荧光。例如，8-羟基喹啉是弱荧光物质，与Mg^{2+}、Al^{3+}形成配位化合物后，荧光就增强。

相反，如果原来结构中共平面性较好，但在分子中取代了较大基团后，由于位阻的原因使分子共平面性下降，则荧光减弱。例如，2-二甲氨基萘-8-磺酸钠的φ_f为0.75，而1-二甲氨基萘-8-磺酸钠的φ_f为0.03，这是因为二甲氨基与磺酸盐之间的位阻效应，使分子发生了扭转，两个环不能共平面，因而使荧光大大减弱。

2-二甲氨基萘-8-磺酸钠　　　　　　　1-二甲氨基萘-8-磺酸钠

$\varphi_f=0.75$　　　　　　　　　$\varphi_f=0.03$

同理，对于顺反异构体，顺式分子的两个基团在同一侧，由于位阻原因使分子不能共平面而没有荧光。例如，1,2-二苯乙烯的反式异构体有强烈荧光，而其顺式异构体没有荧光。

（3）取代基　荧光分子上的各种取代基对分子的荧光光谱和荧光强度都产生很大影响。取代基可分为三类：第一类取代基能增加分子的π电子共轭程度，常使荧光效率提高，荧光波长长移。这一类基团包括—NH_2、—OH、—OCH_3、—NHR、—NR_2和—CN等；第二类基团减弱分子的π电子共轭性，使荧光减弱甚至熄灭，如—COOH、—NO_2、—SH、—CO、—NO、—$NHCOCH_3$和—X等；第三类取代基对π电子共轭体系作用较小，如—R、—SO_3H等，对荧光影响不明显。

（三）影响荧光强度的外部因素

分子所处的外界环境，如温度、溶剂、pH值、荧光熄灭剂等都会影响荧光效率，甚至影响分子结构及立体构象，从而影响荧光光谱的形状和强度。

1.温度

温度对于溶液的荧光强度有显著的影响。一般情况下，随着温度的升高，溶液中荧光物质的荧光效率和荧光强度将降低。这是因为，当温度升高时，分子运动速度加快，分子间碰撞概率增加，使无辐射跃迁增加，从而降低了荧光效率。例如荧光素钠的乙醇溶液，在0℃以下，温度每降低10℃，φ_f增加3%，在−80℃时，φ_f为1。

2.溶剂

同一物质在不同溶剂中，其荧光光谱的形状和强度都有差别。一般情况下，荧光波长随着溶剂极性的增大而长移，荧光强度也有所增强。这是因为在极性溶剂中，$\pi \rightarrow \pi^*$跃迁所需的能量差小，而且跃迁概率增加，从而使紫外吸收波长和荧光波长均长移，强度也增加。

溶剂黏度减小时，可以增加分子间碰撞机会，使无辐射跃迁增加而荧光减弱，故荧光强度随溶剂黏度的减小而减弱。由于温度对溶剂的黏度影响，一般是温度上升，溶剂黏度变小，因此温度上升，荧光强度下降。

3.pH值

当荧光物质本身是弱酸或弱碱时，溶液的pH值对该荧光物质的荧光强度有较大影响。这主要是因为弱酸或弱碱分子和它们的离子结构有所不同，在不同酸度中分子和离子间的平衡改变，因此荧光强度也有差异。每一种荧光物质都有它最适宜的发射荧光的存在形式，也就是有它最适宜的pH值范围。例如苯胺在不同pH值下有下列平衡关系。

$$\text{pH} < 2 \qquad \text{pH7} \sim 12 \qquad \text{pH} > 13$$

无荧光　　　　　蓝色荧光　　　　　无荧光

苯胺在pH 7 ~ 12的溶液中主要以分子形式存在，由于—NH₂为提高荧光效率的取代基，故苯胺分子会发射蓝色荧光。但在pH < 2和pH > 13的溶液中均以苯胺离子形式存在，故不能发射荧光。

4.荧光熄灭剂

荧光熄灭是指荧光物质分子与溶剂分子或溶质分子相互作用引起荧光强度降低的现象。引起荧光熄灭的物质称为荧光熄灭剂，如卤素离子、重金属离子、氧分子以及硝基化合物、重氮化合物和羰基化合物均为常见的荧光熄灭剂。荧光熄灭的原因很多，包括因荧光物质的分子和熄灭剂分子碰撞而损失能量；荧光物质的分子与熄灭剂分子作用生成了本身不发光的配位化合物；在荧光物质的分子中引入溴或碘后易发生体系间跨越而转变至三线态；溶解氧的存在，使荧光物质氧化，或是由于氧分子的顺磁性，促进了体系间跨越，使激发单线态的荧光分子转变至三线态。

荧光物质中引入荧光熄灭剂会使荧光分析产生测定误差，但是，如果一个荧光物质在加入某种熄灭剂后，荧光强度的减小和荧光熄灭剂的浓度呈线性关系，则可以利用这一性质测定荧光熄灭剂的含量，这种方法称为荧光熄灭法。如利用氧分子对硼酸根-二苯乙醇酮配合物的荧光熄灭效应，可进行微量氧的测定。

当荧光物质的浓度超过1g/L时，由于荧光物质分子间相互碰撞的概率增加，产生荧光自熄灭现象。溶液浓度越高，这种现象越严重。

5.散射光的干扰

当一束平行光照射在液体样品上，大部分光线透过溶液，小部分由于光子和物质分子相碰撞，使光子的运动方向发生改变而向不同角度散射，这种光称为散射光。

光子和物质分子发生弹性碰撞时，不发生能量的交换，仅仅是光子运动方向发生改变，这种散射光叫做瑞利光，其波长与入射光波长相同。

光子和物质分子发生非弹性碰撞时，在光子运动方向发生改变的同时，光子与物质分子发生能量交换，光子把部分能量转给物质分子或从物质分子获得部分能量，而发射出比入射光波长稍长或稍短的光，这两种光均称为拉曼光。

散射光对荧光测定有干扰，尤其是波长比入射光波长更长的拉曼光，因其波长与荧光波长接近，对荧光测定的干扰更大，必须采取措施消除。

表F-1-2为水、乙醇、环己烷、四氯化碳及三氯甲烷五种常用溶剂在不同波长激发光照射下拉曼光的波长，可供选择激发波长或溶剂时参考。

表 F-1-2　在不同波长激发光下主要溶剂的拉曼光波长

溶剂	激发光/nm				
	248	313	365	405	436
水	271	350	416	469	511
乙醇	267	344	409	459	500
环己烷	267	344	408	458	499
四氯化碳	—	320	375	418	450
三氯甲烷	—	346	410	461	502

从表F-1-2中可见，四氯化碳的拉曼光与激发光的波长极为接近，所以其拉曼光几乎不干扰荧光测定。而水、乙醇及环己烷的拉曼光波长较长，使用时必须注意。

 知识拓展

X射线荧光光谱法（XRF）是一种基于测量由初级X射线激发的原子内层电子产生特征次级X射线的分析方法，可用于液体、粉末及固体材料的定性、定量分析。当X射线照射到供试品时，供试品中的各元素被激发而辐射出各自的荧光X射线。通过准直器经分光晶体分光，按照布拉格定律产生衍射，使不同波长的荧光X射线按照波长顺序排列成光谱，不同波长的谱线由探测器在不同的衍射角上接收。根据测得谱线的波长识别元素种类；根据元素特征谱线的强度与元素含量间的关系，计算获得供试品中每种元素含量，即为X射线荧光光谱分析法。

目标自测

答案

一、填空题

1.荧光光谱的特征有_____、_____和_____。

2.荧光物质必须具备的两个条件：_____和_____。

3.有机化合物的结构与荧光的关系包括：_____、_____和_____。

4.影响荧光强度的外部因素有_____、_____、_____和_____。

二、选择题（不定项）

1.分子荧光分光光度法比紫外-可见分光光度法选择性高的原因是（　　　）。

A.能发射荧光的物质比较少

B.分子荧光分析线性范围更宽

C.荧光波长比相应的吸收波长稍长

D.分子荧光光谱为线状光谱，分子吸收光谱为带状光谱

2.荧光效率是指（　　　）。

A.荧光强度与吸收光强度之比

B.发射荧光的光子数与吸收激发的光子数之比

C.发射荧光的分子数与物质的总分子数之比

D.激发态的分子数与基态的分子数之比

3.下列结构中荧光效率最高的物质是（　　　）。

A.苯　　　　　　　B.苯酚　　　　　　　C.硝基苯　　　　　　　D.苯甲酸

4.为了提高分子荧光分光光度法的灵敏度，合适的办法是（　　　）。

A.增加待测溶液的浓度

B.增加激发光的强度

C.增加待测液的体积

D.另找能与待测物质形成荧光效率大的荧光物质

5.处于第一电子单线激发态最低振动能级的分子以辐射光量子的形式回到单线基态的最低振动能级，这种发光现象称为（　　　）。

A.拉曼散射　　　　　B.化学发光　　　　　C.分子磷光　　　　　D.分子荧光

6.下列说法正确的是（　　　）。

A.溶液温度升高，荧光效率增加，荧光强度增大

B.溶液温度升高，荧光效率降低，荧光强度增大

C.溶液温度降低，荧光效率增加，荧光强度增大

D.溶液温度降低，荧光效率降低，荧光强度增大

7.对于荧光分光光度法，下列说法错误的是（　　　）。

A.荧光光谱的形状随激发光波长改变而改变

B.荧光激发光谱相当于荧光物质的吸收光谱

C.测定任何荧光物质的荧光强度时都必须严格控制溶液的pH值

D.激发态分子通过碰撞回到同一电子激发态的最低振动能级的过程称为振动弛豫

F-2任务　荧光分光光度计

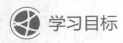学习目标

1.熟悉荧光分光光度计的组成、结构及主要部件。

2.能正确区分荧光分光光度计的各组成部件，了解各部件的功能。

3.能对仪器进行保养和简单的维护。

用于测量荧光强度的仪器有滤光片荧光计、滤光片-单色器荧光计及荧光分光光度计。滤光片荧光计的第一滤光片为激发滤光片，让激发光通过；第二滤光片为发射滤光片，常用截止滤光片截去所有的激发光和散射光，只允许样品的荧光通过，这种荧光计不能测定光谱，但可用于定量分析。滤光片-单色器荧光计是将第二滤光片用光栅单色器代替，这种仪器不能测定激发光谱，但可测定荧光光谱，是一种比较灵敏、实用的荧光计。荧光分光光度计是两个滤光片都用光栅单色器取代，它既可测量某一波长处的荧光强度，还可绘制激发光谱和荧光光谱。

一、荧光分光光度计的基本构成及主要部件

荧光分光光度计由激发光源、单色器、样品池、检测器及记录器组成。其结构如图F-2-1所示。荧光分光光度计基本部件大致与紫外-可见分光光度计相同，主要区别有：①荧光分析仪器有两个单色器，能够获得单色性较好的激发光并消除其他杂散光干扰；②荧光分析仪器采用垂直测量方式，即荧光测量在与激发光垂直方向进行，以消除透射光的影响；③样品池四面透光。

1.激发光源

荧光分光光度计一般采用氙灯作光源。氙灯内有氙气，通电后氙气电离，产生较强连续光谱，分布在250～700nm，并且在300～400nm之间的谱线强度几乎相等。

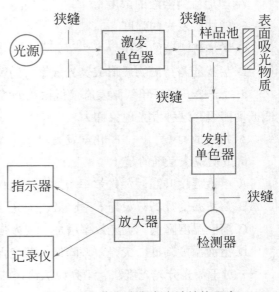

图F-2-1　荧光分光光度计结构示意

2.单色器

荧光分光光度计具有两个单色器。置于光源和样品池之间的单色器称为激发单色器，其作用是提供所需要的单色光，以激发被测物质。置于样品池后和检测器之间的单色器叫发射单色器，控制荧光测定波长。两个单色器通常成90°角设置。

3.样品池

测定荧光用的样品池需用弱荧光的玻璃或石英材料制成。样品池常为四面透光且散射光较少的方形池，适用于作90°测量，以消除入射光的背景干扰。但为了一些特殊的测量需要，如浓溶液、固体样品等，可改用正面、30°或45°检测，后两种检测应用管形样品池。

4.检测器

荧光分光光度计采用光电倍增管作检测器。较高级仪器采用光电二极管阵列检测器（PDA），它具有检测效率高、线性响应好、坚固耐用和寿命长等优点，最主要的优点是扫描速度快，可同时记录下完整的荧光光谱（即三维光谱），这有利于光敏性荧光体和复杂样品的分析。还有电荷耦合器件（CCD），一种多通道检测器，具有灵敏度高、光谱范围宽、噪声低、线性动态范围宽等特点。

5.记录系统

在带有波长扫描的荧光分光光度计中，经常使用记录仪来记录光谱。现代的荧光分光光度计可装备计算机光谱软件，对信号进行采集、处理与显示，并对各系统进行自动控制。

二、荧光分光光度计的检定

为保证测量的精密度和准确度，所用仪器应按照国家计量检定规程《荧光分光光度计》（JJG 537—2006）进行首次检定、后续检定和使用中检定。计量性能检定前，应对仪器进行如下初步检查。一是仪器应有以下标志：仪器名称、型号、制造厂名、ⒸⓂⒸ标志、出厂时间和仪器编号的标志，国产仪器应有制造计量器具许可证标志及编号。二是各紧固件应紧固良好，各调节旋钮、按键和开关均能正常工作，电缆线的接插件应接触良好，外观不应有明显的机械损伤；指示仪表应工作正常，刻线应清晰、均匀。指针的宽度不大于刻线的宽度，并应与刻线平行。旋转指示仪表的"调零"和"满度"旋钮时，电表指针应平稳无跳动现象。仪器在不工作的状态下，实验电压500V时，电源进线与壳体之间的绝缘电阻不小于20MΩ。检定工作应在（20±10）℃、相对湿度≤85%、通风良好、无强光直射的环境下进行，电源电压（220±22）V。仪器应平稳地放在工作台上，无强光直射在仪器上；周围无强磁场、电场或振动源干扰，无强气流影响。荧光分光光度计检定项目见表F-2-1。

表 F-2-1 荧光分光光度计检定项目

检定项目	首次检定	后续检定	使用中检定
外观检查	+	+	—
单色器波长示值误差与重复性	+	+	—
检出极限	+	+	+

续表

检定项目	首次检定	后续检定	使用中检定
测量线性	+	+	－
重复性	+	+	+
稳定度	+	－	－
绝缘电阻	+	－	－

注："+"为应检项目，"－"为可不检项目。经安装及维修后可能对仪器有较大影响时，其后续检定按首次检定项目进行。

三、荧光分光光度计的维护及保养

荧光分光光度计主机的日常保养有以下几点注意事项。

（1）每天检查室内的防尘设施，发现纰漏及时维修。

（2）每天清理仪器及周边的灰尘，仪器外壳使用干净的湿布，其他地方建议使用吸尘器。

（3）荧光分光光度计的电源要稳定，配备稳压器。

（4）荧光分光光度计应放置在不潮湿、无振动的地方。

（5）荧光分光光度计的放置应水平。

（6）荧光分光光度计周围应留0.3m以上空间，便于散热。

（7）不要在荧光分光光度计上放置重物。

（8）不要用水及其他洗涤剂冲洗荧光分光光度计。

（9）检测结束后，请关闭仪器电源，从而延长其使用寿命。

（10）未经授权，不要擅自拆机。

荧光分光光度计各部件维护保养要求及方法见表F-2-2。

表F-2-2　荧光分光光度计各部件维护保养要求及方法

部件	维护及保养方法
高压氙灯	防止爆裂，不要被硬物碰撞
	不宜频繁开关，关闭后应待其完全冷却后再开启
	防油污染，安装时要戴棉线手套操作，防止手上的油脂污染灯管 若沾染油污，可用擦镜纸或脱脂棉沾无水乙醇进行清洁
光栅	光栅不可随意拆卸，不要用手接触光栅的表面，不能用嘴吹上面的灰尘
狭缝	单色器等处的狭缝不要随意拆卸；手动开启、关闭狭缝要用力平稳 若狭缝上有灰尘，可用洗耳球、软毛刷清理
液池	液池为石英制品，要保持光学窗面的透明度，防止被硬物划；液池使用后要立即弃去样品溶液，进行清洗 　使用过的液池应依次用自来水、弱碱洗涤剂、纯水清洗；严重污染的液池可用体积分数为50%的稀硝酸浸泡，或用有机溶剂如三氯甲烷、四氢呋喃溶液除去有机污染物。如果暂时不使用，可把液池洗涤干净后浸泡于纯水之中；若长时间不用需把干净液池置于有机玻璃盒中保存

续表

部件	维护及保养方法
样品室	（1）液体污染：及时进行清洗 （2）固体污染：样品放入前，用洗耳球吹一下，可以减少固体物洒落 （3）具有腐蚀性的酸性气体污染：采用光学窗口，隔离样品室和周边光学元件或不测定此类样品 （4）测试时戴上手套，防指纹污染 （5）用干燥空气或氮气吹扫样品仓，驱走水汽，防水汽污染
检测器	光电倍增管检测器要防尘、防潮、避免强光照射。在断电情况下用洗耳球或软毛笔除尘，吹风机除湿

 知识拓展

原子荧光分光光度计

原子荧光分光光度法是20世纪60年代提出并发展起来的光谱分析技术，具有分析灵敏度高、干扰少、线性范围宽、可多元素同时分析的特点，主要用于饮用水、食品、乳制品、饮料中砷、汞、铅等重元素的痕量分析，广泛应用于食品安全、水质检测、疾控预防、地质勘探等。

原子荧光分光光度计由激发光源、蒸汽发生系统（断续流动和自动进样）、原子化系统及检测系统组成。光源是高强度空心阴极灯，具有纯度高、不自吸、发光稳定、无光谱干扰、寿命长等优点。光路上有三个透镜，但没有色散元件。原子化器是电热屏蔽式石英炉，采用氩-氢火焰。这种原子化器属于氢化物反应（蒸汽发生）体系，氢化物蒸汽在低温时就可原子化，原子化效率高，没有基体干扰。原子荧光分光光度计的工作原理是，利用硼氢化钾或硼氢化钠作为还原剂，将样品溶液中的待分析元素还原为挥发性共价气态氢化物（或原子蒸气），然后借助载气将其导入原子化器，在氩-氢火焰中原子化而形成基态原子的仪器。基态原子吸收光源的能量而变成激发态，激发态原子在去活化过程中将吸收的能量以荧光的形式释放出来，此荧光信号的强弱与样品中待测元素的含量呈线性关系，因此通过测量荧光强度就可以确定样品中被测元素的含量。

 目标自测

选择题（不定项）

答案

1.测定荧光强度时，要在与入射光成直角的方向上进行测定，原因是（　　　　）。

A.荧光波长比入射光的波长长

B.只有与入射光成直角的方向上才有荧光

C.荧光是向多方向发射的，为了减少透射光的影响

D.荧光强度比透射光强度大

2.荧光分光光度计的常用光源是（ 　　 ）。

A.空心阴极灯 　　　　　 B.氙灯 　　　　　　　　 C.氖灯 　　　　　　　　 D.氢灯

3.关于荧光分光光度计，下列叙述错误的是（ 　　 ）。

A.荧光分光光度计用光栅作单色器

B.测量荧光强度时一般在与入射光垂直的方向上进行测定

C.荧光分光光度计的样品池与紫外-可见分光光度计一样

D.测量荧光强度的仪器有滤光片荧光计、荧光分光光度计等

4.下列说法正确的是（ 　　 ）。

A.荧光分光光度计的两个单色器均置于光源与样品池之间

B.荧光分光光度计的发射单色器置于样品池与检测池之间

C.荧光分光光度计的样品池是两面可透光的方形池

D.荧光分光光度计的光源、样品池与检测器呈直角

5.荧光分光光度计日常需要维护保养，下列做法错误的是（ 　　 ）。

A.液池使用完之后用超纯水清洗

B.放置荧光分光光度计的台面积满灰尘

C.使用时不小心关闭光源，立即将其打开

D.样品室溅了液体，不用管

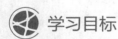 F-3任务　荧光分光光度法的应用

 学习目标

1.掌握荧光分光光度法的定量分析方法。
2.能够完成荧光定量计算。

一、定性分析

荧光激发光谱与发射光谱可用作定性分析，用来鉴定某化合物。根据样品的图谱和荧光峰的波长与标准品比较，可以鉴别样品与标准品是否为同一物质。

二、定量分析

（一）荧光强度与荧光物质浓度的关系

由于荧光物质是在吸收光能而被激发之后才发射荧光的，因此，溶液的荧光强度与该溶液中荧光物质吸收光能的程度以及荧光效率有关。溶液中荧光物质被入射光（I_0）激发

后，可以在溶液的各个方向观察荧光强度（F）。但由于激发光的一部分被透射（I），因此，在透射光的方向观察荧光是不适宜的。一般是在与激发光源垂直的方向观测，如图F-3-1所示。设溶液中荧光物质浓度为c，液层厚度为l。

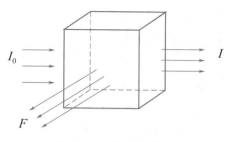

图 F-3-1 溶液的荧光

荧光强度F正比于被荧光物质吸收的光强度，即$F \propto (I_0-I)$，

$$F=K'(I_0-I) \tag{F-3-1}$$

式中，K'为常数，其值取决于荧光效率。根据朗伯-比耳定律：

$$I=I_0 10^{-Ecl} \tag{F-3-2}$$

将式（F-3-2）代入式（F-3-1），得到：

$$F=K'I_0(1-10^{-Ecl})=K'I_0(1-e^{-2.3Ecl}) \tag{F-3-3}$$

将式中$e^{-2.3Ecl}$展开，得：

$$e^{-2.3Ecl}=1+\frac{(-2.3Ecl)^1}{1!}+\frac{(-2.3Ecl)^2}{2!}+\frac{(-2.3Ecl)^3}{3!}+\cdots \tag{F-3-4}$$

将式（F-3-4）代入式（F-3-3）

$$F=K'I_0\{1-[1+\frac{(-2.3Ecl)^1}{1!}+\frac{(-2.3Ecl)^2}{2!}+\frac{(-2.3Ecl)^3}{3!}+\cdots]\} \tag{F-3-5}$$

$$=K'I_0[2.3Ecl-\frac{(-2.3Ecl)^2}{2!}-\frac{(-2.3Ecl)^3}{3!}\cdots] \tag{F-3-6}$$

若浓度c很小，Ecl值也很小，当$Ecl \leqslant 0.05$时，式（F-3-6）括号中第二项以后的各项可以忽略。所以，

$$F=2.3K'I_0Ecl=Kc \tag{F-3-7}$$

在低浓度时，溶液的荧光强度与溶液中荧光物质的浓度呈线性关系；当$Ecl > 0.05$时，式（F-3-6）括号中第二项以后的数值就不能忽略，此时荧光强度与溶液浓度之间不呈线性关系。

荧光分析法定量的依据是荧光强度与荧光物质浓度间的线性关系，而荧光强度的灵敏度取决于检测器的灵敏度，即只要改进光电倍增管和放大系统，使极微弱的荧光也能被检测到，就可以测定很稀的溶液浓度，因此荧光分析法的灵敏度很高。紫外-可见分光光度法定量的依据是吸光度与吸光物质浓度间的线性关系，所测定的是透过光强和入射光强的比值，即I/I_0，因此即使将光强信号放大，由于透过光强和入射光强都被放大，比值仍然不变，对提高检测灵敏度不起作用，故紫外-可见分光光度法的灵敏度不如荧光分析法高。

（二）定量分析方法

1.标准曲线法

荧光分析一般采用标准曲线法，即用已知量的标准物质经过和试样相同的处理之后，配成一系列标准溶液，测定这些溶液的荧光强度，以荧光强度为纵坐标、标准溶液的浓度

为横坐标绘制标准曲线。同时在同样条件下测定试样溶液的荧光强度，由标准曲线求出试样中荧光物质的含量。

在绘制标准曲线时，常取系列中某一标准溶液作为基准，将空白溶液的荧光强度读数调至0%，将该标准溶液的荧光强度读数调至100%或50%，然后测定系列中其他各个标准溶液的荧光强度。在实际工作中，当仪器调零之后，先测定空白溶液的荧光强度，然后测定标准溶液的荧光强度，从后者中减去前者，就是标准溶液本身的荧光强度。通过这样测定，再绘制标准曲线。为了使在不同时间所绘制的标准曲线能一致，在每次绘制标准曲线时均采用同一标准溶液对仪器进行校正。如果试样溶液易被光分解，或者弛豫时间较长，为使仪器灵敏度定标准确，避免因激发光多次照射而影响荧光强度，可选择一种激发光和发射光波长与试样近似而对光稳定的物质配成适当浓度的溶液，作为基准溶液。例如蓝色荧光可用硫酸奎宁的稀硫酸溶液，黄绿色荧光可用荧光素钠水溶液，红色荧光可用罗丹明B水溶液等，测定试样溶液时选择适当的基准溶液代替对照品溶液校正仪器的灵敏度。

2.比例法

如果荧光分析的标准曲线通过原点，就可选择其线性范围，用比例法进行测定。取已知量的对照品，配制一标准溶液（c_r），使其浓度在线性范围内，测定荧光强度（F_r）和其试剂空白的荧光强度（F_{rb}），然后在同样条件下测定试样溶液的荧光强度（F_X）和其试剂空白的荧光强度（F_{Xb}）。按比例关系计算试样中荧光物质的含量（c_X）。在空白溶液的荧光强度调不到0%时，必须分别从R_r及R_X值中扣除其试剂空白的荧光强度，然后计算。对于同一荧光物质，其常数K相同，则

$$c_X = \frac{F_X - F_{Xb}}{F_r - F_{rb}} \times c_r$$

（F-3-8）

3.多组分混合物的荧光分析

荧光分析法也可像紫外-可见分光光度法一样，从混合物中不经分离就可测得被测组分的含量。如果混合物中各个组分的荧光峰相距较远，而且相互之间无显著干扰，则可分别在不同波长处测定各个组分的荧光强度，从而直接求出各个组分的浓度。如果不同组分的荧光光谱相互重叠，则利用荧光强度的加和性质，在适宜的荧光波长处，测定混合物的荧光强度，再根据被测物质各自在适宜荧光波长处的荧光强度，列出联立方程式，分别计算它们各自的含量。

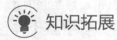 知识拓展

荧光分光光度法因灵敏度高，故在测定时应注意以下干扰因素。

（1）溶剂不纯会带入较大误差，应先做空白检查，必要时，应用玻璃磨口蒸馏器蒸馏后再用。

（2）溶液中的悬浮物对光有散射作用，必要时，应用垂熔玻璃滤器滤过或用离心法除去。

（3）所用的玻璃仪器与测定池等也必须保持高度洁净。

（4）温度对荧光强度有较大的影响，测定时应控制温度一致。

（5）溶液中的溶氧有降低荧光作用，必要时可在测定前通入惰性气体除氧。

（6）测定时需要注意溶液的pH值和试剂的纯度等对荧光强度的影响。

目标自测

答案

一、判断题

1.荧光分光光度计发射波长比激发波长更长。（　　　）

2.荧光分光光度法定量的依据是物质的吸光度与被测物质的含量成正比。（　　　）

3.紫外分光光度计的比色皿可用来测定荧光强度。（　　　）

4.荧光分光光度法可以测定浓度为 $10^{-10} \sim 10^{-12}$ mg/mL 的组分。（　　　）

5.荧光强度与温度无关。（　　　）

二、选择题（不定项）

1.荧光分析中，当被测物质的浓度较大时，荧光强度与浓度不成正比关系，其可能的原因是（　　　）。

A.自吸收　　　　　　B.散射光的影响　　　　C.自熄灭　　　　　　D.溶剂极性增大

2.为使荧光强度与物质浓度成正比关系，必须使（　　　）。

A.激发光足够强　　B.试液浓度足够低　　C.吸光系数足够大　　D.仪器灵敏度足够高

3.如果空白溶液的荧光强度调不到零，荧光定量分析的计算公式是（　　　）。

A. $c_X = \dfrac{F_X - F_{Xb}}{F_r - F_{rb}} \times c_r$　　B. $c_X = \dfrac{F_X}{F_r} \times c_r$　　　　C. $c_X = \dfrac{F_r - F_{rb}}{F_X - F_{Xb}} \times c_r$　　　　D. $c_X = \dfrac{F_X - F_{Xb}}{F_r} \times c_r$

4.荧光光谱法的定量分析法有（　　　）。

A.标准曲线法　　　　B.比例法　　　　　　C.内标法　　　　　　D.标准加入法

F-4实训　荧光法测定利血平片含量

学习目标

1.掌握荧光分析法在药物含量测定中的应用。

2.能根据行业规范解读方法并确定所采集的数据。

3.能正确使用荧光分光光度计，规范采集并记录相关数据。

4.能正确处理数据。

5.能独立完成实验报告。

6.具备在实验过程中，与小组成员及教师及时沟通、合作的能力。

一、任务内容

1.实验方法

（1）对照品溶液   精密称取利血平对照品10mg，置100mL棕色量瓶中，加三氯甲烷溶液10mL使利血平溶解，用乙醇稀释至刻度，摇匀；精密量取2mL，置100mL棕色量瓶中，用乙醇稀释至刻度，摇匀。

（2）供试品溶液   取利血平20片，如为糖衣片应除去包衣，精密称定，研细，精密称取适量（约相当于利血平0.5mg），置100mL棕色量瓶中，加热水10mL，摇匀，加三氯甲烷溶液10mL，振摇，用乙醇稀释至刻度，摇匀，滤过，精密量取续滤液，用乙醇定量稀释制成每1mL中约含利血平2μg的溶液。

（3）测定法   精密量取供试品溶液与对照品溶液各5mL，分别置具塞试管中，加五氧化二钒试液2.0mL，激烈振摇后，在30℃放置1h，在激发光波长400nm、发射光波长500nm处分别测定荧光强度，计算。

2.内容解析

本实训采用荧光分光光度法的比例法，仪器为荧光分光光度计，选择规定的激发波长和发射波长，按操作要求分别测量对照品溶液与供试品、对照品溶液与供试品试剂空白的荧光强度，计算供试品溶液中利血平的浓度及利血平片中利血平的含量。

二、实验原理

利血平片的有效成分为利血平，一种吲哚型生物碱，具有吲哚环及苯环，如图F-4-1所示，两个共轭结构使得利血平具有强紫外吸收，与五氧化二钒反应的生成物，在波长为400nm的光照射下会发出荧光，该荧光在500nm波长处有最大吸收。在低浓度时，利血平与五氧化二钒反应的生成物在500nm处测得的荧光强度与其浓度成正比，本实验采用比例法测定利血平片的含量。

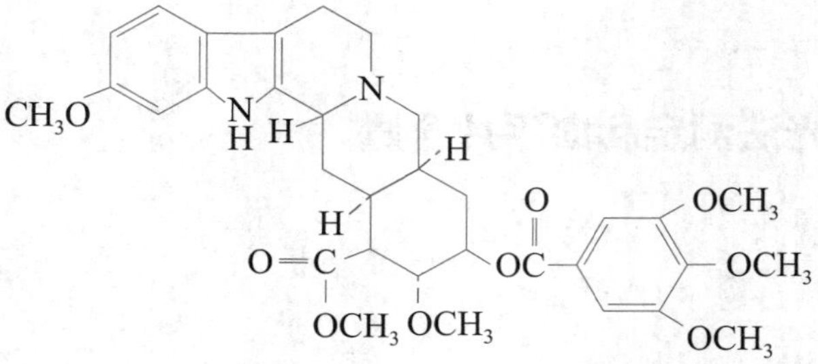

图F-4-1   利血平分子结构

三、实验过程

（一）实验准备清单

见表F-4-1。

表 F-4-1　荧光法测定利血平片含量实验准备清单

名称		规格	数量及单位	用途
仪器及配件	荧光分光光度计			测定荧光光度
	分析天平	万分之一		称量样品
	棕色容量瓶	100mL；25mL	6个；2个	配制溶液
	移液管	10mL，5mL，2mL	各2支	移液用
	烧杯	100mL	4个	配制溶液
	研钵		1个	研磨药粉
	漏斗	小	1个	称样用
	量筒	10mL	2个	量溶剂
	具塞试管	10mL	4支	衍生化用
	洗瓶等实验用具			实验用
	废液杯	500mL	1个	装废液
	废纸杯	500mL		装废纸
试药试液	对照品溶液	2μg/mL	1瓶	待配制
	供试品溶液	2μg/mL	100mL 1瓶	待配制
	三氯甲烷	优级纯	500mL 1瓶	溶剂
	乙醇	优级纯	500mL 1瓶	溶剂
	五氧化二钒试液	500mL	1瓶	荧光衍生试剂
	蒸馏水	二级水	适量	洗涤、实验

（二）工作流程图及技能点解读

1.流程图

见图 F-4-2。

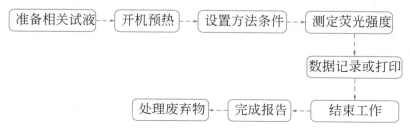

图 F-4-2　比例法测定利血平片含量流程

2.技能点解读

见表F-4-2。

表F-4-2　荧光分光光度法测定含量技能点解读

以利血平片为例		
序号	技能单元	操作方法及要求
1	配制溶液	对照品溶液、供试品溶液及空白溶液
2	开机预热	开机：先打开氙灯，再开主机，然后开启计算机、启动工作站并初始化仪器，预热20min
3	设置条件方法	在工作界面上选择测量项目，设置适当的仪器参数：激发光波长400nm、发射光波长500nm
4	测定荧光强度	分别测定对照品溶液试剂空白、对照品溶液、供试品溶液试剂空白、供试品溶液的荧光强度。记录数据并检查。具体方法如下 （1）以相应的空白，调节零点 （2）对照品溶液，测定荧光强度，调节仪器的灵敏度使荧光强度接近最大 读取对照品溶液及其试剂空白与供试品溶液及其试剂空白的读数，实际工作中，做两份平行
5	关机	数据采集完毕后，进行整理工作。具体步骤及要求如下 1.关机：取出吸收池，按要求洗涤吸收池。检查并整理样品室（如有液体请擦干），关闭软件、电源 2.填写仪器使用记录
6	结束	1.清洗器皿：按要求清洗玻璃器皿 2.整理工作台：仪器室和实验准备室的台面清理，物品摆放整齐，凳子放回原位

（三）全过程数据记录

见表F-4-3。

表F-4-3　原始数据记录

基本信息	仪器信息				
	对照品信息				
	供试品信息				
对照品溶液配制方法					
供试品溶液配制方法					
荧光强度	序号	F			
		对照品溶液	对照空白	供试品溶液	供试空白
	1				
	……				

续表

特殊情况记录			
实验检查	项目	是	否（说明原因）
	数据检查		
	记录是否完整		
	器皿是否洗涤		
	台面是否整理		
	三废是否处理		
教师评价			

（四）实验数据处理

1.计算供试品溶液中利血平的浓度

$$c_X = \frac{R_X - R_{Xb}}{R_r - R_{rb}} \times c_r \qquad （F\text{-}4\text{-}1）$$

2.计算利血平片中利血平的含量

$$含量 = \frac{c_X n V \overline{W}}{WS} \times 100\% \qquad （F\text{-}4\text{-}2）$$

（五）实验注意事项

技能点	操作及注意事项
使用五氧化二钒	五氧化二钒有剧毒，应专人管理、专柜贮存，取用需登记，戴手套在通风橱中操作。做好废液管理
使用有机溶剂	三氯甲烷、甲醇等需戴丁腈手套，必须在通风橱中操作
荧光测定	玻璃仪器：荧光法因灵敏度高，影响因素也多，所用的玻璃仪器与测定池，必须保持高度洁净，应无荧光物质污染 蒸馏水：要用双重蒸馏水 溶剂：要用较高纯度

（六）废液处理

实验废物	名称	处理方法
废液	含五氧化二钒试液、废液	单独回收处理废液桶
	对照品溶液、供试品溶液（含三氯甲烷、乙醇、五氧化二钒）	废液桶
固体废弃物	废纸	其他垃圾桶

四、实验报告

按要求完成实验报告。

五、拓展提高

（一）判断下列问题是否正确

1. 荧光分光光度计使用的玻璃仪器应高度洁净，操作中注意防止荧光污染。（   ）

2. 待测溶液中若有悬浮物必须除去。（   ）

3. 荧光分光光度法可用于物质含量、溶出度、含量均匀度的测定。（   ）

4. 荧光分光光度计对工作环境没有特别要求。（   ）

5. 荧光强度与溶液pH值无关。（   ）

（二）阅读下列案例，并回答相关问题

氯化钠中铝盐的检查

1. 试剂准备

（1）供试品溶液 取本品20.0g，加水100mL溶解，再加入醋酸-醋酸铵缓冲液（pH 6.0）10mL。将上述溶液移至分液漏斗中，加入0.5%的8-羟基喹啉三氯甲烷溶液提取三次（20mL、20mL、10mL），合并提取液，置50mL量瓶中，加三氯甲烷至刻度，摇匀。

（2）对照品溶液 取铝标准溶液［精密量取铝单元素标准溶液适量，用2%硝酸溶液定量稀释制成每1mL中含铝（Al）2μg的溶液］2.0mL，加水98mL和醋酸-醋酸铵缓冲液（pH 6.0）10mL。自"将上述溶液移至分液漏斗中"起，制备方法同供试品溶液。

（3）空白溶液 量取醋酸-醋酸铵缓冲液（pH 6.0）10mL，加水100mL。自"将上述溶液移至分液漏斗中"起，制备方法同供试品溶液。

（4）取上述三种溶液在激发波长392nm、发射波长518nm处分别测定荧光强度。供试品溶液的荧光强度应不大于对照品溶液的荧光强度（0.00002%）。

2. 方法解析

供试品中的铝盐在一定pH值条件下，与8-羟基喹啉形成稳定的荧光络合物，经提取后采用荧光分光光度计测定其荧光强度，本法采用的是比例法。

3. 实验准备

按要求配制供试品溶液、对照品溶液与空白溶液。

4. 测定方法

按规定方法分别测定对照品溶液、供试品溶液与空白溶液的荧光强度。

5. 计算

根据比例法的公式，计算出供试品溶液、对照品溶液的实际荧光强度，再判断氯化钠中铝盐是否超出规定限度。

6.思考及完成问题

（1）测定荧光强度时，供试品溶液、对照品溶液与空白溶液的测定顺序如何？

（2）参考表F-4-1～表F-4-3的格式分别写出本实验的实验准备、实验过程及数据处理步骤。

F-5实训　食品中维生素C的测定

 学习目标

1.掌握荧光分析法在食品检测中的应用。

2.掌握根据行业规范解读方法并确定所采集的数据。

3.能正确使用荧光分光光度计，规范采集并记录相关数据。

4.能正确处理数据。

5.能独立完成实验报告。

6.具备在实验过程中，与小组成员及教师及时沟通、合作的能力。

一、任务内容

（一）实验方法

1.试剂准备

（1）标准溶液（1.000mg/mL）　称取维生素C 0.05g，用偏磷酸-乙酸溶液溶解并稀释至50mL，该贮备液在2～8℃避光条件下保存。

（2）标准工作液（100.0μg/mL）　准确吸取维生素C标准溶液10mL，用偏磷酸-乙酸溶液溶解并稀释至100mL，临用时配制。

（3）供试品溶液　称取试样约100g，精密称取适量（约相当于利血平0.5mg），加100g偏磷酸-乙酸溶液，倒入粉碎机内打成匀浆，用百里酚蓝指示剂测试匀浆的酸碱度。如呈红色，即称取适量匀浆用偏磷酸-乙酸溶液稀释；若呈黄色或蓝色，则称取适量匀浆用硼酸-乙酸溶液稀释，使其pH为1.2。匀浆的取用量根据试样中维生素C含量而定。当试样液中维生素C含量在40～100μg/mL，一般称取20g匀浆，用相应溶液稀释到100mL，过滤，滤液备用。

2.测定法

（1）测定前样品处理　分别准确吸取50mL试样滤液及维生素C标准工作液于200mL具塞锥形瓶中，加入2g活性炭，用力振摇1min，过滤，弃去最初数毫升滤液，分别取其余全部滤液，即为试样氧化液和标准氧化液，待测定。分别准确吸取10mL试样氧化液于两个100mL容量瓶中，作为"试样液"和"试样空白液"。分别准确吸取10mL标准氧化液于两个100mL容量瓶中，作为"标准液"和"标准空白"。于"试样空白液"和"标准空白

液"中各加5mL硼酸-乙酸钠溶液，混合摇动15min，用水稀释至100mL，在4℃冰箱中放置2～3h，取出待测。于"试样液"和"标准液"中各加5mL的500g/L乙酸钠溶液，用水稀释至100mL，待测。

（2）标准曲线的制备及试样测定　准确吸取上述"标准液"（10μg/mL）0.5mL、1.0mL、1.5mL、2.0mL，分别置于10mL具塞刻度试管中，用水补充至2.0mL。另准确吸取"标准空白液"2mL于10mL具塞刻度试管中。在暗室中迅速向各管中加入5mL邻苯二胺溶液，振摇混合，在室温下反应35min，于激发光波长338nm、发射光波长420nm处测定荧光强度，以"标准液"系列荧光强度分别减去"标准空白液"荧光强度的差值为纵坐标，对应维生素C含量为横坐标，绘制标准曲线或计算直线回归方程。分别准确吸取2mL"试样液"和"试样空白液"于10mL具塞刻度试管中，在暗室中迅速向各管中加入5mL邻苯二胺溶液，振摇混合，在室温下反应35min，于激发光波长338nm、发射光波长420nm处测定荧光强度，以"试样液"荧光强度减去"试样空白液"荧光强度的差值于标准曲线上查得或回归方程计算试样溶液中维生素C的含量。

以上检测过程应在避光条件下进行。

（二）内容解析

这是用荧光分光光度法的标准曲线法，采用荧光分光光度计，选择规定的激发波长和发射波长，按操作要求分别测量标准液、标准空白液的荧光强度，用减去标准空白液的荧光强度对标准液中维生素C含量作标准曲线或线性回归方程，再按操作要求分别测量试样液与试样空白液的荧光强度，用减去空白样液的荧光强度在标准曲线上查得或回归方程计算试样中维生素C的浓度或含量。

二、实验原理

维生素C又称抗坏血酸（图F-5-1），具有还原性，可被活性炭氧化生成脱氢抗坏血酸，后者与邻苯二胺反应生成有荧光的喹喔啉，其荧光强度与维生素C的浓度在一定条件下成正比，本实验依此测定试样中维生素C的含量。

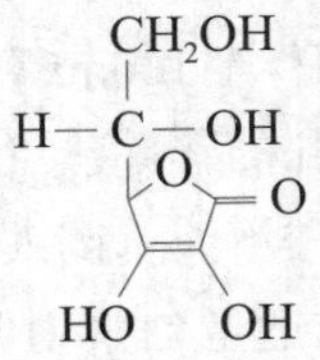

图 F-5-1　维生素C的结构式

三、实验过程

（一）实验准备清单

见表F-5-1。

（二）工作流程图及技能点解读

1.流程图

见图F-5-2。

表 F-5-1　荧光法测食品中维生素 C 含量实验准备清单

	名称	规格	数量及单位	用途
仪器及配件	荧光分光光度计（荧光计）			测定荧光光度
	分析天平	万分之一		称量样品
	捣碎机			捣碎样品
	振荡器			振摇样品
	容量瓶	100mL	4个	配制溶液
	移液管	10mL、5mL、2mL、1mL	各4支	
	烧杯	100mL	3个	
	漏斗		1个	
	量筒	50mL、10mL	各2个	
	具塞锥形瓶	200mL	2个	
	具塞刻度试管	10mL	5支	
	洗瓶、洗耳球、废液杯等			
试药试液	标准工作液	100.0μg/mL	适量	
	标准储备液	1.000mg/mL	1瓶	待配制
	供试品溶液		1瓶	待配制
	标准空白液		1瓶	待配制
	试样空白液		1瓶	待配制
	偏磷酸-乙酸溶液		1瓶	
	乙酸钠溶液	500g/L	1瓶	
	硼酸-乙酸钠溶液		1瓶	
	邻苯二胺溶液		1瓶	
	百里酚蓝指示剂		1瓶	
	蒸馏水	二级水		

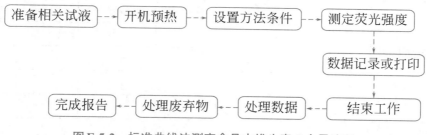

图 F-5-2　标准曲线法测定食品中维生素 C 含量流程

2.技能点解读

见表F-5-2。

表F-5-2　维生素C含量测定（荧光法）技能点解读

	食品中维生素C含量测定为例	
序号	名称	具体内容
1	配制溶液	标准液、标准空白液、试样液、试样空白液
2	开机预热	同F-4实训
3	设置条件方法	在工作界面上选择测量项目，按操作程序设置适当的仪器参数：激发光波长338nm、发射光波长420nm
4	测定荧光强度	参照F-4实训分别测定标准液空白、标准液、试样液空白、试样液的荧光强度，记录数据并检查数据
5	关机	关机：取出吸收池，检查并整理样品室（如有液体请擦干），关闭软件、电源；填写仪器使用记录
6	结束	1.清洗器皿：按要求清洗玻璃器皿 2.整理工作台：仪器室和实验准备室的台面清理，物品摆放整齐，凳子放回原位

（三）全过程数据记录

见表F-5-3。

表F-5-3　原始数据记录

基本信息	仪器信息				
	标准品信息				
	试样信息				
标准液配制方法					
标准空白液配制					
试样液配制方法					
试样空白液配制					
荧光强度测定	序号	F			
		标准液	标准液空白	试样液	试样液空白
	1				
	2				
	3				
	4				
特殊问题记录					

	项目	是	否（说明原因）
实验检查	数据检查		
	记录是否完整		
	器皿是否洗涤		
	台面是否整理		
	三废是否处理		
教师评价			

（四）实验数据处理

1.绘制荧光强度对维生素C含量的标准曲线或回归方程

以维生素C标准溶液浓度为横坐标，以相对应的荧光强度（扣除空白）为纵坐标绘图。

2.查得或回归方程计算试样中维生素C的浓度

在标准曲线上查出或是用回归方程计算样品测定液中维生素C的浓度c。

3.换算成食品中维生素C的含量

试样中维生素C的含量，结果以毫克每百克表示，按下式计算。

$$X = \frac{cV}{m} \times F \times \frac{100}{1000} \qquad \text{（F-5-1）}$$

式中，X为试样中维生素C的含量，mg/100g；c为由标准曲线查得或回归方程计算的进样液中维生素C的质量浓度，μg/mL；V为荧光反应所用试样体积，mL；m为实际检测试样质量，g；F为试样溶液的稀释倍数；100为换算系数；1000为换算系数。

（五）实验注意事项

技能点	操作及注意事项
偏磷酸-乙酸	有强腐蚀性，对呼吸道有刺激性，使用偏磷酸-乙酸制备试样时，必须在通风橱内操作；戴丁腈手套
其他	参照F-4实训

（六）废液处理

实验废物	名称	处理方法
废液	偏磷酸-乙酸试液、硼酸-乙酸钠、乙酸钠、百里酚蓝指示剂	废液桶
	标准液、试样液（含偏磷酸-乙酸、硼酸-乙酸钠、乙酸钠）	废液桶

四、实验报告

按要求完成实验报告。

五、拓展提高

荧光分光光度法测定食品中的甲醛

1.试剂准备

（1）乙酰丙酮溶液　取约15g乙酸铵溶于水中，加入0.3mL乙酸和0.4mL乙酰丙酮，用重蒸馏水定容至100mL，保存在棕色试剂瓶中。

（2）甲醛标准溶液浓度　1μg/mL。

（3）样品前处理　称取1～5g经粉碎的样品，以少量水湿润后移入100mL容量瓶中，加入80mL重蒸馏水，浸泡于80℃水浴中30min以上，冷却至室温，用水稀释至刻度，过滤备用。如有浑浊可蒸馏后测定。

（4）吸取甲醛标准液0、0.25mL、0.50mL、1.00mL、2.00mL、3.00mL、4.00mL、5.00mL于10mL比色管中，各管用水稀释至8mL，加2mL乙酰丙酮溶液，摇匀后于沸水浴中加热5min，冷却后在激发光波长430nm、发射光波长505nm处测定相对荧光强度，以甲醛含量为横坐标、相对荧光强度为纵坐标绘制标准曲线。取1.00～8.00mL样品处理溶液，按标准溶液相关步骤操作，测定其相对荧光强度。

（5）试样中甲醛的含量，结果以毫克每千克表示，按下式计算。

$$X = \frac{cV \times 100}{m} \tag{F-5-2}$$

式中，X为试样中甲醛的含量，mg/kg；c为由标准曲线查得或回归方程计算的样品分析液中甲醛的含量，μg/mL；V为试样分析液体积，mL；m为实际检测试样质量，g；100为样品处理的定容体积。

2.方法解析

甲醛与乙酰丙酮在一定条件下，定量反应生成吡啶衍生物，该产物的荧光强度在一定范围内与甲醛浓度成正比，本法采用的是标准曲线法。

3.实验准备

按要求配制甲醛标准溶液、乙酰丙酮溶液与样品分析液。

4.测定方法

按规定方法分别测定对照品溶液、乙酰丙酮溶液与样品分析液的荧光强度。

5.计算

根据公式，计算出试样中的甲醛含量。

6.思考及完成问题

（1）是否需要配制空白溶液？如何配制？

（2）参考表F-5-1～表F-5-3的格式分别写出本实验的实验准备、实验过程及数据处理步骤。

模块三　直接电位法和永停滴定法

数字资源

数字资源3-1　pH值测定微课
数字资源3-2　永停滴定法微课
数字资源3-3　头孢氨苄中水分测定微课

项目G　电化学分析法

思维导图

G-1任务　电化学分析法基础

学习目标

1. 掌握常用的参比电极，熟悉电极的构造和工作原理。
2. 掌握常用的指示电极，熟悉电极的构造和工作原理。
3. 掌握电极的类型。
4. 了解电化学分析法的分类，能正确识别常用电极并归类。
5. 学会区分原电池和电解池。

　　电化学分析法（electrochemical analysis）是依据电化学原理和物质的电化学性质建立起来的一类测定物质组成及含量的分析方法。电化学分析法以电解质溶液（通常是试样溶液）和适当的电极构成一个化学电池，然后根据电池电化学参数（电压、电流、电阻、电量等）的强度或变化情况，对被测组分进行分析。

一、术语与概念

　　电化学分析法常用的术语与定义见表G-1-1。

表 G-1-1　电化学分析法常用术语与定义

术语	定义
化学电池	由两个电极插入适当电解质溶液中和外电路组成的电化学反应器
电极	由金属插入该金属盐溶液中组成的系统
参比电极	电极电位不受溶液组成影响，在一定条件下，其电位值已知且基本恒定的电极
指示电极	电极电位随溶液中被测离子的活（浓）度变化而改变的电极
相界电位	在金属电极中，金属与溶液两相的界面上，由于带电质点的迁移形成双电层，待电荷移动达平衡后，双电层间的电位差称为金属电极相界电位
液体接界电位	在两个组成不同或组成相同而浓度不同的电解质溶液互相接触的界面间所产生的电位差，称为液体接界电位，简称液接电位。它是由于离子通过相界面时扩散速度不同而引起的，故又称扩散电位

二、电化学分析法的分类和特点

按分析中测定的电化学参数不同，电化学分析法可分为以下四类。

（1）电解分析法（electrolytic analysis）　是指根据通电时，待测物在电池电极上发生定量沉积（或定量作用）的性质以确定待测物含量的分析方法。包括电重量法（electrogravimetry）、库仑法（Coulometry）、库仑滴定法（Coulometric titration）。

（2）伏安法　是指将一微电极插入待测溶液中，利用电解时得到的电流-电压曲线为基础，演变出来的各种分析方法的总称，包括极谱法、溶出伏安法、电流滴定法（含永停滴定法）。

（3）电导分析法（conductometry）　是根据测量分析溶液的电导，以确定待测物含量的分析方法，包括直接电导法和电导滴定法。

（4）电位分析法（potentiometry）　是根据测量电极电位（实际为电池电动势），以进行定量分析的方法，包括直接电位法和电位滴定法。

在药物质量检测技术中应用较多的有电位分析法及伏安法中的永停滴定法。

电化学分析法具有如下特点。

① 准确度高，重现性和稳定性好。

② 灵敏度高，$10^{-8} \sim 10^{-4}\text{mol/L}$。

③ 选择性好。

④ 应用广泛，既能分析有机物，也能分析无机物。

⑤ 仪器设备简单，易于实现自动化。

三、化学电池

化学电池是一种电化学反应器，是实现化学反应能与电能互相转化的装置，电化学分析通常利用化学电池来完成。化学电池由两个电极插入适当电解质溶液中和外电路组成，通常电解质溶液就是待测溶液。

（一）原电池和电解池

1.原电池

原电池是一种将化学能转化为电能的装置。其电极反应可自发进行。直接电位法和电位滴定法都是利用其原理完成测定的。

丹尼尔（Daniell）原电池（铜-锌电池）是将锌片插入 $ZnSO_4$ 溶液（1mol/L）中（一半电池），铜片插入 $CuSO_4$ 溶液（1mol/L）中（另一半电池），两溶液间用饱和氯化钾盐桥连接，两电极之间用导线相连并接一灵敏电流计（图G-1-1）。当电流计的指针发生偏转时，电子由锌片流向铜片，电流从铜片流向锌片，发生了由化学能转化为电能的过程，形成了自发反应。两个电极的半电池反应如下。

锌极　　　　　　　　　　　$Zn \rightleftharpoons Zn^{2+}+2e^-$　　　（氧化反应、阳极、负极）

铜极　　　　　　　　　　　$Cu^{2+}+2e^- \rightleftharpoons Cu$　　　（还原反应、阴极、正极）

电池总反应　　　　　　　　$Zn+Cu^{2+} \rightleftharpoons Zn^{2+}+Cu$　　　（氧化还原反应）

原电池图解表达式　　　　$(-)Zn \mid ZnSO_4(1mol/L) \parallel CuSO_4(1mol/L) \mid Cu(+)$

在两电极中，发生氧化反应的为阳极，发生还原反应的为阴极。流出电子的一极（电势较低）称为负极，流进电子的一极（电势较高）称为正极。电流从正极流向负极。

在零电流条件下，Daniell原电池的电动势如下。

$$E=\varphi_{(+)}-\varphi_{(-)}=\varphi^{\ominus}_{Cu^{2+}/Cu}-\varphi^{\ominus}_{Zn^{2+}/Zn}=+0.337-(-0.763)=1.100(V)$$

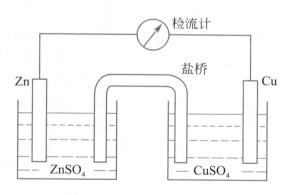

图 G-1-1　Daniell原电池示意

2.电解池

电解池是一种将电能转化为化学能（消耗电能，充电）的装置。将上述的原电池反向接上外接电源（正接正，负接负），如外接电压大于Daniell原电池的电动势（1.1V），则原电池就变成了电解池（图G-1-2）。两电极的反应如下。

锌极　　　　　　　　　　　$Zn^{2+}+2e^- \rightleftharpoons Zn$　　　（还原反应、阴极）

铜极　　　　　　　　　　　$Cu \rightleftharpoons Cu^{2+}+2e^-$　　　（氧化反应、阳极）

电池总反应　　　　　　　　$Zn^{2+}+Cu \rightleftharpoons Zn+Cu^{2+}$　　　（氧化还原反应）

电解池图解表达式　　　　$Cu \mid CuSO_4(1mol/L) \parallel ZnSO_4(1mol/L) \mid Zn$

电解池的电极反应非自发进行，需外加一个电源，在它的两极上加一电动势才能产生，也就是需要消耗电能才能使电解池发生电极反应。永停滴定法就是利用电解池的工作原理来实现的。

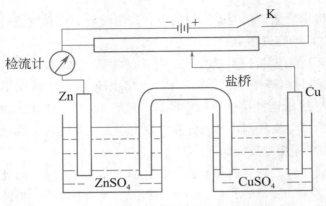

图 G-1-2 铜-锌电解池示意

（二）电极与电极电位

1.电极

金属晶体是由排列在晶格点阵上的金属正离子和其间流动的自由电子组成的。把金属插入对应的金属盐溶液中构成的系统称为电极。

2.电极电位

在电极中，一方面金属表面的正离子受极性水分子的作用，有离开金属进入溶液中的倾向；另一方面，溶液中的金属离子与金属晶体碰撞，受自由电子的作用，有沉积到金属表面的倾向。两种倾向引起电荷在金属和溶液的两相界面上转移，会破坏两相原来的电中性。由电荷移动引起正、负电荷分别分布在界面的两侧，形成化学双电层。例如，金属锌在 $ZnSO_4$ 溶液中形成锌带负电、溶液带正电的双电层结构（图 G-1-3）。而双电层的形成会抑制电荷的继续转移倾向，逐渐趋于稳定。达到平衡后，在相界两边产生一个稳定的电位差，称为相界电位，即溶液中的金属电极电位。电极电位的大小是无法直接测定的，需要构建化学电池来间接求算。

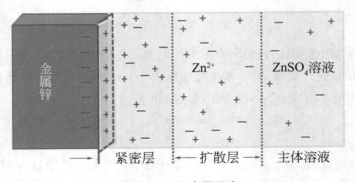

图 G-1-3 双电层示意

在构建化学电池时，两个组成不同或组成相同而浓度不同的电解质溶液互相接触的界面间会产生液体接界电位。两个电极插在同一种电解质溶液中为无液接界电池，两个电极分别插在两种组成不同或组成相同浓度不同的分隔开的电解质溶液中为有液接界电池。

实际的液接电位是难以准确计算和单独测量的，而在电位法中又常常使用有液接界电池，这样就会给测定造成一定的影响，因此实验中常用某种多孔物质隔膜将两种溶液隔开或用盐桥将两溶液相连，以降低或消除液接电位。

四、指示电极和参比电极

电位分析是通过在零电流条件下测定两电极间的电位差（电池电动势）而进行的分析。两个电极根据功能可分为指示电极和参比电极。

（一）参比电极

电极电位不受溶液组成影响，在一定条件下，其电位值已知且基本恒定的电极为参比电极。对参比电极的要求：装置简单，使用方便，且电极电位稳定、可逆性好、重现性好。

常用的参比电极有饱和甘汞电极和银-氯化银电极。

1.饱和甘汞电极

属于金属-金属难溶盐电极，一般由金属汞（Hg）、甘汞糊（Hg_2Cl_2）和饱和的KCl溶液组成，其结构如图G-1-4所示。电极由内、外两个玻璃套管组成，内管上端封接一根铂丝，铂丝上部与电极引线相连，下部插入汞层中，汞层下部是汞和甘汞的糊状物，内玻璃管下端用石棉或纸浆等多孔物堵塞。外玻璃管内充饱和氯化钾溶液，最下端用素烧瓷微孔物质封紧，既可将电极内外溶液隔开，又可提供内外溶液离子通道，起到盐桥的作用。

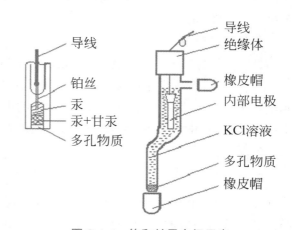

图 G-1-4　饱和甘汞电极示意

电极表示式：$\quad\quad\quad Hg \mid Hg_2Cl_2(s)，Cl^-(x\,mol/L)$

电极反应：$\quad\quad\quad Hg_2Cl_2+2e^- \longrightarrow 2Hg+2Cl^-$

电极电位：$\quad\quad\quad \varphi=\varphi^{\ominus}-0.059V\lg a_{Cl^-}=\varphi^{\ominus\prime}-0.059V\lg c_{Cl^-}(25℃)$　　　　　（G-1-1）

由式（G-1-1）可见，甘汞电极的电极电位取决于Cl^-溶液的浓度。电极内溶液中的Cl^-浓度一定，甘汞电极电位固定。不同氯化钾浓度的甘汞电极电位列于表G-1-2。

表 G-1-2　不同氯化钾浓度甘汞电极的电极电位（25℃）

电极	0.1mol/L甘汞电极	标准甘汞电极（NCE）	饱和甘汞电极（SCE）
KCl浓度	0.1mol/L	1.0mol/L	饱和溶液
电极电位/V	+0.3365	+0.2828	+0.2438

甘汞电极的结构简单，使用方便，电极电位稳定，特别是饱和甘汞电极是实验室中最常用的一种参比电极。

2.银-氯化银电极

属于金属-金属难溶盐电极，也可作为指示电极。由于其结构简单、体积小，常作为各离子选择性电极的内参比电极。不同氯化钾浓度银-氯化银电极电位列于表G-1-3。

表 G-1-3　不同氯化钾浓度银-氯化银电极电位（25℃）

电极	0.1mol/L银-氯化银	标准银-氯化银电极	饱和银-氯化银电极
KCl浓度	0.1mol/L	1.0mol/L	饱和溶液
电极电位/V	+0.2880	+0.2223	+0.1990

（二）指示电极

指示电极是指电极电位随溶液中被测离子的活（浓）度变化而改变的电极。理想的指示电极应具备以下特点：电极电位与被测离子的活（浓）度符合能斯特方程，电极电位稳定；响应速度快，重现性好；结构简单，使用方便。电位分析法常用的指示电极一般可分为金属基电极和膜电极两大类。

1.金属基电极

是以金属为基体，基于电子转移反应的一类电极。按组成和作用可分成下述几种。

（1）金属-金属离子电极　是由金属插在该金属离子的溶液中组成，表示为 M｜M^{n+}，其电极电位与金属离子活（浓）度有关，可用于测定金属离子的活（浓）度。例如，将银丝浸在含有Ag$^+$的溶液中，组成银电极，电极表示式：Ag｜Ag$^+$。

电极反应：$\qquad\qquad$ Ag$^+$+e$^-$ $\longrightarrow$ Ag

电极电位（25℃）：$\qquad$ $\varphi=\varphi^{\ominus}+0.059\text{V}\lg a_{\text{Ag}^+}=\varphi^{\ominus\prime}+0.059\text{V}\lg c_{\text{Ag}^+}$

（2）金属-金属难溶盐电极　由表面覆盖同一种金属难溶盐的金属浸在该难溶盐相应的阴离子溶液所组成的电极体系。表示为 M｜M$_m$X$_n$(s)，X^{m-}，其电极电位随溶液中难溶盐阴离子活（浓）度的变化而变化，可用于测定难溶盐阴离子的活（浓）度。例如，将表面涂有AgCl的银丝浸入含有Cl$^-$溶液中，组成Ag-AgCl电极，即 Ag｜AgCl(s)，Cl$^-$。

电极反应：$\qquad\qquad$ AgCl+e$^-$ $\longrightarrow$ Ag+Cl$^-$

电极电位（25℃）：$\qquad$ $\varphi=\varphi^{\ominus}+0.059\text{V}\lg a_{\text{Ag}^+}=\varphi^{\ominus}_{\text{Ag}^+/\text{Ag}}+0.059\text{V}\lg\dfrac{K_{\text{sp,AgCl}}}{a_{\text{Cl}^-}}$

$\qquad\qquad\qquad\qquad\qquad$ $=\varphi^{\ominus}_{\text{AgCl/Ag}}-0.059\text{V}\lg a_{\text{Cl}^-}$

这类电极如甘汞电极、银-氯化银电极，只要难溶盐阴离子浓度一定，其电极电位数值就相对稳定，所以常用作参比电极。

（3）惰性金属电极　由惰性金属（铂或金）插入含有氧化态和还原态电对的溶液中所组成的电极系统。可表示为 Pt｜M^{m+},M^{n+}，惰性金属本身不参与电极反应，其电极电位取决于溶液中氧化态和还原态活度（浓度）的比值，用于测定氧化型、还原型浓度比值。例如将Pt片插入含有Fe^{3+}和Fe^{2+}的溶液中组成的电极，表示为Pt｜$Fe^{3+}(a_{Fe^{3+}}),Fe^{2+}(a_{Fe^{2+}})$。

电极反应：$\qquad\qquad Fe^{3+}+e^{-}\longrightarrow Fe^{2+}$

电极电位：$\qquad\qquad \varphi=\varphi^{\ominus}+0.059V(\lg a_{Fe^{3+}}-\lg a_{Fe^{2+}})$

2.膜电极

又称离子选择性电极，是一种以固体膜或液体膜为传感器，能对溶液中某种特定离子产生选择性响应的电极。用于测定溶液中某种离子浓度。响应机理主要是离子的交换和扩散（敏感膜上并不发生电子得失），形成膜电位。膜电极的关键是一个称为选择膜的敏感元件。敏感元件由单晶、混晶、液膜、高分子功能膜及生物膜等构成。将膜电极和参比电极一起插到被测溶液中，组成电池。则电池结构如下：

外参比电极‖被测溶液（a_i 未知）｜内充溶液（a_i 定值）｜内参比电极

（敏感膜）

通过测定膜内外被测离子活度的不同而产生的电位差，计算被测离子活度。常用的膜电极有pH玻璃电极、氟离子选择性电极、钙离子选择性电极、气敏电极、酶电极。

 **知识拓展**

常用离子选择性电极

直接电位法测定其他离子的浓度，最常用的指示电极是离子选择性电极，它对溶液中特定的离子有选择性响应。

常见的离子选择性电极如下。

（1）氟离子选择性电极 简称氟电极，由敏感膜（氟化镧单晶薄片制成）、银-氯化银内参比电极及氯化钠-氟化钠内充液组成，其电极电位与氟离子活（浓）度的对数呈线性关系。氟电极选择性、灵敏度都较高，测定时需控制试液pH在5～6。

（2）阳离子的玻璃电极 属于刚性基质电极，其敏感膜由玻璃材料制成。由于敏感膜的玻璃组成不同，就会对不同离子产生选择性响应。包括pH玻璃电极，还有用于测定Na^+、K^+、Ag^+、Li^+等各种离子的玻璃电极。

（3）另外还有气敏电极及流动载体电极。

 **目标自测**

答案

一、填空题

1.需要消耗外电源的电能才能产生电流而促使化学反应进行的装置是_____。

2.电位分析法中，电极的电位不受溶液组成变化的影响，其基本电位值固定不变的电极称为_____，常用的有_____。

3.金属基指示电极按其组成及作用可分为_____、_____和_____。

4.膜电极的电极电位与溶液中某种特定响应离子的活（浓）度符合_____关系式。

5.在两个组成不同或组成相同而浓度不同的电解质溶液互相接触的界面间所产生的电位差，称为_____。

二、选择题（单项）

1.测定难溶盐阴离子的浓度可选用（　　　）。

A.金属-金属离子电极　　　　　　　　B.惰性金属电极

C.金属-金属难溶盐电极　　　　　　　D.银-氯化银电极

2.指示电极是指（　　　）。

A.测量过程中，电极电位随溶液中待测离子活度（或浓度）的变化而变化，并能反映待测离子活度（或浓度）的电极

B.在测量过程中，电极的电位不受溶液组成变化的影响，其基本电位值固定不变的电极

C.金属插入含有该金属离子的溶液中组成的电极

D.饱和甘汞电极

3.盐桥的主要作用之一是（　　　）。

A.减少和消除不对称电位　　　　　　　B.减小消除液接电位

C.减小和消除残余液接电位　　　　　　D.减小和消除相界电位

4.Ag^+/Ag指示电极的电极电位取决于待测溶液中（　　　）。

A.Ag^+活度　　　　　B.Cl^-活度　　　　　C.H^+活度　　　　　D.Ag^+和Cl^-活度

5.不属于电化学分析法特点的是（　　　）。

A.准确度高，重现性和稳定性好　　　　B.灵敏度高

C.选择性好　　　　　　　　　　　　　D.可用于药物鉴别

项目H　直接电位法

思维导图

H-1任务　pH值测定法

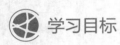

学习目标

1.掌握溶液pH值测定的原理。

2.掌握pH玻璃电极的使用方法，熟悉电极构造和工作原理。

3.了解直接电位法技术的其他应用（如拓展中直接电位法的应用）。

电位分析法是利用电极电位与化学电池电解质溶液中某种组分浓度的对应关系而实现定量测量的电化学分析法。

电位分析法按应用方式可分为以下两类。

（1）直接电位法　电极电位与溶液中电活性物质的活度有关，通过测量溶液的电动势，根据能斯特方程计算被测物质的含量。

（2）电位滴定法　用电位测量装置指示滴定分析过程中被测组分的浓度变化，通过记录或绘制滴定曲线来确定滴定终点的分析方法。

直接电位法是选择合适的指示电极和参比电极，浸入待测溶液中组成原电池，通过测量原电池的电动势，根据能斯特方程，直接求出待测组分活度（浓度）的方法。直接电位法通常用于溶液中离子浓度的测定，在药物质量检测中应用最多的就是通过酸度计实现溶液 pH 值的测定。

一、概念与定义

见表 H-1-1。

表 H-1-1　常用术语与概念

术语	含义
电极斜率	又称转换系数，指溶液中 pH 变化一个单位引起玻璃电极的电位变化值
酸差	测定溶液酸度太大（pH＜1）时，电位值偏离与 pH 值的线性关系，产生的正误差
碱差	又称"钠差"，测定溶液碱度太大（pH＞9）时，电位值偏离与 pH 值的线性关系，产生的负误差，主要是 Na^+ 参与相界面上的交换所致
不对称电位	达平衡电位时玻璃膜电极两侧存在的微小的电位差，称为不对称电位

二、pH 玻璃电极的工作原理

pH 值是水溶液中氢离子活度的表示方法。严格地说，pH 值定义为氢离子活度的负对数，即 $pH = -\lg a_{H^+}$，但氢离子活度却难以由实验准确测定。实际工作中采用直接电位法测定。

测定溶液的 pH 值使用酸度计完成，酸度计包括电计和电极两部分，参比电极多用饱和甘汞电极，指示电极包括氢电极、氢醌电极和 pH 玻璃电极，其中以玻璃电极最常用。

1.电极构造

pH 玻璃电极简称玻璃电极，属于膜电极，其敏感膜为玻璃膜。玻璃电极一般由外套管、内参比电极、内参比溶液、玻璃膜、高度绝缘的导线和电极插头等部分组成。其构造如图 H-1-1 所示。玻璃管下端有一个由特殊玻璃制成的球形玻璃膜（厚度为 0.05 ～ 0.2mm），球内装有含有 KCl（0.1mol/L）的缓冲溶液（pH 7 或 pH 4）作为内参比溶液，

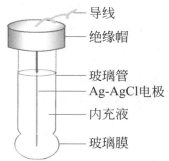

图 H-1-1　pH 玻璃电极构造

内插入银-氯化银电极作为内参比电极。电极上端是高度绝缘的导线及引出线，线外套有屏蔽线，以免漏电和静电干扰。

2. pH玻璃膜电极的响应机制

玻璃电极对H^+产生选择性响应，主要与电极玻璃膜（在SiO_2 72.2%基质中加入Na_2O 21.4%、CaO 6.4%烧结而成的特殊玻璃膜，如加入Li_2O则为锂玻璃电极）的特殊组成有关。玻璃中的Na^+可以在晶格中移动，溶液中的H^+可进入晶格占据Na^+的点位，但其他高价阳离子和阴离子都不能进出晶格。当玻璃膜浸入水溶液中后，溶液中的H^+可进入玻璃膜与Na^+进行交换，当溶液为中性或酸性溶液时，溶液中的H^+全部与Na^+交换，使玻璃膜表面点位几乎全被H^+所占据。当玻璃膜在水中充分浸泡时，H^+可向玻璃膜里面继续渗透，达到平衡后形成溶胀水化层，简称水化层或水化凝胶层。在水化凝胶层最外表面Na^+的点位几乎全被H^+所占据，越深入水化凝胶层内部，H^+的数目越少，Na^+的数目越多，在干玻璃部分其点位上全被Na^+占据。

当充分浸泡的玻璃电极置于待测溶液中时，由于待测液中H^+活（浓）度与水化层中H^+活（浓）度不同，H^+将产生浓差扩散，结果使玻璃膜外表面与相界间两相界面原来电荷分布发生改变，形成双电层，产生电位差，称此电位差为外相界电位$\varphi_\text{外}$；同理，在玻璃膜内表面与内参比溶液间也产生电位差，称为内相界电位$\varphi_\text{内}$。

玻璃电极放入待测溶液中，25℃平衡后：

$$\varphi_\text{外}=k_1+0.059V\lg\frac{a_\text{外}}{a'_\text{外}} \tag{H-1-1}$$

$$\varphi_\text{内}=k_2+0.059V\lg\frac{a_\text{内}}{a'_\text{内}} \tag{H-1-2}$$

式中，$a_\text{外}$、$a_\text{内}$分别表示外部试液和电极内参比溶液中H^+的活度；$a'_\text{外}$、$a'_\text{内}$分别表示玻璃膜外、内水合硅胶层表面H^+的活度；k_1、k_2则是由玻璃膜外、内表面性质决定的常数。

玻璃膜内、外表面的性质基本相同，则$k_1=k_2$，$a'_\text{外}=a'_\text{内}$，则

$$\varphi_\text{膜}=\varphi_\text{外}-\varphi_\text{内}=0.059V\lg\frac{a_\text{外}}{a_\text{内}}$$

因内参比溶液中的H^+活度是固定的，对于整个玻璃电极：

$$\varphi_\text{玻璃}=\varphi_\text{内参}+\varphi_\text{膜}=\varphi_\text{AgCl/Ag}+(K'+0.059V\lg a_\text{外})$$
$$=(\varphi_\text{AgCl/Ag}+K')-0.059V\text{pH} \tag{H-1-3}$$

$\varphi_\text{玻璃}$与pH呈线性关系，所以可以用玻璃电极测定溶液pH。

3. pH玻璃电极的性能

（1）玻璃膜电位与试样溶液中的pH呈线性关系。式（H-1-3）中K'是由玻璃膜电极本身性质决定的常数。

（2）转换系数或电极斜率（S）　溶液中pH变化一个单位引起玻璃电极的电位变化。

$$S=-\frac{\Delta\varphi}{\Delta\text{pH}}$$

$$\Delta\text{pH}=1\Longrightarrow\Delta\varphi=59\text{mV}(25℃)$$

S的理论值$2.303RT/F$，在25℃时为59mV。但是玻璃电极长期使用会老化，S值会逐渐

偏离理论值，当25℃时斜率低于52mV时就不宜使用了。

（3）不对称电位（25℃）

$$\varphi_{膜}=\varphi_{外}-\varphi_{内}=0.059\text{Vlg}\frac{a_{外}}{a_{内}}$$

如果$a_{外}=a_{内}$，则理论上$\varphi_{膜}=0$，但实际上$\varphi_{膜}\neq0$，这个微小的电位为不对称电位。产生的原因是玻璃膜内、外表面含钠量、表面张力以及机械和化学损伤的细微差异。长时间浸泡后（24h）可以使不对称电位恒定，这时不对称电位不会影响pH测定。

（4）高选择性　膜电位的产生不是电子的得失，不受待测溶液有无氧化还原电对的影响。

（5）因会产生"酸差"和"碱差"，普通玻璃电极不适用于测定强酸性或强碱性溶液的pH。所以普通玻璃电极只适用于测量pH 1～9的溶液。若使用含Li_2O的锂玻璃制成的玻璃电极，可测至pH值为13.5，而不产生误差。

（6）优点　不受溶液中氧化剂、还原剂、颜色及沉淀的影响，不易中毒。

（7）缺点　电极内电阻很高，电阻随温度变化；玻璃膜薄，易损。

三、pH值的测量原理

1.测量原理

直接电位法测定溶液pH，常用pH玻璃电极作为指示电极，饱和甘汞电极作为参比电极，浸入待测溶液中组成原电池。

（-）Ag｜AgCl(s)，内充液｜玻璃膜｜试液‖KCl（饱和），$Hg_2Cl_2(s)$｜Hg(+)

此原电池的电动势为：

$$E=\varphi_{甘}-\varphi_{玻璃} \tag{H-1-4}$$

将式（H-1-3）代入式（H-1-4）得

$$E=\varphi_{甘}-(K-\frac{2.303RT}{F}\text{pH})$$

在一定条件下，$\varphi_{甘}$为常数，因此

$$E=K'+\frac{2.303RT}{F}\text{pH} \tag{H-1-5}$$

25℃时，

$$E=K'+0.059\text{VpH} \tag{H-1-6}$$

2.测量方法

由式（H-1-6）可见，在一定条件下，原电池的电动势E与溶液pH呈线性关系，通过测量E就可以求出溶液的pH或H^+浓度，但由于式中的K'受很多因素影响，如溶液组成不同、电极不同、电极使用时间长短不同等，不能准确测定，也很难计算求得。所以在实际工作中采用"两步测定法"抵消K'的影响。

在测量待测溶液的电动势前，先测标准缓冲溶液（已知准确pH值）的电动势（E_s），然后在相同条件下，再测待测溶液的电动势（E_x），其电动势分别为：

$$E_s=K'+\frac{2.303RT}{F}\text{pH}_s \tag{H-1-7}$$

$$E_x = K' + \frac{2.303RT}{F}\text{pH}_x \qquad\qquad (\text{H-1-8})$$

将式（H-1-8）减去式（H-1-7），并项，得

$$\text{pH}_x = \text{pH}_s + \frac{E_x - E_s}{2.303RT/F} \qquad\qquad (\text{H-1-9})$$

3. pH计测定操作技术

标准缓冲液配制方法如下。

① 草酸盐标准缓冲液：精密称取在54℃±3℃干燥4～5h的草酸三氢钾12.61g，加水使溶解并稀释至1000mL。

② 邻苯二甲酸盐标准缓冲液：精密称取在115℃±5℃干燥2～3h的邻苯二甲酸氢钾10.12g，加水使溶解并稀释至1000mL。

③ 磷酸盐标准缓冲液：精密称取在115℃±5℃干燥2～3h的无水磷酸氢二钠3.55g与磷酸二氢钾3.40g，加水使溶解并稀释至1000mL。

④ 硼砂标准缓冲液：精密称取硼砂3.81g（注意避免风化），加水使溶解并稀释至1000mL，置聚乙烯塑料瓶中，密塞，避免空气中二氧化碳进入。

⑤ 氢氧化钙标准缓冲液：于25℃，用无二氧化碳的水和过量氢氧化钙经充分振摇制成饱和溶液，取上清液使用。因本缓冲液是25℃时的氢氧化钙饱和溶液，所以临用前需核对溶液的温度是否在25℃，否则需调温至25℃后再经溶解平衡后，方可取上清液使用。存放时应防止空气中二氧化碳进入。一旦出现浑浊，应弃去重配。

上述标准缓冲溶液必须用pH值基准试剂配制，配制标准缓冲液与溶解供试品的水应是新沸过并放冷的纯化水。见表H-1-2。

表 H-1-2   不同温度时各种标准缓冲液的pH值

温度/℃	草酸盐标准缓冲液	邻苯二甲酸盐标准缓冲液	磷酸盐标准缓冲液	硼砂标准缓冲液	氢氧化钙[①]标准缓冲液
0	1.67	4.01	6.98	9.64	13.43
5	1.67	4.00	6.95	9.40	13.21
10	1.67	4.00	6.92	9.33	13.00
15	1.67	4.00	6.90	9.28	12.81
20	1.68	4.00	6.88	9.23	12.63
25	1.68	4.01	6.86	9.18	12.45
30	1.68	4.02	6.85	9.14	12.29
35	1.69	4.02	6.84	9.10	12.13
40	1.69	4.04	6.84	9.07	11.98
45	1.70	4.05	6.83	9.04	11.84
50	1.71	4.06	6.83	9.01	11.71
55	1.72	4.08	6.83	8.99	11.57
60	1.72	4.09	6.84	8.96	11.45

① 25℃饱和溶液。

酸度计的性能检定和测定溶液pH的有关问题在实训中具体讨论。

四、pH计的维护及保养

（1）在测定时，用标准缓冲液校正仪器后，应再用另一种pH值相差约3个单位的标准缓冲液核对1次，示值误差应不大于0.02pH单位。

（2）在测定高pH值的供试品和标准缓冲液时，应注意碱误差的问题，选择适合的玻璃电极测定。有些玻璃电极反应速率较慢，特别是对某些弱缓冲液需数分钟后才能平衡，因此测定时必须将供试液轻轻振摇均匀，稍停再读数。

（3）潮湿和接触不良易引起漏电和读数不稳，特别是玻璃电极系统的导线插头和读数开关，电极架与盛溶液的烧杯外部，均应保持干燥。

（4）甘汞电极不用时应将加液口塞住，下面用胶套封好。新加入饱和氯化钾溶液后应等几个小时，待电极电位稳定后再用。使用时应将电极加液口塞子和下端套子拿掉。氯化钾溶液干涸后的电极，加氯化钾溶液后应核对电极电位是否准确后再使用。

（5）温度对电极电位有很大影响，一般应在5～40℃测定，温度补偿调节钮的紧固螺丝是经过校准的，用时切勿使其松动，否则应重新校准。

（6）玻璃电极底部的球膜极易破碎，切勿触及硬物，待测溶液不能超过60℃，因薄膜不能承受气体膨胀的压力。破损的玻璃电极有时从外观看不出来，可用放大镜观察，或用不同缓冲液核对其电极响应。有些玻璃电极在使用时玻璃膜被污染，可放在四氯化碳中浸泡几天，然后再用乙醚、三氯甲烷、乙醇、水和0.1mol/L盐酸、水，依次清洗，处理后的玻璃电极的响应值必须符合规定，有些玻璃电极虽然未破损，但玻璃球膜内溶液浑浊，如其电极响应值不符合要求，亦不能使用。

（7）如果使用标准缓冲液校正仪器，如使用定位钮不能调至规定值，可考虑甘汞电极污染损坏或玻璃电极损坏或使用电极与仪器不配套，应更换新电极。

 知识拓展

水质中氟化物的测定——离子选择性电极法

测定地面水、地下水和工业废水中的氟化物的方法之一是采用离子选择性电极法。

水样有颜色、浑浊不影响测定。温度影响电极的电位和样品的解离，需使试液与标准溶液的温度相同，并注意调节仪器的温度补偿装置，使之与溶液的温度一致。每日需测定电极的实际斜率。

1.检测限

检测限的定义是在规定条件下的Nernst的限值，本方法的最低检测限为含氟化物（以F⁻计）0.05mg/L，测定上限可达1900mg/L。

2.灵敏度（即电极的斜率）

根据Nernst方程式，温度在20～25℃时，氟离子浓度每改变10倍，电极电位变化（58±1）mV。

3.干扰

本方法测定的是游离的氟离子浓度，某些高价阳离子（例如三价铁、三价铝和四价硅）及氢离子能与氟离子络合而有干扰。所产生的干扰程度取决于络合离子的种类和浓度、氟化物的浓度及溶液的pH值等，在碱性溶液中氢氧根离子的浓度大于氟离子浓度的1/10时会影响测定。其他一般常见的阴离子、阳离子均不干扰测定。测定溶液的pH值为5～8。

氟电极对氟硼酸根离子（BF_4^-）不响应。如果水样含有氟硼酸盐或者污染严重，则应先进行蒸馏。通常，加入总离子强度调节剂以保持溶液中总离子强度，并络合干扰离子，保持溶液适当的pH值，就可以直接进行测定。

4.原理

当氟电极与含氟的试液接触时，电池的电动势E随溶液中氟离子活度变化而改变（遵守Nernst方程）。当溶液的总离子强度为定值且足够时，服从关系式：

$$E = \varphi_{参比} - \frac{2.303RT}{F} \lg c_{F^-}$$

E与$\lg c_{F^-}$呈线性关系，$\dfrac{2.303RT}{F}$为该直线的斜率，亦为电极的斜率。

工作电池可表示如下：

$$Ag \mid AgCl, Cl^-(0.3mol/L), F^-(0.001mol/L) \mid LaF_3 \parallel 试液 \mid 外参比电极$$

（《水质　氟化物的测定　离子选择电极法》[S]标准号：GB/T 7484—1987）

📋 目标自测

答案

一、填空题

1.用pH玻璃电极测定强酸溶液时，测得的pH比实际数值_____，这种现象称为_____。测定强碱时，测得的pH比实际数值_____，这种现象称为_____。

2.用直接电位法测定溶液pH值时，常用_____为指示电极，_____为参比电极，采用_____法测定。

3.玻璃电极使用前必须在水中充分浸泡，其主要目的是_____。

4.电极斜率又称_____，是指_____。

5.pH值测定常用的标准缓冲溶液为_____、_____、_____、_____、_____。

二、选择题（单项）

1.pH玻璃电极产生不对称电位的原因是（　　）。

A.内外玻璃膜表面特性不同　　　　　　B.膜两侧溶液中H^+浓度不同

C.膜两侧溶液中H^+活度不同　　　　　　D.内外参比溶液不同

2.pH玻璃电极的内参比电极是（　　）。

A.Pt电极　　　　　B.饱和甘汞电极　　　C.Ag-AgCl电极　　　D.标准氢电极

3.下列关于玻璃电极叙述不正确的是（　　　）。

A.玻璃电极属于离子选择性电极　　　　　B.玻璃电极可测量任一pH的溶液

C.玻璃电极可用作指示电极　　　　　　　D.玻璃电极可用于测量浑浊溶液

4.25℃时，pH为4.00的标准缓冲液是（　　　）。

A.饱和酒石酸氢钾标准缓冲液　　　　　　B.邻苯二甲酸盐标准缓冲液

C.磷酸盐标准缓冲液　　　　　　　　　　D.硼砂标准缓冲液

5.玻璃电极属于（　　　）。

A.流动载体电极　　　B.刚性基质电极　　　C.气敏电极　　　　　D.酶电极

H-2实训　　酸度计性能检查

学习目标

1.能在教师指导下正确使用酸度计规范采集并记录相关数据。

2.能正确判断酸度计的性能是否合格。

3.能独立完成实验报告。

4.具备在实验过程中，与小组成员及教师及时沟通、合作的能力。

5.逐步养成"依法检验"的意识。

6.培养精益求精的精神。

一、任务（实验）内容

（一）实验方法

1.仪器准确度检查

（1）测定前，按各品种项下的规定，选择三种或两种合适的标准缓冲液对仪器进行校正，使供试品溶液的pH值处于它们之间。

（2）选择两种pH值约相差3个pH单位的标准缓冲液，取第一种标准缓冲液对仪器进行校正（定位），使仪器示值与表列数值一致。仪器定位后，再用第二种标准缓冲液核对仪器示值，重复测定三次，测定结果的平均值与标准缓冲液的规定数值相差应不大于±0.02pH单位。

重复上述定位与斜率调节操作，至仪器示值与标准缓冲液的规定数值相差不大于±0.02pH单位。否则，需检查仪器或更换电极后，再行校正至符合要求。

2.示值重现性检查

仪器定位后，再用第二种标准缓冲液核对仪器示值重现性，重复测定五次，测定结果的最大值与最小值相差应不大于±0.05pH单位。

（二）内容解析

实验方法参照《中国药典》（2020年版，四部）对pH测定的规定设计，作为日常测定pH值检定仪器用。实验室pH（酸度）计的检定通常依照国家计量检定规程JJG 119—2018执行，检定周期通常为1年。本实验以醋酸-醋酸钠缓冲液（pH 4.5）作为待测液开展实验。因待测缓冲液pH约为4.5，因此选择邻苯二甲酸盐标准缓冲液和磷酸盐标准缓冲液作为校正（定位）的标准缓冲液进行实验，分别对仪器各项性能进行检查。

二、实验原理

酸度计应定期进行计量检定，并符合国家有关规定。采用已知pH值的标准缓冲液校正仪器，也可用国家标准物质管理部门发放的标示pH值准确至0.01pH单位的各种标准缓冲液校正仪器并测定，与该标准缓冲液的标准值进行比较，以反映仪器准确度与示值重现性。

三、实验过程

（一）实验准备清单

见表H-2-1。

表 H-2-1 酸度计性能检查实验准备清单

名称		规格	数量及单位	用途
仪器及配件	酸度计（梅特勒或其他品牌）		1台	测pH
	复合pH电极		1支	电极组
	烧杯	100mL	3个	盛装测定液
	温度计	1～100℃	1支	测量温度
	洗瓶、废液杯、废纸杯、滤纸		各适量	清洗等实验步骤
试药试液	邻苯二甲酸盐标准缓冲液	标准液	适量	校正仪器
	磷酸盐标准缓冲液	标准液	适量	校正仪器
	电解液			存储与重新加注电极
	去离子水			清洁电极

（二）工作流程图及技能点解读

1.流程图

见图H-2-1。

2.技能点解读

见表H-2-2。

（三）全过程数据记录

见表H-2-3。

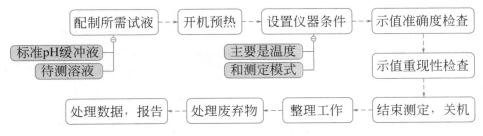

图 H-2-1　酸度计性能检定工作流程

表 H-2-2　酸度计性能检定技能点解读

序号	技能单元	操作方法及要求
1	配制相关溶液	本实验所用的pH标准液可直接购买或购买试剂包配制，也可按照前述介绍的配制方法配制。实验室通常购买使用
2	开机预热	安装复合玻璃电极，打开酸度计的电源
3	设置仪器条件	温度计测待测液温度，然后按酸度计说明书设定仪器上温度值为待测溶液的温度（最好控制实验室温度）。个别仪器需要选择测定模式（pH功能、pH范围等）
4	示值准确度检查	以pH 4.00标准缓冲液对仪器进行校正（定位），使仪器示值校正为4.00。仪器定位后，再用第二种pH 6.88标准缓冲液核对仪器示值，重复测定三次，记录读数并计算测定结果的平均值，与标准缓冲液列表值比较
5	示值重现性检查	以pH 6.88标准缓冲液对仪器进行校正（定位），使仪器示值校正为6.88（20℃时）。仪器定位后，再用第二种pH 4.00标准缓冲液核对仪器示值，重复测定五次，记录数据并计算测定结果最大值与最小值的差值
6	结束测定，关机	测定结束，清洗电极，复合电极套上装有保存液的保护套，关闭电源；玻璃电极浸入去离子水中保存待用
7	整理工作	（1）填写仪器使用记录，清理工作台，罩上防尘罩 （2）整理工作台：仪器室和实验准备室的台面清理，物品摆放整齐，凳子放回原位。处理废弃物，进行数据处理等

表 H-2-3　实验数据记录

仪器信息						
标准缓冲液1配制方法						
标准缓冲液2配制方法						
仪器准确度检查	序号	1	2	3	$\overline{pH}$	$pH_{标}$	结论
	pH						
示值重现性检查	序号	1	2	3	4	5	$\Delta pH_{极}$	结论
	pH							

续表

特殊情况记录			
实验检查	项目	是	否（说明原因）
	数据检查		
	记录是否完整		
	器皿是否洗涤		
	台面是否整理		
	三废是否处理		
教师评价			

（四）数据处理

1.示值准确度计算

（1）计算测定值的平均值

$$\overline{pH}=\frac{pH_1+pH_2+pH_3}{3} \qquad\qquad （H\text{-}2\text{-}1）$$

（2）计算测定值与示值差

$$\overline{pH}-pH_{\text{林}}=$$

2.示值重复性计算

计算测定值的极差：

$$\Delta pH_{\text{极}}=pH_{max}-pH_{min} \qquad\qquad （H\text{-}2\text{-}2）$$

（五）实验注意事项

技能单元	操作方法及注意事项
定位与校正	1.《中国药典》（2020年版）规定 先采用两种标准缓冲液对仪器进行自动校正，使斜率为90%～105%，漂移值在0±30mV或±0.5pH单位之内；再用pH值介于两种校正缓冲液之间且尽量与供试品接近的第三种标准缓冲液验证，至仪器示值与验证缓冲液的规定数值相差不大于±0.05pH单位；或者，选择两种pH值约相差3个pH单位的标准缓冲溶液，先取与供试品溶液pH值较接近的第一种标准缓冲液对仪器进行校正（定位），使仪器示值与表列数值一致。再用第二种标准缓冲液核对仪器示值，与表列数值相差应不大于±0.02pH单位。若大于此差值，则应小心调节斜率，使示值与第二种标准缓冲液的表列数值相符。重复上述定位与斜率调节操作，至仪器示值与标准缓冲液的规定数值相差不大于±0.02pH单位。否则，需检查仪器或更换电极后，再行校正至符合要求 2.具体操作方法 （1）将复合电极冲洗干净，用滤纸吸干，插入选择的标准缓冲液中（本实验选择邻苯二甲酸盐标准缓冲液）

续表

技能单元	操作方法及注意事项
定位与校正	（2）对仪器进行校正（调节"定位"调节钮），使数字显示值为标准缓冲液的pH。再取出电极用水冲洗干净，用滤纸吸干，插入另外相差3个pH的第二种标准缓冲液中，轻微摇动溶液，使示值稳定，按"读数"按键，pH示值应与表列数值相差不大于±0.02pH单位。若大于此差值，则应小心调节斜率，使示值与第二种标准缓冲液的表列数值相符
测定不同溶液	每次更换标准缓冲液或供试液，电极和烧杯必须冲洗干净，再用滤纸吸干或用被测液冲洗，对弱缓冲液的样品要特别注意 测定弱缓冲液时先用邻苯二甲酸氢钾标准缓冲液校正仪器后，测定供试液，并重取供试液测定，每次测定均应测至1min内读数改变不超过0.05pH值为止，然后再用硼砂标准缓冲液校准仪器，再按上法测定供试品两次，两次pH值的读数相差应不超过0.1pH，取两次读数的平均值为其pH值
电极保存	应当始终将电极存放在水性和富含离子的溶液中。这对于使pH敏感膜能根据样品的pH值变化情况产生可靠的反映极其重要 1.短时间存储 在测量间隔期，或当电极短时间内不使用时，最好将电极存放在装有电解液（如3mol/L KCl）的容器内，或者pH 4或pH 7的缓冲液内。确保烧杯内的溶液液面低于电极灌装溶液的液位 2.长时间存储 如要长时间存储，将电极保护帽装满内置电解液、pH为4的缓冲液或0.1mol/L HCl。确保复合电极的灌装口已经用塞子封闭，以免电解液因蒸发而损耗，使电极损伤
玻璃电极	注意不要损坏玻璃电极敏感元件，一般不能倒置
开关电源	注意用电安全

（六）三废处理

实验废物	具体	处理方法
废液	标准缓冲盐溶液	废液桶
固体废弃物	废纸	其他垃圾桶

四、实验报告

按要求完成实验报告。

五、拓展提高

（1）查阅JJG 119—2018，总结pH（酸度）计的检验指标及要求。

（2）使用新的玻璃电极应预先在蒸馏水中浸泡24h以上，以稳定其不对称电位和降低电阻，平时最好也浸泡在蒸馏水中，以便在下次使用时可以很快平衡。玻璃电极球泡中的缓冲液应与内参比电极接触，不应有气泡。装在夹子上应高于甘汞电极，以免烧杯底与球膜相撞。甘汞电极中应充满饱和氯化钾溶液，盐桥中应保持少量氯化钾晶体，但不能结成一整块而堵住渗出孔。用时不得有气泡将溶液隔断。

（3）按仪器说明书规定，接通电源预热仪器数分钟，调节零点和温度补偿（有些仪器不需每次调零），根据样品液的pH值选择接近其pH值的标准缓冲液校准仪器，再用另一种pH值相差约3个单位的标准缓冲液核对，误差不应超过该仪器性能指标的相应规定，否则应重换标准缓冲液重新校准仪器直至符合要求后再测样品。

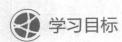 **H-3实训 溶液pH的测定（以维生素B$_{12}$注射液为例）**

学习目标

1. 能根据待测试样溶液选择合适的标准缓冲溶液。
2. 能对试样溶液pH值进行准确测定。
3. 能正确使用pH计。
4. 逐步养成"依法检验"的意识。
5. 培养精益求精、实事求是的精神。

一、任务（实验）内容

（一）质量标准

pH值应为4.0～6.0（通则0631）。

（二）方法解析

这是《中国药典》（2020年版）中维生素B$_{12}$注射液质量标准正文中检查的一项内容，即依据《中国药典》（2020年版）通则0631 pH值测定方法测定维生素B$_{12}$注射液的pH值，并根据结果是否在4.0～6.0这一范围内得出结论。

二、实验原理

本实验有规范的检测要求和步骤，即校正+测定的两步测定法。先选择两种合适的标准缓冲液对仪器进行校正，再进行试样测定。选择原则是待测液的pH值在两个选定的标准缓冲溶液pH范围内。本实验选择邻苯二甲酸盐标准缓冲液和磷酸盐标准缓冲液对仪器进行校正（根据pH计，分手动和自动），先取与供试品溶液pH值较接近的第一种标准缓冲液对仪器进行校正（定位），使仪器示值与标准数值一致。再用第二种标准缓冲液对仪器进行校核。校正后，测定待测试样的pH值。

测定前，应采用标准缓冲液校正仪器，也可用国家标准物质管理部门发放的标示pH值准确至0.01pH单位的各种标准缓冲液校正仪器。

三、实验过程

（一）实验准备清单

见表H-3-1。

表H-3-1　溶液pH的测定实验准备清单

	名称	规格	数量及单位	用途
仪器及配件	酸度计（梅特勒或其他品牌）			测pH
	复合pH电极	常用	1支	电极组
	烧杯	100mL	4个	盛待测液、校准液
	温度计	0～60℃	1支	温度控制
	洗瓶	500mL	1个	洗涤用
	废液杯	500mL	1个	装废液
	废纸杯	500mL	1个	装废纸
	吸水纸	常用	适量	吸水分
试药试液	邻苯二甲酸盐标准缓冲液		100mL	校正仪器
	磷酸盐标准缓冲液		100mL	校正仪器
	维生素B_{12}注射液	0.5mg：1mL	20支	
	电解液	仪器配备	适量	维护电极
	去离子水		适量	清洁电极

（二）工作流程图及技能点解读

1.流程图

见图H-3-1。

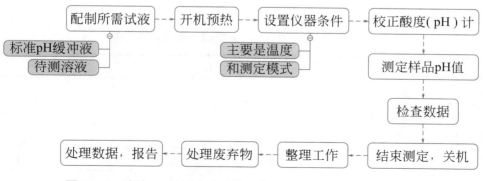

图H-3-1　溶液pH的测定（以维生素B_{12}注射液为例）工作流程

2.技能点解读

见表H-3-2。

表 H-3-2　溶液pH的测定技能点解读

以维生素B$_{12}$注射液为例		
序号	技能单元	操作方法及要求
1	配制相关溶液	（1）准备相关pH标准溶液（参见H-2实训） （2）准备待测溶液（维生素B$_{12}$注射液）：取数支维生素B$_{12}$注射液，擦净外壁，打开安瓿瓶，将注射液倒入事先准备好的洁净的小烧杯中，液层高度足够浸入电极敏感膜
2	开机预热	参见H-2实训
3	设置仪器条件	参见H-2实训
4	校正仪器	《中国药典》（2020年版）规定：选择两种pH值约相差3个pH单位的标准缓冲溶液，先取与供试品溶液pH值较接近的第一种标准缓冲液对仪器进行校正（定位），使仪器示值与表列数值一致。再用第二种标准缓冲液校正仪器示值 　具体操作方法如下： 　（1）将复合电极冲洗干净，用滤纸吸干，插入选择的第一种标准缓冲液中。对仪器进行校正（调节"定位"调节钮），使数字显示值为标准缓冲液的pH 　（2）插入第二种标准缓冲液中，轻微摇动溶液，待示值趋于稳定，对仪器进行校正，使pH示值与表列数值相同。仪器斜率应为90%～105% 　重复上述定位与斜率调节操作至仪器示值与标准缓冲液的规定数值相差不大于±0.02pH单位 　注意：取出电极后用水冲洗干净，用滤纸吸干，再放入另一溶液中
5	测定样品pH	将复合电极冲洗干净，用滤纸吸干，插入维生素B$_{12}$溶液中，轻微摇动溶液，待示值趋于稳定，读数，并记录。重复测两次
6	检查数据	重复两次的结果差值绝对值不大于0.1pH单位
7	后续步骤	参见H-2实训

（三）实验数据记录

见表H-3-3。

表 H-3-3　维生素B$_{12}$注射液pH的测定数据记录

基本信息	仪器信息			
	供试品信息			
标准缓冲液1配制方法				
标准缓冲液2配制方法				
样品测定	测定次数	1	2	$\overline{pH}$
	pH			

续表

特殊情况记录			
实验检查	项目	是	否（说明原因）
	数据检查		
	记录是否完整		
	器皿是否洗涤		
	台面是否整理		
	三废是否处理		
教师评价			

（四）实验数据处理

计算平均值：

$$\overline{\text{pH}} = \frac{\text{pH}_1 + \text{pH}_2}{2} \tag{H-3-1}$$

（五）实验注意事项

技能点	操作方法及注意事项
pH（酸度）计	严格按规程操作
注射液安瓿瓶	防玻璃割伤，实验室准备碘酒、创可贴等；注意玻璃等废弃物的处理
复合电极	按规程使用，保护玻璃敏感膜，用后洗净并按要求保存
注意用电安全	

（六）三废处理

实验废物		处理方法
废液	实验后废液及洗涤废水	废液桶
固体废弃物	安瓿瓶残体	防割伤处理后回收待处理

四、实验报告

按要求完成实验报告。

五、拓展提高

测定pH值时，应严格按仪器的使用说明书操作，并注意下列事项。

（1）测定前，按各品种项下的规定，选择三种或两种合适的标准缓冲液对仪器进行校正，使供试品溶液的pH值处于它们之间。

（2）每次更换标准缓冲液或供试品溶液前，应用纯化水充分洗涤电极，再用所换的标准缓冲液或供试品溶液洗涤，或者用纯化水充分洗涤电极后将水吸尽。

（3）在测定高pH值的供试品和标准缓冲液时，应注意碱误差的问题，必要时选用适当的玻璃电极测定。

（4）根据药品标准要求，样品应置于小烧杯中，《中国药典》（2020年版）收载大多数品种是直接取样，有少量品种须先称一定量样品溶解于定量的水中，或称取一定量的样品加水振摇过滤取滤液测定。所用的水均应新沸放冷，pH值应在5.5～7.0。在称量样品1g以上时可用托盘天平称量，取样后应当立即测定，以免空气中的二氧化碳影响测定结果。

项目I 电位滴定法

思维导图

I-1任务 电位滴定法基础

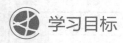

学习目标

1. 掌握电位滴定法终点确定方法。
2. 熟悉自动电位滴定仪的工作原理、主要组成部分。
3. 能根据规程正确选择电极，使用电位滴定计进行滴定。
4. 能正确处理滴定数据，应用作图法得出滴定终点。

电位滴定法是容量分析中用于确定终点的一种方法，有时也作为选择、核对指示剂变色范围的方法。选用适当的电极系统可以用作氧化还原法、中和法（水溶液或非水溶液）、沉淀法、重氮化法和水分测定法第一法等的终点指示。电位滴定法具有以下特点：

① 不用指示剂而以电动势的变化确定终点。

② 不受样品溶液有色或浑浊的影响。

③ 客观、准确，易于自动化。

④ 操作和数据处理麻烦，主要用于无合适指示剂或滴定突跃较小的滴定分析或用于确定新指示剂的变色和终点颜色。

一、电位滴定法原理

1.电位滴定法原理

电位滴定法选用两支不同的电极。一支为指示电极，其电极电位随溶液中被分析成分的离子浓度的变化而变化；另一支为参比电极，其电极电位固定不变。在到达滴定终点时，因被分析成分的离子浓度急剧变化而引起指示电极的电位突减或突增，此转折点称为突跃点，根据电位突跃点所对应的滴定液体积来指示滴定终点。

2.测定方法

将盛有供试品溶液的烧杯置于电磁搅拌器上，浸入电极，搅拌，并自滴定管中分次滴加滴定液；开始时可每次加入较多的量，搅拌，记录电位；至将近终点前，则应每次加入少量，搅拌，记录电位；至突跃点已过，仍应继续滴加几次滴定液，并记录电位。

二、仪器基本构成及主要部件

电位滴定可用电位滴定仪、酸度计或电位差计进行，如图I-1-1所示，主要部件包括指示电极、参比电极、电位计、滴定管、电磁搅拌器。

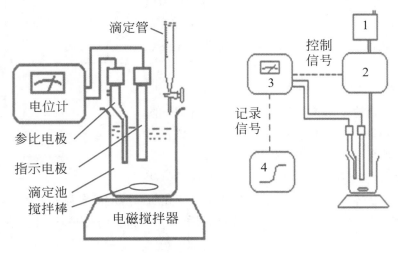

图I-1-1　电位滴定主要部件

1—储液器；2—加液控制器；3—电位测量；4—记录仪

三、滴定终点的确定

在电位滴定时，每加入一定量的滴定剂 V（单位为mL）即测量一次电池电动势 E（单位为mV）（酸碱滴定中也可以是记录pH），这样就得到一系列的滴定剂用量（V）和相应的电池电动势（E）的数据。

根据数据可用作图法或二阶微商内插法确定终点。

1.作图法

（1）E-V曲线法

以滴定液体积（V）为横坐标、电池电动势（E）为纵坐标，绘制 E-V曲线，如图I-1-2，以滴定曲线的陡然上升或下降部分的中点或曲线的拐点

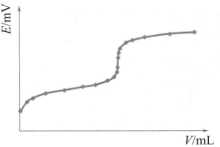

图I-1-2　E-V曲线法确定滴定终点

所对应的体积V_e为滴定终点的体积。

（2）$\Delta E/\Delta V$-$\overline{V}$曲线法（又称一阶微商法）　$\Delta E/\Delta V$表示滴定剂单位体积的变化引起电动势的变化值。依次计算一阶微商$\Delta E/\Delta V$（相邻两次的电位差与相应滴定液体积差之比），以$\Delta E/\Delta V$为纵坐标、相邻两次加入滴定剂体积的算术平均值$\overline{V}$为横坐标作图，得到$\Delta E/\Delta V$-$\overline{V}$曲线，如图I-1-3，曲线的最高点所对应的体积V_e为滴定终点的体积。

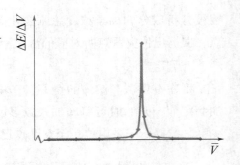

图I-1-3　$\Delta E/\Delta V$-$\overline{V}$曲线法确定滴定终点

（3）$\Delta^2 E/\Delta V^2$-$\overline{\overline{V}}$曲线法（又称二阶微商法）　$\Delta^2 E/\Delta V^2$表示滴定剂的单位体积变化所引起的$\Delta E/\Delta V$的变化值，即$\Delta(\Delta E/\Delta V)/\Delta V$。以$\Delta^2 E/\Delta V^2$为纵坐标、$\overline{\overline{V}}$为横坐标，得到$\Delta^2 E/\Delta V^2$-$\overline{\overline{V}}$曲线，如图I-1-4，二阶微商$\Delta^2 E/\Delta V^2$等于零（曲线过零）时对应的体积$V_e$即为滴定终点体积。

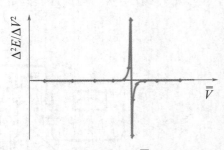

图I-1-4　$\Delta^2 E/\Delta V^2$-$\overline{V}$曲线法确定滴定终点

2.二阶微商内插法（计算法）

根据实验得到的E值与相应的V值，依次计算一阶微商$\Delta E/\Delta V$（相邻两次的电位差与相应滴定液体积差之比）和二阶微商$\Delta^2 E/\Delta V^2$，将测定值（E、V）和计算值列表。二阶微商为零（$\Delta^2 E/\Delta V^2=0$）时所对应的体积为终点体积，这点必然在$\Delta^2 E/\Delta V^2$值发生正负号变化所对应的滴定体积之间。若将二阶微商为零点附近看成是直线，则可用曲线过零前、后两点坐标的线性内插法计算终点体积，即：

$$V_e=V+[a/(a+b)]\Delta V \tag{I-1-1}$$

式中，V_e为终点时的滴定液体积，mL；a为曲线过零前的二阶微商绝对值；b为曲线过零后的二阶微商绝对值；V为a点对应的滴定液体积，mL；ΔV为由a点至b点所滴加的滴定液体积，mL。

采用自动电位滴定仪可方便地获得滴定数据或滴定曲线，如系供终点时指示剂色调的选择或核对，可在滴定前加入指示剂，观察终点前至终点后的颜色变化，以确定该品种在滴定终点时的指示剂颜色。

例题：以银电极为指示电极，饱和甘汞电极为参比电极，用0.1000mol/L $AgNO_3$标准溶液滴定含Cl^-试液，得到的原始数据如下表（电位突跃时的部分数据）。请用一阶、二阶微商法求出滴定终点时消耗的$AgNO_3$标准溶液的体积。

滴加体积/mL	24.00	24.10	24.20	24.30	24.40	24.50	24.60	24.70
电位E/V	0.174	0.183	0.194	0.233	0.316	0.340	0.351	0.358

解：将原始数据按二阶微商法处理，一阶微商和二阶微商由后项减前项比体积差得到：

$$\frac{\Delta E}{\Delta V}=\frac{0.316-0.233}{24.40-24.30}=0.83$$

$$\frac{\Delta^2 E}{\Delta V^2}=\frac{0.24-0.83}{24.45-24.35}=-5.9$$

（1）根据表中所列数据按照一阶微商法求终点　终点时的滴定液体积为$\Delta E/\Delta V$达极值0.83时相应的滴定液体积，即$V_{终点}=24.35\text{mL}$。

（2）按照二阶微商法求终点。

滴入的$AgNO_3$体积/mL	ΔV	测量电位E/V	$\Delta E/\Delta V$	$\Delta^2 E/\Delta V^2$
24.00		0.174		
	0.1		0.09	
24.10		0.183		0.2
	0.1		0.11	
24.20		0.194		2.8
	0.1		0.39	
24.30		0.233		4.4
	0.1		0.83	
24.40		0.316		−5.9
	0.1		0.24	
24.50		0.340		−1.3
	0.1		0.11	
24.60		0.351		−0.4
	0.1		0.07	
24.70		0.358		

二阶微商等于零时所对应的体积值应在24.30～24.40mL之间，准确值可以由内插法计算出。

$$V_{终点}=24.30+(24.40-24.30)\times\frac{4.4}{4.4+5.9}$$

$$=24.34(\text{mL})$$

四、电位滴定仪的维护及保养

自动电位滴定仪是高精度产品，要注意日常使用的保养及维护。主要有以下几个方面。

（1）在进行滴定分析前仪器管路需用滴定剂至少清洗6次，才能保证分析精度。

（2）在进行酸碱滴定时，为了保证测量准确性，电极应先用标准缓冲溶液进行二次标定。

（3）每次滴定完都必须用去离子水清洗电极，并用吸水纸吸去电极外壁的水。

（4）选择预设终点滴定法，必须事先已知该被测溶液终点电压（mV）或pH（可通过预滴定得到），再设置该溶液的终点值。

（5）对会产生沉淀或结晶的滴定剂（如$AgNO_3$），在分析结束后，要用蒸馏水反复清洗滴定管，以免产生结晶而损坏阀门。

（6）仪器的使用条件　仪器使用环境温度及滴定液温度不得超过35℃，否则将引起滴定管装置中的活塞变形而影响使用。

（7）在用高氯酸、冰乙酸作滴定剂时，应保持环境温度不低于16℃，否则会产生结晶而损坏阀门。

（8）仪器的插座必须保持清洁、干燥，切忌与酸、碱、盐溶液接触，防止受潮，以确保仪器绝缘和高输入阻抗性能。在环境湿度较高的场所使用时，应把电极插头用干净纱布擦干。

（9）关机以后，至少要等1min再开机，以使计算机系统和控制系统可靠复位。

（10）目前应用自动电位滴定仪较多，最准确的方法为二阶微商法，但仪器常用一阶微商法指示终点。

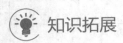 知识拓展

电位滴定法的应用

1.氧化还原滴定

参比电极一般使用饱和甘汞电极，在滴定过程中氧化剂与还原剂之间发生电子转移，电极电位是氧化剂（或还原剂）电对的氧化型与还原型活度比的函数。指示电极常用铂、金等惰性电极。许多氧化还原反应都受pH影响，滴定曲线形状依赖于pH，滴定时应控制合适的pH值。

2.酸碱滴定

参比电极一般为甘汞电极，指示电极除用玻璃电极外还可用锑电极、醌-氢醌电极和碳电极。可通过测定滴定过程中的pH绘制pH-V曲线，或测定溶液电位E绘制E-V曲线确定终点体积。

3.沉淀滴定

参比电极一般使用饱和甘汞电极，指示电极应根据不同沉淀反应选用不同电极，如银电极、铂电极、离子选择性电极等。由于沉淀反应不易找到指示终点的指示电极，使沉淀滴定局限在少数几种沉淀反应。离子选择性电极的应用大大扩展了沉淀滴定的范围。在滴定中既可选择对阳离子产生电位响应的选择性电极做指示电极，也可以选择对其中阴离子产生电位响应的阴离子选择性电极做指示电极。

4.络合滴定

参比电极一般使用饱和甘汞电极，指示电极应根据不同络合反应选用不同电极。由于无机络合物多系分级络合，滴定过程中无明显电位突跃，也缺乏合适的指示剂，因而应用受到很大限制，一般仅限于$AgNO_3$或$Hg(NO_3)_2$滴定CN^-等。

一般由人工操作来获得一条完整的滴定曲线是非常麻烦的。现在已开发出自动电位滴定仪，使滴定过程大为简化。各种分析方法所用电极的选择见表I-1-1。

表 I-1-1 各种分析方法所用电极的选择

方 法	电极系统	说 明
水溶液氧化还原法	铂-饱和甘汞	铂电极用加有少量三氯化铁的硝酸或用铬酸洗液浸洗
水溶液中和法	玻璃-饱和甘汞	
非水溶液中和法	玻璃-饱和甘汞	饱和甘汞电极套管内装氯化钾的饱和水溶液。玻璃电极用过后应立即清洗并浸在水中保存
水溶液银量法	银-玻璃； 银-硝酸钾盐桥-饱和甘汞	银电极可用稀硝酸迅速浸洗
—C≡CH中氢置换法	玻璃-硝酸钾盐桥-饱和甘汞	
硝酸汞电位滴定法	铂-汞-硫酸亚汞	铂电极可用10%硫代硫酸钠溶液浸泡后用水清洗 汞-硫酸亚汞电极可用稀硝酸浸泡后用水清洗

目标自测

一、填空题

1.电位滴定法是根据在滴定过程中_____的变化来确定滴定终点的一类方法。

2.电位滴定法中，采用作图法指示滴定终点的方法有_____、_____和_____。

3.电位滴定法 E-V 曲线法以_____为滴定终点的体积。

二、选择题（单项）

1.电位滴定法确定终点体积的方法有（　　　）。

A.比较法　　　　　　B.二阶微商法　　　　　C.外标法　　　　　　D.内标法

2.在电位滴定法中，以 $\Delta^2 E/\Delta V^2$-V（E 为电位，V 为滴定体积）作图绘制曲线，则滴定终点为（　　　）对应的体积。

A.曲线斜率最大点　　　　　　　　　　　B. $\Delta^2 E/\Delta V^2$ 为最大点

C. $\Delta^2 E/\Delta V^2$ 为零时的点　　　　　　　　D. $\Delta^2 E/\Delta V^2$ 为最小点

3.关于电位滴定法，以下说法不正确的是（　　　）。

A.在进行滴定分析前仪器管路需用滴定剂至少清洗6次，才能保证分析精度

B.在进行酸碱滴定时，为了保证测量准确性，电极应先用标准缓冲溶液进行二次标定

C.每次滴定完都必须用去离子水清洗电极，并用吸水纸吸去电极外壁的水

D.铂电极和饱和甘汞电极可以作为水溶液酸碱滴定的电极系统

 **I-2实训　电位滴定法测定磷酸氢二钠十二水合物的含量**

学习目标

1. 能正确使用电位滴定仪。
2. 能根据滴定数据得出滴定终点的体积。
3. 熟悉电位滴定仪的组成部分。
4. 逐步养成"依法检验"的意识和精益求精的精神。

一、任务内容

1. 质量标准

精密称定本品约 4.0g，加新沸过的冷水 25mL 溶解后，精密加入盐酸滴定液（1mol/L）25mL，照电位滴定法（通则0701），用氢氧化钠滴定液（1mol/L）滴定，记录第一突跃点消耗氢氧化钠滴定液体积，以第一个突跃点消耗的氢氧化钠滴定液体积计算含量，并将滴定的结果用空白试验校正。每 1mL 盐酸滴定液（1mol/L）相当于 142.0mg 的 Na_2HPO_4。

磷酸氢二钠十二水合物（$Na_2HPO_4 \cdot 12H_2O$）的分子量为 358.14；本品按干燥品计算，含 Na_2HPO_4 不得少于 98.0%。[《中国药典》（2020年版，四部）]

2. 内容解析

本方法基本原理为剩余滴定法，指示终点的方法为电位滴定法。在试样中加入过量的盐酸滴定液，用氢氧化钠滴定液滴定过量的盐酸滴定液，以第一个电位突跃点指示终点。因为氢氧化钠与盐酸为等比例反应，用盐酸的滴定度作为代表，计算得出磷酸氢二钠的含量。

二、实验原理

磷酸氢二钠十二水合物中主要成分磷酸氢二钠是弱碱性物质，与盐酸反应速率慢，不能立即完成。加入定量且过量的盐酸后，采用氢氧化钠返滴定的剩余滴定法进行实验。通过电位滴定法判断滴定终点，进而得出其含量。

三、实验过程

（一）实验准备清单

见表 I-2-1。

（二）工作流程图及技能点解读

1. 流程图

见图 I-2-1。

表 I-2-1 电位滴定法测定磷酸氢二钠十二水合物含量准备清单

名称		规格	数量及单位	备注
仪器及配件	电位滴定仪		1台	实验用
	复合pH电极		1支	实验用
	移液管	25mL	1支	加液
	烧杯	100mL	3个	配制溶液
	量筒	50mL	1个	加水
	洗瓶		1个	洗器皿
	废液杯	500mL	1个	装废液
	磁力搅拌子		3个	搅拌
试药试液	盐酸滴定液	1mol/L	适量	滴定液
	氢氧化钠滴定液	1mol/L	适量	返滴定液
	新沸过的冷水	纯化水	适量	临用新制
	蒸馏水		适量	洗涤用

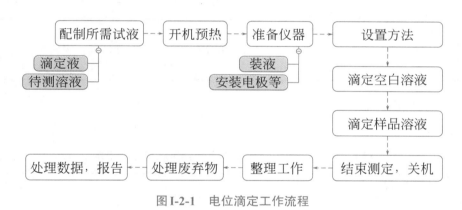

图 I-2-1 电位滴定工作流程

2.技能点解读

见表 I-2-2。

表 I-2-2 电位滴定法测定物质含量技能点解读

以磷酸氢二钠十二水合物含量测定为例		
序号	名称	具体内容
1	配制样品溶液	准备新沸过的冷水：将蒸馏水加热至沸腾后，放冷至室温 （1）取磷酸氢二钠十二水合物样品约4.0g，平行取三份，精密称定，记录。放入100mL小烧杯中 （2）加新沸过的冷水25mL，玻璃棒搅拌至溶解 （3）用移液管移取盐酸滴定液（1mol/L）25mL加入烧杯中，即为样品溶液。同时准备空白溶液

续表

以磷酸氢二钠十二水合物含量测定为例		
序号	名称	具体内容
2	开机预热	打开电位滴定仪的电源开关，预热
3	准备仪器	（1）滴定液的注入：在每次滴定前必须先进行滴定液的注入，将滴定液装入仪器配套试剂瓶中，仪器控制面板中设置滴定管润洗方法，使滴定液慢慢进入滴定管，润洗3次后，注入滴定液 （2）检查电极，安装好电极，调整位置
4	设置方法	设置仪器参数（搅拌速度、阈值、滴定方式等） 选择确定滴定终点的方法
5	滴定空白试液	不加供试品，取25mL盐酸滴定液进行空白试验，记录空白试液消耗氢氧化钠滴定液的体积V_2。记录数据
6	滴定样品溶液	将样品配制溶液用电位滴定仪进行测定，记录第一个突跃点消耗的氢氧化钠滴定液体积的V_1作为终点体积，平行测定3次。记录数据
7	关机	清洗仪器：设置电位滴定仪程序，用蒸馏水清洗滴定管路及复合电极，按要求进行保存 关闭电源
8	整理工作	填写仪器使用记录 整理工作台：仪器室和实验准备室的台面清理，物品摆放整齐，凳子放回原位

（三）实验数据记录

见表I-2-3。

表I-2-3　磷酸氢二钠十二水合物含量测定数据记录

基本信息	仪器信息				
	供试品信息				
滴定液的配制及标定方法	盐酸标定（略） F值=				
称样量/g	序号	1		2	3
	初始读数				
	终读数				
	称样量				
消耗滴定液体积/mL	序号	1	2	3	空白
	滴定初体积				
	滴定终体积				
	滴定体积				
特殊情况记录					

续表

	项目	是	否（说明原因）
实验检查	数据检查		
	记录是否完整		
	器皿是否洗涤		
	台面是否整理		
	三废是否处理		
教师评价			

（四）实验数据处理

计算磷酸氢二钠十二水合物的含量，计算公式如下。

$$X_{Na_2HPO_4} = \frac{(V_{空} - V_{样})TF}{W \times 10^3} \times 100\% \qquad (I\text{-}2\text{-}1)$$

式中，$V_{样}$为样品溶液第一突跃点消耗NaOH滴定液的体积，mL；$V_{空}$为空白溶液消耗NaOH滴定液的体积，mL；T滴定度，即1mL盐酸滴定液（1mol/L）相当于142.0mg的Na_2HPO_4；F为盐酸滴定液的浓度校正因子；W为扣除水分后的称样量，g。

（五）实验注意事项

技能单元	操作要求及注意事项
配制盐酸滴定液	应在通风橱中进行
滴定结束后	清洗仪器系统和滴定管、储液瓶
电位滴定仪滴定管的尖端复合电极的玻璃	易损坏，注意安装位置，防止被搅拌子碰到损坏
搅拌子	注意回收

（六）三废处理

实验废物		处理方法
废液	样品溶液	废液桶
	剩余氢氧化钠滴定液	废液桶

四、实验报告

按要求完成实验报告。

五、拓展提高

（1）盐酸氟桂利嗪含量测定　取本品约0.2g，精密称定，加乙醇70mL溶解后，照电位滴定法（通则0701），用氢氧化钠滴定液（0.1mol/L）滴定，以第二突跃点所消耗滴定液的体积计算，并将滴定的结果用空白试验校正。每1mL氢氧化钠滴定液（0.1mol/L）相当于23.87mg的$C_{26}H_{26}F_2N_2 \cdot 2HCl$。[《中国药典》（2020年版，二部）]

（2）方法解析　本法为原料药氟桂利嗪的含量测定方法，采用电位滴定法指示终点。

（3）实验准备　按要求配制测定用的供试品溶液及空白溶液。

（4）测定方法　按测定方法用滴定液进行滴定，以第二突跃点所消耗滴定液体积计算。

（5）计算　在药物分析中，原料药的含量要求通常以百分含量表示，所以其计算公式如下。

$$含量 = \frac{VTF}{W \times 1000} \times 100\% \tag{I-2-2}$$

式中，W为供试品称取的质量，g；T为滴定度，mg/mL；F为氢氧化钠滴定液的浓度校正因子；V为滴定液消耗的体积，mL。

目标自测

一、选择题（单项）

1.不属于电化学分析法的是（　　　）。

A.电位分析法　　　　B.永停滴定法　　　　C.电解分析法　　　　D.质谱法

2.在电位法中离子选择性电极的电位应与待测离子的浓度（　　　）。

A.成正比　　　　　　　　　　　　B.的对数成正比

C.符合扩散电流公式的关系　　　　D.符合能斯特方程

3.采用电化学分析法，测定某离子氧化型和还原型的浓度比值时常选用（　　　）作为指示电极。

A.金属电极　　　　　　　　　　　B.金属-金属难溶盐电极

C.惰性金属电极　　　　　　　　　D.膜电极

4.pH玻璃电极结构不包括（　　　）。

A.玻璃膜　　　　　　　　　　　　B.Ag-AgCl内参比电极

C.饱和KCl溶液　　　　　　　　　D.一定浓度的HCl溶液

5.自动电位滴定仪较常用（　　　）指示终点。

A.拐点法　　　　B.一阶微商法　　　　C.二阶微商法　　　　D.外标法

二、简答题

1.比较原电池和电解池的定义、特点、电流方向及电极反应。

2.常用的参比电极和指示电极有哪些？

3.简述化学电池的组成。

4.pH玻璃电极在使用前要浸泡，说明其原因。

5.pH测定采用"两步测定法"，说明具体方法。

6.什么是电位滴定法？确定终点的方法有哪几种？

7.下表是用 0.1000mol/L NaOH标准溶液电位滴定 50.00mL 某一元弱酸的数据。

（1）绘制 pH-V 曲线与一阶微商曲线。

（2）用二阶微商法确定滴定终点（内插法）。

（3）计算试样中弱酸的浓度。

V/mL	pH	V/mL	pH	V/mL	pH
0.00	2.90	14.00	6.60	17.00	11.30
1.00	4.00	15.00	7.04	18.00	11.60
2.00	4.50	15.50	7.70	20.00	11.96
4.00	5.05	15.60	8.24	24.00	12.39
7.00	5.47	15.70	9.43	28.00	12.57
10.00	5.85	15.80	10.03		
12.00	6.11	16.00	10.61		

项目 J　永停滴定法

思维导图

J-1任务　永停滴定法基础

 学习目标

1.掌握永停滴定法的电极使用。

2.熟悉永停滴定法的终点确定方法。

3.了解永停滴定法的原理。

4.能正确选择电极。

永停滴定法是通过测定滴定过程中双铂电极电流变化来确定化学计量点的电流滴定法。该法具有装置简单、准确度高、操作简便的优点，是《中国药典》（2020年版）中水分测定和重氮化滴定法指示终点的法定方法。

一、基本原理

永停滴定法采用两支相同的铂电极，当在电极间加一低电压（例如50mV）时，若电极在溶液中极化，则在未到滴定终点时仅有很小或无电流通过；但到达终点时，滴定液略有过剩，使电极去极化，溶液中即有电流通过，电流计指针突然偏转，不再回复。反之，若电极由去极化变为极化，则电流计指针从有偏转回到零点，也不再变动。

1.可逆电对

若在含有I_2和I^-的溶液中同时插入两个相同的铂电极，因为两个电极的电极电位相同，不会发生任何电极反应，没有电流通过电池。如果在两个电极间外加一小电压，则接正极的铂电极（阳极）发生氧化反应。

$$2I^- \longrightarrow I_2 + 2e^-$$

接负极的铂电极（阴极）发生还原反应。

$$I_2 + 2e^- \longrightarrow 2I^-$$

即在电池中发生了电解反应。但只有当两个电极同时发生反应时，它们之间才会有电流通过。在滴定过程中，当反应电对氧化型和还原型的浓度相等时，电流最大；当反应电对氧化型和还原型的浓度不等时，电流的大小由浓度小的氧化型（或还原型）的浓度来决定。

像I_2/I^-这样的电对，在溶液中与双铂电极组成电池，外加一个很小的电压就能产生电解作用，有电流通过，称之为可逆电对。

2.不可逆电对

若溶液中的电对是$S_4O_6^{2-}/S_2O_3^{2-}$，插入两个铂电极，外加一个很小的电压，由于只能发生反应：

$$2S_2O_3^{2-} \longrightarrow S_4O_6^{2-} + 2e^-$$

不能发生反应：

$$S_4O_6^{2-} + 2e^- \longrightarrow 2S_2O_3^{2-}$$

所以不能发生电解，无电流通过，这种电对叫做不可逆电对。永停滴定法就是利用上述现象以确定滴定终点的。

二、仪器装置

永停滴定装置如图 J-1-1 所示：由两支相同的铂电极、干电池及灵敏电流计组成。电流计的灵敏度除另有规定外，测定水分时用10^{-6}A/格，重氮化法用10^{-9}A/格。

三、滴定终点判断

永停滴定法的终点判断依据滴定过程中的电流与滴定体积曲线判断，不同滴定组成中的电流变化不同，但有规律可循，三种不同情况的终点判断方法如下。

1.滴定剂为不可逆电对，被测物为可逆电对

如$Na_2S_2O_3$标准溶液滴定I_2，滴定开始时溶液中有可逆电对I_2/I^-，溶液中有电流通过，可检测到电流，滴定到终点时溶液中的I_2反应完了，只有不可逆电对$S_4O_6^{2-}/S_2O_3^{2-}$和I^-，电解反应不能发生，电流计指针一直停在零点，不再变动［如图 J-1-2 中（a）］，这也是永停滴定法名称的由来。滴定达终点，此时滴定剂消耗的量为滴定体积。

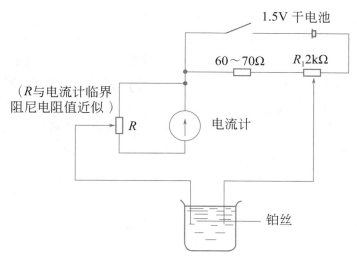

图J-1-1　永停滴定仪器示意

2.滴定剂为可逆电对，被测物为不可逆电对

如I_2标准溶液滴定$Na_2S_2O_3$，滴定开始时溶液中只有不可逆电对$S_4O_6^{2-}/S_2O_3^{2-}$和I^-，溶液中没有电流通过，滴定到终点时溶液中有稍微过量一点的I_2可以和I^-组成可逆电对，电解反应可以进行，产生的电解电流使电流计指针发生偏转不再回复到零。指针发生偏转的点即为滴定终点［如图J-1-2中（b）］。

3.滴定剂与被测物均为可逆电对

用Ce^{4+}滴定Fe^{2+}就属于这种情况。当Ce^{4+}滴入含Fe^{2+}的溶液后，溶液中的Fe^{2+}被氧化成Fe^{3+}，随着滴定不断进行，Fe^{3+}不断增加，电流不断加大（Fe^{3+}/Fe^{2+}为可逆电对）；当$c_{Fe^{2+}}=c_{Fe^{3+}}$时，电流达到最大值；继续加入Ce^{4+}，$c_{Fe^{2+}}$下降，电流强度也逐渐下降，到达化学计量点时，$c_{Fe^{2+}}=0$，电流最小。化学计量点后Ce^{4+}过量，溶液中出现Ce^{4+}/Ce^{3+}可逆电对，电流重新出现，并随着Ce^{4+}不断增加，电流不断加大［如图J-1-2中（c）］。

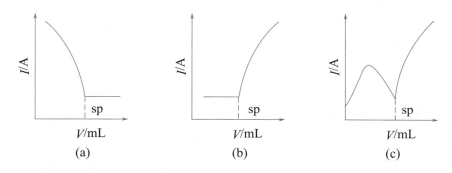

图J-1-2　永停滴定法的不同滴定曲线

四、一般操作过程

用作重氮化法的终点指示时，调节R_1使加于电极上的电压约为50mV。取供试品适量，

精密称定，置于烧杯中，除另有规定外，可加水40mL与盐酸溶液（1→2）15mL，放置电磁搅拌器上，搅拌使溶解，再加溴化钾2g，插入铂-铂电极后，将滴定管的尖端插入液面下约2/3处，用亚硝酸钠滴定液（0.1mol/L或0.05mol/L）迅速滴定，随滴随搅拌，至近终点时，将滴定管的尖端提出液面，用少量水淋洗尖端，洗液并入溶液中，继续缓慢滴定，至电流计指针突然偏转并不再回复，即为滴定终点。

用作水分测定法第一法的终点指示时，可调节R_1使电流计的初始电流为5～10μA，待滴定到电流突增至50～150μA，并持续数分钟不退回，即为滴定终点。

 目标自测

1.永停滴定法属于哪类分析方法？其仪器使用的电极是什么？
2.什么是可逆电对和不可逆电对？
3.永停滴定法确定终点依据的原理是什么？

答案

J-2实训　头孢氨苄中的水分含量测定

学习目标

1.能正确使用水分测定仪、费休氏试剂。
2.能规范采集并记录相关数据，完成实验。
3.能计算头孢氨苄中的水分含量，并准确判断。
4.能按时完成实验报告。
5.具备在实验过程中，与小组成员及教师及时沟通、合作的能力。
6.逐步养成"依法检验"的意识。
7.培养垃圾分类及环保意识。

一、任务（实验）内容

（一）质量标准

取本品，照水分测定法（《中国药典》2020年版通则0832第一法1）测定，含水分应为4.0%～8.0%。

1.费休氏试液的制备与标定

（1）制备　称取碘（置硫酸干燥器内48小时以上）110g，置干燥的具塞锥形瓶中，加无水吡啶160mL，注意冷却，振摇至碘全部溶解后，加无水甲醇300mL，称定重量，将锥形瓶置冰浴中冷却，在避免空气中水分侵入的条件下，通入干燥的二氧化硫至重量增加72g，再加无水甲醇使成1000mL，密塞，摇匀，在暗处放置24小时。

也可以使用稳定的市售费休氏试液。市售的试液可以是不含吡啶的其他碱化剂或不含甲醇的其他醇类等制成，也可以是单一的溶液或由两种溶液临用前混合而成。

本液应遮光，密封，置阴凉干燥处保存。临用前应标定滴定度。

（2）标定　精密称取纯化水10～30mg，用水分测定仪直接标定。或精密称取纯化水10～30mg（视费休氏试液滴定度和滴定管体积而定），置干燥的具塞锥形瓶中，加无水甲醇适量，在避免空气中水分侵入的条件下，用本液滴定至溶液由浅黄色变为红棕色，或用电化学方法［如永停滴定法（通则0701）等］指示终点。另做空白试验，按下式计算：

$$F=W/(A-B) \qquad\qquad (J-2-1)$$

式中，F 为每1mL费休氏试液相当于水的重量，mg；W 为称取重蒸馏水的重量，mg；A 为滴定所消耗费休氏试液的容积，mL；B 为空白所消耗费休氏试液的容积，mL。

2.测定法

精密称取头孢氨苄供试品适量（消耗费休氏试液1～5mL），溶剂为无水甲醇，用水分测定仪直接测定；或精密称取头孢氨苄供试品适量，置干燥的具塞锥形瓶中，加溶剂适量，在不断振摇（或搅拌）下用费休氏试液滴定至溶液由浅黄色变为红棕色；或用永停滴定法（通则0701）指示终点；另作空白试验，按下式计算：

$$头孢氨苄中水分含量(\%)=(A-B)F/W\times100\% \qquad\qquad (J-2-2)$$

式中，A 为供试品所消耗费休氏试液的容积，mL；B 为空白所消耗费休氏试液的容积，mL；F 为每1mL费休氏试液相当于水的重量，mg；W 为供试品头孢氨苄的重量，mg。

［《中国药典》（2020年版）］

（二）方法解析

该方法为《中国药典》（2020年版）中通则0832水分测定法第一法（费休氏法）中的容量滴定法。实际工作根据相关规定、分析对象结果要求结合所用仪器的操作执行，得出分析结果。

二、实验原理

费休氏法（容量滴定法）是根据碘和二氧化硫在吡啶和甲醇溶液中能与水起定量反应的原理以测定水分。该反应称为卡尔-费休氏（Karl-Fischer）反应，反应机制属于非水溶液中的氧化还原滴定，利用碘氧化二氧化硫为三氧化硫时，需要一定量的水分参加反应的定量关系，确定水的含量。

$$I_2+SO_2+H_2O \longrightarrow 2HI+SO_3$$

由于上述反应是可逆的，为了使反应向右进行完全，需加入无水吡啶定量吸收HI和SO_3，形成氢碘酸吡啶和硫酸酐吡啶。由于生成的硫酸酐吡啶不够稳定，需再加入无水甲醇使其转变成稳定的甲基硫酸氢吡啶。

整个反应过程持续到全部水消耗完毕，并在滴定液中检测到游离碘。在终点测定时使用双电压测量指示，即极化双铂电极上的电位降低到一个特定值以下。

三、实验过程

（一）实验准备清单

见表J-2-1。

表J-2-1 费休氏法测定头孢氨苄水分实验准备清单

	名称	规格/型号	数量及单位	用途
仪器及配件	水分测定仪	系统干燥密闭	1台	测定水分
	天平	万分之一	1台	称量样品
	微量注射器	20μL	1支	取纯化水
	离心管	1.5mL	若干	
	烧杯	100mL	1个	装纯化水
	滤纸	—	若干	
试药试液	费休氏试剂	500mL/AR	适量	新鲜配制/新鲜开启
	无水甲醇	500mL/AR	适量	
	标准水溶液	超纯水	10mL	标定用
	头孢氨苄	原料药	适量	待测样品

（二）工作流程图及技能点解读

1.流程图

见图J-2-1。

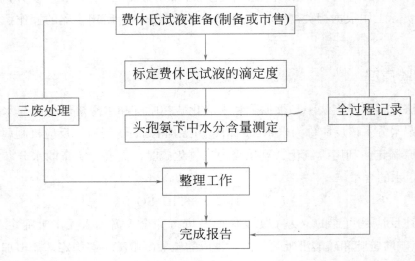

图J-2-1 主要工作流程

2.技能点解读

实验所涉主要技能见表J-2-2。

表J-2-2　费休氏法测定物质水分技能单元解析

以头孢氨苄为例		
序号	技能单元	操作方法及要求
1	准备费休氏试液	使用稳定的市售费休氏试液。检查稳定性和有效性情况 注意遮光，密封，置阴凉干燥处保存。临用前应标定浓度
2	标定费休氏试液	具体操作步骤（以水分测定仪的操作为例）：冲洗滴定管→排空与加液→空白校正→标定费休氏滴定液 （1）冲洗滴定管：打开仪器开关，仪器开机后每次都要冲洗滴定管3次，每次5mL （2）排空与加液：将滴定杯中的废液排到废液杯中去 （3）空白校正：溶剂甲醇中含有少量水，会干扰样品测定，所以每次更换溶剂都需要做空白校正 （4）标定弗休滴定液：市售费休氏试液，需要标定它的滴定度。纯化水为标准溶液，用微量注射器精密吸取10μL，将纯化水快速地注入滴定杯中，注意不要打到杯壁上。之后仪器自动进行滴定。同法进行三次。《中国药典》（2020年版）规定，三次标定所得的滴定度相对偏差小于0.2%，否则需重新标定
3	水分测定	具体操作方法（以水分测定仪的操作为例）：在滴定杯中加入溶剂甲醇，先做空白校正试验后，再精密称取头孢氨苄供试品0.1g（减重法），置于仪器滴定杯中，溶解之后即可自动进行滴定。第一份测定结束之后，要把滴定杯中的溶液排出，溶液排空之后，要在滴定杯中再加入溶剂。同法进行第二份样品的测定。做完之后排空废液，记录测定数据（平行2份）
4	整理工作	数据采集完毕后，进行整理。具体步骤及要求如下 （1）关机：将滴定杯中的废液排空，检查并整理仪器（如有液体请擦干），退出软件，关闭仪器电源，罩上防尘罩 （2）填写仪器使用记录 （3）清洗器皿：按要求清洗滴定杯、微量注射器 （4）整理：仪器室和准备实验室的台面清理，物品摆放整齐，凳子放回原位

（三）全过程数据记录

见表J-2-3。

（四）实验数据处理

1.计算费休氏试剂滴定度

按式（J-1-1）计算费休氏试剂的滴定度，并填入表J-2-3中。

表 J-2-3　头孢氨苄水分测定数据记录表

检品名称				检品来源			
批号				取样日期			
数量				报告日期			
检验依据	《中国药典》（2020年版，二部）						
水分测定仪							
费休氏试剂标定	序号		1		2		3
	W/g						
	A						
	B						
	F						
	$F_{平均}$			相对偏差/%			
水分含量测定	序号			1		2	
	W/g						
	A						
	B						
	水分/%						
实验中特殊情况记录							
实验检查	项目			是		否	
	数据检查						
	记录是否完整						
	器皿是否洗涤						
	台面是否整理						
	三废是否处理						
教师评价							

2.计算头孢氨苄中水分含量

$$头孢氨苄中水分含量(\%)=(A-B)F/W\times100\%$$

式中，A 为供试品头孢氨苄所消耗费休氏试液的容积，mL；B 为空白所消耗费休氏试液的容积，mL；F 为每1mL费休氏试液相当于水的质量，mg；W 为供试品头孢氨苄的质量，mg。

（五）实验注意事项

技能点	操作方法及注意事项
水分测定仪	必须在仪器干燥管中放置干燥剂，并定期更换，保持检测系统密闭干燥
甲醇溶剂	更换溶剂/加液后要进行空白试验校正，（预滴定）中含有少量的水干扰测定
标定	动作准确，快速一致
称量样品	防止吸收空气中的水，用减重法称量
实验环境	不宜在阴雨天或空气湿度太大时进行操作，以免影响结果的准确性

（六）三废处理

实验废物		处理方法
废液	费休氏试液	废液桶
	滴定残余溶液	废液桶
固体废弃物	废弃药粉	回收到固定容器
	废纸	回收到固定地点

四、实验报告

按要求完成实验报告。

五、拓展提高

回答下列问题：

1.分析实验过程中，环境中水分对测定结果的影响。

2.为什么用纯化水作为标准溶液标定费休氏试剂？

模块四　色谱法

数字资源

项目K　色谱分析法

思维导图

　**色谱分析法基础**

学习目标

1. 掌握色谱分析法的常用术语。
2. 熟悉色谱法的分类。
3. 了解基本色谱理论，熟悉色谱分析技术的产生和发展。
4. 能正确识别色谱图及相关参数。
5. 能根据色谱图进行相关计算。
6. 能够简单用参数描述色谱峰。

一、色谱法定义

色谱法（Chromatography）是一种物理或物理化学的分离分析法。色谱法名称最早由俄国植物学家茨维特提出。茨维特研究用碳酸钙分离植物色素浸取液，其将植物叶子用石油醚浸泡，然后将石油醚浸取液倒入装有碳酸钙粉末的玻璃管中，并用石油醚自上而下淋洗，随着淋洗的进行，浸取液在沿着柱体向下移动的过程中颜色逐渐变化，在玻璃管中的碳酸钙逐渐出现四个不同颜色的色带，浸取液中物质组分实现了分离。继续淋洗，不同颜色的色带逐渐下移，并先后流出玻璃管，就得到不同颜色的溶液，可以进一步分析。他于1901年公布了实验结果，并将这种分离方法命名为色谱法，把装有碳酸钙的玻璃管叫做"色谱柱"，把碳酸钙叫做"固定相"（stationary phase），把纯净的石油醚叫做"流动相"（mobile phase）。色谱法名称延续至今，但其内涵有了变化，在不同的研究领域色谱法有时又称为色层法或层析法。相关术语和定义列于表K-1-1。

表 K-1-1　色谱法相关术语和定义

术语	定义
色谱法	利用相对运动的两相进行分离分析的方法
色谱柱	装有固定相的玻璃管或不锈钢管
固定相	在色谱分离中静止不动、对样品组分产生保留的一相
流动相	与固定相处于平衡状态、载带样品向前运动的一相

二、色谱法分类

色谱法分类方法较多，从不同角度有不同的分类方法，常用的主要有以下几种。

（一）按分离原理分类

按原理可分为吸附色谱法（AC）、分配色谱法（DC）、离子交换色谱法（IEC）、分子排阻色谱法［EC，又称分子筛、凝胶过滤（GFC）及凝胶渗透（GPC）色谱法］等。

1.吸附色谱法

固定相为固体（吸附剂）的色谱法称为吸附色谱法。系利用被分离组分在吸附剂上吸附能力的不同，用溶剂或气体洗脱而使组分分离。吸附分离过程是一个吸附-解吸附的平衡过程，如气-固色谱法、液-固色谱法等。吸附色谱法在薄层色谱法中应用广泛，在早期的高效液相色谱法（HPLC）、气相色谱法（GC）中也应用较多。常用的吸附剂有氧化铝、硅胶、聚酰胺等有吸附活性的物质。

2.分配色谱法

系利用被分离组分在两相间的溶解度差别所造成的分配系数的不同而实现分离的色谱法。其中一相被涂布或键合在固体载体上，称为固定相；另一相为液体或气体，称为流动相。常用的载体有硅胶、硅藻土、硅镁型吸附剂与纤维素粉等。分离过程是一个分配平衡过程，如气-液色谱法（GLC）和液-液色谱法（LLC）。分配色谱法是HPLC和GC中应用最多的色谱法。

3.离子交换色谱法

固定相为离子交换树脂的色谱法称为离子交换色谱法，系利用被分离组分在离子交换树脂上交换能力的不同而使组分分离。常用的树脂有不同强度的阳离子交换树脂、阴离子交换树脂［树脂常用苯乙烯与二乙烯交联形成的聚合物骨架，在表面末端芳环上接上羧基、磺酸基（称阳离子交换树脂）或季铵基（阴离子交换树脂）］，流动相为水或含有机溶剂的缓冲液。离子交换树脂色谱法适用于离子型的有机物或无机物的分离，药物和生物方面主要用于分析有机酸、氨基酸、多肽及核酸。

4.分子排阻色谱法

又称为空间排阻色谱法或凝胶色谱法，是固定相为有一定孔径的多孔性填料（称为凝胶）的色谱法。根据流动相的不同分为两类：以水为流动相的称为凝胶过滤色谱法；以有机溶剂为流动相的称为凝胶渗透色谱法。本法系利用被分离组分分子大小的不同导致在填料上渗透程度的不同而使组分分离。分子排阻色谱法适用于高分子物质的分离分析，如青霉素聚合物的检查。常用的填料有分子筛、葡聚糖凝胶、微孔聚合物、微孔硅胶或玻璃珠等。

（二）按两相的物理状态（物态）分类

根据流动相分子的聚集状态，色谱法可分为气相色谱法（GC）、液相色谱法（LC）和超临界流体色谱法。根据固定相分子的聚集状态，可以进一步细分（表K-1-2）。超临界流体色谱法（SFC），它以超临界流体（所谓超临界流体，是指既不是气体也不是液体的一些物质，它们的物理性质介于气体和液体之间）为流动相。因其扩散系数大，能很快达到平衡，故分析时间短，特别适用于手性化合物的拆分。气相色谱法适用于分离挥发性化合物。液相色谱法适用于分离低挥发性或非挥发性、热稳定性差的物质。

表 K-1-2　按流动相物态分类的色谱类型

色谱类型		流动相	固定相
气相色谱法（GC）	气-固色谱法（GSC）	气体	固体
	气-液色谱法（GLC）		液体
液相色谱法（LC）	液-固色谱法（LSC）	液体	固体
	液-液色谱法（LLC）		液体
超临界流体色谱法（SFC）		超临界流体	

（三）按操作形式分类

色谱法按固定相的操作形式可分为平面（板）色谱法、柱色谱法和电泳法。其中平面色谱法又可分为纸色谱法（PC）、薄层色谱法（TLC）及薄膜色谱法等，柱色谱法可分为填充柱色谱法和开管柱色谱法（毛细管柱色谱法）等，电泳法有时又单独列为一种方法。《中国药典》（2020年版）收载的纸色谱法、薄层色谱法可划归为平面色谱法；气相色谱法、高效液相色谱法等可划归为柱色谱法。见表K-1-3。

表 K-1-3　按固定相操作方式分类的色谱类型

名称	柱色谱		平面色谱	
	填充柱色谱	开口（管）柱色谱	纸色谱	薄层色谱
固定相形式	填充了固体吸附剂（或涂渍了固定液的惰性载体）的玻璃或不锈钢柱	弹性石英或熔融玻璃毛细管（内壁附有吸附剂薄层或涂渍固定液）	多孔和强渗透能力的滤纸或纤维素薄膜上的水分或其他附载物	涂布在玻璃等薄板上的硅胶、氧化铝等固定相薄层
操作方式	液体或气体流动相从柱头向柱尾连续不断地流动		液体的流动相从平面的一端向另一端扩散	

三、色谱分析法的特点

色谱法是一种分离分析的方法，主要是利用两相的相对运动，使组分产生差速迁移，使混合物质分离后，利用不同的检测手段进行样品定性、定量分析。其主要特点有：①分离效率高，几十种甚至上百种性质类似的化合物可在同一根色谱柱上实现分离，能解决许多其他分析方法无能为力的复杂样品分析问题。②分析速度快，一般而言，色谱法可在几分钟至几十分钟的时间内完成一个复杂样品的分析。③检测灵敏度高，随着信号处理和检测技术的进步，不经过浓缩可以直接检测出 10^{-9}g 级的微量物质。若采用预浓缩技术，检测下限可以达到 10^{-12}g 数量级。④样品用量小，一次分析通常只需数微升的溶液样品。⑤选择性好，通过选择合适的分离模式和检测方法，可以只分离有需要的部分物质。⑥多组分同时分析，在很短的时间内，选择合适的检测器，可以实现几十种组分的同时分离与定量。⑦易于自动化，现在的色谱仪器可以实现从进样到数据处理的全自动化操作。⑧定性能力较差，为克服这一缺点，色谱法与其他多种具有定性能力的分析技术联用已经发展起来，如色谱法与红外光谱法、色谱法与质谱法的联用等。

四、基本概念和术语

色谱法应用最普遍的是薄层色谱法、气相色谱法、高效液相色谱法，下面将其共用的概念和术语介绍如下。

（一）色谱图及相关参数

1.色谱图

色谱图（chromatogram）又称色谱流出曲线（elution profile），是样品流经色谱柱后进入检测器，检测器的响应信号与进样时间所得出的曲线，如图 K-1-1 所示。色谱图对色谱分析非常重要，是色谱法进行定性、定量分析的基础。在色谱图上有色谱峰及描述色谱峰（峰位置、峰宽、峰形等）的相关参数，具体见图 K-1-2。

2.色谱峰

组分流经检测器时响应的连续信号产生的曲线，即流出曲线上的突起部分。正常色谱峰近似于对称形正态分布曲线。不对称色谱峰有两种，一种是前延峰，另一种是拖尾峰。

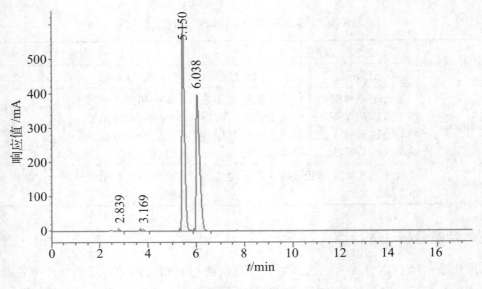

图 K-1-1　色谱图

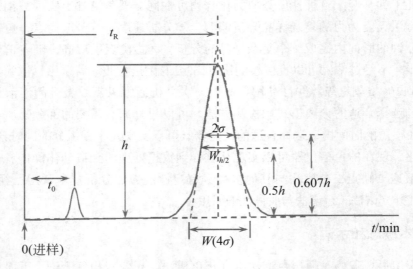

图 K-1-2　色谱图中色谱峰及相关参数示意

描述色谱峰的参数如下。

（1）峰底　基线上峰的起点至终点的距离。

（2）峰高（h）　峰的最高点至峰底的距离。

（3）峰面积（A）　峰与峰底所包围的面积。

（4）峰宽（W）　通过色谱峰两侧拐点处所作两条切线与基线的两个交点间的距离（在基线上的截距）。$W=4\sigma$。

（5）半峰宽（$W_{h/2}$）　峰高一半处的峰宽。$W_{h/2}=2.355\sigma$。

（6）标准偏差（σ）　标准偏差为色谱峰（正态分布曲线）上的拐点（峰高的 0.607 倍处）至峰高与时间轴的垂线间的距离，即正态色谱峰两拐点间距离的一半。标准偏差的大小说明组分在流出色谱柱的过程中的分散程度。σ 小，分散程度小、极点浓度高、峰形瘦、柱效高；反之，σ 大，峰形胖、柱效低。

（7）拖尾因子（T）　用来评价色谱峰的对称性。其计算公式为：

$$T=\frac{W_{0.05h}}{2A}=\frac{A+B}{2A}\qquad（\text{K-1-1}）$$

式中，$W_{0.05h}$ 为5%峰高处的峰宽；A 为基线上峰顶点到峰前沿之间的距离；B 为基线上峰顶点到峰尾之间的距离。

T 一般应为 0.95 ～ 1.05，$T<0.95$ 为前延峰，$T>1.05$ 为拖尾峰（图K-1-3）。

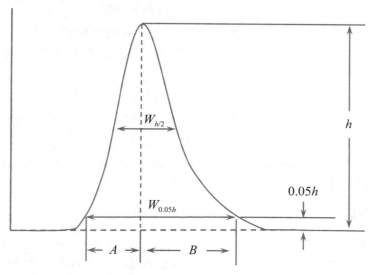

图 K-1-3　拖尾因子计算示意

3.基线

经流动相冲洗，柱与流动相达到平衡后，在色谱分离过程中，没有组分流出时的流出曲线，反映色谱系统（主要是检测器）的噪声水平。一般应平行于时间轴。

4.噪声

基线信号的波动。通常因电源接触不良或瞬时过载、检测器不稳定、流动相含有气泡或色谱柱被污染所致。

5.漂移

基线随时间在纵向缓缓变化。主要由于操作条件如电压、温度、流动相及流量的不稳定所引起，柱内的污染物或固定相不断被洗脱下来也会产生漂移。

（二）保留值（定性参数）

（1）保留时间（t_R）　从进样开始到某个组分在柱后出现最大响应（浓度极大值）的时间，也即从进样到出现某组分色谱峰的顶点为止所经历的时间，常以分钟（min）为时间单位，用于反映被分离组分在性质上的差异。通常用来做色谱法定性分析的指标。

（2）保留体积（V_R）　从进样开始到某组分在柱后出现浓度极大值时流出流动相的体积，又称洗脱体积。

（3）死时间（t_0）　不保留（不与固定相作用）组分的保留时间。即不与固定相作用的物质，从进样到出现浓度极大值所需要的时间。有时近似看成流动相（溶剂）通过色谱柱的时间。在反相HPLC中可用苯磺酸钠来测定死时间。

（4）死体积（V_0）　由进样器进样口到检测器流通池未被固定相所占据的空间。它包括四部分：进样器至色谱柱管路体积、柱内固定相颗粒间隙（被流动相占据，V_m）、柱出口管路体积、检测器流通池体积。其中只有V_m参与色谱平衡过程，其他三部分只起峰扩展作用。为防止峰扩展，这三部分体积应尽量减小。

$$V_0=Ft_0（F为流动相的流速）$$

（5）调整保留时间（t'_R）　扣除死时间后的保留时间，也称折合保留时间（reduced retention time）。在实验条件（温度、固定相等）一定时，t'_R只决定于组分的性质，因此，t'_R（或t_R）可用于定性。

$$t'_R=t_R-t_0$$

（6）调整保留体积（V'_R）　扣除死体积后的保留体积。

（7）相对保留值（r_{21}）　组分2与组分1调整保留值之比，$r_{21}=t'_{R2}/t'_{R1}=V'_{R2}/V'_{R1}$。气相色谱中，相对保留值只与柱温和固定相性质有关，与其他色谱操作条件无关，它表示了固定相对这两种组分的选择性。

（三）柱效参数

1.理论塔板数（n）

用于定量表示色谱柱的效能（简称柱效）。n值大小取决于固定相的种类、性质（粒度、粒径分布等）、填充状况、柱长、流动相的种类和流速及测定柱效所用物质的性质。由于不同物质在同一色谱柱上的色谱行为不同，采用理论塔板数作为衡量色谱柱的柱效指标时，应指明物质，一般为待测物质或内标物质的理论塔板数。

根据"塔板理论"及其方程式，导出的理论塔板数（n）与半峰宽（$W_{h/2}$）-峰宽（W）保留时间（t_R）的关系：

$$n=5.54(\frac{t_R}{W_{h/2}})^2 \tag{K-1-2}$$

$$n=16(\frac{t_R}{W})^2 \tag{K-1-3}$$

若用调整保留时间（t'_R）计算理论塔板数，所得值称为有效理论塔板数（$n_{有效}$或n_{eff}）。

$$n_{有效}=5.54(\frac{t'_R}{W_{h/2}})^2 \tag{K-1-4}$$

$$n_{有效}=16(\frac{t'_R}{W})^2 \tag{K-1-5}$$

有效理论塔板数更能反映柱分离的实际效果，因为其排除了死体积的因素。用半峰宽计算理论塔板数比用峰宽计算更为方便和常用，因为半峰宽更易准确测定，尤其是对稍有拖尾的峰。n与柱长成正比，柱越长，n越大。用n表示柱效时应注明柱长，如果未注明，则表示柱长为1m时的理论塔板数。

注意：①计算时，式中的保留时间与半峰宽应取相同的单位；②此式求出的是每根色谱柱的理论塔板数；③用不同组分计算同一根色谱柱的理论塔板数会有差别。

2.理论塔板高度（H）

可由柱长（L）和理论塔板数（n）计算。

$$H=\frac{L}{n} \tag{K-1-6}$$

色谱柱的理论塔板数越多，柱效越高；同样长度的色谱柱中塔板高度越小，理论塔板数越多，柱效越高。

3.色谱峰的区域宽度

区域宽度是表示色谱柱柱效的参数，包括标准偏差、半峰宽和峰宽。区域宽度越小，流出组分越集中，越有利于分离，柱效越高。

（四）相平衡参数

色谱过程是物质分子在相对运动的两相间（固定相和流动相）分配平衡过程，可用分配系数（K）和容量因子（k）来描述。

1.分配系数（K）

指在一定温度下，在两相间达到分配平衡时，化合物在固定相与流动相中的浓度之比。计算公式如下。

$$K=\frac{c_S}{c_M} \tag{K-1-7}$$

分配系数与组分、流动相和固定相的热力学性质有关，也与温度、压力有关。在不同的色谱分离机制中，K有不同的概念，吸附色谱法为吸附系数，离子交换色谱法为选择性系数（或称交换系数），凝胶色谱法为渗透参数。但一般情况可用分配系数来表示。

在条件（流动相、固定相、温度和压力等）一定、样品浓度很低（c_S、c_M很小）时，K只取决于组分的性质，而与浓度无关。这只是理想状态下的色谱条件，在这种条件下，得到的色谱峰为正态峰；在许多情况下，随着浓度的增大，K减小，这时色谱峰为拖尾峰；而有时随着溶质浓度增大，K也增大，这时色谱峰为前延峰。因此，只有尽可能减少进样量，使组分在柱内浓度降低，K恒定时，才能获得正态峰。

在同一色谱条件下，样品中K值大的组分在固定相中滞留时间长，后流出色谱柱；K值小的组分则滞留时间短，先流出色谱柱。混合物中各组分的分配系数不同是色谱分离的前提，混合物中各组分的分配系数相差越大，越容易分离。在HPLC中，固定相确定后，K主要受流动相的性质影响。实践中主要靠调整流动相的组成配比及pH值，以获得组分间的分配系数差异及适宜的保留时间，达到分离的目的。

2.容量因子（k）

指在一定温度下，化合物在两相间达到分配平衡时，在固定相与流动相中的质量之比。容量因子也称质量分配系数、分配比。

$$k=\frac{m_S}{m_M} \tag{K-1-8}$$

k与保留时间之间有如下关系：

$$k=\frac{t'_R}{t_0}$$

容量因子的物理意义：表示一个组分在固定相中停留的时间（t'_R）是不保留组分保留时间（t_0）的几倍。$k=0$时，化合物全部存在于流动相中，在固定相中不保留，即$t'_R=0$；k越大，说明固定相对此组分的容量越大，出柱慢，保留时间越长。

容量因子与分配系数的不同点是：k取决于组分、流动相、固定相的性质及温度，而与体积V_S、V_M无关；K除了与性质及温度有关外，还与V_S、V_M有关。由于t'_R、t_0较V_S、V_M易于测定，所以容量因子比分配系数应用更广泛。

分配系数K与容量因子k的关系：$K=k\beta$。β为相比率，是反映各种色谱柱柱形特点的一个参数，$\beta=V_M/V_S$。〔V_M为流动相的体积，即死时间（t_0）与流动相流速的乘积，V_S为色谱柱中固定相的体积。〕

3.选择性因子（α）

指相邻两组分的分配系数或容量因子之比。α又称为相对保留时间（《美国药典》）。

要使两组分得到分离，必须使$\alpha\neq1$。α与化合物在固定相和流动相中的分配性质、柱温有关，与柱尺寸、流速、填充情况无关。从本质上来说，α的大小表示两组分在两相间的平衡分配热力学性质的差异，即分子间相互作用力的差异。

（五）分离参数

分离参数主要有分离度，用于评价待测物质与被分离物质之间的分离程度，是衡量色谱系统分离效能的关键指标。

分离度（R）指相邻两峰的保留时间之差与平均峰宽的比值。其计算公式如下。

$$R=\frac{2\times(t_{R2}-t_{R1})}{W_1+W_2}\ 或\ R=\frac{2\times(t_{R2}-t_{R1})}{1.70\times W_{1,h/2}+W_{2,h/2}} \tag{K-1-9}$$

分离度也叫分辨率，表示相邻两峰的分离程度。当$W_1=W_2$时，称为4σ分离，两峰基本分离，裸露峰面积为95.4%，内侧峰基重叠约2%。$R=1.5$时，称为6σ分离，裸露峰面积为99.7%。$R\geqslant1.5$称为完全分离。《中国药典》（2020年版）规定，除另有规定外，待测物质色谱峰与相邻色谱峰之间的分离度应不小于1.5（图K-1-4）。

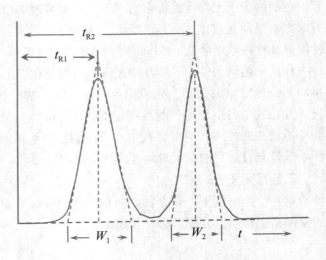

图 K-1-4　分离度计算示意

目标自测

一、填空题

1.色谱分析法是一种物理或物理化学的_____方法。色谱法按流动相的物态可分为_____、_____和_____；按色谱过程的分离机制可分为_____、_____、_____和_____；按操作形式可分为_____、_____和_____；后两者也叫做_____。

2.分配系数 $K = c_S/c_M$，其中 c_S 表示_____，c_M 表示_____。

3.分配系数 K 越大，保留时间越_____，_____流出；分配系数 K 越小，保留时间越_____，_____流出。

4.根据分离机理，以固体吸附剂为固定相，液体为流动相的色谱法称为_____。常见吸附剂有_____和_____。流动相为液体，固定相也为液体的色谱法称为_____。以离子交换树脂为固定相、液体为流动相的色谱法称为_____。以凝胶为固定相，液体为流动相的色谱法称为_____。

5.渗透型凝胶是亲脂性的，流动相为有机溶剂，适合分离水_____样品。过滤型凝胶是亲水性的，流动相为水，适合分离水_____样品。

6.色谱法中用_____衡量色谱峰的对称性，其值在_____至_____时为对称峰。

7.在色谱法中，定量的参数用_____或_____，定性的参数常用_____，衡量柱效的指标为_____。

8.色谱柱后仅有流动相进入检测器时的流出曲线称为_____。峰顶点与基线之间的垂直距离称为_____。不被固定相吸附或溶解的物质进入色谱柱时，从进样到出现峰值极大所需的时间称为_____。扣除死时间后的保留时间称为_____。色谱柱在填充后，柱管内固定相颗粒间所剩的空间、色谱仪中管路和连接头间的空间以及检测室容积的总和称为_____。从进样开始到某个组分的色谱峰顶点的时间称为_____。相对保留值 $r_{21}=$_____。

9.色谱峰区域宽度通常用_____、_____和_____表示。

10.在色谱法中，理论塔板高度（H）=_____；理论塔板数=_____；有效塔板数=_____。

二、选择题（单项）

1.色谱分析法是一种（ ）技术。

A.分离　　　　　　B.富集　　　　　　C.分离分析　　　　　　D.分析

2.以下（ ）不属于描述色谱峰宽的术语。

A.标准偏差　　　　B.半峰宽　　　　　C.峰宽　　　　　　　D.容量因子

3.在一定柱长条件下，某一组分色谱峰的宽窄主要取决于组分在色谱柱中的（ ）。

A.保留值　　　　　B.扩散速率　　　　C.分配系数　　　　　D.容量因子

4.容量因子为9时，溶质在流动相中的百分率为（　　　）。

A. 9.1%　　　　　　　B. 10%　　　　　　　C. 90%　　　　　　　D. 91%

5.理论塔板数反映了（　　　）。

A.分离度　　　　　　B.分配系数　　　　　C.保留值　　　　　　D.柱的效能

6.下列说法中，错误的是（　　　）。

A.色谱峰的保留时间是定性分析的依据

B.色谱峰的面积是定量分析的依据

C.色谱峰的区域宽度体现了组分在柱中的运动情况

D.色谱图上峰的个数等于试样中的单组分个数

7.在色谱过程中，组分在固定相中停留的时间为（　　　）。

A.死时间　　　　　　B.保留时间　　　　　C.调整保留时间　　　D.保留指数

8.在一般色谱分析中，衡量两组分峰是否能分离的指标是（　　　）。

A.死时间　　　　　　B.保留时间　　　　　C.调整保留时间　　　D.分离度

9.衡量色谱峰是否正态分布的指标是（　　　）。

A.拖尾因子　　　　　B.保留时间　　　　　C.调整保留时间　　　D.分离度

10.茨维特在研究植物色素时的色谱方法按机理属于（　　　）。

A.吸附色谱法　　　　　　　　　　　B.分配色谱法

C.离子交换色谱法　　　　　　　　　D.键合色谱法

三、选择题（多项）

1.下列属于吸附色谱法的是（　　　）。

A. LSC　　　　　　　B. LLC　　　　　　　C. GSC　　　　　　　D. GLC

2.色谱法的优点包括（　　　）。

A.高灵敏度　　　　　B.高选择性　　　　　C.高效能　　　　　　D.分析速度快

3.某组分在固定相中的质量为 m_S（g），浓度为 c_S（g/mL），体积为 V_S（mL），在流动相中的质量为 m_M（g），浓度为 c_M（g/mL），体积为 V_M（mL），则此组分的容量因子是（　　　）。

A. m_S/m_M　　　　　B. $c_S V_S/c_M V_M$　　　C. c_S/c_M　　　　　D. c_M/c_S

4.不能使分配系数发生变化的因素是（　　　）。

A.降低柱温　　　　　　　　　　　　B.增加柱长

C.减小流动相流速　　　　　　　　　D.增加流动相流速

5.色谱法中，可用于定量的参数是（　　　）。

A.保留时间　　　　　B.保留值　　　　　　C.峰高　　　　　　　D.峰面积

四、简答题

1.色谱图能提供的信息有哪些？

2.总结色谱的分类方法有哪些？

K-2任务 色谱理论

学习目标

1.熟悉塔板理论和速率理论。
2.了解塔板理论和速率理论的特点。

色谱理论一般指气相色谱理论，也应用于液相色谱中。主要研究热力学和动力学两个方面对色谱效率的影响。热力学理论以塔板理论为代表。动力学理论是从动力学观点来研究各种动力学因素对峰展宽的影响，以速率理论为代表。下面简单介绍两种理论的相关内容。

一、塔板理论

塔板理论（plate theory）是英国化学家Martin和Synge首先提出的色谱热力学平衡理论，主要是从相平衡观点来研究物质在相对运动的两相中的分配平衡过程。塔板理论做了下列基本假设。

① 色谱柱内存在许多塔板，组分在塔板间隔（即塔板高度）内完全服从分配定律，并很快达到分配平衡。

② 样品加在第0号塔板上，样品沿色谱柱轴方向的扩散可以忽略。

③ 流动相在色谱柱内间歇式流动，每次进入一个塔板体积。

④ 在所有塔板上分配系数相等，与组分的量无关。

下面从三个方面来讨论塔板理论。

（一）色谱过程（以分配色谱为例）

塔板理论是用分离过程的分解动作来说明色谱过程。它把色谱柱看作分馏塔，是由多块塔板叠加而成，把组分在色谱柱内的分离过程看成在分馏塔中的分馏过程。即在每块塔板内，样品在固定相和流动相中达到分配平衡。

假设样品中有A和B两组分，$K_A=1$，$K_B=0.5$，随流动相进入色谱柱的量为1，经过4次转移，5次分配，根据塔板理论在两相中的量见表K-2-1。

表 K-2-1 塔板理论解释下的溶液中组分在柱中分配及平衡情况

塔板号 组分 流动相脉冲		0		1		2		3		4		相
		A	B	A	B	A	B	A	B	A	B	
$N=0$	进样	1.000	1.000									流动相
		↓	↓									固定相
	平衡时	0.5	0.667									流动相
		0.5	0.333									固定相

续表

塔板号 组分 流动相脉冲		0 A	0 B	1 A	1 B	2 A	2 B	3 A	3 B	4 A	4 B	相
N=1	进流动相	↑	↑	0.5	0.667							流动相
		0.5	0.333	↓	↓							固定相
	平衡浓度	0.25	0.222	0.25	0.445							流动相
		0.25	0.111	0.25	0.222							固定相
N=2	进流动相			0.25	0.222	0.25	0.445					流动相
		0.25	0.111	0.25	0.222							固定相
	平衡浓度	0.125	0.074	0.25	0.296	0.125	0.297					流动相
		0.125	0.037	0.25	0.148	0.125	0.148					固定相
N=3	进流动相			0.125	0.074	0.25	0.296	0.125	0.297			流动相
		0.125	0.037	0.25	0.148	0.125	0.148					固定相
	平衡浓度	0.0625	0.025	0.185	0.148	0.185	0.296	0.0625	0.198			流动相
		0.0625	0.012	0.185	0.074	0.185	0.148	0.0625	0.099			固定相
N=4	进流动相			0.0625	0.025	0.185	0.148	0.185	0.296	0.0625	0.198	流动相
		0.0625	0.012	0.185	0.074	0.185	0.148	0.0625	0.099			固定相
	平衡浓度	0.0308	0.008	0.1238	0.066	0.185	0.197	0.1238	0.263	0.0308	0.132	流动相
		0.0308	0.004	0.1238	0.033	0.185	0.099	0.1238	0.132	0.0308	0.066	固定相

表 K-2-1 中可以看到不同分配系数的组分 A 和组分 B 在每个塔板中的分配情况，即分配系数不同随流动相迁移速度不同，分配系数小的组分迁移速度快。当混合组分随流动相流过色谱柱时，经过多次的分配平衡后，不同组分产生差速迁移，分配系数小的组分先流出色谱柱，只要色谱柱的塔板足够多，分配系数有微小差别的组分即可实现分离。这也可以说明分配系数不同是色谱分离的基础。

混合组分流过色谱柱的色谱过程是一个动态过程，由于流动相移动较快，组分不能在柱内各点瞬间达到分配平衡，组分沿色谱柱轴方向的扩散是不可避免的，即实际色谱过程与假设不符。但是塔板理论导出了色谱流出曲线方程，成功地解释了流出曲线的形状、浓度极大点的位置，也能够评价色谱柱柱效。

（二）组分浓度分布

根据塔板理论，当色谱柱塔板数很大（如 10^3 以上）时，流出曲线趋于正态分布曲线。正常的色谱峰上的每一个点所对应的组分浓度（c）与进样时间（t）的关系，可用正态分布方程式（高斯方程式）来讨论。

$$c = \frac{c_0}{\sigma\sqrt{2\pi}}\,\mathrm{e}^{-\frac{(t-t_R)^2}{2\sigma^2}}$$

该方程也称流出曲线方程，表示时间t时某组分浓度与相关参数的关系。$t=t_R$的浓度最大，可表示为

$$c_{max}=\frac{c_0}{\sigma\sqrt{2\pi}}$$

即为流出曲线的峰高。

（三）理论塔板高度和理论塔板数

理论塔板高度（H）和理论塔板数（n）都是柱效指标。

将理论塔板高度定义为每单位柱长（L）的方差：

$$H=\frac{\sigma^2}{L}$$

理论塔板数$n=\frac{L}{H}$。在实验中，理论塔板数（n）由峰宽、半峰宽（$W_{h/2}$）和保留时间（t_R）计算得到，具体见式（K-1-2）～式（K-1-5）。

二、速率理论

人们在实验时发现，气相色谱在载气流速（u）很低时，增加流速峰变锐，即柱效增加，超过某一速度后，流速增加，峰变钝，即柱效降低。说明柱效与流动相流速有关（图K-2-1）。

塔板理论无法解释柱效与载气流速的关系，不能说明影响柱效有哪些因素。荷兰学者范第姆特（Van Deemter）等人借鉴了塔板理论的概念，并把影响塔板高度的动力学因素结合起来，研究塔板高度与流速的关系（图K-2-1）。

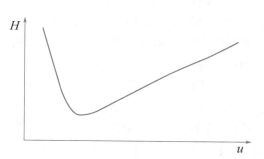

图K-2-1　塔板高度与流动相流速的关系

他导出了理论塔板高度与流动相流速的关系，即范第姆特方程（简称范氏方程），进而建立了色谱过程的动力学理论——速率理论（又称随机模型理论），说明了导致色谱峰展宽而降低柱效的动力学因素。范氏方程表述如下。

$$H=A+B/u+Cu \tag{K-2-1}$$

式中，H为理论塔板高度，cm；A为涡流扩散项，cm；B为纵向扩散系数，cm²/s；C为传质阻抗项系数，s；u为流动相的线速度，cm/s。由式（K-2-1）中关系可见，范氏方程将影响理论塔板高度的因素归纳成三项，即涡流扩散项A、分子扩散项B/u和传质阻力项Cu。在流速u一定时，A、B及C三个常数越小，峰越锐，柱效越高；反之，则峰扩张，柱效降低。在特定色谱条件下，有最佳的流速，此时，分离效果最好，柱效最高。

1.涡流扩散

涡流扩散（eddy diffusion）指由于色谱柱内填充剂的几何结构不同，分子在色谱柱中的流速不同而引起的峰展宽。它与填料颗粒直径和填充情况有关。

$$A=2\lambda d_p$$

式中，d_p 为填料（固定相）颗粒的直径；λ 为填充不规则因子，填充越不均匀，λ 越大。粒度太小时难以填充均匀（λ 大），且会使柱压过高。大而均匀（球形或近球形）的颗粒容易填充规则均匀，λ 就会小。总的来说，应采用细而均匀的载体，这样有助于提高柱效。为了减少涡流扩散对柱效的影响，色谱柱使用小粒径（$3 \sim 10\mu m$）、颗粒均匀的固定相和匀浆法装柱（毛细管柱无填料，$A=0$）。

2.分子扩散

又称纵向扩散。分子扩散（molecular diffusion）指由于进样后溶质分子在柱内存在浓度梯度，导致轴向扩散而引起的峰展宽。分子扩散项与扩散系数及修正系数有关（$B/u=2\gamma D_m/u$）（u 为流动相线速度）。分子在柱内的滞留时间越长（u 小），展宽越严重。在低流速时，它对峰形的影响较大。D_m 为分子在流动相中的扩散系数，由于液相的 D_m 很小（通常仅为气相的 $10^{-5} \sim 10^{-4}$），因此在 HPLC 中，只要流速不太低的话，这一项可以忽略不计。γ 是考虑到填料的存在使溶质分子不能自由地轴向扩散而引入的柱参数，用于对 D_m（组分在载气中的分子扩散系数）进行校正。γ 一般在 $0.6 \sim 0.7$，毛细管柱的 $\gamma=1$。

3.传质阻抗

常数 C 为传质阻抗系数。由于溶质分子在流动相、静态流动相和固定相中的传质过程而导致的峰展宽。溶质分子在流动相和固定相中的扩散、分配、转移的过程并不是瞬间达到平衡，实际传质速度是有限的，这一时间上的滞后使色谱柱总是在非平衡状态下工作，从而产生峰展宽。

由于液相传质阻抗的存在，增加了组分在固定相中的滞留时间，使其落后于在两相界面迅速平衡并随同流动相流动的分子，致使色谱峰扩张。采用小粒度的表面多孔性或全多孔性的固定相，低黏度的流动相，并适当升高柱温，均可减小传质阻抗，提高柱效。

以上就是色谱相关的塔板理论和速率理论的基本情况。

范氏方程是通过研究气相色谱法建立起来的。所以方程 $H=A+B/u+Cu$ 后来也称为气相色谱方程。范氏方程在高效液相色谱法中的表示形式可简化为：

$$H=A+Cu \tag{K-2-2}$$

在毛细管柱色谱法中的表示形式可简化为：

$$H=B/u+Cu \tag{K-2-3}$$

因为 HPLC 的流动相为液体，而且柱温多为室温，所以其黏度较大，因此，方程中的纵向扩散项 B/u 很小，以致可以忽略不计。而毛细管色谱柱为空心柱，其涡流扩散项可以忽略。

 **目标自测**

答案

一、填空题

1. Van Deemter 方程的数学表达式为 $H=A+B/u+Cu$，式中各项代表的意义是 A：_____，B：_____，C：_____，u：_____。

2.用气相色谱法测定某化合物，其保留时间为 6min，半峰宽为 0.06，求理论塔板数为_____。

3. 涉及色谱过程热力学和动力学两方面因素的是_____。

4. 涉及色谱过程热力学方面因素的是_____。

5. 涉及色谱过程动力学方面因素的是_____。

二、简答题

1. 塔板理论能解释色谱流出曲线的哪些问题？

2. 速率理论能解释色谱流出曲线的哪些问题？

3. 写出速率理论在气相色谱法、高效液相色谱法及毛细管色谱法的表示形式。

📖 阅读材料

　　在"色谱法"首次研究成果发表后的 20 多年中，这一技术几乎无人问津。直到 1931 年，德国的 Kuhn 等用同样的方法成功地分离了胡萝卜素和叶黄素及 60 多种这类色谱，色谱法开始为人们所重视，把茨维特开创的方法叫液-固色谱法，此后，相继出现了各种色谱方法。Martin 和 Synge 在 1940 年提出液−液分配色谱法（liquid-liquid partition chromatography），即固定相是吸附在硅胶上的水，流动相是某种有机溶剂。1941 年 Martin 和 Synge 提出用气体代替液体作流动相的可能性，11 年后 James 和 Martin 发表了从理论到实践比较完整的气−液色谱方法（gas-liquid chromatography），因而获得了 1952 年的诺贝尔化学奖。在此基础上，1957 年 Golay 开创了开管柱气相色谱法（open-tubular chromatography），习惯上称为毛细管柱色谱法（capillary column chromatography）。1956 年 Van Deemter 等在前人研究的基础上发展了描述色谱过程的速率理论，1965 年 Giddings 总结和扩展了前人的色谱理论，为色谱的发展奠定了理论基础。另一方面在 1944 年 Consden 等发展了纸色谱，1949 年 Macllean 等在氧化铝中加入淀粉黏合剂制作薄层板使薄层色谱法（TLC）得以实际应用，而在 1956 年 Stahl 开发出薄层色谱板涂布器之后，才使 TLC 得到广泛的应用。在 60 年代末把高压泵和化学键合固定相用于液相色谱，出现了高效液相色谱（HPLC），这一技术到今天已普遍应用于很多领域。80 年代初毛细管超临界流体色谱（SFC）得到了发展，但在 90 年代未得到较广泛的应用。而同样在 80 年代初由 Jorgenson 等集前人经验而发展起来的毛细管电泳（CZE），在 90 年代得到广泛的发展和应用。同时集 HPLC 和 CZE 优点的毛细管柱电色谱在 90 年代后期受到重视。进入 21 世纪，色谱科学正在医药、生命科学等领域发挥不可替代的重要作用。色谱法发展的重要阶段见表 K-2-2。

表 K-2-2　色谱法发展历史的主要阶段

年代	发明者	发明的色谱法及重要应用
1906	M.S.Twestt	用碳酸钙粉末分离植物色素，最先提出色谱概念
1931	Kuhn，Lederer	用氧化铝和碳酸钙分离 α-、β- 和 γ- 胡萝卜素，使色谱法开始为人们所重视
1938	Izmailov，Shraiber	最先使用薄层色谱法

续表

年代	发明者	发明的色谱法及重要应用
1938	Taylor，Uray	用离子交换色谱法分离了锂和钾的同位素
1941	Martin，Synge	提出色谱塔板理论；发明液-液分配色谱；预言了气体可作为流动相（即气相色谱法）
1944	Consden 等	发明了纸色谱法
1949	Macllean	在氧化铝中加入淀粉黏合剂制作薄层板，使薄层色谱进入实用阶段
1952	Martin，James	从理论和实践方面完善了气-液分配色谱法
1956	Van Deemter 等	提出色谱速率理论，并应用于气相色谱法中
1957		基于离子交换色谱的氨基酸分析专用仪器问世
1958	Golay	发明毛细管柱气相色谱法
1959	Porath，Flodin	发表凝胶过滤色谱法的报告
1964	Moore	发明凝胶渗透色谱法
1965	Giddings	发展了色谱理论，为色谱学的发展奠定了理论基础
1975	Small	发明了以离子交换剂为固定相、强电解质为流动相，采用抑制型电导检测的新型离子色谱法
1981	Jorgenson 等	创立了毛细管电泳法

项目L　薄层色谱法

思维导图

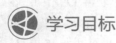 **薄层色谱法基础**

学习目标

1. 掌握薄层色谱法的基本术语及概念。
2. 熟悉其分离原理、常用的固定相。
3. 了解选择固定相和展开剂的原则和方法。

薄层色谱法（thin layer chromatography，TLC），是把固定相均匀地涂布在玻璃板、塑料板或铝箔上形成厚薄均匀的薄层，经点样、展开与显色后，在此薄层上进行混合物分离、定性和定量分析的色谱法。在药物质量控制中主要用于药品的鉴别和杂质的检查，也用于含量测定，即将供试品溶液点样于涂布有固定相的薄层板上，在密闭的容器中用适当的溶剂（展开剂）展开、检视后所得的色谱图（斑点），与适宜的对照物按同法操作所得的色谱图（斑点）进行比较。

薄层色谱法和纸色谱法属于平面色谱法。根据分离原理，薄层色谱法主要分为吸附色谱法、分配色谱法、离子交换色谱法、分子排阻色谱法和胶束薄层色谱法。按分离效能，薄层色谱法可以分为经典薄层色谱法和高效薄层色谱法。

薄层色谱法具有以下特点：

（1）分离能力强　对被分离物质性质没有限制。

（2）灵敏度高　能检出几微克甚至几十纳克的物质。

（3）展开时间短　一般只需要十至几十分钟。

（4）上样量比较大　可点成点状或条状。

（5）操作方便　所用仪器简单，一次可以同时展开多个试样。

另外，还有试样预处理简单、用途广泛等特点。因此在实际工作中是一种极为有用的分离分析技术，已广泛用于药品的鉴别、检查或含量测定。

一、术语与定义

薄层色谱法的常用术语及定义列于表L-1-1。

表L-1-1　薄层色谱法的常用术语及定义

术语	定义
薄层板	铺好固定相薄层的板，称为薄层板或薄板（thin layer plate）
比移值（R_f）	在一定条件下，溶质移动距离与流动相移动距离之比。即从点样基线至展开斑点中心（质量中心）的距离（L_i）与基线至展开剂前沿的距离（L_0）的比值
相对比移值（R_r）	在一定条件下，被测物质的比移值与参照物质的比移值之比
分离度（R）	系指两个相邻的斑点中心距离与两斑点的平均宽度（直径）的比值
活化	将硅胶等吸附剂在一定温度下加热一定时间，失去水分，使硅胶等吸附力增强的过程，称为活化
边缘效应	系指同一组分在同一板上处于边缘斑点的R_f值比处于中心斑点的R_f值大的现象
预饱和	系指展开前和展开中溶剂系统中所有组分在整个展开空间达到饱和，其饱和度直接影响R_f值

二、基本原理

（一）薄层色谱分离过程

固定相为吸附剂的薄层色谱法称为吸附薄层色谱法。在吸附薄层色谱法中，固定相主要是吸附剂，如硅胶、氧化铝等，将吸附剂均匀涂布在光滑表面的玻璃板、塑料板或铝板表面上形成薄层，称为薄层板或薄板。其分离原理为：在吸附薄层色谱法中，将含有A、B

两组分（假设A、B极性不同）的混合物点样于薄层板的一端，在密闭的容器中用适当的流动相（展开剂）展开，在展开过程中，A、B不断被固定相的吸附剂所吸附，又被展开剂所溶解（解吸附），且随展开剂向前移动，遇到新的吸附剂又被吸附，流动相又溶解，如此反复。由于吸附剂对A和B两组分具有不同的吸附能力，展开剂也对A和B两组分具有不同的解吸附能力，即吸附系数不同（$K_A \neq K_B$）。因此，当展开剂向前移动、不断展开时，A、B在吸附剂和展开剂之间发生连续不断的吸附和解吸附，从而产生差速迁移得到分离。组分的吸附系数（K值）越大，随展开剂移动的速度越慢，如图L-1-1中的A，在薄层板上移动的距离越小（其R_f值越小）；反之，组分的吸附系数（K值）越小，随展开剂移动的速度越快，如图L-1-1中的B，在薄层板上移动的距离越大（其R_f值越大）。在吸附色谱法中，极性大的组分R_f值小；极性小的组分R_f值大。

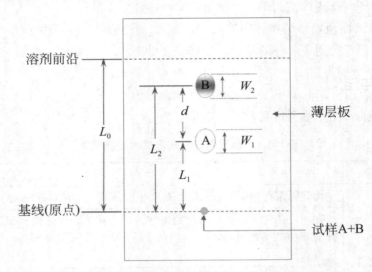

图L-1-1　薄层色谱展开过程及R_f值测量示意

（二）常用的分析参数

1.比移值（R_f）

系指从点样基线至展开斑点中心（质量中心）的距离（L_i）与基线至展开剂前沿的距离（L_0）的比值，表示各组分在色谱中的位置。计算公式如下。

$$R_f = \frac{\text{基线到组分斑点中心的距离}}{\text{基线到溶剂前沿的距离}} \qquad （L\text{-}1\text{-}1）$$

如图L-1-1所示，A、B两组分的比移值分别为

$$R_{f(A)} = \frac{L_1}{L_0}$$

$$R_{f(B)} = \frac{L_2}{L_0}$$

R_f是薄层色谱法的基本参数。可用供试品溶液的主斑点与对照溶液的主斑点的R_f值进

行比较，或用R_f值来说明主斑点的位置或杂质斑点的位置。实践中，R_f值的取值范围为0～1，最佳范围为0.3～0.5，可用范围为0.2～0.8。R_f值等于0，说明组分不能被展开，停留在点样位置；R_f值等于1，说明组分不被固定相的吸附剂所吸附，随着流动相一起到达溶剂前沿。

在实践中，由于R_f值受较多因素影响，想得到重复的R_f值较为困难。因此，采用相对比移值R_r重现性和可比性均比R_f值好，可以消除一些系统误差。

2.相对比移值（R_r）

系指从基线至试样斑点中心的距离与从基线至对照斑点中心的距离之比。

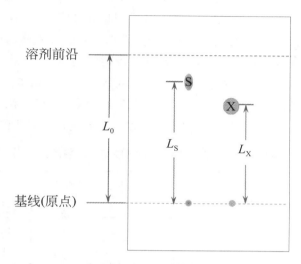

图L-1-2　R_r值测量示意

如图L-1-2中，若以组分S为对照品，组分X为试样，则

$$R_r = \frac{L_X}{L_S} \qquad （L-1-2）$$

用相对比移值（R_r）定性时，必须要有对照品。对照品可以是加入试样中的纯物质，也可以是试样中的纯物质，也可以是试样中的某一已知组分，与R_f值不同，R_r值可以大于1。

3.分离度

也叫分离效能。分离度（R）系指两个相邻的斑点中心距离与两斑点的平均宽度（直径）的比值，如图L-1-1所示，计算公式如下。

$$R = \frac{2d}{W_1 + W_2} \qquad （L-1-3）$$

式中，d为两斑点中心的距离；W_1为斑点A的宽度；W_2为斑点B的宽度。

（1）鉴别　应用于鉴别时，在对照品与结构相似药物的对照品制成的混合对照溶液的色谱图中，应显示两个清晰分离的斑点。

（2）杂质检查　应用于杂质检查时，在杂质对照品用供试品自身稀释对照液或同品种对照溶液制成混合对照溶液的色谱图中，应显示两个清晰分离的斑点，或待测成分与相邻的杂质斑点应清晰分离。

三、薄层色谱法的固定相

薄层色谱法的固定相按固定相种类可分为：硅胶薄层板、键合硅胶板、微晶纤维素板、聚酰胺板、氧化铝薄层板等。最常用的是硅胶，其次是氧化铝、硅藻土等，聚酰胺薄膜亦有少量使用。

1.硅胶

硅胶通常用$SiO_2 \cdot xH_2O$表示，是具有硅氧交联结构、表面有许多硅醇基的多孔性微粒。硅醇基是硅胶具有吸附力的活性基团，其通过与极性基团形成氢键表现吸附性能，不同组分的极性基团与硅醇基形成氢键的能力不同，使其可以在硅胶作为固定相的薄板上分离。

硅胶的活性（吸附能力）与其含水量相关，因水能与硅胶表面的硅醇基结合而使其失去活性，所以硅胶的含水量越高，其活性越低，吸附力则越弱。硅胶的活性（吸附能力）与含水量的关系见表L-1-2，活性分为五级，数值越高，含水量越多；活性越低，吸附能力越弱。同一组分在该硅胶上的R_f值越大，含水量越少，级数越低，活性越高，吸附能力越强；同一组分在该硅胶上的R_f值越小，含水量越多，级数越高，活性越低，吸附能力越弱。

表L-1-2　硅胶、氧化铝的活性与含水量的关系

硅胶含水量/%	氧化铝含水量/%	活性级别	活性	活化方法
0	0	I	高 ↓ 低	一般活化 硅胶：110℃，30min 氧化铝：110℃，45min
5	3	II		
15	6	III		
25	10	IV		
38	15	V		

将硅胶在$105 \sim 110℃$加热30min，使硅胶吸附力增强的过程称为"活化"。如果将硅胶加热至500℃左右，由于硅胶结构内的水（结构水）不可逆地失去，硅醇基结构变成硅氧烷结构，则吸附能力显著下降。硅胶的分离效能还与其粒度、孔径及表面积等几何形状有关。其粒度越小、越均匀，比表面积越大，孔径越多，其分离效能越高。

硅胶表面呈弱酸性（$pH \approx 5$），一般适合酸性和中性物质的分离，如有机酸、酚和醛类等。碱性物质（如生物碱）与硅胶发生酸碱反应，分离时出现拖尾，严重时停留在原点，不随流动相展开，表现为$R_f=0$。

常用的硅胶制成薄层板时可以加入黏合剂、荧光剂等，有硅胶H、硅胶G、硅胶GF_{254}、硅胶HF_{254}等。其中，硅胶G系指含有黏合剂（煅石膏，$12\% \sim 14\%$）的硅胶；硅胶H系不含黏合剂的硅胶；硅胶HF_{254}系指不含黏合剂但有荧光剂的硅胶，而硅胶GF_{254}则同时含有黏合剂和荧光剂的硅胶，F_{254}指含有在254nm的紫外光下呈强烈的黄绿色荧光背景的荧光剂。

2.氧化铝

色谱用氧化铝有碱性（pH 9.0）、中性（pH 7.5）和酸性（pH 4.0）三种。一般碱性氧化铝适用于分离中性及碱性化合物；中性氧化铝用来分离酸性及对碱不稳定的化合物；酸性氧化铝可用于分离酸性化合物，其中，中性氧化铝使用最多。氧化铝的活性也与含水量有

关（表L-1-2），含水量高，活性低，吸附力弱。

3.聚酰胺

聚酰胺是一种有机薄层材料，常用的有聚己酰胺、聚十一酰胺等。聚酰胺表面有酰胺基，可与酚、羧酸、氨基酸等形成氢键，对这一类物质的选择性特别高。

四、薄层色谱法展开剂的选择

（一）选择原则

薄层色谱法的流动相又称为展开剂（developing solvent；developer）。展开剂的选择是薄层色谱分离效果的重要条件之一。在薄层色谱法中，选择展开剂的一般原则与柱色谱选择流动相的原则相似，主要是根据被分离物质的极性、吸附剂的活性和展开剂的极性三者的相对关系进行选择。通过组分分子与展开剂分子争夺吸附剂表面活性中心而达到分离。Stahl设计了选择吸附薄层色谱条件的三者关系示意图（图L-1-3）。图中 A、B、C 三角形的三个角分别表示被分离的物质、吸附剂和展开剂。由图中可见，三角形A角指向一定的位置，相应的吸附剂和展开剂就相应变化。可根据这个三角形来选择薄层色谱的条件。

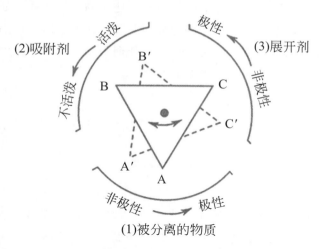

图L-1-3　化合物的极性、吸附剂活性和展开剂极性间的关系

（二）常用展开剂

薄层色谱法中常用的溶剂按极性由强到弱的顺序为：水＞酸＞吡啶＞甲醇＞乙醇＞正丙醇＞丙酮＞乙酸乙酯＞三氯甲烷＞二氯甲烷＞甲苯＞苯＞三氯乙烷＞四氯化碳＞环己烷＞石油醚。

在薄层色谱法中，通常根据被分离组分的极性，首先选择单一溶剂展开，由分离效果进一步考虑改变展开剂的极性或选择混合展开剂。比如，在实际工作中，某物质用三氯甲烷作展开剂，得到一 R_f 值，如果想改变该 R_f 值的大小，可以通过改变展开剂的极性来达到目的。若要使 R_f 值增大，则可以选择比三氯甲烷极性大的溶剂或者往三氯甲烷溶液中加入一定比例的比三氯甲烷极性大的溶剂（如乙醇、丙酮等）；反之，若要 R_f 值变小，则可以选择比三氯甲烷极性小的溶剂或者往三氯甲烷溶液中加入一定比例的比三氯甲烷极性小的溶剂（如环己烷、石油醚等）。通常，可得到一个分离效果好的展开剂为两种以上溶剂的混合展开剂，需要不断尝试组合及比例，调整溶剂系统极性，进行多次试验反复验证。常用的薄层色谱混合展开剂见表L-1-3。

表 L-1-3　常见薄层色谱的混合展开剂

样品类型	展开剂组成和配比	备注
亲水性样品	① 正丁醇-乙酸-水（4∶1∶5） ② 异丙醇-氨水-水（9∶1∶2） ③ 苯酚-水（4∶5）	三种溶剂按比例混合，用分液漏斗充分振摇混合后，取有机层
中强度的亲水样品	① 三氯甲烷-甲酰胺 ② 三氯甲烷-甲醇 ③ 乙酸乙酯-甲醇	混合溶剂的配比按样品极性而定

展开剂的配比根据实际实验的情况，适当进行调整，以达到分离及定性、定量分析的要求。分离弱酸性组分时，应在展开剂中加入一定比例的酸性物质，如甲酸、磷酸、醋酸和草酸等，可防止拖尾现象。分离碱性组分时，多数情况下选用氧化铝为吸附剂，选用中性展开剂。若采用硅胶为吸附剂，则选用碱性展开剂为宜。对于多元展开剂系统，可在展开剂中加入二乙胺调整pH，使分离的斑点集中清晰。

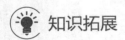 **知识拓展**

纸色谱法

1.基本原理

纸色谱法（PC）是以纸纤维作为载体的色谱法。按分离原理属于分配色谱的范畴，其固定相为纸纤维上吸附的水分，流动相为不与水相混溶的有机溶剂，纸纤维只是起到一个惰性支持物的作用。除水以外，纸也可以吸留甲酰胺、缓冲溶液等。

由于纸色谱的固定相为水，因此只有那些极性较大的化合物才能被水保留。故纸色谱只适合于分离极性较大、在水中有一定溶解度的物质，如无机盐、氨基酸、多羟基糖等。作为载体的滤纸，一般可以吸附20%～26%的水分，其中6%左右通过氢键与纤维素上的羟基形成复合物，这部分水与展开剂形成不相混溶的两相，从而实现分配分离。分离后各组分在纸色谱中的保留行为也常用R_f值来表达。R_f值与分配系数的关系式与薄层色谱中相似。

2.实验方法

（1）滤纸选择　作为纸色谱的载体，滤纸应具备如下条件：纯植物纤维制成，质地与厚薄均匀平整，松紧适宜；强度好，被溶剂润湿后仍能悬挂。

（2）滤纸处理　要想获得更好的分离效果，根据需要还可对滤纸进行前处理。处理的方式有除杂处理、改性处理和反相处理等。除杂处理：将滤纸在稀盐酸中浸泡，然后用蒸馏水洗涤，再在丙酮-乙醇（1：1）的混合溶液中浸泡，取出风干，可除去大部分杂质。改性处理：将滤纸预先用一定 H^+ 的缓冲溶液处理能克服拖尾现象。在滤纸上加一定浓度的无机盐，可调整纸纤维中的含水量，改变组分在两相间的分配比例，改善分离效果，如某些混合物生物碱的分离可采用此法。反相处理：将溶剂系统中的亲脂性液层固定在滤纸上作为固定相，水分亲水性溶剂作为流动相，即采用反相纸色谱法分离一些亲脂性强、水溶性小的化合物。操作时先制备疏水性滤纸，以改变滤纸的性能，适合水或亲水性溶剂系统的展开。另一种方法是将滤纸纤维经过化学处理使其产生疏水性，例如乙酰化滤纸就是常用的一种。

3.点样

溶液样品可直接点样。对固体样品，应采用极性与展开剂相似的溶剂配制，一般用乙醇、丙酮、三氯甲烷等有机溶剂。点样量的多少由滤纸的性能、厚薄及显色剂的灵敏度来决定，一般从几到几十微克。纸色谱更适合微量样品的分离。点样方法与薄层色谱相同。

4.展开

纸色谱最常用的展开剂是水饱和的正丁醇、正戊醇、酚等。为了防止弱酸、弱碱的解离，有时需加入少量的酸或碱，如乙酸、吡啶等。如用正丁醇-乙酸作展开剂，应先在分液漏斗中把它们与水振摇，静置分层后放掉下部水相，获得被水饱和的有机相作展开剂。有时加入一定比例的甲醇、乙醇等以增加展开剂的极性，增强它对极性化合物的展开能力。展开前，将展开剂倒入展开槽中盖好盖子，使槽内充满溶剂的饱和蒸气，然后才将滤纸点有样品的下端浸入溶剂中进行展开。纸色谱的展开方式通常为上行法，在制备时也可用大些的滤纸弯成 U 形，在圆柱形缸内上行展开。上行展开速率慢、展开距离短，也可用下行法展开，溶剂借助于重力和纤维的毛细管效应向下移行，速率较快，展开距离增大，分离效果好。对于复杂样品，还可选用双向展开、多次展开等多种展开方式。

5.检视

当展开完毕后，取出滤纸后立即标识展开剂前沿的位置，确定 L_0。除了腐蚀性显色剂外，凡是用于薄层色谱的显色剂都可以用于纸色谱的检视。用于生化分离的纸色谱，应采用生物检定法检视。例如分离抗菌作用的成分时，将纸色谱加到细菌的培养基内，经过培养后，根据抑菌圈出现的情况来确定化合物在纸上的位置。也可以用酶解法，例如无还原性的多糖或苷类，在纸色谱上经过酶解，生成还原性的单糖，就能用氨性硝酸银试剂显色。还可以利用化合物中所含有的示踪放射性核素来检视化合物在纸色谱上的位置。

依据展开剂移动的距离 L_0、样品组分斑点移动的距离 L_i，计算 $R_{f,i}$ 值，并与对照品组分的 $R_{f,s}$ 值相比较，得出定性结论。

📋 目标自测

一、填空题

答案

1.在薄层色谱中，如使用硅胶为固定相，则含水量越高，活性越＿＿＿＿。

2.薄层色谱的简写是＿＿＿＿。

3.比移值是指＿＿＿＿＿＿＿＿＿＿＿＿＿＿＿＿＿＿＿＿＿＿＿＿＿＿＿＿。

4.薄层色谱法中分离度的要求为大于＿＿＿＿＿＿＿＿。

5.薄层色谱法可应用于药品的＿＿＿＿＿、＿＿＿＿＿和＿＿＿＿＿。

二、选择题（不定项）

1.比移值宜在（　　　）之间。

A. $0 \sim 1.0$　　　　　　B. $0.2 \sim 0.8$　　　　　　C. $0.3 \sim 0.5$　　　　　　D.没有要求

2.吸附薄层色谱法最常用的固定相是（　　　）。

A.硅胶　　　　　　B.氧化铝　　　　　　C.聚酰胺　　　　　　D.微晶纤维素

3.用薄层色谱法对物质进行定性分析主要依据（　　　）。

A.比移值 R_f　　　　　B.分配系数 K　　　　　C.保留时间 t_R　　　　　D.保留体积 V_R

4.纸色谱的分离原理及固定相分别是（　　　）。

A.吸附色谱，固定相是纸纤维　　　　　　　B.分配色谱，固定相是纸上吸附的水

C.吸附色谱，固定相是纸上吸附的水　　　　D.分配色谱，固定相是纸纤维

5.在硅胶薄板中，既有黏合剂又有荧光材料的是（　　　）。

A.硅胶 G　　　　　　B.硅胶 H　　　　　　C.硅胶 F_{254}　　　　　　D.硅胶 GF_{254}

L-2任务　薄层色谱仪器材料

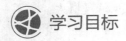 学习目标

1.熟悉薄层扫描仪的构造与原理。

2.能正确选用薄层板，掌握常用的薄层板类型。

3.熟悉薄层色谱法的相关操作。

一、仪器与材料

（一）薄层板

薄层色谱法的薄层板，按支持物的材质分为玻璃板、塑料板或铝板等；按固定相种类分为硅胶薄层板、键合硅胶板、微晶纤维素薄层板、聚酰胺薄层板、氧化铝薄层板等。固定相中可加入黏合剂、荧光剂。硅胶薄层板常用的有硅胶 H、硅胶 GF_{254}、硅胶 G、硅胶 HF_{254}，G 表示含有石膏黏合剂，F_{254} 表示含有在 254nm 紫外光下呈绿色背景的荧光剂。按固定相粒径大小分为普通薄层板（$10 \sim 40\mu m$）和高效薄层板（$5 \sim 10\mu m$）。

在保证色谱质量的前提下，可对薄层板进行特别处理和化学改性以适应分离的要求，可用实验室自制的薄层板，固定相颗粒大小一般要求粒径为 $10 \sim 40\mu m$，玻璃板应光滑、平

整，洗净后不附水珠。也可以购买商品板。

（二）点样器

一般用于薄层色谱法的点样器有：微升毛细管点样器，平头微量手动、半自动、全自动点样器材。

（三）展开容器

薄层色谱法展开通常在展开缸（槽）中进行。根据展开的方式不同形状不同。上行展开一般可用适合薄层板大小的专用平底或双槽展开缸，展开时必须能密闭。水平展开用专用的水平展开槽，纸色谱常用圆筒形展开缸。

（四）显色装置

薄层色谱有时需要显色以定位和判断，进而完成分析。喷雾显色应使用玻璃喷雾瓶或专用喷雾器，要求用压缩气体使显色剂呈均匀细雾状喷出；浸渍显色可用专用玻璃器械或适宜的展开缸代用；蒸气熏蒸显色可用双槽展开缸或适宜大小的干燥器代替。

（五）检视装置

为装有可见光、254nm 及 365nm 紫外光光源及相应的滤光片的暗箱，可附加摄像设备供拍摄图像用。暗箱内光源应有足够的光照度。

（六）薄层色谱扫描仪

薄层扫描仪是为适应薄层色谱的要求专门对斑点进行扫描的一种分光光度计，基本原理是用一束长和宽可以调节的一定波长、一定强度的光照射到薄层斑点上，对整个斑点进行扫描，用仪器测量通过斑点或被斑点反射的光束强度的变化，达到定量分析的目的。

使用薄层扫描仪在一定波长下，测定展开后薄层板上可吸收紫外-可见光的斑点对光的吸收强度，或经激发后能发射荧光的斑点所产生的荧光强度，根据其图谱及计分数据进行定性鉴别、杂质检查和定量分析的方法称为薄层扫描法。

1.仪器基本组成及分类

薄层扫描仪通常由光源、单色器、斩光器、薄层板放置仓、光电检测器、数据处理与信号输出系统等部分组成。数据处理与信号输出系统常包含在薄层色谱软件中，该软件不仅能对薄层扫描仪进行操作控制，并进行数据分析与处理，而且某些高级软件系统能够对薄层色谱的其他仪器进行联机控制，如自动点样机、自动展开仪、薄层数码成像系统等。

薄层扫描仪在光谱扫描上有单波长、双波长和连续波长扫描等方式；在光路设计上分为单光束扫描与双光束扫描等方式。目前最常用的为双波长薄层扫描仪，其原理和光学系统与双光束双波长分光光度计相似。

双波长扫描的测定值由于扣除了斑点所在空白薄层的吸收值，薄层背景的不均匀得到了补偿，扫描曲线基线平稳、测定精度得到改善。双波长扫描仪也有双波长单光束和双波长双光束两种类型。扫描方式分为以下两种。

（1）直线扫描　也称线性扫描，光以一定长度和宽度的光束照射在薄层板的一端，薄层板相对于光束等速直线移动至另一端。适用于外形规则的斑点。

（2）曲线扫描　也称锯齿扫描，微小的正方形光束在斑点上进行锯齿状移动扫描。特别适合于形状不规则或浓度分布不均匀的斑点。

2. 性能检定

薄层扫描仪的国家计量规程规范《薄层色谱扫描仪校准规范》（JJF 1712—2018）详细规定了检定周期、项目、方法、要求及校准等。

（1）波长准确度的检查　利用汞灯的特征谱线对仪器的波长准确度进行检查。选取汞灯，在200～700nm波长范围内依荧光方式对空白硅胶薄层板扫描吸收图谱，图谱中的峰位波长与汞灯谱线中相应波长的差即为仪器波长准确度。汞灯谱线的已知波长为253.6nm、313.0nm、334.2nm、365.0nm、404.7nm、435.8nm、546.1nm、578.0nm。若仪器的工作站中有专用的仪器检定软件，则按要求操作即可自动进行仪器波长准确度等检查，其结果应符合仪器相应的规定。

日常工作中波长准确度的初步核对可采用以下方法：于硅胶G薄层板上点样10μL浓度约为10mg/mL的磷酸氯喹水溶液，用氘灯以反射方式对样品斑点做光谱扫描（220～360nm），扫描所得的谱图应在（257±10）nm和（343±10）nm处有最大吸收峰。

（2）重复性测定　对薄层板上同一斑点重复多次扫描，计算结果的标准偏差。取脱水穿心莲内酯对照品适量，加无水乙醇制成每1mL含1mg的溶液。取1μL点于硅胶GF_{254}薄层板上，以三氯甲烷-乙酸乙酯-甲醇（4：3：0.4）为展开剂，展开，取出，晾干。按双波长薄层色谱扫描法，连续扫描10次，扫描波长λ_S=263nm，λ_R=370nm，以峰面积积分值计算相对标准偏差，锯齿扫描应≤1.5%，线性扫描应≤2.0%。

二、薄层色谱法操作技术

薄层色谱法的操作技术主要有薄层板的准备、点样、展开及斑点的检视等。

1. 薄层板的准备

薄层板通常自己制备或购买。制备通常包括选基片、调浆和涂布、干燥活化等步骤。

（1）选基片　根据需要，选用5cm×20cm、10cm×20cm或20cm×20cm规格的玻璃板，要求表面光滑、平整、洗净后不附水珠，晾干。

（2）调浆　一般可分为无黏合剂和含黏合剂两种。前者系将固定相直接涂布于玻璃板上，后者系在固定相中加入一定量的黏合剂，常用10%～15%煅石膏（$CaSO_4 \cdot 2H_2O$在140℃加热4h），混匀后加水适量使用，或用羧甲基纤维素钠水溶液（0.2%～0.5%）适量调成糊状，均匀涂布于玻璃板上。

（3）薄层涂布　除另有规定外，将1份固定相和3份水在研钵中向同一方向研磨混匀，去除表面的气泡后，倒入涂布器中，在玻璃板上平稳地移动涂布器进行涂布（厚度0.2～0.3mm），取下涂好薄层的玻璃板，置水平台上于室温下晾干后，再在110℃活化30min，即置有干燥剂的干燥箱中备用。使用前检查其均匀度（可通过反射光和透射光检视）。使用涂布器涂布应能使固定相在玻璃板上涂成一层符合厚度要求的均匀薄层。

（4）市售薄层板　分为普通薄层板和高效薄层板，如硅胶薄层板、硅胶G薄层板、聚酰胺薄膜和铝基片薄层板等。临用前，一般应在110℃活化30min，聚酰胺薄膜不需活化。铝基片薄层板可以根据需要剪裁，但必须注意，剪裁后的薄层板底边的硅胶层不得有破损。如在贮放期间被空气中杂质污染，使用前可用适当的溶剂在展开容器中上行展开预洗，110℃活化30min后，放干燥器中备用。

2.点样

正确选择溶解样品的溶剂、合适的点样量和正确的点样方法对获得一个好的色谱分离非常重要。

（1）溶液制备　用乙醇、甲醇、三氯甲烷等具有挥发性的有机溶剂将样品配制成浓度为0.01%～0.1%的溶液，尽量避免用水做溶剂溶解样品，因为水溶液斑点易扩散，且不易挥发除去。水溶性样品可以先用少量水使其溶解，再用甲醇或乙醇进行稀释定容。

（2）点样量　一般以几微升为宜，适当的点样量可以使斑点集中。点样量过大，则易拖尾或扩散；点样量过少，不易检出。点样的工具为点样器。点样器有手动、半自动或自动点样器，一般采用微量进样器或定量毛细管。

（3）点样方法　点样前先用铅笔在距薄层板底边1～1.5cm（高效薄层板一般0.8～1.0cm）处轻轻画出基线，并在基线上作好点样位置标记。在洁净、干燥的环境下，用点样工具轻轻触及线上点样位置标记，溶液则会自动吸附成圆形，样点直径以2～4mm为宜（高效薄层板一般不大于2mm），注意不要损伤薄层表面。溶液宜分次点样，每次点样后，待溶液挥干后再点。点样不能距边太近，以不影响检出为宜，一般为1.0～2.0cm（高效薄层板一般不小于0.5cm），避免边缘效应而产生误差。点样速度要快，在空气中点样以不超过10min为宜，以避免薄层板在空气中时间过长吸收水分而降低活性。点样后挥干。

3.展开

展开是点好样的薄层板与流动相（展开剂）接触，使两相相对运动并带动样品组分迁移的过程。展开的过程是混合物组分分离的过程，必须在密闭的容器中进行。展开的容器应使用适合薄层板大小的薄层色谱专用展开缸，并有严密的盖子，底部应平整光滑，或有双槽。

上行展开一般可用适合薄层板大小的专用平底或双槽展开缸，见图L-2-1。将点好样品的薄层板放入展开缸的展开剂中，浸入展开剂的深度为距薄层底边0.5～1.0cm（切勿将样品点浸入展开剂中），密封顶盖，待展开至规定距离（一般为10～15cm）后，取出薄层板，标记好前沿，晾干。

展开的方式可以单向展开，即向一个方向进行；也可以双向展开，即先向一个方向展开，取出，待展开剂完全挥发后，将薄层板转动90°，再用原来展开剂或另一种展开剂进行展开；亦可多次展开。

展开缸有时需预先用展开剂饱和（预饱和），目的是防止边缘效应。边缘效应是同一组分在同一板上处于边缘斑点的R_f值比处于中心斑点的R_f值大的现象。产生边缘效应的原因是展开剂的蒸发速度从薄层中心到两边缘逐渐增加，即处于边缘的挥发较快，在相同条件下，致使同一组分在边缘的迁移距离大于在中心的迁移距离。

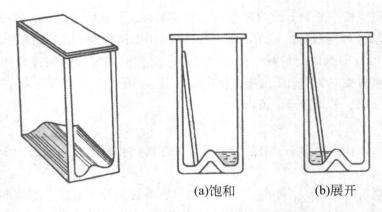

(a)饱和　　　　　(b)展开

图 L-2-1　双槽展开缸及上行展开示意

展开缸预饱和的方法，可在缸中加入适量的展开剂，薄层板不浸入展开剂中，一般保持15～30min，使系统平衡或按品种规定操作，再迅速将载有样品的薄层板浸入展开剂中，立即密闭，展开。

4.显色与检视

物质经薄层展开后，会得到一系列斑点，有色物质的斑点可以在日光下直接检视，而对于无色物质的斑点，则需要进行显色检视。

（1）荧光法　能发荧光或有紫外吸收的物质，在紫外光（254nm或365nm）下检视暗斑或荧光斑点的位置与强度。或采用荧光薄层板在紫外光灯下，整个薄层板呈强烈黄绿色荧光背景，被测物质由于吸收了254nm或365nm处的紫外光而呈现暗斑。

（2）化学法　既无色又无紫外吸收的物质，可利用显色剂与被测物质反应产生颜色，在日光或紫外光灯下检视。

显色剂有通用型和专用型两种。通用型显色剂有碘、硫酸溶液、荧光黄溶液等，可使许多物质显色，如碘可使生物碱、氨基酸衍生物、肽类、酯类及皂苷等显色；专用显色剂可使某个或某类化合物显色，如茚三酮可使氨基酸显色。具体使用的显色剂按各品种项下规定。

显色的方式可采用喷雾显色、浸渍显色或置碘蒸气中显色。喷雾显色可使用玻璃喷雾瓶或专用喷雾器，要求用压缩气体使显色剂呈均匀细雾状喷出；浸渍显色可用专用玻璃器皿或适宜的玻璃缸代替；碘蒸气熏蒸显色可用双槽玻璃缸或适宜大小的干燥器代替。

5.记录

薄层色谱图像一般可采用摄像设备拍摄，以光学照片或电子图像的形式保存。也可用薄层色谱扫描仪或其他方式记录相应的色谱图。

6.定性定量分析

具体参见L-3任务。

三、系统适用性试验

进行薄层色谱操作时，需要按各品种项下要求，对实验条件、检测方法进行系统适用性试验，即用供试品和标准物质对实验条件进行实验和调整，应使斑点的检测灵敏度、比移值（R_f）、分离度和相对标准偏差符合规定。

1.检测灵敏度

检测灵敏度系指杂质检查时，采用灵敏度溶液（通常为对照溶液稀释若干倍的溶液）与供试品溶液和对照品溶液在规定的色谱条件下，在同一块薄层板上点样、展开、检视，前者应显示清晰的斑点。

2.比移值

除另有规定外，杂质检查时，各杂质斑点的 R_f 值以 $0.2 \sim 0.8$ 为宜。影响 R_f 值的因素主要有以下几个方面。

（1）被分离物质的性质　在硅胶薄层板上的吸附色谱法中，一般来说，极性较强的组分 R_f 值较小。

（2）薄层板的性质　固定相的粒度、薄层的厚度等都影响组分的 R_f 值。吸附色谱法中吸附剂活性越强，其吸附作用就越强，组分的 R_f 越小。

（3）展开剂的性质　展开剂的极性和组成对组分的溶解能力及其与固定相作用的强弱等都影响到组分的 R_f 值。在吸附色谱法中，极性越强的展开剂与吸附剂的作用越强，使组分与吸附剂的作用相对减弱，R_f 值越大。

（4）展开蒸气的饱和程度　展开缸内的展开剂蒸气饱和程度对 R_f 值也有较大影响。展开缸内展开剂蒸气饱和程度不够时，在展开过程中薄层板上的展开剂中挥发性强的组分（通常极性相对较弱）易挥发，导致组分 R_f 值增大。

3.分离度

鉴别时，供试品与标准物质色谱中的斑点均应清晰分离。当薄层色谱扫描仪用于限量检查和含量测定时，要求定量峰和相邻峰之间有较好的分离度。除另有规定外，分离度应大于1.0。

4.相对标准偏差

薄层扫描含量测定时，同一供试品溶液在同一薄层板上平行点样的待测成分的峰面积测量值的相对标准偏差（RSD）应不大于5.0%；需显色后测定的或者异板的相对标准偏差应不大于10.0%。

 知识拓展

薄层色谱过程中出现斑点异常的原因及解决方法

1.拖尾现象

在薄层色谱中较为常见，结果使斑点间界限模糊，结果难以判断。其原因有以下几个。

（1）点样过量　在薄层色谱过程中化合物在薄层板上进行吸附-解吸附的移动过程中，任何一类吸附剂，它们负载化合物的能力是有一定限度的，因点样过量而超载后，过剩的化合物被抛在后面，形成拖尾现象。

（2）重复点样　样点虽在同一垂直线而样点圆心未重合，致使样点呈近椭圆形，也是形成拖尾现象的又一原因。为避免以上异常现象，应选择合适的点样量，在重复点样过程中，样点圆心应重合。

2.边缘效应

这是样品在展开时，薄层板两边的斑点比中间斑点移动快，并向两边偏斜。其原因是用混合溶剂展开过程中，其中极性较弱和沸点较低的溶剂在薄层板两边沿处较易挥发，使薄层板上展开剂的比例不一致，极性发生变化，而出现边缘效应。为避免上述现象的出现：①展开剂预饱和或选择内径和长度适宜的展开缸进行展开；②选择适宜的单一展开剂代替混合展开剂；③采用共沸展开剂代替一般混合展开剂，如三氯甲烷-乙醇（92：8质量比，共沸点59.4℃，介电常数6.05左右）来代替三氯甲烷-甲醇（95：5），则可消除两种溶剂挥发速率的差异；④在薄层板的两边各刮去约5mm的吸附剂。

3.S形及波形斑点

S形斑点是指含多种成分的样品展开时，其斑点不是顺次分布于原点至展开前沿的垂直线上，而是呈S形分布于垂直线两侧。波形斑点是指某些含多种成分的样品液，顺次点于同一起始线上，展开后，这些成分相同的斑点不呈直线状平行于起始线，而是呈波浪形。产生原因为薄层板厚薄不匀。为避免上述现象的出现应选厚薄均匀的薄层板。

4.念珠状斑点

这是指化合物斑点之间距离小，相互连接呈念珠状。产生原因及克服方法：样品中成分过多，在一定长度的薄层板上，排布不开，彼此重叠。可适当增加薄层板长度，使斑点距离加大或采用双向展开，使所含成分向两个方向展开可以避免念珠状斑点的出现。多次点样时，点样中心不重合，形成复斑。应以适当浓度供试液一次点样，若多次点样，点样中心必须重合。

5.展开后斑点值不稳定

斑点 R_f 值与文献规定不符或重复操作 R_f 值时大时小。主要原因为：①展开温度不稳定，在采用混合溶剂展开时，由于温度不稳定使展开剂的比例发生变化；②薄层厚薄不匀；③吸附剂溶剂质量差异。根据以上原因在展开过程中除选择质量较好的吸附剂与溶剂外，同批或同一品种应选择同厂、同批号的吸附剂和溶剂，展开时室温差控制在±0.5℃之间，制板时吸附剂颗粒应选择直径 $10 \sim 40\mu m$ 的颗粒制板，板材平整，薄层厚薄均匀。

📋 目标自测

一、填空题

答案

1.除另有规定外，点样时点样基线距底边_____，圆点状直径一般不大于_____，展开时薄层板浸入展开剂的深度为距原点_____为宜，上行展开_____。

2.薄层色谱法检视的紫外光源波长为_____和_____。

3.薄层色谱法用于鉴别时供试品溶液色谱图中所显斑点的_____、_____或_____

应与标准物质色谱图的斑点一致。

4.薄层色谱法的系统适用性试验包括＿＿＿＿、＿＿＿＿、＿＿＿＿和＿＿＿＿。

5.薄层色谱点样时，点样要距离薄层板底边至少＿＿＿＿。

二、选择题（单项）

1.薄层色谱法中展开剂的选择原则是（　　　）。

A.极性小（亲脂性）的被分离物质选用活性弱的吸附剂，极性强的展开剂

B.极性小（亲脂性）的被分离物质选用活性强的吸附剂，极性弱的展开剂

C.极性大（亲水性）的被分离物质选用活性弱的吸附剂，极性强的展开剂

D.极性大（亲水性）的被分离物质选用活性强的吸附剂，极性弱的展开剂

2.硅胶薄层板使用前需要（　　　）。

A.强化　　　　　　　B.聚合　　　　　　　C.活化　　　　　　　D.去活

3.下列说法中错误的是（　　　）。

A.点样时注意勿损伤薄层表面　　　　　B.溶解样品的溶剂尽量避免用水

C.展开前需预先用展开剂饱和　　　　　D.展开过程可随时打开容器盖子

4.薄层色谱法中溶解样品的溶剂应尽量避免使用（　　　）。

A.三氯甲烷　　　　　B.丙酮　　　　　　　C.甲醇　　　　　　　D.水

5.薄层色谱所用仪器与装置不包括（　　　）。

A.薄层板　　　　　　B.展开缸　　　　　　C.点样器　　　　　　D.压片装置

 **L-3任务　薄层色谱法应用**

学习目标

1.掌握薄层色谱法定性方法。

2.熟悉用薄层色谱法检查杂质的方法。

3.熟悉薄层色谱法定量应用方法。

一、鉴别

薄层色谱法应用于鉴别基本上利用其定性参数 R_f 值来完成，方法如下。

（1）与对照品比较 R_f 值　将同浓度的供试品溶液与对照品溶液在同一块薄层板上点样、展开与检视，供试品溶液所显示主斑点的位置（R_f 值）应与对照品溶液的主斑点一致，而且两主斑点的大小与颜色（或荧光）的深浅也应大致相同；或将两溶液等体积混合后，点样、展开与检视，应显示单一、紧密的斑点。

（2）与结构相似的物质比较R_f值　选用与供试品化学结构相似的药物对照品与供试品的主斑点比较，两者的R_f值应不同，或将上述两种溶液等体积混合应显示两个清晰分离的斑点。

（3）比较相对比移值R_f值　由于影响R_f值的因素很多，如吸附剂的种类和活度、展开剂的极性、薄层厚度、展开距离等，使R_f值的重复性较差，因此采用相对比移值R_f定性比R_f值定性更可靠。可与对照品的R_S值比较定性，也可与文献收载的R_f值比较定性。

必要时，化学药品可采用供试品溶液与标准溶液混合点样、展开，与标准物质相应斑点应为单一、紧密的斑点。

二、限量检查与杂质检查

薄层色谱法应用于药物检查，主要是杂质限量的检查，一般无需测定杂质的含量。杂质检查可采用杂质对照品法、供试品溶液的自身稀释对照法或两法并用，及薄层色谱扫描法。

（1）杂质对照品法　制备一定浓度的供试品溶液和相应的杂质对照品溶液（浓度符合限度规定）或系列杂质对照品溶液，点样、展开、检视并比较。供试品溶液色谱图中除主斑点外的其他斑点（杂质斑点）与相应的杂质对照品溶液或系列杂质对照品溶液色谱图中的主斑点比较，颜色不得更深。该法适用于有杂质对照品的药物。

（2）自身稀释对照法　制备一定浓度的供试品溶液：取供试品溶液一定量，按照限度规定，稀释成另一份低浓度的溶液或系列溶液，作为对照溶液，点样、展开、检测并比较。供试品溶液色谱图中除主斑点外的其他斑点（杂质斑点）与相应的自身稀释对照溶液或系列自身稀释对照溶液色谱图中的主斑点的比较，颜色不得更深。该法主要适用于杂质结构不确定或无杂质对照品的药物。

（3）两法并用　取样品溶液、杂质对照品溶液及样品溶液自身稀释对照溶液分别在同一薄层板上点样、展开和检视。即特定杂质限度采用杂质对照品法，其他杂质限度采用自身稀释对照法控制。

（4）薄层色谱扫描法　照薄层色谱扫描法操作，测定峰面积值，供试品色谱图中相应斑点的峰面积值不得大于标准物质的峰面积值。含量限度检查应按规定测定限量。

三、含量测定

（1）洗脱法　样品经过薄层色谱分离后，采用适当的方法将待测组分洗脱或溶解出来，然后采用适当的方法测定含量。

（2）目视比较法　将一系列已知浓度的对照品（或标准物质）溶液与试样溶液在同一薄层板上进行点样、展开并显色后，以目视法直接比较样品与对照品斑点的颜色及斑点的大小，求出样品中待测组分的近似含量，该方法误差较大，精密度约为±10%，通常作为半定量的方法。

（3）薄层扫描法　用薄层扫描仪对薄层板上的斑点进行分析。精密度可达±5%。薄层扫描的定量分析法主要采用外标法，即先用被测组分对照品浓度系列作校正曲线，得到线性范围，进行含量测定。在实际工作中常采用外标一点法和外标两点法。

采用外标两点法计算时，若线性范围很窄，可用多点法校正多项式回归计算。供试品溶液和对照标准溶液应交叉点于同一薄层板上，供试品点样不得少于2个，标准物质每一浓度不得少于2个。扫描时，应沿展开方向扫描，不可横向扫描。

目标自测

一、填空题

1.已知某混合样品A、B、C三组分的分配系数分别为400、480、520，三组分在薄层色谱上R_f值顺序为_____。

2.薄层扫描定量时，除另有规定外，含量测定应使用_____薄层板。

3.市售薄层板及聚酰胺薄膜临用前一般应在_____℃活化30min。

4.薄层色谱法检视的紫外光源波长为_____和_____。

5.同一供试品溶液在同一薄层板上平行点样的待测成分的峰面积测量值的相对标准偏差应不大于_____；需显色后测定的相对标准偏差应不大于_____。

二、选择题（不定项）

1.薄层色谱常用的固定相其颗粒大小，一般要求粒径为（　　　）。

A. 10～40μm

B. 20～40μm

C. 5～50μm

D. 40～60μm

2.薄层色谱扫描法，供试品溶液和对照品溶液应交叉点于同一薄层板上，供试品溶液点样不得少于2个，对照品每个浓度都不得少于（　　　）个。扫描时，应沿展开方向扫描，不可横向扫描。

A. 1

B. 2

C. 3

D. 4

3.不影响薄层色谱R_f值的因素是（　　　）。

A.展开剂使用的量

B. pH

C.展开时的温度

D.展开剂的性质

E.欲分离物质的性质

4.在薄层板上分离A、B两组分的混合物，当原点至溶剂前沿距离为16.0cm时，两斑点中心至原点的距离分别是4.8cm和6.2cm，求A、B的比移值分别为（　　　）。

A. 0.40，0.32

B. 0.70，0.61

C. 0.30，0.39

D. 9.1，10.4

5.薄层色谱的显色方法有（　　　）。

A.喷雾显色

B.蒸气熏蒸显色

C.浸渍显色

D.紫外光显色

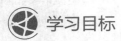 **L-4实训** **鉴别盐酸环丙沙星胶囊**

学习目标

1. 会选板、点样、展开、定位等技术。
2. 会薄层色谱法鉴别的实验及判断方法。
3. 会比移值的标示和计算。
4. 培养严谨、细致、实事求是的做事态度。
5. 树立"质量第一、依法检测"的观念。
6. 培养良好的团队协作、协调人际关系的能力。

一、任务内容

1. 质量标准（实验方法）

供试品溶液 称取本品内容物适量，加0.1mol/L盐酸溶液适量（每5mg环丙沙星加0.1mol/L盐酸溶液1mL）使溶解，用乙醇稀释制成每1mL中约含环丙沙星1mg的溶液，滤过，取续滤液作为供试品溶液。

对照品溶液 取环丙沙星对照品适量，加0.1mol/L盐酸溶液适量（每5mg环丙沙星加0.1mol/L盐酸溶液1mL）使溶解，用乙醇稀释制成每1mL中约含环丙沙星1mg的溶液。

系统适用性溶液 取环丙沙星对照品与氧氟沙星对照品各适量，加0.1mol/L盐酸溶液适量（每5mg环丙沙星、氧氟沙星加0.1mol/L盐酸溶液1mL）使溶解，用乙醇稀释制成每1mL中约含环丙沙星1mg与氧氟沙星1mg的混合溶液。

色谱条件 采用硅胶GF_{254}薄层板，以乙酸乙酯-甲醇-浓氨溶液（5∶6∶2）为展开剂。

测定法 吸取上述三种溶液各2μL，分别点于同一薄层板上，展开，取出，晾干，置紫外光灯254nm或365nm下检视。

系统适用性要求 系统适用性溶液应显两个完全分离的斑点。

结果判定 供试品溶液所显主斑点的位置和颜色应与对照品溶液主斑点的位置和颜色相同。[《中国药典》（2020年版，二部）。]

2. 方法解析

该任务是薄层色谱法在药物质量检测中的典型应用。可以训练解读标准的能力及薄层色谱法的相关实验技能，加深理解薄层色谱的原理及相关要求。其要求系统适用性溶液中的环丙沙星和氧氟沙星完全分离，呈两个明显的斑点，即说明两种结构类似、性质相似的化合物的分离度须达到规定要求，确定该分析方法使用的色谱系统是有效的、适用的。

二、实验原理

薄层色谱法是目前应用较广的药物鉴别技术。采用与待测样品（供试品）同浓度的对照品（或标准）溶液，在同一块薄层板上点样、展开与检视，待测样品溶液所显示主斑点的位置（R_f）与颜色（或荧光）应与对照品溶液的主斑点一致，而且主斑点的大小、颜色的深浅也应大致相同。或采用待测样品溶液与对照品溶液等体积混合，应显示单一、紧密的斑点；或选用与待测组分化学结构相似的药物对照品与待测样品的主斑点比较，两者R_f值应不同；或将上述两种溶液等体积混合，应显示两个清晰分离的斑点。

本实验中盐酸环丙沙星胶囊样品与其对照品同时在一块薄层板上展开，二者的斑点位置及颜色、大小应符合要求。

三、工作过程

下面依照《中国药典》（2020年版，二部）的相关规定，按实际工作过程，分解相关技术单元逐步完成该项检测任务。

（一）实验准备清单

见表L-4-1。

表 L-4-1　TLC法鉴别盐酸环丙沙星胶囊准备清单

名称		规格及要求	数量/方法	用途
仪器及配件	薄层板	硅胶GF$_{254}$；5cm×12cm	3	鉴别
	点样器	微量进样器或定量毛细管	2	点样
	展开缸	大小合适，盖子、底部平整光滑	1	展开
	天平	万分之一	1	称量
	容量瓶	10mL 或 20mL	3	配制供试液等
	滤膜	0.45μm	5	
	量筒	10mL	1	
	其他	一些辅助器皿及工具		
试药试液	盐酸环丙沙星胶囊	0.25g	适量	供试品
	环丙沙星	对照品	适量	配制对照品溶液等
	氧氟沙星	对照品	适量	配制适用性溶液
	供试品溶液	含环丙沙星约1mg/1mL	根据规程配制	鉴别用
	对照品溶液	含环丙沙星约1mg/1mL	根据规程配制	鉴别用
	系统适用性溶液	含环丙沙星、氧氟沙星各约1mg/1mL	根据规程配制	色谱适用性
	展开剂	乙酸乙酯-甲醇-浓氨溶液（5∶6∶2）	根据规程配制	实验检查用
	盐酸溶液	0.1mol/L	适量	溶剂
	乙醇	95%（mL/mL），分析纯	适量	稀释溶液
	乙酸乙酯	色谱纯	适量	配制展开剂
	甲醇	色谱纯	适量	
	浓氨溶液	分析纯	适量	

（二）工作流程图及技能点解读

1.流程图

见图 L-4-1。

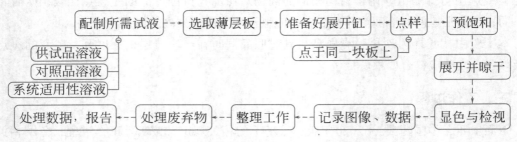

图 L-4-1   TLC 法鉴别物质工作流程

2.技能解读表

见表 L-4-2。

表 L-4-2   TLC 法鉴别物质技能解读

以盐酸环丙沙星胶囊鉴别为例			
序号	技能单元		操作方法及要求
1	配制相关试液	供试品溶液	取本品内容物适量，加 0.1mol/L 盐酸溶液适量（每 5mg 环丙沙星加 0.1mol/L 盐酸溶液 1mL）使溶解，用乙醇稀释制成每 1mL 中约含环丙沙星 1mg 的溶液，滤过，取续滤液作为供试品溶液
		对照品溶液	取环丙沙星对照品适量，加 0.1mol/L 盐酸溶液适量（每 5mg 环丙沙星加 0.1mol/L 盐酸溶液 1mL）使溶解，用乙醇稀释制成每 1mL 中约含环丙沙星 1mg 的溶液，作为对照品溶液。用封口膜封好。配制好的对照品溶液标签上应注明品名、批号、取样量、稀释倍数（浓度）、配制日期
		系统适用性溶液	各取环丙沙星对照品与氧氟沙星对照品适量，加 0.1mol/L 盐酸溶液适量（每 5mg 环丙沙星、氧氟沙星加 0.1mol/L 盐酸溶液 1mL）使溶解，用乙醇稀释制成每 1mL 中约含环丙沙星 1mg 与氧氟沙星 1mg 的混合溶液。用封口膜封好。配制好的溶液标签上应注明品名、批号、取样量、稀释倍数（浓度）、配制日期
		展开剂	乙酸乙酯-甲醇-浓氨溶液（5∶6∶2）
		显色剂	本实训无显色剂
2	选取薄层板		市售或自制的薄层板选择边缘整齐、固定相没有损伤的用于实验
3	准备好展开缸		展开缸要洁净、干燥、平稳、密封性好
4	点样		在选好的同一张薄层板上画好原点和点样位置，用微量进样器分别吸取上述供试品溶液、对照品溶液、系统适用性溶液各 2μL
5	预饱和		双槽展开缸中其中一槽加入适量的展开剂，点好样的薄层板放入另一槽内，一般保持 15～30min，使系统平衡或按品种规定操作
6	展开、晾干		预饱和后，迅速将载有样品的薄层板浸入展开剂中（或倾斜插入），展开。观察展开剂前沿距离薄层板上端底边 1～2cm 时，取出晾干

续表

序号	技能单元	操作方法及要求
7	显色与检视	置于紫外光灯254nm或365nm下检视并标示
8	记录	标示斑点位置、大小、溶剂前沿，比较斑点颜色，测量基线到组分斑点中心距离、基线到溶剂前沿的距离，记录或拍照记录
9	整理工作	填写仪器使用记录，清理实验室。清洗器皿：按要求清洗进样针后入盒保存；按要求洗涤实验所用器皿并保存。整理工作台：仪器室和准备实验室的台面清理，物品摆放整齐，凳子放回原位

（三）数据记录表

见表L-4-3。

表 L-4-3　薄层色谱法数据记录

日期：　　　　　　　温度（℃）：　　　　　　相对湿度（%）：

样品编号				样品名称	
批号					
固定相					
展开剂					
显色剂					
天平型号				仪器编号	
供试品溶液的制备					
对照品溶液的制备					
系统适用性溶液的制备					
点样量					
检出条件					
数据记录	试验	系统适用性		供试品	对照品
	L				
	L_0				
标准规定					
实验中特殊问题					
实验检查	项目	是		否（说明原因）	
	所需数据测定				
	记录是否完整				
	仪器使用登记				
	器皿是否洗涤				
	台面是否整理				
	三废是否处理				
教师评价					

（四）实验数据处理

（1）根据标记的基线、斑点、溶剂前沿位置，分别用直尺量出基线到供试品斑点中心、对照品斑点中心的距离，基线到溶剂前沿的距离，记录。

（2）分别计算出供试品及对照品的比移值（$R_{f供}$、$R_{f对}$）。

（3）按下列公式计算对照品与供试品比移值的相对偏差以进行鉴别。

$$相对偏差 (\%) = \frac{R_{f供} - R_{f对}}{R_{f对}} \times 100\%$$

根据要求得出定性结论。一般要求：相对偏差在±5%以内说明二者可能是同一种物质。

（五）实验注意事项

通过本实验学习了薄层色谱法鉴别药物的方法，特别是薄层色谱法实验一般操作工作过程和操作方法及注意事项，其中实验各环节注意事项见表L-4-4。其他分析（样品分离、杂质检查、含量测定等）都可在该基础上进行后续操作。

表 L-4-4　TLC 注意事项

技能单元	操作方法及注意事项
供试品溶液	取现开封的胶囊内容物，称样要求用万分之一天平称取 溶剂选择是否适当会影响点样原点及分离后斑点的形状，一般应选择极性小的溶剂；只有在供试品极性较大、薄层板的活性较大时，才选择极性大的溶剂 试液的浓度要适宜，最好控制在使点样量不超过10μL
对照品溶液	取干燥情况下的对照品（注意是否吸潮），每次称取量不得少于20mg。一般先配制成高浓度的标准溶液，再用移液管吸取（高浓度）1～2mL至一定容量的容量瓶中，加入溶剂定容、混匀，即得（低浓度） 严格按照标准配制对照品浓度，不可超过或低于一倍。配制后的对照品溶液均需用封口膜封好
薄层板	自制薄层板和市售薄层板在使用前均应进行活化，活化后的薄层板应立即置于有干燥剂的干燥器中保存，保存时间不宜过长，最好随用随制，放入干燥器中保存仅作为使用前的一种过渡
展开剂配制	选择合适的量器把各组成溶剂移入分液漏斗，强烈振摇使混合液充分混合，放置，如果分层，取用体积大的一层作为展开剂。临用新配。绝对不应该把各组成溶液直接倒入展开缸，振摇展开缸来配制展开剂
预饱和	展开缸中展开剂应一次性加好，加入量须适量，液面高度不能高于薄层板基线，密闭容器，一般保持15～30min
点样	（1）点样点尽可能集中，面积恒定，点样量准确。取规定点样量2μL，微量进样器精密取样后，垂直直接轻轻点触于薄层板基线上设定位置，必须注意勿损坏薄层表面，待干后，再在同一位置上点下一次，控制点的面积尽量重叠一致，直至点完规定量 （2）点样速度要快，在空气中点样时间以不超过10min为宜，以减少薄层板和大气的接触时间，以免改变活性

续表

技能单元	操作方法及注意事项
点样	（3）点样后，应待溶剂挥发完，再放入展开缸展开 （4）实验环境的相对湿度和温度对薄层分离效果有着较大的影响（实验室要求相对湿度在65%以下），应保持实验环境的相对恒定。对温湿度敏感的品种必须按品种项下的规定，严格控制实验环境的温湿度 （5）普通薄层板的点样量最好在10μL以下，高效薄层板在5μL以下。薄层板上样品容积的负荷量极为有限，点样量过多可造成原点"超载"，展开剂产生绕行现象，使斑点拖尾
展开	薄层板放入时，动作应该尽量轻、快，展开剂不能没过样点，一般情况下浸入展开剂的深度为距原点0.5cm为宜。展开距离不宜过长，通常为10～15cm。展开剂每次展开后，都需要更换，不能重复使用；通常在通风橱中操作
显色与检视	展开后的薄层板，用适当的方法使展开剂挥发完全后进行显色、检视 对于无色组分，在用显色剂时，显色剂喷洒要均匀，量要适度；紫外光灯的功率越大，暗室越暗，检出效果就越好；注意紫外光灯安全使用
记录	R_f值应控制在0.2～0.8，R_f值很大或很小时，应适当改变流动相的比例

（六）三废处理

本实训中涉及实验三废处理方法见表L-4-5。

表L-4-5 三废处理方法

实验废物		处理方法
废液	展开剂废液	废液桶回收， 定期统一收集处理
	剩余供试品溶液	
固体废物	实验剩余胶囊内容物	回收到固定容器， 定期集中处理
	用过的薄层板	

四、实验报告

按要求完成实验报告。

五、拓展提高

1.检查布洛芬的有关物质

供试品溶液 取本品，加三氯甲烷溶解并稀释制成每1mL中含100mg的溶液。

对照溶液 精密量取供试品溶液适量，用三氯甲烷定量稀释制成每1mL中含1mg的溶液。

色谱条件 采用硅胶G薄层板，以正己烷-乙酸乙酯-冰醋酸（15∶5∶1）为展开剂。

测定法 吸取供试品溶液与对照溶液各5μL，分别点于同一薄层板上，展开，晾干，喷以1%高锰酸钾的稀硫酸溶液，在120℃加热20分钟，置紫外光灯（365nm）下检视。

限度　供试品溶液如显杂质斑点，与对照溶液的主斑点比较，不得更深［《中国药典》（2020年版，二部）］。

方法解析：薄层色谱法检查杂质是薄层色谱法在药物质量检测中的典型应用之一。

杂质的检查部分可采用杂质对照品法、供试品溶液的自身稀释对照法或杂质对照品法与供试品溶液自身稀释对照法同时使用。

该任务为检查布洛芬的有关物质，这些杂质的性质与主成分性质相同或相近，采用供试品溶液的自身稀释对照法，用供试品溶液除主斑点外的其他斑点与相应的对照品溶液的主斑点比较，即杂质斑点与主成分斑点比较，此时由供试品溶液稀释若干倍后的对照溶液中主成分刚好为杂质限量要求的浓度。

2.中药大黄的薄层色谱鉴别

取本品粉末0.1g，加甲醇20mL，浸泡1小时，滤过，取滤液5mL，蒸干，残渣加水10mL使溶解，再加盐酸1mL，加热回流30分钟，立即冷却，用乙醚分2次振摇提取，每次20mL，合并乙醚液，蒸干，残渣加三氯甲烷1mL使溶解，作为供试品溶液。另取大黄对照药材0.1g，同法制成对照药材溶液。再取大黄酸对照品，加甲醇制成每1mL含1mg的溶液，作为对照品溶液。照薄层色谱法（通则0502）试验，吸取上述三种溶液各4μL，分别点于同一以羧甲基纤维素钠为黏合剂的硅胶G薄层板上，以石油醚（30～60℃）-甲酸乙酯-甲酸（15：5：1）的上层溶液为展开剂，展开，取出，晾干，置紫外光灯（365nm）下检视。供试品色谱中，在与对照药材色谱相应的位置上，显相同的五个橙黄色荧光主斑点；在与对照品色谱相应的位置上，显相同的橙黄色荧光斑点，置氨蒸气中熏后，斑点变为红色［《中国药典》（2020年版，一部）］。

方法解析：薄层色谱法常用于中药的鉴别。该任务为中药大黄的鉴别。通过大黄酸对照品和大黄对照药材进行对比，达到鉴别目的。中药对照品可明确鉴别出待检样品粉末中含有和对照品相同组分，但仅限鉴别这一部分；对照药材是指品种明确、可以入药的精品中药材在经过处理后的物品，其作用一般是用于鉴别中药材、中成药等，相较于对照品可以鉴定出某味中药的整体成分。

请认真解读上述方法，回答下列问题。

（1）上述两法怎样检视斑点，分别用什么薄层板？

（2）比较两个方法的异同，试着说明化学药品和中药鉴别时的差异。

（3）第一法中，若斑点的比移值小于0.2，应如何调整实验条件？

（4）物质的比移值在什么情况下等于1，在什么情况下等于0？

（5）说明预饱和的方法及作用。

（6）在薄层色谱中，以硅胶为固定相、三氯甲烷为流动相时，试样中某组分A的比移值为$R_{f,A}$，若改为三氯甲烷-乙醇（2：1）时，则$R_{f,A}$会变大、变小还是不变？说明原因。

（7）化合物A在薄层板上从原点迁移7.7cm，原点到溶剂前沿的距离为16.4cm，计算化合物A的R_f值为多少？若在相同的系统中，原点到溶剂前沿的距离为14.5cm，化合物A的斑点应在该薄层板上的何处？

项目 M 高效液相色谱法

思维导图

M-1任务 高效液相色谱法基础

学习目标

1. 掌握常用的术语及概念。
2. 掌握化学键合相相关知识。
3. 熟悉高效液相色谱分离分析的原理及常用固定相及流动相。
4. 了解高效液相色谱法的特点。

高效液相色谱法（high performance liquid chromatography，HPLC）是采用高压输液泵将规定的流动相泵入装有填充剂的色谱柱，对供试品进行分离测定的色谱方法。这一名称十分贴切，因为HPLC可能是柱色谱发展的最高阶段。它是由茨维特实验开始的用石灰粉末填充的大直径玻璃管色谱柱，在室温和常压下用液位差输送流动相的经典液相色谱基础发展起来的。与经典液相色谱法性能对比（表M-1-1），HPLC有很多优点，其柱填料颗粒小而均匀，具有高柱效，但小颗粒的固定相会引起高阻力，需用高压泵输送流动相，故又称高压液相色谱法，又因分析速度快而称为高速液相色谱法（high speed liquid chromatography，HSLC），也称现代液相色谱法。

表 M-1-1 经典液相色谱法与高效液相色谱法性能对比

内容	经典液相色谱法	高效液相色谱法（分析型）
固定相	一般规格	特殊规格
固定相粒度/μm	75～500	3～20
固定相粒度分布（RSD）	20%～30%	<5%
柱长/cm	10～100	7.5～30
柱内径/cm	2～5	0.2～0.5
柱入口压强/MPa	0.001～0.1	2～40
柱效（每米理论塔板数）	10～100	$10^4～10^5$
样品用量/g	1～10	$10^{-7}～10^{-2}$
分析所需时间/h	1～20	0.05～0.5
装置	非仪器化	仪器化

HPLC具有高压、高速（速度快）、高效、高分辨率及高灵敏度、易于自动化、消耗样品少且易回收的特点。表现在：压力可达150～300kgf/cm²（1kgf/cm²=98kPa）；色谱柱每米压降为75kgf/cm²以上；流速为0.1～10.0mL/min；塔板数可达5000/m，在一根柱中同时分离成分可达100种。紫外检测器检测限可达0.01ng，荧光和电化学检测器检测限可达0.1pg。柱子可反复使用，用一根色谱柱可分离不同的化合物，样品经过色谱柱后不被破坏，可以收集单一组分或做制备仪器使用。

一、术语与定义

高效液相色谱法分析的基础是色谱图，所涉及的相关术语具体参见包括"K-1任务色谱分析法基础"中"四、基本概念和术语"，这里不再赘述，高效液相色谱法常用术语及定义列于表M-1-2。

表 M-1-2　高效液相色谱法常用术语及定义

术语	定义
分配色谱法	流动相和固定相均为液体的色谱法称为液-液分配色谱法，简称分配色谱法
正相色谱法	系指流动相的极性小于固定相极性的分配色谱法，简称为正相色谱法
反相色谱法	系指流动相的极性大于固定相极性的分配色谱法，简称为反相色谱法
化学键合相	系通过化学反应将固定相的官能团键合在固体载体表面而成的固定相
ODS	十八烷基硅烷键合硅胶（或C_{18}），是反相色谱最常用的固定相
洗脱方式	流动相注入色谱仪的方式
等度洗脱	是在同一分析周期内流动相组成保持恒定的洗脱方式
梯度洗脱	梯度洗脱是在一个分析周期内程序控制流动相的组成（如溶剂的极性、离子强度和pH值等）的洗脱方式，程序通常以表格的形式表示

二、高效液相色谱法与分配色谱法

液相色谱法采用固定相不同，其分离机制不同，按分离机制可以分为液-固吸附色谱法、液-液分配色谱法、离子交换色谱法和凝胶色谱法等。在食品、药品分析中应用最多的是液-液分配色谱法，简称分配色谱法。

分配色谱法的分离原理系利用被分离组分在互不相溶的固定相和流动相中溶解度的不同，在达到溶解平衡后的浓度比（分配系数K）不同，使不同组分产生不同的移动速度（差速迁移）而被分离的。按照固定相和流动相极性的相对大小，分配色谱又可分为正相分配色谱法和反相分配色谱法。

1.正相分配色谱法

系指流动相的极性小于固定相极性的分配色谱法，简称为正相色谱法。在正相色谱法中，极性小的组分由于K值较小，所以先流出，极性大的组分后流出。正相色谱法用于分离溶于有机溶剂的极性及中等极性的分子型物质。

2.反相分配色谱法

系指流动相的极性大于固定相极性的分配色谱法，简称为反相色谱法。在反相色谱法中，极性强的组分由于 K 值较小，所以先流出，极性弱的组分后流出。反相色谱法是应用最广泛的高效液相色谱法，主要用于分离非极性至中等极性的各类分子型物质。

根据流动相中添加的辅助试剂的不同，反相色谱法派生出离子对反相色谱法和离子抑制色谱法等。

（1）离子对反相色谱法　系指在流动相中加入离子对试剂（反离子）的反相色谱法，简称离子对色谱法。在流动相中，被分析离子与反离子生成不带电荷的中性离子对，从而增加在非极性固定相中的溶解度，使分配系数增大，改善分离效果。可用于有机酸、碱及其盐的分离。

（2）离子抑制色谱法　系指通过调整流动相的pH值，抑制组分的解离，增加其在非极性固定相中的溶解度，用于有机弱酸、弱碱的分离。

三、高效液相色谱法常用固定相和流动相

（一）固定相和流动相的关系

色谱法的分离机制主要取决于固定相的性质，固定相和流动相的选择是否合适会影响分离效果。在液相色谱法中，一定的固定相在选择流动相时可遵循一定的规律和经验。一个理想的液相色谱流动相（也叫洗脱液）除了应满足价廉、易购买的特点外，还应满足高效液相色谱分析的相关要求。

（1）选择的溶剂应与固定相互不相溶，并能保持色谱柱的稳定性。

（2）选择的溶剂应易于得到纯品且具有低毒性、低黏度等特征。纯品防止微量杂质在柱中积累；低黏度可减少溶质的传质阻力，提高柱效。

（3）选择的溶剂应与检测器兼容性好。如用紫外检测器时，选择的溶剂在测定的波长下就不能有紫外吸收；选用示差折光检测器就不能采用梯度洗脱等。

（4）选用的溶剂应对样品有足够的溶解能力，以提高方法的灵敏度。

（二）常见液相色谱法的固定相和流动相

1.在液-固色谱中，选择流动相的基本原则是极性大的试样用极性较强的流动相，极性小的则用弱极性流动相。

2.在液-液分配色谱中常用的固定相是涂渍（负载、分散）在很细惰性载体上的固定液。其由两部分组成，一部分是惰性载体，另一部分是涂渍在惰性载体上的固定液。在分配色谱中使用的惰性载体（也叫担体），主要是一些固体吸附剂，如全多孔球形或无定形微粒硅胶、全多孔氧化铝等。在分配色谱中常用的固定液见表M-1-3。将固定液机械涂渍在载体上制成液-液色谱柱。这类色谱柱在实际使用过程中由于大量流动相通过色谱柱，会溶解固定液而造成固定液的流失，实际工作中要注意减小及防止。

表 M-1-3　分配色谱法常用的固定液

用于正相分配色谱的固定液		用于反相分配色谱的固定液
β,β'-氧二丙腈	乙二醇，乙二胺	甲基聚硅氧烷
1,2,3-三（2-氰乙氧基）丙烷	二甲基亚砜	氰丙基聚硅氧烷
聚乙二醇400，聚乙二醇600	硝基甲烷	聚烯烃
甘油，丙二醇，冰醋酸	二甲基甲酰胺	正庚烷

在分配色谱中，除一般要求外，还要求流动相尽可能不与固定相互溶。其选择流动相的一般情况如下。

（1）正相色谱法　流动相极性小于固定相极性，一般使用极性固定相与非极性流动相。流动相与以硅胶为固定相的吸附色谱法一致，以烷烃为底剂（常用己烷、庚烷），加入适量（一般＜20%）的极性调整剂组成。极性调整剂有1-氯丁烷、异丙醚、二氯甲烷、四氢呋喃、三氯甲烷、乙酸乙酯、乙醇、乙腈等。

（2）反相色谱法　流动相极性大于固定相极性，可使用极性或非极性固定相与强极性流动相。流动相通常由甲醇-水、乙腈-水或甲醇-乙腈-水组成。

（3）离子对色谱法　在反相色谱法的流动相中加入离子对（反离子）试剂。分离碱类常用烷基磺酸（盐），如己烷磺酸钠、庚烷磺酸钠、十二烷基磺酸钠等；分析酸类常用烷基季铵盐，如磷酸四丁基铵等。

（4）离子抑制色谱法　在反相色谱法的流动相中加入离子抑制剂。常用的离子抑制剂有酸（如磷酸、醋酸）、碱（如氨水）或缓冲盐（如磷酸盐、醋酸盐）。

（三）化学键合相和流动相

高效液相色谱法发展到现在最常用的固定相是化学键合相（简称键合相），使用化学键合相的色谱法也称为（化学）键合色谱法。化学键合相是通过化学反应将固定相的官能团键合在固体载体表面而成。键合有固定相的载体也称为填充剂，用于填充色谱柱。键合相具有使用过程中固定相不易流失、化学性质稳定、在pH 2～8的环境中不变质、热稳定性好、载样量大、适于做梯度洗脱等优点。常见的载体有硅胶、聚合物复合硅胶和聚合物等。目前最常用的化学键合相按其极性可分为非极性键合相和极性键合相。

1.非极性键合相

主要有各种烷基（C_1～C_{18}）和苯基、苯甲基等键合而成的填充剂。常用的有十八烷基硅烷键合硅胶（octadecylsilane，ODS或C_{18}）、辛烷基键合硅胶（C_8）和苯基硅烷键合硅胶（苯基，phenyl）等，用该类填充剂填充的色谱柱也称为反相色谱柱，适用于反相色谱法。其中ODS是反相色谱法最常用的固定相，承担高效液相色谱分析任务的70%～80%甚至更多。

2.极性键合相

常用氨基键合硅胶［氨基柱（amino/NH_2）］和氰基键合硅胶［氰基柱（cyano/CN）］，既可用于正相色谱法，也可用于反相色谱法。

3.流动相

键合相所选用的流动相与分配色谱类似。正相色谱法流动相的主体成分是己烷（或庚烷），也常用两种或两种以上的有机溶剂，如二氯甲烷和正己烷等。

反相色谱中流动相常用甲醇-水系统或乙腈-水系统，用紫外末端波长检测时，宜选用乙腈-水系统。在实际使用中一般采用甲醇-水体系已能满足多数样品的分离要求。由于乙腈的毒性比甲醇大5倍，价格贵6～7倍，因此反相色谱法使用最广泛的流动相是甲醇。流动相中如需使用缓冲溶液，应尽可能使用低浓度缓冲盐。用十八烷基硅烷键合硅胶色谱柱时，流动相中有机溶剂一般应不低于5%，否则易导致柱效下降、色谱系统不稳定。

流动相中加入有机胺可以减弱碱性溶质与残余硅羟基的强相互作用，减轻或消除峰拖尾现象。所以在这种情况下有机胺（如三乙胺）又称为减尾剂或除尾剂。

一般硅胶键合色谱柱，流动相pH值应在2～8之间。烷基硅烷带有立体侧链保护或残余硅羟基已封闭的硅胶、聚合物复合硅胶或聚合物色谱柱可耐受更广泛pH值的流动相，可用于pH值小于2或大于8的流动相。当色谱系统中需使用pH＞8的流动相时，应选用耐碱的填充剂，如采用高纯硅胶为载体并具有高表面覆盖度的键合硅胶、包覆聚合物填充剂、有机-无机杂化填充剂或非硅胶填充剂。当需使用pH＜2的流动相时，应选用耐酸的填充剂，如具有大体积侧链能产生空间位阻保护作用的二异丙基二异丁基取代十八烷基硅烷键合硅胶、有机-无机杂化填充剂或非硅胶填充剂等。

 **知识拓展**

色谱新技术——多维液相色谱

多维色谱又称为色谱/色谱联用技术，是采用匹配的接口将不同分离性能或特点的色谱连接起来，第一级色谱中未分离开或需要分离富集的组分由接口转移到第二级色谱中，第二级色谱仍需进一步分离或分离富集的组分，也可以继续通过接口转移到第三级色谱中。理论上，可以通过接口将任意级色谱串联或并联起来，直至将混合物样品中所有的需分离、需富集的组分都分离或富集。但实际上，一般只要选用两个合适的色谱联用就可以满足对绝大多数难分离混合物样品的分离或富集要求。因此，一般的色谱/色谱联用都是二级，即二维色谱。

在二维色谱的术语中，1D和2D分别指一维和二维；而^{1}D和^{2}D则分别代表第一维和第二维。

二维液相色谱可以分为差异显著的两种主要类型：中心切割式二维色谱和全二维色谱。中心切割式二维色谱是通过接口将前一级色谱中某一（些）组分传递到后一级色谱中继续分离，一般用LC-LC（也可用LC+LC）表示；全二维色谱是通过接口将前一级色谱中的全部组分连续地传递到后一级色谱中进行分离，一般用LC×LC表示。此外，这两种类型下还有若干子类，包括选择性全二维色谱（sLC×LC）和多中心切割2D-LC（mLC-LC）。LC-LC

或 LC×LC 两种二维色谱可以是相同的分离模式和类型，也可以是不同的分离模式和类型。接口技术是实现二维色谱分离的关键之一，原则上，只要有匹配的接口，任何模式和类型的色谱都可以联用。与一维色谱一样，二维色谱也可以与质谱、红外光谱和核磁共振波谱等联用。

目标自测

填空题

答案

1. 以高压液体为流动相的色谱法称为_____，英文缩写_____。

2. 液相色谱法中，按固定相的物态可分为_____和_____。液相色谱法按分离原理可分为_____、_____、_____、_____等。

3. 正相液-液分配色谱法：流动相极性_____固定相极性。洗脱顺序：小极性_____，大极性_____。

4. 反相液-液分配色谱法：流动相极性_____固定相极性。洗脱顺序：小极性_____，大极性_____。

5. 将固定液的官能团通过化学键键合在载体表面上而构成的固定相称为_____。

6. 以化学键合相作为固定相的色谱法叫做_____色谱法。

7. 典型的反相键合相色谱法最常用的非极性固定相是_____，常用的流动相是_____。

8. 典型的正相键合相色谱法最常用的极性固定相是_____键合相，常用的流动相是_____。

9. ODS 是_____硅烷键合硅胶，适合分离_____。

10. 高效液相色谱法中，最常用的固定相是_____。

11. 通常用高效液相色谱法能分析气相色谱法不能分析的_____化合物。

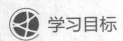

M-2任务　高效液相色谱仪

学习目标

1. 掌握高效液相色谱仪的主要部件及要求。
2. 掌握高效液相色谱仪的操作方法。
3. 熟悉高效液相色谱仪的工作原理。

高效液相色谱法定性、定量方法的实现是通过高效液相色谱仪来完成的。最早的液相色谱仪由粗糙的高压泵、低效的柱、固定波长的检测器、绘图仪组成，绘出的峰通过手工测量计算峰面积。后来的高压泵精度很高并可编程进行梯度洗脱，柱填料也从单一品种发展至几百种类型，检测器有单波长检测器、可变波长检测器、可得三维色谱图的二极管阵列检测器、可确定物质结构的质谱检测器等。数据处理不再用绘图仪，取而代之的是从最简单的积分仪到计算机、工作站及网络处理系统。目前常见的HPLC仪生产厂家国外有Waters公司、Agilent公司、岛津公司等；国内有大连依利特分析仪器有限公司、上海仪电分析仪器有限公司、北京北分瑞利分析仪器（集团）有限责任公司等。

一、高效液相色谱仪的基本构成及各主要部件

高效液相色谱仪由输液系统（储液瓶和高压输液泵）、进样系统、分离系统（色谱柱和柱温箱）、检测系统（器）、积分仪或数据处理系统组成（图M-2-1），其中输液泵、色谱柱、检测器是关键部件。仪器还可配有梯度洗脱装置、在线脱气装置、自动进样器、预柱（或保护柱）、柱温控制器等。现代HPLC仪几乎都配有微机控制系统，可进行仪器自动化控制和数据处理。制备型HPLC仪还备有自动馏分收集装置。现代高效液相色谱仪的软件自动化程度高，一般的色谱工作站经过适当的数据处理给出相应色谱峰的相关参数及系统适用性实验的数据。其工作原理为储液瓶中的流动相被高压输液泵打入系统，流动相流经进样器，载带其中的样品溶液进入色谱柱（固定相）内，由于样品溶液中的各组分在两相中具有不同的分配系数，在两相中做相对运动时，经过反复多次的吸附-解吸的分配过程，各组分在色谱柱中产生差速迁移，被分离成单个组分先后从柱内流出。通过检测器时，样品浓度被转换成电信号传送到记录仪，数据以图谱形式记录下来，进而根据图谱进行相应的定性和定量分析。

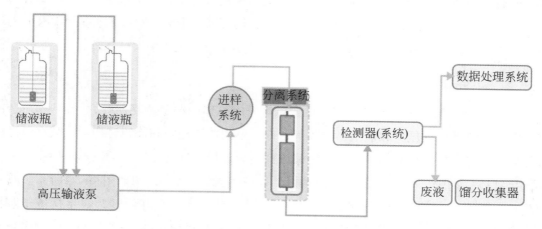

图M-2-1 高效液相色谱仪基本结构示意

（一）高压输液泵

高效液相色谱仪由高压输液泵来输送流动相。泵的性能好坏直接影响整个高效液相色谱仪的质量和分析结果的可靠性。输液泵应具有流量恒定（其RSD应小于0.5%）且可以在较宽范围内（分析型应在$0.1 \sim 10\text{mL/min}$）连续自由调节，能在高压下连续工作，液缸容积小、密封性能好、耐腐蚀，适于梯度洗脱等。

输液泵的种类很多，按输液性质可分为恒压泵和恒流泵。目前多用恒流泵中的柱塞往复泵。

（二）洗脱方式

流动相注入液相色谱仪的方式通常称为洗脱方式。高效液相色谱法洗脱方式有等强度洗脱（等度洗脱，isocratic）和梯度洗脱（gradient）两种。

1.等度洗脱

等度洗脱是在同一分析周期内流动相组成保持恒定的洗脱方式，适合于组分数目较少、性质差别不大的样品。

2.梯度洗脱

梯度洗脱是在一个分析周期内程序控制流动相的组成（如溶剂的极性、离子强度和pH值等）。用于分析组分数目多、性质差异较大的复杂样品。用梯度洗脱分离时，梯度洗脱程序通常以表格的形式在品种项下规定，其中包括运行时间和流动相在不同时间的成分比例。

梯度洗脱具有缩短分析时间、提高分离能力、改善色谱峰形、几乎不拖尾、提高检测灵敏度等优点，但常引起基线漂移和重现性降低。另外，在进行梯度洗脱时，由于多种溶剂混合，且组成不断变化，因此带来一些特殊问题，必须充分重视。

梯度洗脱通过相关装置实现，包括低压梯度（又称外梯度）和高压梯度（又称内梯度）两种方式。低压梯度是采用比例调节阀，在常压下预先按一定的比例程序将溶剂混合后，再用泵输入色谱柱系统，也称为泵前混合。高压梯度装置由两台（或多台）高压输液泵、梯度程序控制器（或计算机及接口板控制）、混合器等部件组成。两台（或多台）泵分别将两种（或多种）极性不同的溶剂输入混合器，经充分混合后进入色谱柱系统。

（三）进样器

高效液相色谱仪的进样器要求满足密封性好、死体积小、重复性好、保证中心进样、进样时对色谱系统的压力和流量影响小等条件。早期使用隔膜和停流进样器，装在色谱柱入口处，进样方式可分为隔膜进样、停流进样、阀进样、自动进样等。现基本使用六通进样阀手动或自动进样。一般HPLC分析常用六通进样阀，基本结构如图M-2-2所示。其关键部件由圆形密封垫（转子）和固定底座（定子）组成。其工作原理为：手柄位于装样（Load）位置时，样品经微量进样针从进样孔（5位）注射进定量环（1位、4位），定量环充满后，多余样品从放空孔（6位）排出，此时，流动相走2位、3位进入色谱柱；将手柄转动至进样（Inject）位置时，阀与流动相流路接通，由泵输送的流动相冲洗定量环，推动样品进入色谱柱进行分析，流动相走2位、1位、4位、3位进入色谱柱。

六通阀的进样方式有部分装液法和完全装液法两种。①用部分装液法进样时，进样量应不大于定量环体积的50%（最多75%），并要求每次进样体积准确、相同。此法进样的准确度和重复性取决于注射器取样的熟练程度，而且易产生由进样引起的峰展宽。②用完全装液法进样时，进样量应不小于定量环体积的5～10倍（最少3倍），这样才能完全置换定量环内的流动相，消除管壁效应，确保进样的准确性及可重复性。

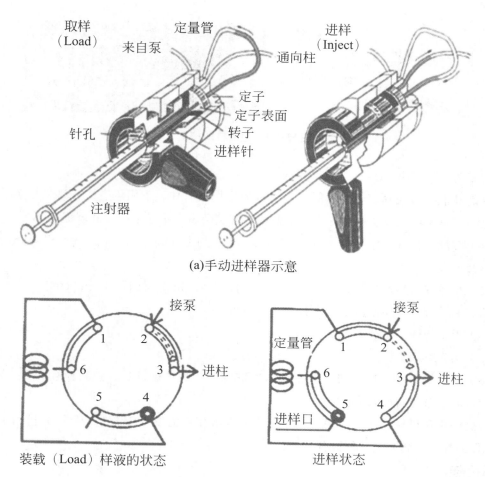

(a)手动进样器示意

(b)手动进样器工作剖面

图 M-2-2　六通阀进样器工作原理示意

（四）色谱柱

色谱法中色谱柱起分离作用，有时称其为色谱系统的心脏。色谱柱是装填了固定相用于分离混合物的柱管，柱管多由金属和玻璃制作。对色谱柱的要求是柱效高、选择性好、分析速度快等。色谱柱的内径与长度，填充剂的形状、粒径与粒径分布、孔径、表面积，键合基团的表面覆盖度，载体表面基团残留量，填充的致密与均匀程度等均影响色谱柱的性能，应根据被分离物质的性质来选择合适的色谱柱。

1.色谱柱的构造

色谱柱由柱管、压帽、卡套（密封环）、筛板（滤片）、接头、螺钉等组成。柱管内部要求具有很低的粗糙度。为提高柱效，减小管壁效应，不锈钢柱内壁多经过抛光。也有人在不锈钢柱内壁涂敷氟塑料以降低内壁的粗糙度，其效果与抛光相同。色谱柱通过柱两端的接头与其他部件（前接进样器，后接检测器）连接，通过螺帽将柱管和柱接头牢固地连在一起，具体参见图M-2-3。

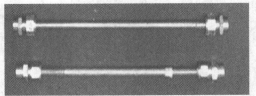

图 M-2-3　色谱柱的构造

2. 色谱柱的分类

色谱柱根据填充固定相的不同，可以分为反相色谱柱、正相色谱柱、离子交换色谱柱、手性色谱柱等，也可以按用途分为分析型和制备型两类，用途不同尺寸规格也不同。

（1）常规分析柱（常量柱）　内径 2～5mm（常用 4.6mm，国内有 4mm 和 5mm），柱长 10～30cm。

（2）窄径柱（又称细管径柱、半微柱）　内径 1～2mm，柱长 10～20cm。

（3）毛细管柱（又称微柱）　内径 0.2～0.5mm。

（4）半制备柱　内径＞5mm。

（5）实验室制备柱　内径 20～40mm，柱长 10～30cm。

（6）生产制备柱　内径可达几十厘米。柱内径一般根据柱长、填料粒径和折合流速来确定，目的是避免管壁效应。

根据使用色谱柱的不同，色谱仪可分为高效液相色谱仪（HPLC）（默认分析用）、超高速液相色谱仪（UPLC）、制备用色谱仪。

3. 色谱柱的评价

色谱柱的质量由一定的指标来评价。商品色谱柱除了柱外标示填充载体种类、粒度、柱长、内径等指标外，都附有柱效等的评价说明。评价液相色谱柱的仪器系统应满足相当高的要求，一是液相色谱仪器系统的死体积应尽可能小，二是采用的样品及操作条件应当合理，且评价色谱柱的样品应可以完全分离并有适当的保留时间。表 M-2-1 列出了常用色谱柱的评价要求。

4. 色谱柱的恒温装置（柱温箱）

温度会影响分离效果，保持柱温稳定，也是保留值重复稳定的必要条件，特别是对需要高精度测定保留体积的样品分析而言，保持柱温恒定尤其重要。高效液相色谱仪上可配置色谱柱的恒温装置，常用的有水浴式、电加热式和恒温箱式三种。为了改善分离效果可适当调整色谱柱的温度。提高柱温有利于降低流动相中溶剂的黏度并提高样品的溶解度。分析方法中，品种正文中未指明色谱柱温度时系指室温，应注意室温变化带来的影响。

5. 色谱柱的保护柱（预柱）

在实际分析中，通常在分析柱的入口端装有与分析柱相同固定相的短柱（长 5～30mm），起到预先分离、保护进而延长分析柱寿命的作用，这个短柱称为保护柱，也称为预柱。保护柱方便更换，节约成本，但是会使分析柱柱效稍有降低。

表 M-2-1　各种液相色谱柱评价要求

柱		样品	流动相	进样量 /μg	检测条件
键合相柱	C_8；C_{18}	苯、萘、联苯、菲	甲醇-水（83：17）	10	UVD，254nm
	苯基		甲醇-水（57：43）		
	氰基	三苯甲醇、苯乙醇、苯甲醇	正庚烷-异丙醇（93：7）		
	氨基（极性固定相）	苯、萘、联苯、菲			
	氨基（弱阴离子交换剂）	核糖、鼠李糖、木糖、果糖、葡萄糖	水-乙腈（98.5：1.5）		示差折光
	SO_3H键合相（强阳离子交换剂）	阿司匹林、咖啡因、非那西丁	0.05mol/L 甲酸铵-乙醇（90：10）		UVD，254nm
	R_4NCl键合相（强阴离子交换剂）	尿苷、胞苷、脱氧胸腺苷、腺苷、脱氧腺苷	0.1mol/L 硼酸盐溶液（加KCl）（pH 9.2）		
硅胶柱		苯、萘、联苯、菲	正己烷		

（五）检测器

检测器的作用是通过把流动相中组分浓度的变化转变为电信号变化的装置，完成定性、定量分析。HPLC要求检测器灵敏度高、噪声低（即对温度、流量等外界变化不敏感）、线性范围宽、重复性好和适用范围广等。最常用的检测器为紫外-可见光检测器，包括二极管阵列检测器，其他常见的检测器有荧光检测器、蒸发光散射检测器、示差折光检测器、电化学检测器和质谱检测器等，这些检测器可以在一定条件下满足分析的主要要求而用于分析检测。

二、检测器的类型及适用范围

高效液相色谱仪的检测器通常分为两类：选择型检测器和通用型检测器。

（一）选择型检测器

选择型检测器也称专用型检测器。其响应值不仅与被测物质的量有关，还与其结构有关，对样品中某组分的某种物理或化学性质敏感，而这一性质是流动相所不具备的，或至少在操作条件下不显示。这种检测器并不适用所有的物质，是选择性检测，所以使用范围受一定的限制，但是这种检测器受环境变化影响小，并且可用于梯度洗脱。包括紫外检测器、光电二极管阵列检测器、荧光检测器、电化学检测器和质谱检测器。

1.紫外检测器

紫外检测器（ultraviolet detector，UVD）是HPLC中应用最广泛的检测器，在各种检测器中使用率占70%左右。当检测波长范围包括可见光时，又称为紫外-可见光检测器。它灵敏度高，噪声低，线性范围宽，对流速和温度均不敏感，适用于梯度洗脱，可用于制备色谱仪。UVD的工作原理是记录通过检测器的组分对特定波长紫外光的吸收，从而得到吸收强度-时间曲线（即色谱图）。组分的吸收服从朗伯-比耳定律，因此可以根据色谱峰面积对组分进行定量。紫外检测器适用于具有共轭结构的化合物的检测，如芳香化合物、核酸和甾体激素等。另外，利用末端吸收还可用于具有羰基、羧基等基团的化合物的检测。

2.光电二极管阵列检测器

光电二极管阵列检测器（photo diode array detector，PAD）检测时不仅可以得到紫外检测器的吸收强度-时间曲线（色谱图），还可同时记录每个待测物质在规定波长范围内的吸收光谱图，即可以得到坐标分别为时间、波长和吸收强度的三维色谱图，见图M-2-4，可用于待测物的光谱鉴定和色谱峰的纯度检查。其中吸收光谱用于定性（确定是否是单一纯物质），色谱用于定量，常用于复杂样品（如生物样品、中草药）的定量分析。

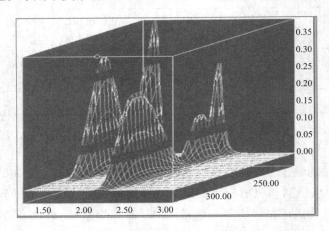

图M-2-4　PAD的三维色谱图

3.荧光检测器

荧光检测器（fluorescent detector，FD）检测原理是记录通过检测器的组分吸收特定波长紫外光后发出的荧光，从而得到荧光强度-时间色谱图。荧光检测器较紫外检测器灵敏，但仅适用于流动相条件下具有荧光或经衍生化转化为具有荧光的化合物的检测。如多环芳烃、氨基酸、维生素、甾体化合物及酶类等的检测。

4.电化学检测器

电化学检测器（electrochemical detector，ECD）检测原理是记录通过检测器的组分得失电子引起电流强度或电压的变化，从而得到电流强度（电压）-时间的色谱图。电化学检测器灵敏度很高，但仅适用于在流动相条件下可发生氧化还原反应的化合物的检测，实际使用较少。一般应用无紫外吸收或荧光的化合物的测定。

5.质谱检测器

质谱检测器（mass detector，MD）系将质谱仪通过接口与高效液相色谱仪联用，待测组分经色谱柱分离后通过接口进入质谱仪，经电离成荷电离子（或碎片），通过记录总离子流或选择性离子（或碎片）的强度而得到色谱图。质谱检测器具有灵敏度高、选择性高、分析范围广、速度快的特点，不但适用于小分子化合物的测定，还可应用于大分子化合物的检测，如蛋白质、多肽等以及原料药中杂质的检查。

（二）通用型检测器

通用型检测器的响应值与单位时间内通过检测器的组分的量有关，测量的是一般物质均具有的性质，对所有物质均有响应，即对溶剂和溶质组分均有反应，如示差折光检测器、蒸发光散射检测器。通用型检测器的灵敏度一般比专属型的低，一般不能用于梯度洗脱。蒸发光散射检测器、电雾式检测器和示差折光检测器为通用检测器。结构相似的物质在蒸发光散射检测器和电雾式检测器的响应值几乎仅与被测物质的量有关。

1.示差折光检测器

示差折光检测器（refractive index detector，RID）是利用组分与流动相折射率之差进行检测。其响应值与被测物质的量在一定范围内呈线性关系。虽是通用型检测器，但RID仅对少数类别的物质（如糖类）的检测灵敏度较高，对大多数物质的检测灵敏度较低。其受环境温度的影响较大，也不适用于梯度洗脱，实际应用较少，正逐渐被蒸发光散射检测器取代。

2.蒸发光散射检测器

蒸发光散射检测器（evaporative light scattering detector，ELSD）是将色谱柱流出液进行喷雾，流动相溶剂挥发后，留下的不挥发成分用光照射并检测其散射光。ELSD适用于UV检测困难的物质的分析，如糖类和脂质等，以及药物杂质的确认。如《中国药典》（2020年版）采用HPLC-ELSD法测定庆大霉素C组分的含量。

ELSD的响应值与待测溶液浓度并不呈线性关系，必要时需对响应值进行数学转换。ELSD的响应值与被测物质的量通常呈指数关系，一般需经对数转换，具体使用时要参照仪器使用说明。

不同的检测器对流动相的要求不同。如采用紫外检测器，所用的流动相应至少符合紫外-可见分光光度法项下对溶剂的要求；采用低波长检测时，还应考虑有机相中有机溶剂的截止使用波长，并选用色谱级有机溶剂。蒸发光散射检测器和质谱检测器通常不允许使用含有不挥发盐组分的流动相。

3.检测器的性能指标

评价检测器的性能指标主要有线性范围、噪声、最小检出浓度（量）、对温度的稳定性等。常见检测器的性能指标及特点见表M-2-2。

表 M-2-2　常见检测器的性能指标及特点

性能指标	检测器		
	紫外检测器	荧光检测器	示差折光检测器
测量参数	吸光度（A）	荧光强度（F）	折射率
池体积/μL	$1 \sim 10$	$3 \sim 20$	$3 \sim 10$
类型	选择型	选择型	通用型
线性范围	10^5	10^3	10^4
最小检出浓度/(g/mL)	10^{-10}	10^{-11}	10^{-7}
最小检出量	约1ng	约1pg	约1μg

续表

性能指标	检测器		
	紫外检测器	荧光检测器	示差折光检测器
噪声（对测量参数）	10^{-4}	10^{-3}	10^{-7}
梯度洗脱	可用	可用	不可用
对流量敏感性	不敏感	不敏感	敏感
对温度敏感性	低	低	要求控温

三、高效液相色谱仪的检定与校准

（一）液相色谱仪的检定与校准

为了保证分析数据及结果的可靠性，高效液相色谱仪与其他分析仪器一样，在首次使用前、使用中要定期对其计量性能及通用技术要求等进行检定。参照JJG 705—2014进行检定。

JJG 705—2014规范了检定的各方面及规程，明确了仪器的输液系统、柱温箱、不同类型的检测器及整机计量性能要求，也明确了通用技术要求（包括仪器外观、仪器电路系统）、计量器具控制（检定条件、检定项目和检定方法、检定结果和检定周期）等。

（二）色谱系统适用性试验

除了定期按标准要求进行仪器的检定和校准外，《中国药典》（2020年版）规定，日常分析需要进行色谱系统适用性试验，应达到规定要求。目的是检查色谱条件系统是否符合相关检测要求。

色谱系统适用性试验系指用规定的对照品溶液或系统适用性溶液在规定的色谱系统连续进样5针进行试验，必要时，可对色谱系统条件进行适当调整，以符合要求。

色谱系统适用性检查指标通常包括理论塔板数、分离度、灵敏度、拖尾因子和重复性五个参数。其中分离度和重复性是系统适用性试验中更具实用意义的参数。

1.色谱柱的理论塔板数（n）

此参数用于评价色谱柱的效能。由于不同物质在同一色谱柱上的色谱行为不同，采用理论塔板数作为衡量色谱柱效能的指标时，应指明测定物质，一般为待测物质或内标物的理论塔板数。

在选定的色谱条件下，注入对照品（或供试品）溶液或各品种项下规定系统适用性溶液，记录色谱图，量出待测成分峰或内标物质峰的保留时间 t_R 和半峰宽（$W_{h/2}$）、峰宽（W）（单位以分钟或长度计，下同，但应取相同单位），按式（K-1-2）或式（K-1-3）计算色谱柱的理论塔板数。

2.分离度（R）

此参数用于评价待测物质与被分离物质之间的分离程度。可以通过测定待测物质与已知杂质的分离度，也可以通过测定待测物质与某一指标性成分（内标物或其他难分离物质）

的分离度，或将供试品或对照品用适当方法降解，通过测定待测物质与某一降解产物的分离度，对色谱系统分离效能进行评价与调整。

无论是定性鉴别还是定量分析，均要求待测物质峰与其他峰、内标峰或特定的杂质对照峰之间有较好的分离度。除另有规定外，待测物质与相邻色谱峰之间分离度R不低于1.5。若达不到要求，要采取相应的办法提高以达到要求。分离度按式（K-1-9）计算。

当对测定结果有异议时，色谱柱的理论塔板数（n）和分离度（R）均以峰宽（W）的计算结果为准。

3.灵敏度

此参数用于评价色谱系统检测微量物质的能力，通常以信噪比（S/N）来表示。建立方法时，可通过测定一系列不同浓度的供试品或对照品溶液来测信噪比。定量测定时，信噪比应不低于10；定性测定时，信噪比应不低于3。系统适用性试验中可以设置灵敏度实验溶液来评价系统的检测能力。

4.拖尾因子（T）

为保证分离效能和测量精度，应检查待测峰的拖尾因子是否符合各品种项下的规定。以峰高法定量时，除另有规定外，T应在0.95～1.05。以峰面积作定量参数时，一般的峰拖尾或前伸不会影响峰面积积分，但严重拖尾（T值偏离过大）会影响基线和色谱峰起止的判断和峰面积积分的准确性，此时应再按品种正文要求检查。拖尾因子根据式（K-1-1）计算。

5.重复性

此参数用于评价色谱系统连续进样时响应值的重现性能。除另有规定外，通常取各品种项下的对照品溶液，连续进样5次，其峰面积测量值（或内标比值或其校正因子）的相对标准偏差应不大于2.0%（RSD≤2.0%）。视进样溶液的浓度和（或）体积、色谱峰的响应和分析方法所能达到的精度水平等，对相对标准偏差的要求可适当放宽或收紧，放宽和收紧的范围以满足各品种项下检测需要的精密度要求为准。

《中国药典》中色谱系统适用性试验要求及方法在不同版本中稍有不同，以上内容是现行版本即2020年版的规定。《中国药典》（2015年版）中对重复性试验内标法的操作是按各品种校正因子测定项下，配制相当于80%、100%和120%的对照品溶液，加规定量的内标溶液，配成三种不同浓度的溶液，分别至少进样2次，计算平均校正因子，其相对标准偏差也应不大于2.0%。

（三）色谱系统的优化

色谱系统适用性试验的五项参数在各品种项下有相关要求，没有明确要求的取其基本默认值（如$R≥1.5$、RSD≤2.0%等）。相关参数没有达到要求时需要优化色谱系统、调整色谱参数以达到要求。

1.可优化条件及要求

在各品种正文项下规定的色谱条件（参数）除填充剂（固定相）种类、流动相组分、检测器类型不得改变外，其余如色谱柱的内径与长度、填充剂粒径、流动相流速、流动相组分比例、柱温、进样量、检测器的灵敏度等，均可适当调整，以适应具体的色谱系统并达到色谱系统适用性试验的要求。

若需使用小粒径（约 2μm）填充剂和小内径（约 2.1mm）色谱柱或表面多孔填充剂以提高分离度或缩短分析时间，输液泵的性能、进样体积、检测池体积和系统的死体积等必须与之匹配，必要时，色谱条件（参数）可适当调整。随着人们对技术认识的增加和产品质量要求的提高，对调整的相关规定越来越严格和详细，《中国药典》（2020 年版）对参数允许调整范围的具体规定见表 M-2-3。

表 M-2-3　色谱参数允许调整的范围

参数变量	参数调整	
	等度洗脱	梯度洗脱
固定相	不得改变填充剂的理化性质，如填充剂材质、表面修饰及键合相均需保持一致；从全多孔填料到表面多孔填料的改变，在满足上述条件的前提下是被允许的	
填充剂粒径（d_p），柱长（L）	改变色谱柱填充剂粒径和柱长后，L/d_p 值（或 N 值）应在原有数值的 -25% ～ $+50\%$ 范围内	
流速	如果改变色谱柱内径及填充剂粒径，可按下式计算流速，$F_2=F_1 \times [(d_{c2}^2 \times d_{p1})/(d_{c1}^2 \times d_{p2})]$，在此基础上根据实际使用时系统压力和保留时间调整	
	最大可在 $\pm 50\%$ 的范围内调整	除按上述公式调整外，不得扩大调整范围
进样体积	调整以满足系统适用性要求，如果色谱柱尺寸有改变，按下式计算进样体积：$V_{inj2}=V_{inj1} \times (L_2 \times d_{c2}^2)/(L_1 \times d_{c1}^2)$，并根据灵敏度的需求进行调整	
梯度洗脱程序（等度洗脱不适用）	$t_{G2}=t_{G1} \times (F_1/F_2) \times [(L_2 \times d_{c2}^2)/(L_1 \times d_{c1}^2)]$，保持不同规格色谱柱的洗脱体积倍数相同，从而保证梯度变化相同，并需要考虑不同仪器系统体积的差异	
流动相比例	最小比例的流动相组分可在相对值 $\pm 30\%$ 或者绝对值 $\pm 2\%$ 范围内进行调整（两者之间选择最大值）；最小比例流动相组分比例需小于（$100/n$）%，n 为流动相中组分的个数	可适当调整流动相组分比例，以保证系统适用性符合要求，并且最终流动相洗脱强度不得弱于原梯度的洗脱强度
流动相缓冲液盐浓度	可在 $\pm 10\%$ 范围内调整	
柱温	除另有规定外，可在 $\pm 10℃$ 范围内调整	除另有规定外，可在 $\pm 5℃$ 范围内调整
pH 值	除另有规定外，流动相中水相 pH 值可在 ± 0.2pH 范围内进行调整	
检测波长	不允许改变	

注：F_1 为原方法中的流速；F_2 为调整后方法中的流速；d_{c1} 为原方法中色谱柱的内径；d_{c2} 为调整后方法中色谱柱的内径；d_{p1} 为原方法中色谱柱的粒径；d_{p2} 为调整后方法中色谱柱的粒径；V_{inj1} 为原方法中进样体积；V_{inj2} 为调整后方法中进样体积；L_1 为原方法中色谱柱柱长；L_2 为调整后方法中色谱柱柱长；t_{G1} 为原方法的梯度洗脱时间；t_{G2} 为调整后的梯度洗脱时间。可通过相关软件计算表中流速、进样体积和梯度洗脱程序的调整范围，并根据色谱峰分离情况进行微调。

2.注意事项

① 调整后，系统适用性应符合要求，且色谱峰出峰顺序不变。

② 若减小进样体积，应保证检测限和峰面积的重复性；若增加进样体积，应使分离度和线性关系仍满足要求。

③ 应评价色谱参数调整对分离和检测的影响，必要时对调整色谱参数后的方法进行确认。

④ 若调整超出表中规定的范围或品种项下规定的范围，被认为是对方法的修改，需要进行充分的方法学验证。

⑤ 调整梯度洗脱色谱参数时应比调整等度洗脱色谱参数时更加谨慎，因为此调整可能会使某些峰位置变化，造成峰识别错误，或者与其他峰重叠。

⑥ 当对调整色谱条件后的测定结果产生异议时，应以品种项下规定的色谱条件的测定结果为准。

⑦ 在品种项下一般不宜指定或推荐色谱柱的品牌，但可规定色谱柱的填充剂（固定相）种类（如键合相，是否改性、封端等）、粒径、孔径、色谱柱的柱长或柱内径；当耐用性试验证明必须使用特定品牌的色谱柱方能满足分离要求时，可在该品种正文项下注明。

3.优化的方法

理论塔板数反映整个色谱系统的状态、填料状态、管线连接等。其有不同的计算方法，主要是峰宽取值法。通常用半峰宽计算（也可以通过进样量、积分参数调整）。如测得 n 低于规定，应改变柱长或载体性能、重填色谱柱等以求达到。根据定义分离度可表示为

$$R=\frac{\Delta t}{W}=\frac{1}{4}\times\sqrt{n}\times\frac{\alpha-1}{\alpha}\times\frac{k_2}{1+k_2}$$

式中，n 表示柱效；α 表示选择性；k_2 为容量因子。

提高分离度有三种途径。

（1）增加塔板数　方法之一是增加柱长，但这样会延长保留时间、增加柱压。更好的方法是降低塔板高度，提高柱效。

（2）提高选择性　当 $\alpha=1$、$R=0$ 时，无论柱效有多高，组分也不可能分离。一般可以采取改变流动相的组成及 pH 值、改变柱温、改变固定相等措施来改变选择性。

（3）改变容量因子　这常常是提高分离度的最容易方法，可以通过调节流动相的组成来实现。k_2 趋于 0 时，R 也趋于 0；k_2 增大，R 也增大。但 k_2 不能太大，否则不但分离时间延长，而且峰形变宽，会影响分离度和检测灵敏度。一般 k_2 在 1～10 范围内，最好为 2～5，窄径柱可更小些。

四、高效液相色谱仪的使用及日常维护

虽然 HPLC 仪器厂家、型号繁多，但实际操作的核心步骤大同小异，包括条件设置（泵系统、柱系统、检测系统等）和数据处理，主要区别是软件操作界面不同。每个仪器公司对其各仪器型号都有详细的使用手册及操作视频，用于指导仪器的使用。在仪器的使用过程中要注意仪器各部件的日常维护，主要使用和维护方法见表 M-2-4。

表 M-2-4 高效液相色谱仪使用及日常维护

部件	使用方法及日常维护
储液器	1.保持储液器的清洁（按要求过滤溶剂及流动相） 2.清洗或更换过滤器（使用 3～6 个月后或出现堵塞现象时要及时清洗或更换） 3.用普通溶剂瓶做流动相储液器时应根据使用情况，不定期更换瓶子，专用储液瓶也应定期用酸、水、溶剂清洗（注意最后一次清洗应用超纯水或色谱纯的溶剂）
高压输液泵	1.防止任何固体微粒进入泵体，所以进入泵的流动相和其他溶液需过滤 2.每次使用之前应放空排除气泡，并使新流动相从放空阀排出 20mL 左右，或观察排液管气泡的排出情况具体处理 3.更换流动相时一定要注意流动相之间的互溶问题，如更换非互溶性流动相则应在更换前使用能与新旧流动相均互溶的中介溶剂清洗输液泵 4.不要使用存放多日的蒸馏水及磷酸盐缓冲液。如应用许可，可在溶剂中加入 0.0001～0.001mol/L 的叠氮化钠 5.注意使用含有缓冲溶液的流动相时的日常维护 6.泵工作时要防止储液瓶内的流动相被用完，因为空泵运转会磨损柱塞、缸体或密封环，最终产生漏液 7.输液泵工作压力不要超过规定的最高压力，否则会使高压密封环变形，产生漏液 8.泵长时间不使用，必须用高纯水清洗泵头及单向阀，以防泵头吸不进流动相 9.定期更换密封圈。柱塞和柱塞密封圈长期使用会发生磨损，应定期更换，同时检查柱塞杆表面有无损耗 10.如果输液泵产生故障，需查明原因，采取相应措施排除故障 （1）没有流动相流出，又无压力指示。原因可能是泵内有大量气体，这时可打开泄压阀，使泵在较大流量（如 5mL/min）下运转，将气泡排尽，也可用一个 50mL 针筒在泵出口处帮助抽出气体。另一个可能原因是密封环磨损，需更换 （2）压力和流量不稳。原因可能是气泡，需要排除；或者是单向阀内有异物，可卸下单向阀，浸入丙酮内超声清洗。有时可能是砂滤棒内有气泡，或被盐的微细晶粒或滋生的微生物部分堵塞，这时，可卸下砂滤棒浸入流动相内超声除气泡，或将砂滤棒浸入稀酸（如 4mol/L 硝酸）内迅速除去微生物，或将盐溶解，再立即清洗 （3）压力过高的原因是管路被堵塞，需要清除和清洗。压力降低的原因则可能是管路有泄漏。检查堵塞或泄漏时应逐段进行
进样器	保持进样器清洁；使用正常工作状态的进样针；每次工作结束后应冲洗整个系统 1.样品溶液进样前必须按要求过滤，以减少微粒对进样阀的磨损 2.手动进样时转动阀芯不能太慢，更不能停留在中间位置，否则流动相受阻，使泵内压力剧增，甚至超过泵的最大压力；再转到进样位时，过高的压力将使柱头损坏 3.为防止缓冲盐和样品残留在进样阀中，每次分析结束后应冲洗进样阀。通常可用水冲洗，或先用能溶解样品的溶剂冲洗，再用水冲洗
色谱柱	1.色谱柱的正确使用和维护十分重要，稍有不慎就会降低柱效、缩短使用寿命甚至损坏。首先注意：流速不要一次变化太大、在色谱柱规定的 pH 范围内及其他规定条件下使用、操作温度不要超过 60℃ 并避免温度急剧变化、色谱柱不要过载 2.避免压力急剧变化及任何机械振动。温度的突然变化或者使色谱柱从高处掉下都会影响柱内的填充状况；柱压的突然升高或降低也会冲动柱内填料，因此在调节流速时应该缓慢进行，在阀进样时阀的转动不能过缓

续表

部件	使用方法及日常维护
色谱柱	3. 应逐渐改变溶剂的组成，特别是反相色谱中，不应直接从有机溶剂改变为全部是水，反之亦然。不应用纯水作为流动相冲洗 C_{18} 色谱柱，以免柱性能损坏（添加5%的有机溶剂冲洗色谱柱，同时可以达到对缓冲盐清洗的作用，还可以使色谱柱更容易平衡） 4. 一般来说色谱柱不能反冲，只有生产者指明该柱可以反冲时，才可以反冲除去留在柱头的杂质，否则反冲会迅速降低柱效 5. 选择使用适宜的流动相（尤其是pH），以避免固定相被破坏。有时可以在进样器前面连接预柱，分析柱是键合硅胶时，预柱为硅胶，可使流动相在进入分析柱之前预先被硅胶"饱和"，避免分析柱中的硅胶基质被溶解 6. 避免将基质复杂的样品尤其是生物样品直接注入柱内，需要对样品进行预处理或者在进样器和色谱柱之间连接预柱。预柱一般是填有相似固定相的短柱。预柱应该经常更换 7. 经常用强溶剂冲洗色谱柱，清除保留在柱内的杂质。在进行清洗时，对流路系统中流动相的置换应以相混溶的溶剂逐渐过渡，每种流动相的体积应是柱体积的20倍左右，即常规分析需要50～75mL 8. 柱子不用或贮藏时，应将其封闭贮存在相关溶剂中（见表M-2-5）
检测器	HPLC最常用的紫外检测器的维护简要说明如下。其他类型检测器的日常维护可查阅相关使用说明。要注意清洗及更换氘灯或钨灯的操作 1. 检测池的清洗　将检测池的零件（压环、密封垫、池玻璃、池板）拆开，并进行清洗，一般先用硝酸（1+4）溶液进行超声清洗，再用纯水和甲醇溶液清洗，然后重新组装，组装时注意密封垫和池玻璃一定要放正，以免压碎池玻璃，造成检测池漏液，组装后将检测池重新装入池腔内，拧紧螺钉 2. 更换氘灯 （1）取旧灯　更换氘灯时首先关机，拔掉电源线，严禁带电操作。打开机壳，待氘灯冷却，用配套工具将氘灯的三条连线从固定架上取下（注意红线的位置），将固定灯的两个螺钉从灯座上取下，轻轻将灯拉出 （2）安装新灯　戴上干净的手套，用酒精擦去灯上的灰尘和油渍，将新灯轻轻插入灯座（红线位置与旧灯位置同），将固定灯的两个螺钉拧紧，将三条连线拧紧在固定架上 （3）检查　检查灯线是否连接正确，是否与固定架上的引线相连（红-红相接），合上机壳 3. 更换钨灯 （1）取旧灯　换灯时首先关机，拔掉电源线，严禁带电操作。打开机壳，待钨灯冷却，从钨灯端连线，旋松钨灯固定压帽，将旧灯轻轻从灯座上取下 （2）安装新灯　戴上干净的手套，用酒精擦去灯上的灰尘和油渍，将新灯轻轻插入灯座，拧紧压帽，灯连线插入灯连接点（注意：带红色套管的引线为高压线，切不可接错，否则极易烧毁钨灯），合上机壳

表 M-2-5　不同液相色谱柱的封存溶剂

固定相	硅胶、氧化铝、正相键合相	反相色谱填料	离子交换填料
封存溶剂	2, 2, 4-三甲基戊烷	甲醇	水

五、高效液相色谱法操作技术

与高效液相色谱法有关的实验操作技术包括溶剂处理技术、色谱柱的制备技术、梯度洗脱技术、衍生化技术及样品的前处理技术。在这里简单介绍完成实验需具备的最基本技能。

（一）HPLC实验用水

HPLC实验中配制试剂、溶解样品等所使用的水要求为分析实验室用水规格和实验方法（标准GB/T 6682—2008）中的一级水，现多使用新制的超纯水。在检测器基线的校正和反相柱的洗脱，进行HPLC、GC、电泳和荧光分析，或在涉及组织培养时，没有有机物污染是非常重要的。

（二）流动相的脱气

1.液相色谱法流动相需要脱气的原因

液相色谱法所用流动相必须预先经过脱气处理，否则容易在系统内逸出气泡，产生一系列影响。

（1）影响泵的工作　流动相应该先脱气，以免在泵内产生气泡，影响流量的稳定性，如果有大量气泡，泵就无法正常工作。

（2）气泡还会影响柱的分离效率，影响检测器的灵敏度、基线稳定性，甚至使检测无法进行（噪声增大，基线不稳，突然跳动）。

（3）溶解在流动相中的氧还可能与样品、流动相甚至固定相（如烷基胺）反应。

（4）溶解气体还会引起溶剂pH的变化，对分离或分析结果带来误差。

2.流动相脱气的方法

离线脱气（超声波振荡脱气、惰性气体鼓泡吹扫脱气）及真空（在线）脱气装置等。对混合溶剂，若采用抽气或煮沸法，需要考虑低沸点溶剂挥发造成的组成变化。

（1）超声波振荡脱气　其方法是将配制好的流动相连同容器一起放入超声仪的水槽中，超声脱气10～20min即可。该法操作简便，仪器价廉，基本能满足日常分析的要求，目前广泛使用。

（2）惰性气体（氦气）鼓泡吹扫脱气　其方法是将钢瓶中的氦气缓慢而均匀地通入储液器中的流动相中，氦气分子将其他溶于流动相的气体分子置换和顶替出去，流动相只含有氦气。氦气在流动相中的溶解度很小，而微量氦气形成的小气泡对测定无影响，从而达到脱气的目的，脱气效果好。

（3）在线脱气　是通过真空脱气装置进行的，其原理是将流动相通过一段由多孔性合成树脂膜构成的输液管，输液管外有真空容器。真空泵工作时，膜外层被减压，分子量小的氧气、氮气、二氧化碳就会从膜外被排除。

超声波振荡脱气和惰性气体鼓泡吹扫脱气属于离线脱气法。离线（系统外）脱气法不能维持溶剂的脱气状态，在停止脱气后，气体立即开始回到溶剂中。在1～4h内，溶剂又将被环境气体所饱和，所以应在脱气后2h内使用。在线（系统内）脱气法无此缺点。在线脱气装置的优点是可同时对多个流动相溶剂进行脱气。

（三）流动相的过滤

1.液相色谱法流动相需要过滤的原因

为了延长泵的使用寿命和维持其输液的稳定性，防止任何固体微粒进入泵体。因为尘埃或其他任何固体微粒都会磨损柱塞、密封环、缸体和单向阀，因此应预先除去流动相中的任何固体微粒。常用的方法是过滤，如有必要流动相最好在玻璃容器内蒸馏后使用。完全由色谱纯溶剂组成的流动相可不必过滤（最好过滤，在标签上标明"已滤过"的不用过滤），其他溶剂在使用前都应用规定的滤膜过滤后才可使用，以维护仪器相关部件及保障分析结果可靠。

2.流动相过滤的方法

实验室常采用全玻璃流动相过滤器（图M-2-5）经0.45μm（或0.22μm）滤膜滤过，以除去杂质微粒。用滤膜过滤时，特别要注意分清有机相（脂溶性）滤膜和水相（水溶性）滤膜。有机相滤膜一般用于过滤有机溶剂，过滤水溶液时流速低或滤不动。水相滤膜只能用于过滤水溶液，严禁用于有机溶剂，否则滤膜会被溶解。溶有滤膜的溶剂不得用于HPLC。对于混合流动相，可在混合前分别滤过，如需混合后滤过，首选有机相滤膜。现在已有混合型滤膜出售。

图 M-2-5 全玻璃流动相
过滤器

（四）流动相的贮存

流动相一般贮存于玻璃、聚四氟乙烯或不锈钢容器内，不能贮存在塑料容器中，常用专用的储液瓶。因为许多有机溶剂如甲醇、乙酸等可浸出塑料表面的增塑剂而导致溶剂受污染。这种被污染的溶剂如用于HPLC系统，可能造成柱效降低。贮存容器一定要盖严，防止溶剂挥发引起组成变化，也防止氧和二氧化碳溶入流动相。容器应定期清洗，特别是盛水、缓冲液和混合溶液的瓶子，以除去底部的杂质沉淀和可能生长的微生物。因甲醇有防腐作用，所以盛甲醇的瓶子无此现象。

含有磷酸盐、乙酸盐缓冲液的流动相很易长霉，应尽量新鲜配制使用，不要贮存。如确需贮存，可在冰箱内冷藏，并在3天内使用，用前应重新滤过。

（五）色谱柱的安装

安装色谱柱首先应确认柱和仪器的接头以及管路是否匹配，安装时注意方向，柱上标示箭头应指向检测器。为减少死体积，进样阀、色谱柱、检测器之间的连接管路内径尽可能使用内径较小的管线，同时控制进样器、色谱柱和检测器之间连接管线的长度。在安装色谱柱之前，确认流路系统中溶剂是否正常。对分析较复杂的样品建议安装保护柱。

为了使色谱柱与仪器系统达到最佳的连接效果，应尽量使用与色谱柱接口相匹配的螺帽和锥形接头，如原来的接头长期匹配其他类型的色谱柱，建议在连接新色谱柱前应检查匹配情况，避免造成色谱柱的损坏或因不匹配造成漏液。使用PEEK材料的通用接头，只需用手拧紧，不需要特定扳手，使用温度不得超过100℃。

（六）溶剂过滤头的清洗

溶剂变质或污染以及藻类的生长可能堵塞溶剂过滤头而进一步影响泵的运行，要注意清洗。清洗的方法：取下过滤头→用硝酸溶液（1+4）超声清洗15min→用蒸馏水超声清洗10min→用洗耳球吹出过滤头中的液体→用蒸馏水超声清洗10min→用洗耳球吹出过滤头中的液体→清洗后按原位装上。

（七）使用缓冲溶液时注意事项

（1）应该经常清洗泵柱塞杆后部的密封圈，由于脱水和蒸发，盐会在柱塞杆的后部形成晶体，泵运行时这些晶体会损坏密封圈和柱塞杆。具体清洗方法是：将合适大小的塑料管分别套入所要清洗泵的泵头上下清洗管→用塑料注射器吸取一定的清洗液（如高纯水）→将针头插入连接清洗管上塑料管的另一端→打开高压泵→缓慢将清洗液注入清洗管中→重复数次。

（2）工作结束后应用超纯水或去离子水洗去系统中的盐，然后用纯甲醇或乙腈冲洗。

目标自测

答案

一、填空题

1.高效液相色谱仪主要由_____、_____、_____、_____和数据处理系统组成。

2.高效液相色谱仪中，常用的洗脱方式有_____和_____。

3.高效液相色谱仪常用的检测器有_____、_____、_____、_____等。

4.《中国药典》（2020年版）HPLC法采用最多的检测器为_____。

5.反相色谱柱最常用的封存溶液是_____。

二、选择题（多项）

1.《中国药典》（2020年版）规定HPLC法的系统适用性试验内容包括（　　）。

A.分离度　　　　　　　　　　　B.拖尾因子

C.重复性　　　　　　　　　　　D.待测组分的理论塔板数

2.通用型检测器有（　　）。

A.紫外检测器　　　　　　　　　B.示差折光检测器

C.蒸发光散射检测器　　　　　　D.质谱检测器

3.梯度洗脱的优点为（　　）。

A.缩短分析周期　　　B.减少基线漂移　　　C.提高分离效能　　　D.改善色谱峰形

4.可用于液相色谱的检测器有（　　）。

A.紫外检测器　　　　　　　　　B.示差折光检测器

C.蒸发光散射检测器　　　　　　D.质谱检测器

5.分离系统包括（　　　）。

A.色谱柱　　　　　　　B.柱温箱　　　　　　C.检测器　　　　　　D.预柱

三、简答题

1.高效液相色谱仪的基本部件有哪些？

2.色谱系统适用性试验的方法、指标及作用是什么？

3.高效液相色谱仪对流动相和样品溶液有哪些要求？要怎样处理？为什么？

M-3任务　高效液相色谱法应用

思维导图

 **学习目标**

1.掌握使用保留时间定性的方法。

2.掌握常用的三种定量分析方法。

3.熟悉其他定性分析方法。

4.了解药品杂质检查的方法。

高效液相色谱法在化学和生物学领域十分常见，随着实验方法的大量开发和成熟，目前应用领域更加广泛，如药物研发及测试、食品科学及环境科学领域等。HPLC从应用对象上来说种类繁多，但从应用性质来说主要是定性和定量分析及与其他仪器一起联用的物质结构分析。高效液相色谱法等柱色谱法常用的定性指标为保留时间或相对保留时间；定量指标为峰高或峰面积。

一、定性分析

高效液相色谱法发展到现在，常用的定性方法主要有三种类型及三种类型演变出来的方法。

（一）利用保留时间定性

该法的定性依据是相同物质在同样色谱条件下通常有相同的色谱行为。所以在相同的色谱条件下待测成分的保留时间与对照品的保留时间是否一致作为判定待测成分与对照品是否是同一种物质的定性依据。

1.已知物对照法

各种组分在给定的色谱柱上都有确定的保留时间，可以作为定性指标。在相同色谱条件下，待测组分的保留时间与对应的纯物质（对照品）的保留时间应无显著性差异。两个保留时间不同的色谱峰归属于不同的化合物，但两个保留时间一致的色谱峰未必归属于同一化合物，只可以初步认为它们属同一种物质，在做未知物鉴别时应特别注意结论的表述，即否定结论是肯定的。

双柱定性是在两根不同极性的柱子上,将得到的未知物的保留值与标准品的保留值或其在文献上的保留值进行对比分析。由于两种组分在同一色谱柱上可能有相同的保留值,因此只用一根色谱柱定性,结果不可靠。若改变流动相的组成或更换色谱柱的种类,待测组分的保留时间与对应的纯物质(对照品)的保留时间一致,可进一步证实待测组分与对照品为同一化合物。

利用与纯物质保留时间对照定性,首先要对试样的组分有初步了解,预先准备用于对照的已知纯物质(标准品或对照品)。在药物分析上常用与对照品保留时间对比的方法辅助其他方法相互佐证鉴别药物。

2.相对保留时间法

对于一些组成比较简单的已知范围的混合物,若待测组分(保留时间 t_{Ri})无纯物质(对照品)时,可选定样品中的另一组分或在样品中加入另一已知成分作为对比的基准物质(t_{Rs})进行定性分析,定性方法有两种。

(1)可以采用扣除死时间的调整保留时间计算的相对保留时间(γ_{is})作为定性(或定位)的方法。其计算方法为:

$$\gamma_{is} = \frac{t'_{Ri}}{t'_{Rs}} = \frac{k_i}{k_s} \tag{M-3-1}$$

式中,i 表示未知组分;s 表示基准物质。

(2)采用未扣除死时间的非调整保留时间计算的相对保留时间(R_{is})作为定性(或定位)的方法。其计算方法为:

$$R_{is} = \frac{t_{Ri}}{t_{Rs}} \tag{M-3-2}$$

式中,i 表示未知组分;s 表示基准物质。

比较相对保留值的方法是按文献报道的色谱条件进行实验,计算两组分的相对保留值并与文献值比较,若二者相同,则可认为是同一物质(相对保留值仅随固定液及柱温变化而变化)。通常选用易于得到的纯品,并与待测组分的保留值相近的物质作基准物。在药物分析中,通常用 RRT 表示待测成分与主成分的非调整保留时间比($RRT = t_{R1}/t_{R2}$)。

(二)利用光谱相似性定性

化合物的全波长扫描紫外-可见光区光谱图能提供一些有价值的定性信息。待测组分的光谱与对照品的光谱的相似度可用于辅助定性分析。二极管阵列检测器开启一定波长范围的扫描功能时,可以获得色谱信号、时间、波长的三维色谱光谱图,既可用于辅助定性分析,也可用于纯度分析。

用该法做结论也应注意:两个光谱不同的色谱峰表征了不同化合物;但两个光谱相似的色谱峰未必一定归属于同一化合物,只是有可能归属于同一化合物。

(三)利用质谱检测器提供的质谱信息定性

配置了质谱检测器的色谱仪器,可利用质谱检测器提供的色谱峰分子质量和结构信息进行定性分析，可比仅利用保留时间及增加光谱相似性得到更多的、更可靠的信息，不仅可用于已知物的定性分析，还可提供未知物的结构信息。

二、定量分析

根据分析目的不同，定量分析要求也就不同，高效液相色谱法常用的定量方法主要有三种及在其基础上演变出来的杂质检查方法。

（一）定量校正因子

峰面积及峰高是色谱定量分析的指标。同一检测器对不同物质的响应值不同，即当相同质量的不同物质通过检测器时，产生的峰面积（或峰高）不一定相等。为使峰面积能够准确地反映待测组分的含量，就必须先用已知量的待测组分测定在所用色谱条件下的峰面积或峰高，以计算定量校正因子。

1.绝对校正因子（f'_i）

在一定的色谱操作条件下，流入检测器的待测组分 i 的含量 m_i（质量或浓度）与检测器的响应信号（峰面积 A 或峰高 h）成正比，即

$$m_i = f'_i A_i \quad 或 \quad m_i = f'_i h_i \tag{M-3-3}$$

$$f'_i = \frac{m_i}{A_i} \quad 或 \quad f'_i = \frac{m_i}{h_i} \tag{M-3-4}$$

此两式是色谱定量分析的理论依据。式中，f'_i 称为绝对校正因子，即单位峰面积（峰高）所相当的物质量（或浓度）。它与检测器性能、组分和流动相性质及操作条件有关，不易准确测量。

2.校正因子（f）

在定量分析中常用相对校正因子，即某一待测组分与参照物质的绝对校正因子之比，即：

$$f = \frac{f'_i}{f'_s} = \frac{m_i}{m_s} \times \frac{A_s}{A_i} \tag{M-3-5}$$

式中，A_i、A_s 分别为待测组分和参照物质的峰面积（或峰高）；m_i、m_s 分别为待测组分和参照物质的量（或是浓度），m_i、m_s 可以用质量或摩尔质量为单位，其所得的相对校正因子分别称为相对质量校正因子和相对摩尔校正因子，分别用 f_m 和 f_M 表示。使用时常将"相对"二字省去，而称为校正因子。

校正因子一般由实验者自己测定。测定方法为准确称取组分和参照物，配制成溶液，取一定体积注入色谱柱，经分离后，测得各组分的峰面积（或峰高），再由上式计算 f_m 或 f_M。

（二）内标法

内标法是在准确称取的试样中加入某种纯物质做内标物的定量分析方法，有内标工作曲线法、内标一点法等，药物分析中应用最多的为内标一点法，简称内标法。具体操作可分成两步。

1.测定校正因子

按规定，精密称（量）取内标物质和被测组分的对照品，分别配制成溶液，各精密量

取适量，混合配成校正因子测定用的对照溶液。取一定量进样，记录色谱图。测量对照品和内标物质的峰面积或峰高，按下式计算内标法的校正因子（被测物以内标物为参照的校正因子）。

$$f=\frac{A_s/c_s}{A_R/c_R}\qquad\text{（M-3-6）}$$

式中，A_s为内标物质的峰面积或峰高；A_R为对照品的峰面积或峰高；c_s为内标物质的浓度；c_R为对照品的浓度。

2. 测定待测组分含量

在准确称取的试样中加入一定量的内标物，混匀后进样分析，记录色谱图。根据色谱图上试样中待测组分和内标物的峰面积或峰高按下式计算组分含量。

$$c_x=f\times\frac{A_x}{A'_s/c'_s}\qquad\text{（M-3-7）}$$

式中，A_x为待测组分的峰面积或峰高；A'_s为内标物质的峰面积或峰高；c'_s为内标物质的浓度；c_x为待测组分的浓度；f为内标法的校正因子。

3. 需要注意的问题

（1）c_x为配制好的用于绘制色谱图的待测液中待测物的浓度（也可以用质量m），后续可以根据检测对象计算相应的百分含量，如果是原料药，计算百分含量；如果是制剂，计算占标示量的百分含量。

（2）内标法特点，准确度高。样品前处理、操作条件及进样体积误差对测定结果的影响不大。从上式的计算可以看出，内标法是用待测组分和内标物的峰面积的相对值进行计算，所以由于操作条件变化而引起的误差都将同时反映在内标物及待测组分上而相互抵消，因此准确度高。内标法不要求严格控制进样量和操作条件，试样中含有不出峰的组分时也能使用。但每个试样的分析都要准确称取或量取试样和内标物的量，比较费时，不适合大批量试样的快速分析。

（3）选择内标物注意以下几个方面：内标物应为试样中不存在的纯物质但性质与待测组分相近；其色谱峰应位于待测组分色谱峰附近或几个待测组分色谱峰的中间，并与待测组分完全分离；不与试样发生化学反应；内标物的加入量也应接近试样中待测组分的含量。

（三）归一化法

如果试样中所有组分均能流出色谱柱，并在检测器上都产生响应信号（即都能出现色谱峰），可用归一化法测定出各待测组分的含量。

测定时，根据规程配制供试品溶液，取一定量溶液进样，记录色谱图，测量各峰的峰面积和色谱图上除溶剂峰以外的总色谱峰的峰面积，计算各峰面积占总峰面积的百分率。其计算公式如下。

$$w_i(\%)=\frac{m_i}{m_1+m_2+\cdots+m_n}\times100\%=\frac{A_if_i}{A_1f_1+A_1f_2+\cdots+A_nf_n}\times100\%\qquad\text{（M-3-8）}$$

归一化法具有下列特点：简便，准确，进样量准确性和操作条件的变动对结果的影响较小，尤其适用多组分的同时测定。但缺点是试样色谱图中不能有平头峰和畸变峰，所有组分都应出峰（即所有组分都流出色谱柱且不分解，检测器对所有组分都有响应），否则不能采用此法。微量杂质含量不能用该法，该法较多应用于气相色谱法，且用于组分熟悉的样品。

（四）外标法

外标法是用待测组分的纯物质完成组分定量分析的方法。有外标校正（标准）曲线法及外标一点法。

1.外标标准曲线法

在一定操作条件下，取待测试样的对照品（标准物质）配成一系列不同浓度的对照液，分别取一定体积，进样分析。从色谱图上测出峰面积（或峰高），以峰面积（或峰高）对浓度作图，即为标准曲线，进行回归计算；然后在相同的色谱操作条件下，分析待测试样，从色谱图上测出试样的峰面积（或峰高），由上述标准曲线查出（或回归方程算出）待测组分的含量。通常截距近似为零，若截距较大，说明存在一定的系统误差。

2.外标一点法（也称外标比较法）

外标一点法指用一种浓度的待测物质的对照溶液，进样分析，记录色谱图，测量峰面积（或峰高）值。供试液在相同条件下进样分析，按下式计算含量。

$$c_x = c_R \times \frac{A_x}{A_R} \tag{M-3-9}$$

标准曲线线性好，截距近似为零，可用外标一点法（比较法）定量，且对照溶液的浓度与未知组分浓度应接近，一般相差不超过10%（式中参数表示意义同内标法）。

3.外标法的特点

外标法是最常用的定量方法。其优点是操作简便，不需要测定校正因子，但需要标准物质，不需所有峰都流出或被检测到，只对目标组分作校正，计算简单，适用于大批量试样的快速分析。结果的准确性主要取决于进样的重现性和色谱操作条件的稳定性，所以进样量必须准确，仪器必须有良好的稳定性。

 知识拓展

HPLC法在药品质量控制中应用广泛，其定性、定量的方法灵活应用于药品的鉴别、检查和含量测定各个方面，是药物质量控制过程中非常重要的检测技术。药物的鉴别和含量测定方法主要采用上述介绍的方法，但在杂质检测中，除了应用上述三种定量方法外，根据杂质特点和性质演变出一些其他方法，这里介绍两种《中国药典》（2020年版）中用于测定杂质含量的方法。

一、加校正因子的主成分自身对照法

测定杂质含量时，可采用加校正因子的主成分自身对照法。一般分两步，测定校正因

子和测定杂质。

（一）测定校正因子

校正因子测定有两种方法，根据检查杂质特性不同，采用不同的方法。

1.用参比物质对照品测定校正因子

精密称（量）取待测物对照品和参比物质对照品各适量，配制待测杂质校正因子的溶液，进样，记录色谱图，按下式计算待测杂质的校正因子。

$$f = \frac{c_A/A_A}{c_B/A_B} \tag{M-3-10}$$

式中，c_A 为待测物的浓度；A_A 为待测物的峰面积或峰高；c_B 为参比物质的浓度；A_B 为参比物质的峰面积或峰高。

2.用主成分对照品测定校正因子

精密称（量）取主成分对照品和杂质对照品各适量，分别配制成不同浓度的溶液，进样，记录色谱图，绘制主成分浓度和杂质浓度对其峰面积的回归曲线，以主成分回归直线斜率与杂质回归直线斜率的比计算校正因子。

3.在建立方法时

按各品种项下的规定校正因子可直接载入各品种项下，用于校正杂质的实测峰面积，需作校正计算的杂质，通常以主成分为参比，采用相对保留时间定位，其数值一并载入各品种项下。我们在各品种项下的规程中可以看到校正系数。

（二）测定杂质含量

1.色谱系统适用性试验

配制对照溶液（根据所测杂质的限度要求，将供试品溶液稀释成与杂质限度相当的溶液，作为对照溶液），进样，记录色谱图，必要时，调节纵坐标范围（以噪声水平可接受为限）使对照溶液的主成分色谱峰的峰高达满量程的10%～25%。除另有规定外，通常含量低于0.5%的杂质，峰面积测量值的相对标准偏差（RSD）应小于10%；含量在0.5%～2%的杂质，峰面积测量值的RSD应小于5%；含量大于2%的杂质，峰面积测量值的RSD应小于2%。

2.杂质测定

取供试品溶液和对照溶液适量，分别进样。除另有规定外，供试品溶液的记录时间，应为主成分色谱峰保留时间的2倍，测量供试品溶液色谱图上各杂质的峰面积，分别乘以相应的校正因子后与对照溶液主成分的峰面积比较，计算各杂质含量。

二、不加校正因子的主成分自身对照法

若无法获得待测杂质的校正因子，或校正因子可以忽略，也可采用不加校正因子的主成分自身对照法测定杂质含量。同上述测定杂质含量方法一样配制对照溶液、进样、调节纵坐标范围和计算峰面积的相对标准偏差后，取供试品溶液和对照溶液适量，分别进样。除另有规定外，供试品溶液的记录时间应为主成分色谱峰保留时间的2倍，测量供试品溶液色谱图上各杂质的峰面积并与对照溶液主成分的峰面积比较，依法计算杂质含量。

杂质检查的方法中，要特别注意区分不同供试品溶液和对照溶液。对照溶液为供试品溶液的稀释溶液，其稀释程度应为稀释后的浓度与杂质限度相当。所以有时这类方法称为高低浓度法。

📋 目标自测

一、填空题

1.高效液相色谱法用于定性分析的指标是_____。

2.高效液相色谱法用于定量分析的指标是_____。

3.在液相色谱进行定量分析时，要求每个组分都出峰是_____。

4.在色谱法中，常用的进一步定性分析法有_____、_____和_____。

5.高效液相色谱法常用的定量分析法有_____、_____、_____等。

二、简答题

1.色谱法的校正因子是什么？为什么引入校正因子？

2.色谱法的定量依据是什么？常用的定量方法有哪些？各在什么情况下适用？

3.内标物需要满足哪些要求？

答案

M-4实训　检查高效液相色谱仪的性能

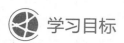

🌐 学习目标

思维导图

1.掌握高效液相色谱仪的基本构造。

2.熟悉高效液相色谱仪的基本操作。

3.熟悉高效液相色谱仪的性能检查项目及检查的一般方法。

4.会液相色谱柱的性能指标（如理论塔板数等）的测定。

5.能判断色谱柱性能的好坏。

一、任务内容

（一）实验方法

1.检查高效液相色谱仪的性能指标

（1）检查流量精度（仪器流量的准确性）　以甲醇为流动相，按规定的要求设定流量（常规柱不超过1.0mL/min）。待流速稳定后，在流动相排出口用事先清洗称重过的称量瓶

（或量筒）收集流动相，同时用秒表计时，准确地收集10mL，记录流出所需时间，并将其换算成流速（mL/min），重复3次。计算测量流量与指示流量的相对偏差。

（2）检测限　在基线稳定的条件下，用进样器注入一定量浓度为4×10^{-8}g/mL萘的甲醇溶液，样品的峰高应大于或等于2倍基线噪声峰高，按下式计算该仪器最小检测浓度。

$$c_1 = \frac{2h_N c}{h}$$

式中，c_1为最小检测浓度，g/mL；h_N为噪声峰高；c为样品浓度，g/mL；h为样品峰高。

（3）重复性　将仪器连接好之后，使之处于正常工作状态，手动进样萘或联苯或稳定的待分析样品溶液，记录保留时间和峰面积等相关参数（或在色谱工作站上查出）。重复操作5次。计算相对标准偏差（RSD）。

2.检查反相液相色谱柱（C_{18}）的性能指标

开机运行处于正常工作状态的色谱仪，待基线稳定后，按仪器使用规程，手动进样规定用的标准溶液，待所有色谱峰流出完毕后（已知出峰顺序为苯、萘、联苯、菲），停止采集数据。重复操作至少3次。计算（或在色谱工作站上查出）相关柱效能指标（理论塔板数、拖尾因子、分离度等）。

（二）内容解析

高效液相色谱仪的性能检定按照国家计量检定规程《液相色谱仪》（JJG 705—2014）执行。本案例选择其中部分内容及色谱柱说明书部分内容举例，旨在建立数据有效性、规范性检测意识。

一台液相色谱仪的好坏要用一定的指标评价，其中就包括计量指标精确度、功能指标的重复性及大小，具体指标包括流量精度、检测限、重复性等指标。

一根色谱柱的好坏要用一定的指标来进行评价。通常色谱柱要求的主要指标包括：理论塔板数（n）、对称因子（T）、两种物质选择性（α）或组分的分离度、色谱柱的反压、键合固定相的浓度、色谱柱的稳定性等。合格的色谱柱的评价报告至少应给出色谱柱的基本性能参数，如理论塔板数、容量因子、分离度及柱压降等。

（1）定性重复性　在同一实验条件下，组分保留时间的重复性，通常以被分离组分多次重复测定的保留时间之间的相对标准偏差来表示（RSD≤1%认为合格）。

（2）定量重复性　在同一实验条件下，组分色谱峰峰面积（或峰高）的重复性，通常以被分离组分多次重复测定的峰面积的相对标准偏差来表示（RSD≤2%认为合格）。

（3）检查紫外检测器的检测限，其检测限为某种组分产生信号大小等于2倍噪声时，每毫升流动相所含组分的量。

二、实验原理

在特定条件下，根据规定的稳定物质的实测值与规定值比较检测仪器及相关部件的性能。

三、实验过程

（一）实验准备清单

见表M-4-1。

表 M-4-1　HPLC检定（部分项目）准备清单

	名称	规格	数量/方法	用途
仪器及配件	高效液相色谱仪	岛津 LC-20A Solution 工作站		配紫外检测器
	色谱柱（依利特）	C_{18}，150mm×4.6mm，5μm	1	待检测
	微量进样器（液相）	平头，10μL、50μL	各1	进样
	天平	感量0.0001g；最大称量≥100g	1	称样
	流动相瓶	500mL	2	装流动相
	微孔滤膜	0.45μm（有机系；水系）	适量	过滤流动相及溶剂
	流动相过滤装置	1000mL，隔膜泵	1	
	超声波清洗器		1	脱气
	秒表	最小分度值≤0.1s	1	计时用
	数字温度计	最大允许误差±0.3℃	1	测定温度
	容量瓶	50mL（事先称重，洁净的）	5	盛接流动相
	其他	实验中需要的辅助器皿及工具		实验用
试药试液	萘的甲醇溶液	标准物质（$1.0×10^{-4}$g/mL）		重复性检测用
	萘的甲醇溶液	标准物质（$1.0×10^{-7}$g/mL）		最小检测浓度用溶液
	混合溶液	含苯、萘、联苯、菲各10μg/mL的正己烷溶液		色谱柱性能测试用溶液
	流动相	甲醇-水（83∶17）	按规程配制	待配制
	甲醇	色谱纯	适量	流动相
	水	超纯水	若干	配制流动相

（二）工作流程图及技能点解读

1. 流程图

见图M-4-1。

2. 技能点解读表

实验所涉主要技能见表M-4-2。

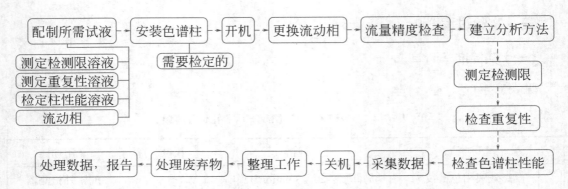

图 M-4-1　HPLC 仪检定工作流程

表 M-4-2　HPLC 仪检定技能单元解析

以流量精确度、整机性能重复性及色谱柱性能检测为例		
序号	技能单元		操作方法及要求
1	配制相关试液	标准溶液	标准萘的甲醇溶液（1.0×10^{-7}g/mL）
		标准溶液	含苯、萘、联苯、菲各 10μg/mL 的正己烷溶液，摇匀备用
		标准溶液	标准萘的甲醇溶液（1.0×10^{-4}g/mL）
		流动相	（1）配制甲醇（色谱纯）-水（83∶17）作为流动相 （2）过滤　用 0.45μm 的有机滤膜过滤后（注意滤膜的类型），装入流动相储液瓶内 （3）脱气　用超声波清洗器脱气约 20min（若仪器带有在线脱气装置，脱气时间可缩短），备用（2h 内使用）
2	开机		检查仪器，依次打开控制器、泵、检测器、电脑电源，启动工作站。冲洗管路，排气泡，启动泵运行
3	更换流动相		换上过滤并脱气的甲醇（具体方法参见 M-5 实训）。流量精度检测标准要求甲醇或水为流动相，为了与后续衔接，选用甲醇
4	示值误差和流量的稳定性		打开工作站，启动操作系统，设置方法条件（流速 1.0mL/min；检测波长 254nm），启动输液泵，压力稳定后，在流动相出口处，用 50mL 的容量瓶收集流动相，同时用秒表计时，收集 5min 流出的流动相，在分析天平上称重，记录数据至表 M-4-3，重复三次，按式（M-4-1）计算
5	最小检测浓度检测		（1）选用 C_{18} 色谱柱，100% 甲醇为流动相，流速为 1.0mL/min，检定波长 254nm，开机预热，待仪器稳定后，记录基线 30min （2）由进样系统注入 20μL 的萘（1.0×10^{-7}g/mL）的甲醇溶液，记录色谱图，采集色谱峰的峰高，记录至表 M-4-4 并计算
6	重复性检测		方法条件同上；仪器稳定后由进样系统注入 20μL 的萘（1.0×10^{-4}g/mL）的甲醇溶液，记录色谱图，采集相关数据，记录至表 M-4-5，重复 6 次，计算 RSD
7	色谱柱性能检测		设置实验方法：C_{18} 色谱柱，甲醇-水（83∶17）为流动相，流速 1.0mL/min，检定波长 254nm，开机预热，待仪器稳定后，由进样口注入 10μL 柱性能测试溶液，记录色谱图及数据表 M-4-6，计算理论塔板数，重复 3 次

序号	技能单元	操作方法及要求
8	采集数据	在"再解析"功能下按数据文件路径调取数据文件，设置积分条件并进行相应的批处理，采集系统适用性需要的实验数据和样品分析数据（峰面积），填写相关记录表（或打印相关数据并填写记录表）： 　　表 M-4-3　流量精度测定数据记录 　　表 M-4-4　最小检测浓度检查数据记录 　　表 M-4-5　重复性检查数据记录 　　表 M-4-6　色谱柱性能测试数据记录
9	关机	所有样品进样分析完毕后，让流动相继续流动20～30min（以免色谱柱上残留强吸附的杂质）后。更换流动相用甲醇冲洗1h。如果流动相中含有酸或缓冲盐，则先用新鲜纯水冲洗0.5h，再用甲醇冲洗1h。与开机顺序相反，即关闭LC-Solution工作站→关闭控制器→关闭LC各单元电源。进行整理
10	整理工作	具体步骤及要求：填写仪器使用记录→清理实验室→清洗器皿→按要求清洗进样针后入盒保存→按要求洗涤实验所用器皿并保存→整理工作台：仪器室和实验准备室的台面清理，物品摆放整齐，凳子放回原位，并填写表M-4-7

（三）全过程数据记录

见表 M-4-3 ～表 M-4-7。

表 M-4-3　流量精度测定数据记录

指示流速	1.0mL/min		温度/℃	
测定流速	t/min	W（瓶＋液）/g	流速（F）/（mL/min）	平均流速/（mL/min）
1				
2	5			
3				
RSD/%				

表 M-4-4　最小检测浓度检查数据记录

实验条件	1.0mL/min；UV 254nm；测定物质萘
$c_{萘}$	
样品峰高（h）	
噪声峰高（h_{N}）	
最小测定浓度	

表 M-4-5　重复性检查数据记录

	1	2	3	4	5	平均值	RSD/%
t_R							
h_N							

表 M-4-6　色谱柱性能测试数据记录

实验条件	流动相：	检测条件：	进样量：	色谱柱：
保留时间	1	2	3	平均值
苯				
萘				
联苯				
菲				
峰面积	1	2	3	平均值
苯				
萘				
联苯				
菲				
半峰宽	1	2	3	平均值
苯				
萘				
联苯				
菲				
柱效参数	苯	萘	联苯	菲
理论塔板数				
分离度				

表 M-4-7　实验过程情况记录

实验过程中特殊问题			
实验检查	项目	是	否（说明原因）
	所需数据测定		
	记录是否完整		
	仪器使用登记		
	器皿是否洗涤		
	台面是否整理		
	三废是否处理		
教师评价			

（四）实验数据处理

1.计算流速实测值

$$F_m = \frac{W_2 - W_1}{\rho_t t} \qquad （M-4-1）$$

式中，F_m 为流量实测值，mL/min；W_2 为容量瓶+流动相的质量，g；W_1 为容量瓶的质量，g；ρ_t 为实验温度下流动相的密度，g/cm³（不同温度下流动相的密度参见标准）；t 为收集流动相的时间，min。

2.计算流速测定值最大允许误差（S_s 最大允许误差在实验条件下为 ±2%）

$$S_s = \frac{\overline{F_m} - F_s}{F_s} \times 100\% \qquad （M-4-2）$$

3.计算泵流量的稳定性（实验条件下 S_R 为2%）

$$S_R = \frac{F_{max} - F_{min}}{F_m} \times 100\% \qquad （M-4-3）$$

式中，F_m 为设定流量3次测量值的算术平均值，mL/min；F_s 为流量设定值，mL/min；F_{max} 为同一设定流量3次测量值的最大值，mL/min；F_{min} 为同一设定流量3次测量值的最小值，mL/min。

4.计算最小检测浓度

$$c_L = \frac{2h_N c V}{20h} \qquad （M-4-4）$$

式中，c_L 为最小检测浓度，g/mL；h_N 为基线噪声峰高；c 为标准溶液浓度，g/mL；V 为进样体积，μL；h 为标准物质的峰高，h_N 和 h 的单位应保持一致；20为标准进样体积。

5.计算重复性检查的精密度

根据公式：计算相对标准偏差，填入表中，与要求相比得出结论。

$$RSD(\%) = \frac{\sqrt{\dfrac{\sum\limits_{i=1}^{n}(x_i - \overline{x})^2}{n-1}}}{\overline{x}} \times 100\%$$

6.计算色谱柱的柱效指标

根据式（K-1-2）或式（K-1-3）计算理论塔板数；根据式（K-1-9）计算分离度。

（五）实验注意事项

技能点	操作方法及注意事项
流量精确度检测	标准要求在不大于1mL/min内取三个规定范围的流速测定点，本实验选了其中一个。不同流速要求控制时间不同，允许的误差也不相同
最小检测浓度测定	通常也称检测限，但在JJG 705—2014中称为最小检测浓度
关于仪器操作	开机、关机、设置方法、采集数据等具体参见M-5实训

续表

技能点	操作方法及注意事项
手动进样	注入方法：将进样针头插入进样口，将进样手柄置于"Load"处，推进样品后，快速将手柄转到"Inject"处，仪器开始采样，并开始采集数据
实验过程	第一次的HPLC实验注意按规程操作；注意实验安全，特别注意平头进样针的使用和维护

（六）三废处理

实验废弃物		处理方法
废液	洗涤废液	实验室废液桶回收
	剩余溶液	
固体废物	废纸	回收到固定容器中

四、实验报告

按要求完成实验报告。

五、拓展提高

请阅读国家计量检定规程《液相色谱仪》（JJG 705—2014）。

M-5实训　测定盐酸环丙沙星胶囊的含量

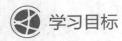 学习目标

1.能应用HPLC法完成鉴别（以盐酸环丙沙星胶囊为例）。
2.能应用HPLC法-外标法完成含量测定（以盐酸环丙沙星胶囊为例）。
3.能正确解读质量标准中关于HPLC应用方法并转换成实践。
4.能在指导下完成HPLC实验的相关操作。

一、任务内容

（一）质量标准

【鉴别】在含量测定项下记录的色谱图中，供试品溶液主峰的保留时间应与对照品溶液主峰的保留时间一致。

【含量测定】照高效液相色谱法（通则0512）测定。

供试品溶液　取装量差异项下的内容物，混合均匀，精密称取适量（约相当于环丙沙星0.2g），置200mL量瓶中，加流动相适量振摇溶解并稀释至刻度，摇匀，滤过，精密量取续滤液5mL，置50mL量瓶中，用流动相稀释至刻度，摇匀。

对照品溶液　取环丙沙星对照品，精密称定，加流动相溶解并定量稀释制成每1mL中约含环丙沙星0.1mg的溶液。

系统适用性溶液　取氧氟沙星对照品、环丙沙星对照品和杂质Ⅰ对照品各适量，加流动相溶解并稀释制成每1mL中约含氧氟沙星5μg、环丙沙星0.1mg和杂质Ⅰ10μg的混合溶液。

色谱条件　用十八烷基硅烷键合硅胶为填充剂；以0.025mol/L磷酸溶液-乙腈（87∶13）（用三乙胺调节pH值至3.0±0.1）为流动相；流速为1.5mL/min；检测波长为278nm；进样体积20μL。

系统适用性要求　系统适用性溶液色谱图中，环丙沙星峰的保留时间约为12min，氧氟沙星峰与环丙沙星峰和环丙沙星峰与杂质Ⅰ峰间的分离度均应符合要求。

测定法　精密量取供试品溶液与对照品溶液，分别注入液相色谱仪，记录色谱图。按外标法以峰面积计算供试品中$C_{17}H_{18}FN_3O_3$的含量。本品含盐酸环丙沙星按环丙沙星应为标示量的90.0%～110.0%。[《中国药典》（2020年版，二部）盐酸环丙沙星胶囊的正文中涉及高效液相色谱法的部分。]

（二）内容解析

上述为《中国药典》（2020年版）中盐酸环丙沙星胶囊质量标准正文中使用HPLC法进行鉴别和含量测定（外标法）部分。可分成两个子任务：①HPLC法鉴别盐酸环丙沙星胶囊；②HPLC法测定环丙沙星胶囊含量（外标法）。且鉴别方法和技能能迁移到其他柱色谱的鉴别应用中，外标法测定含量知识部分能迁移到其他色谱的外标法，技能能迁移到HPLC的其他应用中，案例有典型性和代表性。"盐酸环丙沙星胶囊的鉴别和含量测定"实训包含了柱色谱法鉴别和含量测定常用基本技能。

二、实验原理

HPLC法是目前应用非常广泛的药物分析方法。主要应用于药物的鉴别、杂质检查及含量测定。其用于药物鉴别时专属性不够，通常与其他方法互相佐证共同确认药物的真伪。主要依据同一物质在相同色谱条件下具有相同的色谱行为，在色谱图上表现为保留时间一致，本案例中环丙沙星胶囊主成分应与环丙沙星对照品的保留时间一致，所以通过绘制色谱图及适当的计算，可判断环丙沙星胶囊供试品主成分峰位置与对照品环丙沙星峰位置是否一致来鉴别。用于含量测定是基于选定的色谱条件下，检测的目标成分能与其他组分分离，而且检测器响应信号的大小与浓度（质量）有定量关系。本案例盐酸环丙沙星胶囊中不溶性的辅料经过滤处理后，滤液中的环丙沙星及可溶性的杂质流经十八烷基硅烷键合硅胶柱被分离后，环丙沙星进入紫外检测器产生相应的检测信号强度（峰面积）与其含量成正比，通过绘制色谱图，采用外标法，供试品与对照品溶液进行比较计算，可得出环丙沙星的含量。

三、实验准备及技能点

（一）实验准备清单

见表 M-5-1。

表 M-5-1　HPLC-外标法测定盐酸环丙沙星胶囊含量准备清单

名称		规格	数量/方法	用途
仪器及配件	高效液相色谱仪	岛津 LC-20A Solution 工作站		配紫外检测器
	色谱柱	C_{18}，150mm×4.6mm，5μm	1	分离
	微量进样器（液相）	平头，体积不大于25μL	1	进样
	天平	万分之一；十万分之一	各1	称样
	流动相瓶	500mL	2	装流动相
	微孔滤膜	0.45μm（有机系；水系）	适量	过滤流动相及溶剂
	流动相过滤装置	1000mL，隔膜泵	1	
	超声波清洗器		1	脱气
	针筒式滤头	φ13mm；0.45μm有机系	适量	过滤供试品溶液等
	一次性注射器	5mL	5	
	容量瓶	200mL；100mL；50mL	1	配制供试液等
	吸量管	5mL	1	
	量筒	500mL	1	配制流动相用
	烧杯	1000mL；500mL	各1	
	其他	实验中需要的辅助器皿及工具		实验用
试药试液	盐酸环丙沙星胶囊	1mL：0.5mg	规定量	供试品
	环丙沙星	对照品	适量	配制对照品溶液
	氧氟沙星	对照品	适量	配制系统适用性溶液
	杂质Ⅰ	对照品	适量	
	供试品溶液	含环丙沙星约0.1mg/mL	按规程配制	鉴别、含量用
	对照品溶液	含环丙沙星约0.1mg/mL	按规程配制	鉴别、含量用
	系统适用性溶液	每1mL中约含氧氟沙星5μg、环丙沙星0.1mg和杂质Ⅰ 10μg 的混合溶液	按规程配制	系统适用性
	流动相	适量	按规程配制	实验测定用
	乙腈	色谱纯，500mL	2	配制流动相
	枸橼酸	分析纯	适量	配制流动相
	三乙胺	分析纯	适量	配制流动相
	水	超纯水	若干	配制流动相

（二）工作流程图及技能点解读

1.流程图

见图M-5-1。

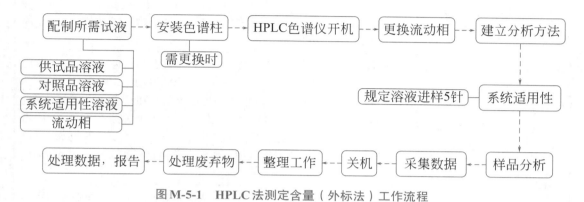

图M-5-1　HPLC法测定含量（外标法）工作流程

2.技能点解读表

实验所涉主要技能见表M-5-2。

表M-5-2　HPLC法测定物质含量技能单元解析

序号	技能单元		操作方法及要求
1	配制相关试液	供试品溶液	取装量差异项下的内容物，混合均匀，精密称取适量（约相当于环丙沙星0.2g），置200mL量瓶中，加流动相适量振摇溶解并稀释至刻度，摇匀，滤过，精密量取续滤液5mL，置50mL量瓶中，用流动相稀释至刻度，摇匀（精密称取两份，进行平行实验）
		对照品溶液	取在105℃干燥至恒重的环丙沙星对照品，精密称定，加流动相溶解并定量稀释制成每1mL中约含环丙沙星0.1mg的溶液。用封口膜封好。贴上标签并应注明：品名、批号、取样量、稀释倍数（浓度）、配制日期
		系统适用性溶液	取氧氟沙星对照品、环丙沙星对照品和杂质Ⅰ对照品各适量，加流动相溶解并稀释制成每1mL中约含氧氟沙星5μg、环丙沙星0.1mg和杂质Ⅰ 10μg的混合溶液
		流动相	（1）配制　0.025mol/L磷酸溶液-乙腈（87∶13）（用三乙胺调节pH值至3.0±0.1）500mL （2）过滤　用0.45μm的有机滤膜过滤后（注意滤膜的类型），装入流动相储液瓶内 （3）脱气　用超声波清洗器脱气约20min（若仪器带有在线脱气装置，脱气时间可缩短），备用（2h内使用）
2	开机		（1）开机前检查液相色谱仪的配置、流路、废液出口是否接好，换上准备好的流动相 （2）开机　按仪器说明书的操作规程依次打开LC各单元电源（一般是从下到上）→控制器电源→电脑→LC-Solution工作站，开机后能听到"哔"

续表

序号	技能单元	操作方法及要求
2	开机	声。双击桌面上的"Labsolution"图标，选择"分析"项并单击，在弹出窗口后按OK进入工作站。首先打开A、B泵上的排空阀（open方向旋转180°）。然后按A、B二泵面板上的"purge"键开始自动清洗A、B流路3min，排出气泡
3	更换流动相	液相色谱仪根据检测要求使用相关色谱柱，不同类型的色谱柱实验前是有不同的保存液的，实验时需要根据规程使用不同的流动相，所以在实验开始时将仪器原有流动相（A）更换为实验使用的流动相和结束后将流动相换为实验开始时换下的保存液。具体方法分为6步：1关（关掉高压泵）→2看（看压力值降为0）→3问（是否需要过渡液？）→4换（更换流动相）→5排（打开排空阀冲洗外流路，排气泡完成后，关闭排空阀）→6开（开启高压泵）
4	建立分析方法	点击软件功能条上"文件"→选新建方法，在分析参数设置页中设置流速（1mL/min），及B CONC 0%（注意：这时流动相在A）→泵的最高和最低压力保护值→检测器设置合适的检测波长（本法278nm）→停止时间等→完成后点击"下载（download）"根据指示→将分析方法保存：选择文件→方法另存→命名保存文件。检查并启动系统：点击"instrument on/off"或按仪器面板"pump"键开启系统（此时泵开始工作），运行并平衡系统→基线稳定后，调零→开始系统适用性试验
5	系统适用性试验	点击助手栏中的"单次运行（或批处理）"键，弹出对话框，在对话框中输入"样品名""方法""数据文件"等，填完后点击"确认"，出现触发窗口。这时手动进样系统适用性溶液，仪器开始采样分析。重复5次，按数据处理方法采集各性能参数（理论塔板数、分离度、拖尾因子、重复性）依据系统适用性要求，合格后（若不合格进行相关优化使其合格）分析样品
6	分析样品	重复技能5，将每个对照品溶液和供试品溶液各进样两针（换溶液要清洗进样器）
7	采集数据	在"再解析"功能项下按数据文件路径调取数据文件设置积分条件并进行相应的批处理，采集系统适用性需要的实验数据和样品分析数据（峰面积），填写相关记录表（或打印相关数据并填写记录表）： 表M-5-3　色谱系统适用性试验数据记录 表M-5-4　对照品溶液配制及数据记录 表M-5-5　供试品溶液称量及数据记录
8	关机	所有样品进样分析完毕后，让流动相继续流动20～30min（以免色谱柱上残留着强吸附的杂质）后。更换流动相用甲醇冲洗1h。如果流动相中含有酸或缓冲盐，则先用新鲜纯水冲洗0.5h，再用甲醇冲洗1h。与开机顺序相反，即先关闭LC-Solution工作站→控制器→LC各单元电源。进行整理
9	整理工作	具体步骤及要求：填写仪器使用记录→清理实验室→清洗器皿→按要求清洗进样针后入盒保存→按要求洗涤实验所用器皿并保存→整理工作台：仪器室和实验准备室的台面清理，物品摆放整齐，凳子放回原位，并填写表M-5-6

　　不同品牌和型号仪器都有详细的操作方法规范，这里给出的是岛津LC-20A液相色谱仪的基本方法和步骤，具体实验时请在指导教师的指导下严格按仪器操作规程进行。

（三）全过程数据记录

　　见表M-5-3～表M-5-6。

表 M-5-3　色谱系统适用性试验数据记录

色谱条件							
系统适用性溶液配制							
数据	1	2	3	4	5	平均值	RSD/%
t_R							
A							
R							
T							
n							
系统适用性结论							

表 M-5-4　对照品溶液配制及数据记录

对照品信息		
项目	序号	
	1	2
对照品质量 m_s/g		
浓度 c_s		
峰面积（A_s）		
峰面积平均值		
校正因子（f）		
校正因子比值		
校正因子平均值（$\bar{f}$）		
色谱图		

表 M-5-5　供试品溶液配制及数据记录

供试品信息	平均装量		规格	
序号	1		2	
称样量（W）/g				
保留时间（t_R）				
t_R平均值				
峰面积（A）				
峰面积均值				
浓度（c_x）				
含量/%				
平均含量				
相对极差/%				

表 M-5-6　实验过程情况记录

实验过程中 特殊问题				
实验检查	项目	是	否（说明原因）	
	所需数据测定			
	记录是否完整			
	仪器使用登记			
	器皿是否洗涤			
	台面是否整理			
	三废是否处理			
教师评价				

（四）实验数据处理

1.关于鉴别的相关计算

在对照品溶液、供试品溶液的色谱图上，查出各主成分峰的保留时间，本实训查出对照液的环丙沙星峰的保留时间（$t_{R对}$）和供试液主成分峰的保留时间（$t_{R供}$），按式（M-5-1）计算对照品与供试品的保留时间是否一致以进行鉴别。

$$相对偏差（\%）=\frac{t_{R供}-t_{R对}}{t_{R对}}\times100\%$$　　　　　（M-5-1）

一般规定所得结果在 ±5% 以内，说明二者可能是同一种物质，符合药物鉴别的要求，得出肯定的结论。

2.关于含量测定的相关计算

（1）计算环丙沙星对照品溶液的浓度 根据对照品溶液配制方法，计算对照品的浓度。计算公式如下。

$$c_\text{s}=\frac{m}{V} \tag{M-5-2}$$

式中，c_s为配制的对照品溶液的浓度，单位根据m、V决定；m为配制对照品溶液的称量值；V为配制时的体积。

（2）计算校正因子 根据对照品溶液配制方法计算校正因子。计算公式如下。

$$f=\frac{m}{A} \tag{M-5-3}$$

式中，m为配制对照品溶液的称量值；A为对照品溶液的峰面积。

（3）计算供试品溶液的浓度 根据采集数据计算供试品溶液的浓度，计算公式如下。

$$c_x=\frac{A_x \times c_\text{s}}{A_\text{s}} \tag{M-5-4}$$

式中，c_s为用于测定A_s对照品溶液的浓度，g/mL；c_x为供试品溶液的浓度，单位同c_s；A_s与A_x分别为对照品溶液和供试品溶液的峰面积。

（4）计算盐酸环丙沙星胶囊的含量 计算出供试品溶液的浓度后，对一般的样品，可以根据要求计算出相应的含量，如百分含量。而盐酸环丙沙星胶囊是固体药物制剂，其含量有规定的表示方法，含量计算公式为：

$$含量(\%)=\frac{c_x \times D \times \overline{W}}{w \times 标示量} \times 100\% \tag{M-5-5}$$

本实训计算公式为：

$$含量(\%)=\frac{\dfrac{A_x c_\text{s}}{A_\text{s}} \times D \times \overline{W}}{WS} \times 100\%=\frac{A_x \times c_\text{s} \times 50 \times \overline{W}}{A_\text{s} \times W \times S} \times 100\% \tag{M-5-6}$$

另一种含量测定计算方法公式为：

$$含量(\%)=A_x \times \overline{f} \times D \times \frac{\overline{W}}{w} \times \frac{1}{S} \times 100\% \tag{M-5-7}$$

式中，S为标示量；w为供试品称样量；D为稀释体积；$\overline{f}$为校正因子的平均值；$\overline{W}$为胶囊的平均装量；其他参数同前。

（五）实验注意事项

技能点	操作方法及注意事项
对照品溶液的配制	1.配制时 取干燥情况下的对照品（注意是否吸潮），每次称取量不得少于20mg，置一定容量的量瓶中，加入少量溶剂，超声溶解冷却后再定容、混匀。先配制成高浓度的对照品溶液，再用移液管吸取（高浓度）1～2mL，置一定容量的量瓶中，加入溶剂定容、混匀，即得（低浓度）。配制后的对照品溶液均需用封口膜封好 2.配制浓度 严格按照标准配制对照品浓度（低浓度）。不可超过或低于1倍 3.称样 要求用十万分之一天平称取，使用中注意天平稳定

技能点	操作方法及注意事项
对照品溶液的配制	4.所需玻璃仪器　尽量选用棕色容量瓶进行配制。每次临用前需要用纯水清洗干净后，再用无水乙醇冲洗三次，阴（烤）干、冷却后方可使用 5.标签　配制好的对照品标签上应注明品名、批号、取样量、稀释倍数（浓度）、配制日期 6.干燥器　干燥器中的干燥剂每月至少处理一次
供试品溶液的配制	1.取样方法 （1）成品　取适量装量差异项下的样品，按照相关品种标准含量测定项下有关要求，精密称取两份，进行平行实验 （2）药材　取样袋中药材全部打粉至规定目数（一般为3～4号筛），按照《中国药典》相关品种含量测定项下有关要求，精密称取两份，进行平行实验 2.称样要求用万分之一天平称取，使用中注意天平稳定 3.量取要求均用移液管量取或刻度量管 4.所需玻璃仪器和容器：每次临用前需要用纯水清洗干净后，再用无水乙醇冲洗三次，阴（烤）干、冷却后方可使用
实验仪器的准备	1.仪器安装后是否存在漏液现象？压力是否稳定？柱子是否装反？ 2.检查完毕后，打开电脑、HPLC仪电源开关后，再打开泵电源开关、控制面板上泵开关。先用色谱纯甲醇冲洗柱子，等待机器平稳后，再打开检测器电源开关、控制面板上检测器开关。30min后方可进针做实验 3.打开电脑桌面上的在线工作站，选择通道，设定数据保存路径、波长（注意控制面板上同样需要设置）等实验信息 4.设定完毕后，点击数据采集、查看基线、零点校正后，注意观察电脑左下角电压值、时间值波动是否正常 （1）电压不对　灯是否开启？如果开启还有问题，就重新开启工作站或检测器 （2）时间不对　调节采样频率（应为10帧/秒）
仪器使用过程中	注意仪器异常情况的发生（声音），压力是否过高，流动相是否流空，废液瓶是否已满等
测定时	1.样品进样前先摇匀，再用0.45μm滤膜过滤，再摇匀后进样 2.对照品与供试品进样量要尽量保持一致，样品峰面积与对照品峰面积尽量保持一致（不要超过一倍，可适当调整进样量或稀释倍数） 3.注意系统评价：理论塔板数（达到标准要求）、分离度（大于1.5）、拖尾因子（0.95～1.05）、平行进针要求RSD＜2% 4.进样针每次改进不同样品或对照品时，需用色谱纯甲醇涮洗5次以上，涮洗位置要超过进样量位置
流动相的配制	所需玻璃仪器和容器，每次临用前需要用纯水清洗干净后，方可使用。配制用的水为新制的超纯（二次）水，配制后的流动相先抽滤、后超声（10～15min），2h内使用
实验完毕	反相柱可用甲醇冲洗1h，如果流动相中含有酸或缓冲盐，则先用新鲜纯水冲洗0.5h，再用甲醇冲洗1h
特殊样品	1.人参、西洋参等含量测定　做波长小于240nm的样品时，注意仪器、柱子一定要加长冲洗时间 2.保留时间改变的样品　由于实验时间加长，导致对照品与样品保留时间不一致时，在实验最后加进一针对照品，或采用对照品加样品同时进样的叠加法进样，对照峰面积是否为两者之和

（六）三废处理

实验废弃物		处理方法
废液	废液桶废液	定期回收，统一收集处理
	剩余供试品溶液及废液	实验室废液桶回收
固体废物	实验剩余胶囊内容物	回收到固定容器中

四、实验报告

按要求完成实验报告。

五、拓展提高

【含量测定】照高效液相色谱法（通则0512）测定。

（一）法莫替丁片含量测定（实验方法）

供试品溶液　取本品20片，精密称定。研细，精密称取适量（约相当于法莫替丁50mg），置50mL容量瓶中，加甲醇适量，振摇使法莫替丁溶解，并用甲醇稀释至刻度，摇匀，滤过，精密量取滤液5mL，置50mL容量瓶中，用流动相稀释至刻度，摇匀。

对照品溶液　取法莫替丁对照品50mg，精密称定，置50mL容量瓶中，加甲醇适量溶解并稀释至刻度，摇匀，精密量取5mL，置50mL容量瓶中，用流动相稀释至刻度，摇匀。

色谱条件　用十八烷基硅烷键合硅胶为填充剂；以庚烷磺酸钠溶液（取庚烷磺酸钠2.0g，加水900mL溶解后，用冰醋酸调节pH至3.9，加水至1000mL）-乙腈-甲醇（25：6：1）为流动相；检测波长为254nm，进样体积20μL。

系统适用性要求　系统适用性溶液色谱图中，理论塔板数按法莫替丁峰计算不低于1400。

测定法　按外标法以峰面积计算，即得。

方法解析： 通过实验方法中"测定法"可以确认本法为定量分析的外标法。

实验准备： 按上述案例中准备清单准备。通过两个质量标准比较发现准备的异同主要有两点，一是本方法没有单独的系统适用性溶液，二是对照品溶液、供试品溶液配制先配制较浓的试液，然后用浓溶液稀释得较稀的对照品溶液、供试品溶液，即多了一步稀释。

计算： 本实训的计算公式如下。

$$含量(\%)=\dfrac{\dfrac{A_x c_s}{A_s}\times D\times \overline{W}}{WS}\times 100\%=\dfrac{A_x\times c_s\times 50\times \dfrac{50}{5}\times \overline{W}}{A_s\times W\times S}\times 100\% \qquad （M\text{-}5\text{-}8）$$

式中，$\overline{W}$ 为平均片重，其余参数同前。计算时注意各参数单位的统一。

请思考下列问题：

1.请问本案例用哪个溶液做系统适用性试验？

2.请比较式（M-5-6）和式（M-5-8）的区别，说明原因，写出稀释体积的计算公式。

3.请将式（M-5-6）和式（M-5-8）中 c_s 用 m_s 表示，实际工作中哪种方法更方便？

（二）可乐、咖啡、茶叶中咖啡因的含量测定实验方法

1.色谱条件

用十八烷基硅烷键合硅胶为填充剂；以甲醇-水（60∶40）为流动相；检测波长275nm；室温进样10μL。

2.咖啡因标准储备液的配制

将咖啡因标准品在100℃下烘干1h，准确称取0.1000g，用三氯甲烷定量溶解并定容至100mL。该溶液浓度为1000mg/L。

3.咖啡因标准系列溶液的配制

分别精密量取咖啡因标准储备液0.40mL、0.60mL、0.80mL、1.00mL、1.20mL、1.40mL于六只10mL的容量瓶中，用三氯甲烷定容。得到浓度分别为40mg/L、60mg/L、80mg/L、100mg/L、120mg/L、140mg/L的咖啡因标准溶液。

4.样品处理方法

（1）可乐样品的处理　将约100mL可口可乐置于250mL洁净、干燥的烧杯中，剧烈搅拌30min或用超声波脱气5min，除去其中的二氧化碳。

（2）咖啡样品的处理　准确称取0.25g咖啡，用蒸馏水溶解后，定量转移至100mL容量瓶中，定容至刻度。

（3）茶叶样品的处理　准确称取茶叶0.30g，用30mL蒸馏水煮沸10min，冷却后，将上层清液转移至100mL容量瓶中，并按此步骤重复两次，最后再用蒸馏水定容。

（4）将上述三份样品溶液分别过滤，分别精密量取续滤液25mL于125mL分液漏斗中，加入1.0mL饱和氯化钠溶液、1mol/L氢氧化钠溶液1mL，用20mL三氯甲烷分三次萃取（10mL、5mL、5mL）。将三氯甲烷层通过装有无水硫酸钠的小漏斗脱水后（小漏斗颈部放置适量的脱脂棉，脱脂棉上铺一层无水硫酸钠），合并于25mL容量瓶中，用少量的三氯甲烷分次洗涤无水硫酸钠小漏斗，将洗液一同合并到容量瓶中，用三氯甲烷定容。

5.测定法按标准曲线法计算，得出各样品中咖啡因的结果

方法解析：该拓展案例为定量分析法中的标准曲线法（外标）。标准曲线法和外标一点法的区别是已知浓度对照品（标准品）溶液从一个变成了数个（一系列），优点是可适用于不同含量的样品的同时分析（一点法要求供试品与对照品的含量相差在10%以内）。另外，本拓展案例还有样品处理的过程和萃取分离过程。样品处理+分离+HPLC分析，这样解读，可以将HPLC技能迁移到食品、环境，甚至是法庭罪证等对象的分析检测中。

请思考下列问题：

1.怎样计算测定溶液中咖啡因的浓度？

2.写出进针方案。

（三）思考题

1.为达到色谱系统适用性的要求，哪些条件可进行优化？应该如何进行优化？

2.如想改变组分的保留时间，可采取哪些措施？

3.如果压力值突然降低或升高，主要原因和对策是什么？

M-6实训　检查盐酸环丙沙星胶囊有关物质

 学习目标

1. 能正确解读质量标准，完成实验准备。
2. 能分析哪些溶液需要绘制色谱图。
3. 能确定采集哪些数据。
4. 能正确处理数据并得出结论。
5. 训练分析问题能力及检测行业思维。

一、任务内容

（一）质量标准

【检查】有关物质　照高效液相色谱法（通则0512）测定。

供试品溶液　取本品内容物适量，精密称定，加流动相A溶解并定量稀释制成每1mL中约含环丙沙星0.5mg的溶液，滤过，取续滤液。

对照溶液　精密量取供试品溶液适量，用流动相A定量稀释制成每1mL中约含环丙沙星1μg的溶液。

灵敏度溶液　精密量取对照溶液适量，用流动相A定量稀释制成每1mL中约含环丙沙星0.1μg的溶液。

杂质A对照品溶液　取杂质A对照品约15mg，精密称定，置100mL量瓶中，加6mol/L氨溶液0.6mL与水适量使溶解，用水稀释至刻度，摇匀，精密量取1mL，置100mL量瓶中，用流动相A稀释至刻度，摇匀。

系统适用性溶液　取氧氟沙星对照品、环丙沙星对照品和杂质I对照品各适量，加流动相A溶解并稀释制成每1mL中约含氧氟沙星5μg、环丙沙星0.5mg和杂质I 10μg的混合溶液。

色谱条件　用十八烷基硅烷键合硅胶为填充剂；以0.025mol/L 磷酸溶液-乙腈（87：13）（用三乙胺调节pH值至3.0±0.1）为流动相A，以乙腈为流动相B，按下表进行线性梯度洗脱；流速为1.5mL/min；检测波长为278nm和262nm；进样体积20μL。

时间/min	流动相A/%	流动相B/%
0	100	0
16	100	0
53	40	60
54	100	0
65	100	0

系统适用性要求   系统适用性溶液色谱图（278nm）中，环丙沙星峰的保留时间约为12min，氧氟沙星峰与环丙沙星峰和环丙沙星峰与杂质I峰间的分离度均应符合要求。灵敏度溶液色谱图（278nm）中，主成分色谱峰峰高的信噪比应大于10。

测定法   精密量取供试品溶液、对照溶液与杂质A对照品溶液，分别注入液相色谱仪，记录色谱图。

限度   供试品溶液色谱图中如有杂质峰，杂质A（262nm）按外标法以峰面积计算，不得过标示量的0.3%；杂质C（278nm）按校正后的峰面积计算（乘以校正因子0.6），不得大于对照溶液主峰面积的2.5倍（0.5%）；杂质B、D和E（278nm）按校正后的峰面积计算（分别乘以校正因子0.7、1.4和6.7），均不得大于对照溶液的主峰面积（0.2%）；其他单个杂质（278nm）峰面积不得大于对照溶液的主峰面积（0.2%）；各杂质（278nm）校正后峰面积的和不得大于对照溶液主峰面积的3.5倍（0.7%），小于灵敏度溶液主峰面积的峰忽略不计。[《中国药典》（2020年版，二部）盐酸环丙沙星胶囊。]

（二）内容解析

该实训为M-5实训盐酸环丙沙星胶囊中有关物质的质量标准，也是使用高效液相色谱法测定一类特殊的有机杂质方法。有机杂质包括工艺中引入的杂质和降解产物等，可能是已知的或未知的、挥发性的或不挥发性的。由于这类杂质的化学结构一般与活性成分类似或具渊源关系，故通常又可称之为有关物质。有关物质的检测通常应用自身稀释法或是加校正因子的自身稀释法，本实训为加校正因子的自身稀释法。

二、实验原理

高效液相色谱法是目前应用非常广泛的药物分析方法。用于杂质检查量测定是基于选定的色谱条件下，检测的活性成分及杂质能与其他组分分离且检测器响应信号的大小与浓度（量）有定量关系。本实训中环丙沙星胶囊中不溶性的辅料经过滤处理后，滤液中的环丙沙星及可溶性的杂质流经十八烷基硅烷键合硅胶柱被分离后，环丙沙星（或需检测的杂质）进入紫外检测器产生相应的检测信号强度（峰面积）与环丙沙星（或需检测的杂质）含量成正比，可计算环丙沙星胶囊的含量及杂质含量与限度的比较结果。

三、实验过程

在M-4实训和M-5实训中，HPLC的工作过程和主要技能基本与本实训基本相同。流程图包括两个层次的内容。①每一个技能单元做什么（解读规程能力）？②怎么做（仪器使用技能）？和隐藏其中的为什么如为什么做这些？为什么这么做？这个实训目的主要学习在一个规程中看出做什么。至于怎么做，M-5实训中有具体介绍。在流程图中，根据不同检测项目有些点是不变的，能找出有变化的点是解读规程的关键，图M-6-1为流程图。

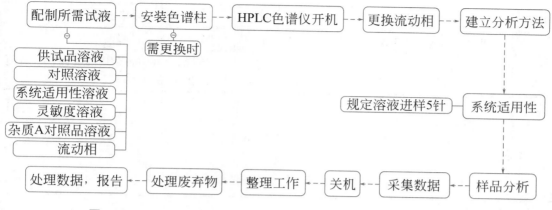

图 M-6-1　HPLC法检查有关物质含量（自身稀释对照法）工作流程

（一）应配制的试液

名称		用途
试药试液	盐酸环丙沙星胶囊	供试品
	杂质A	配制对照液
	环丙沙星	配制系统适用性溶液
	氧氟沙星	
	杂质I	
	供试品溶液	检查杂质
	对照溶液	检查杂质
	灵敏度溶液	检查灵敏度
	杂质A对照品溶液	检查杂质A
	系统适用性试验溶液	系统适用性试验
	流动相	实验测定用

（二）技能点解读

哪些进样记录色谱图？能回答出这一问题就理解规程，并能设置进针方案。

1.要做系统适用性试验

一般方法：用系统适用性溶液（规程中没有的时候，用对照品溶液）连续进样5针，实际工作中5+1针（开始时5针+最后结束时1针）。

本实训方法：系统适用性溶液5+1针，灵敏度溶液1针，采集哪些数据呢？

2.样品分析

本实训是比较复杂的，解读如下。

序号	进样溶液	实验条件	采集数据
1	供试品溶液；杂质A对照品	262nm	两图中杂质A的峰面积
2	供试品溶液；对照溶液	278nm	供试品溶液中各杂质的峰面积；对照溶液主峰面积

（三）全过程数据记录

见表M-6-1～表M-6-3。

表 M-6-1　色谱系统适用性试验数据记录

色谱条件							
系统适用性溶液配制							
数据	1	2	3	4	5	平均值	RSD/%
t_R							
A							
R							
T							
n							
系统适用性结论							

表 M-6-2　杂质A检查数据记录

杂质A对照品信息	质量 m_s/g		浓度 c_A/（μg/mL）	
项目	杂质A对照液		供试液中杂质A	
峰面积（A）				
峰面积平均值				

表 M-6-3　样品分析（278nm）

成分	峰面积	峰面积平均值
$A_{对}$		
$A_{灵}$		
B		
C		
D		
E		
1		
2		
3		

（四）实验数据处理

1.计算杂质A的含量

（1）供试液中杂质A浓度计算公式如下。

$$c_x = \frac{A_x \times c_A}{A_A}$$

式中，c_x为供试品溶液中杂质A的浓度，μg/mL；c_A为杂质A对照溶液的浓度，μg/mL；A_A与A_x分别为杂质A对照品溶液和供试品溶液的峰面积。

（2）计算环丙沙星胶囊中杂质A的含量公式如下。

$$含量(\%) = \frac{c_x \times V \times 稀释倍数 \times \overline{W}}{W \times 标示量} \times 100\%$$

式中，c_x为供试品溶液中杂质A的浓度，μg/mL；V为供试品溶液的配制体积；其余参数同前。

2.计算杂质B、C、D、E、F峰面积校正值并与限度比较

杂质	峰面积	校正系数	校正值	限度	结论
B		0.7		$A_{对}$	
C		0.6		2.5 $A_{对}$	
D		1.4		$A_{对}$	
E		6.7		$A_{对}$	
其他		1.0		$A_{对}$	
杂质总和				3.5 $A_{对}$	
说明	小于灵敏度溶液主峰面积的峰忽略不计				

四、实验报告

按要求完成实验报告。

五、拓展提高

甲硝唑片含量测定

照高效液相色谱法（通则0512）测定。

供试品溶液　取本品20片，精密称定，研细，精密称取细粉适量（约相当于甲硝唑0.25g），置50mL量瓶中，加50%甲醇溶液适量，振摇使甲硝唑溶解，用50%甲醇溶液稀释至刻度，摇匀，滤过，精密量取续滤液5mL，置100mL量瓶中，用流动相稀释至刻度，摇匀。

对照品溶液　取甲硝唑对照品适量，精密称定，加流动相溶解并定量稀释制成每1mL中约含0.25mg的溶液。

色谱条件　用十八烷基硅烷键合硅胶为填充剂；以甲醇-水（20：80）为流动相；检

测波长为320nm；进样体积10μL。

系统适用性要求　理论塔板数按甲硝唑峰计算不低于2000。

测定法　精密量取供试品溶液与对照品溶液，分别注入液相色谱仪，记录色谱图。按外标法以峰面积计算。

请大家回答下列问题：

1.怎么做色谱系统适用性试验？

2.需要配制哪些溶液？哪些要记录色谱图？

3.采集哪些数据？设计出记录表格。

4.写出本实训的进针方案。

项目N　气相色谱法

思维导图

N-1任务　气相色谱法基础

 学习目标

1.掌握气相色谱法基础及通则。

2.理解气相色谱法的原理。

3.熟悉气相色谱法的分类和分析对象。

4.了解气相色谱法的特点。

气相色谱法（gas chromatography，GC）是一种以气体为流动相（载气）流经装有固定相色谱柱（柱色谱）进行分离分析的色谱方法。其原理简单、操作方便。在全部色谱分析的对象中，可以使用气相色谱法进行分析的大约占20%。本法可以用于分析气体试样，主要用于分离分析易挥发的物质。在仪器允许的气化条件下，凡是能够气化且热稳定、不具腐蚀性的液体或气体，都可以用气相色谱法分析。如果某些化合物不稳定或者沸点太高，也可以通过衍生化的方法，进行结构转换，变成可以使用气相色谱法检测的物质。一般沸点在500℃以下、热稳定性良好、分子量在400以下的物质，原则上都可采用气相色谱法。

1941年英国化学家阿彻·约翰·波特·马丁和生物学家理查德·劳伦斯·米林顿·辛格提出用气体作为流动相的可能性。1952年英国化学家安东尼·特拉福德·詹姆斯和阿彻·约翰·波特·马丁实现了用气相色谱法分离测定复杂混合物。1955年第一台商品气相色谱仪问世。1956年Van Deemter等人发展了描述色谱过程的速率理论。1965年Giddings扩展了色谱理论，为气相色谱法的发展奠定了理论基础。目前，气相色谱法已成为极为重要的分离分析方法之一，在石油化工、医药化工、环境监测、生物化学等领域得到了广泛的应用。在药学和中药学领域，气相色谱法已成为药物含量测定和杂质检查、中药挥发油分析、溶剂残留分析、体内药物分析等的一种重要手段。近年来，随着色谱理论的逐渐完善和色谱技术的发展，特别是电子计算机技术的应用，为气相色谱法开辟了更加广阔的应用前景。

一、气相色谱法的分类和工作过程

1.气相色谱法的分类

气相色谱法可按照分离机制、固定相的聚集状态和操作形式进行分类。具体见表N-1-1。

表N-1-1　气相色谱法的分类

分类方法	气相色谱类型	
按分离机制分类	吸附色谱法	分配色谱法
按固定相聚集状态分类	气-固色谱法（GSC）	气-液色谱法（GLC）
按操作形式分类	填充柱色谱法	毛细管柱色谱法

一般气-固色谱按分离机理属于吸附色谱法，气-液色谱按分离机理属于分配色谱法。气相色谱法属于柱色谱范畴，操作形式分类主要是色谱柱的粗细不同。填充柱是将固定相填充在金属或玻璃管中（内径2～4mm）。毛细管柱（capillary column）（内径0.1～1.0mm）可分为开口毛细管柱（open tubular column）、填充毛细管柱（pac capillary column）等，更详细的内容在N-2任务中介绍。

2.基本工作过程

气相色谱法是作为流动相的气体通过压力调节器的减压输出，从载气瓶（或气体发生器）中流出，通过净化器去除载气中的氧气、水蒸气以及一些烃类气体等杂质，进入气化室（样品室），待测组分或其衍生物气化后，被载气带入色谱柱进行分离，随载气在色谱柱中不断进行吸附-解吸附的过程，不同性质的化合物与固定相的吸附-解吸附的能力不同，达到分离目的，先后流出色谱柱并进入检测器，用数据处理系统记录不同大小、不同位置的色谱峰等色谱信号，完成定性和定量分析。

二、气相色谱法的特点

气相色谱法是一种高效能、高选择性、高灵敏度、操作简单、应用广泛的分离分析法。

（1）分离效能高　一般填充柱的理论塔板数可达数千，毛细管柱最高可达一百多万，可以使一些分配系数很接近的难以分离的物质获得满意的分离效果。例如有报道使用空心毛细管柱，一次可从汽油中检测168个烃类化合物的色谱峰。

（2）高选择性　通过选择合适的固定相，气相色谱法可分离同位素、同分异构体等性质极为相似的组分。

（3）高灵敏度　由于使用了高灵敏度的检测器，气相色谱法可以检测低至10^{-13}～10^{-11}g的物质，适合于痕量分析。可检测药品中残留有机溶剂，中药、农副产品、食品、水质中的农药残留量，运动员体液中的兴奋剂等，可做超纯气体、高分子单体的痕量杂质分析和空气中微量毒物的分析。

（4）简单、快速　气相色谱法分析操作简单、快速，通常一个试样的分析可在几分钟到几十分钟内完成，最快时可在几秒内完成。而且色谱操作及数据处理都实现了自动化，有利于指导和控制生产。

（5）应用广泛　气相色谱法可以分析气体试样，也可以分析液体试样；能分析的有机物约占全部有机物的20%，也可分析部分无机离子、高分子和生物大分子化合物。

（6）所需试样量少　一般气体样品用几毫升，液体样品用几微升或几十微升。

三、气相色谱法的原理

气相色谱法按操作形式属于柱色谱法，因此气相色谱仪记录的数据形式是色谱图。色谱图及色谱峰的相关术语、色谱分离过程及色谱理论等详情参见K-1任务和K-2任务，这里不再赘述。

 目标自测

简答题

1.简述气相色谱法与高效液相色谱法的异同。
2.气相色谱法定性、定量方法各有哪些？

答案

N-2任务　气相色谱仪

 学习目标

1.掌握气相色谱仪的主要部件及基本要求。
2.熟悉气相色谱仪的工作原理。
3.熟悉常用的检测器工作原理及特点。
4.了解气相色谱固定相的种类及性质。

气相色谱法（GC）定性、定量分析的实现是通过气相色谱仪来完成的。GC发明之初，使用固体填充柱作为固定相来实现分离目的。到了1952年，使用载体加薄层液体为固定相实现分离。1955年第一台商品气相色谱仪问世至今，常用的色谱柱是内壁上涂有固定液的极细的空心柱（又称为毛细管气相色谱柱）。气相色谱柱的另一端可以连接多种不同的检测器，到了20世纪60年代，气相色谱仪又与质谱仪连接，以质谱仪作为它的检测器，称这种组合仪器为气相色谱-质谱联用仪（GC-MS），现已成为最强大的分析手段之一。这种仪器可检测的物质非常之多，包括运动员兴奋剂检测，毒品、爆炸物、化学武器制剂以及大气成分监测等。2005年，GC-MS设备甚至被惠更斯探测器运到了土星的卫星泰坦上。

气相色谱仪的工作原理为：以气体为流动相，当待分析的多组分混合样品被注入进样器且瞬间气化后，由气体流动相所携带，经过装有固定相的色谱柱，混合样品中的组分得到完全分离。被分离的组分顺序进入检测器系统，由检测器转换为电信号送至记录仪或积分仪绘出色谱图，利用色谱图中组分的保留时间和响应值完成定性和定量分析。

一、气相色谱仪的主要部件

不同厂家生产的气相色谱仪种类和型号不尽相同，但根据其部件功能可分为气路系统（主要为载气源）、进样系统、分离系统（色谱柱、柱温箱）、检测器（系统）、数据处理及记录系统和温控系统六部分。温控系统根据分析要求控制进样系统、色谱柱和检测器的温度。仪器简易结构示意图如图N-2-1所示。

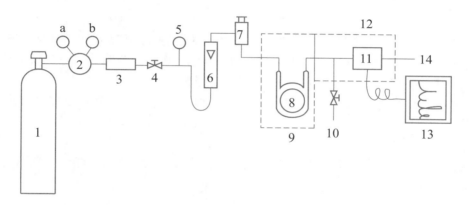

图 N-2-1　气相色谱仪示意

1—载气瓶；2—压力调节器（a—瓶压；b—输出压力）；3—净化器；4—稳压阀；5—柱前压力表；6—转子流量计；7—进样器；8—色谱柱；9—色谱柱恒温箱；10—馏分收集口；11—检测器；12—检测器恒温箱；13—记录及显示器；14—尾气出口

（一）气路系统

气相色谱法的流动相为气体，也称为载气，气路系统包括载气及气路。氦气、氮气和氢气可用作载气。

1.载气

载气可由高压钢瓶或者高纯度气体发生器提供，经适当减压装置，以一定的流速经过进样器和色谱柱。载气不能与所接触的材质和分析样品发生反应；载气要与所使用的检测器类型相匹配，所以，要根据供试品的性质和检测器的种类选择载气。在《中国药典》（2020年版）中，除另有规定外，常用载气为氮气。

2.气路

气路是一个载气连续运行的密闭管路系统。整个气路系统要求载气纯净、密闭性好、流速稳定及流速测量准确。主要包括气体钢瓶及减压阀、净化管、稳压阀、针形阀、稳流阀、流量计、管路等部件。

（1）气体钢瓶和减压阀　由于气相色谱仪使用的各种气体压力为0.2～0.4MPa，因此需要通过减压阀使钢瓶气源的输出压力下降。

（2）净化管　气体经减压阀后，必须经过净化管处理，以除去水分和杂质。分为脱氧管、脱烃管和脱水管。净化管内可以装填0.5nm分子筛和变色硅胶，以吸附气源中的水分和分子量低的杂质，有时还可以在净化管内装入一些活性炭，以吸附气源中分子量较大的有机杂质。净化管的出口和入口应加上标志，出口应当用少量的纱布或脱脂棉轻轻塞上，严防净化剂粉尘流出净化管进入色谱仪。当硅胶变色时，应活化分子筛和硅胶后再装入使用。

（3）稳压阀　为稳定载气的流速和压力，在减压阀输出气体的管路中会连接一稳压阀，常用的是波纹管双腔式稳压阀。

（4）针形阀　针形阀可以用来调节载气流量，也可以用来调节燃气流量。常安装在空气管路中用于调节空气的流量。

（5）稳流阀　当用程序升温进行色谱分析时，由于气相色谱柱温不断升高引起色谱柱阻力不断增加，也会使载气流量发生变化。为了在气体阻力发生变化时，也能维持载气流速的稳定，需要使用稳流阀来自动控制载气的稳定流速。

（6）管路连接　气相色谱管路多选择铜管或去活性管路，避免载气中其他气体腐蚀管路。

（二）进样系统

气相色谱仪的进样系统包括进样器和气化室，进样方式一般采用溶液直接进样、自动进样或顶空进样。

1.进样器

（1）气体样品进样器　采用平面六通阀（也叫旋转六通阀）进样，具有较高的精密度，是目前比较理想的气体进样方式。具有寿命长、气密性好、死体积小等优点。

（2）溶液直接进样器　采用微量进样器、微量进样阀或有分流装置的气化室进样。采用溶液直接进样或自动进样时，进样口温度应高于柱温30～50℃。进样量一般不超过数微升；柱径越细，进样量应越少。采用毛细管柱时，一般应分流进样以免过载。

（3）顶空进样　适用于固体和液体供试品中挥发性组分的分离和测定。将固态或液态供试品制成供试液后，置于密闭小瓶中，在恒温控制的加热室中加热至供试品中挥发性组分在小瓶中达到液态和气态平衡后，由进样器自动吸取一定体积的顶空气注入色谱柱中。

2.气化室

气化室的作用是将液体样品中待测组分瞬间气化为气体。气化室实际上是一个加热器，通常采用金属块作为加热体。当用进样器针头直接将样品注入热区时，样品瞬间气化，然后由预热过的载气在气化室前部将气化了的样品迅速带入色谱柱。

气相色谱仪的进样口就是提供了气化室的作用，主要由隔垫、O形环、玻璃衬管、分流平板、绝缘片构成。其中隔垫和O形环、玻璃衬管、分流平板属于消耗品，要经常更换（更换玻璃衬管则主要是指更换玻璃棉），否则影响样品出峰的峰形即分离效果。更换的频率依据进样次数决定。

（三）分离系统

分离系统主要由色谱柱和柱温箱组成，其中色谱柱是核心，主要作用是将多组分的混合样品分离，使各组分先后流出色谱柱，进入检测系统。

1.色谱柱

色谱柱根据柱形常分为毛细管柱或填充柱。

（1）填充柱　是指在材质为不锈钢或玻璃的柱内均匀、紧密填充固定相颗粒的色谱柱。形状有U形和螺旋形。柱内径2～4mm，长度为2～4m，内装固定相可以是吸附剂、高分子多孔小球或涂渍固定液的载体，粒径为0.18～0.25mm、0.15～0.18mm或0.125～0.15mm。常用的载体为经酸洗并硅烷化处理的硅藻土或高分子多孔小球，常用固定液有甲基聚硅氧烷、聚乙二醇等。

（2）毛细管柱（又称空心柱）　其材质是玻璃或石英。毛细管柱是将固定相通过化学反应键合或是直接涂渍在管内壁上，内径一般为0.25mm、0.32mm、0.53mm，柱长5～60m，固定液膜厚0.1～5μm。常用的毛细管柱为涂壁空心柱（WCOT），其内壁直接涂渍固定液，柱材料大多用熔融的石英，即弹性石英柱。涂壁空心柱的缺点是柱内固定液的涂渍量相对较少，且固定液容易流失。为提高分离效率，人们又发明了涂载体空心柱（SCOT，即内壁上沉积载体后再涂渍固定液的空心柱）及属于多孔层空心柱（PLOT，即内壁上有多层孔的固定相的空心柱，属于气-固色谱）。但SCOT柱制备较复杂，使用不够普遍，PLOT柱主要用于永久性气体和较低分子量有机化合物的分离分析。

毛细管柱与填充柱相比分离效率有很大的提高，过去是填充柱使用的比较多，现在这种情况正在慢慢被取代，高效的毛细管柱使用已经越来越广泛，复杂样品基本上都用毛细管色谱柱来进行分离分析。同样形状的色谱柱，固定相是影响色谱分离效果的主要因素（有关内容见本任务中"气相色谱柱的选择"），所以描述一根毛细管色谱柱通常需要四个参数：固定相种类、液膜厚度、内径和柱长。

（3）色谱柱的老化　为什么需要老化？新填充柱和毛细管柱在使用前需老化处理，以除去残留溶剂、某些挥发性物质及易流失的物质，并促进固定液均匀牢固地分布在载体的表面上。色谱柱如长期未用，使用前应老化处理，使基线稳定。

老化的方法：把色谱柱与气化室连接，与检测器的一端断开（防止污染检测器），以氮气为载气，流速控制在正常流速的一半、柱温选择固定液的最高使用温度，进行老化处理，时间大约20h（不同固定液时间不同）。老化完成后将仪器温度降至近室温，关闭色谱仪。待仪器温度恢复室温后将色谱柱连接到检测器上，开机，在使用温度下观察基线是否平稳，如果平稳则色谱柱老化完成，否则需继续老化。

2.柱温箱

气相色谱分析中要控制色谱柱的温度，色谱柱放在一个恒温箱（柱温箱）中，以提供可改变的、均匀的恒定温度。柱温箱的作用是控制色谱柱的分离温度，温度控制系统采用恒温法和程序升温法两种。

（1）恒温法　对于单一组分或者组成简单、易于分离的物质，可以采用恒温法，采用比最高沸点物质的沸点高出10℃的温度，运行一段时间直至所有组分流出色谱柱；当样品中组分复杂时，恒温法分析效率差。使用低一点的温度可以使样品组分全部流出色谱柱，分离效果好，但是分析时间长；升高分离温度分析时间缩短，但是分离效果差。

（2）程序升温法　是指在一个分析周期内，色谱柱的温度按照组分的沸程设置的程序连续地随时间线性或非线性逐渐升高，使柱温与组分的沸点相互对应，以使低沸点和高沸点组分在色谱柱中都有适宜的保留，色谱峰分布均匀且峰形对称。各组分的保留值可用色谱峰最高处的相应温度即保留温度表示。程序升温具有改进分离、使峰变窄、检测限下降及省时等优点，因此，对于沸点范围很宽的混合物，往往采用程序升温法进行分析，其作用相当于液相色谱的梯度洗脱。

（四）检测系统

检测系统核心部件为检测器，检测器的作用是将经色谱柱分离后顺序流出的各组分的信息转变为便于记录的电信号，进而对组分进行定性、定量分析。

气相色谱法的检测器有氢火焰离子化检测器（FID）、热导检测器（TCD）、氮磷检测器（NPD）、火焰光度检测器（FPD）、电子捕获检测器（ECD）、质谱检测器（MS）等。FID对烃类化合物响应良好，适合检测大多数的药物；NPD对含氮、磷的化合物灵敏度高；FPD对含磷、硫的化合物灵敏度高；ECD适于含卤素的化合物；MS能给出供试品某个成分的结构信息，可用于结构确认。

根据工作原理，检测器分为质量型检测器和浓度型检测器。浓度型检测器的响应值大小取决于载气中组分的浓度大小。常用的TCD和ECD属于浓度型检测器。质量型检测器的响应值大小取决于组分在单位时间内进入检测器的量的多少。FID和FPD属于质量型检测器。

1.氢火焰离子化检测器

氢火焰离子化检测器（FID）是利用有机物质在氢气燃烧的火焰作用下，发生化学电离产生离子流强度进行检测。检测信号与进入火焰的有机化合物的量成正比，可以根据信号的大小对有机物进行定量分析。它是属于破坏性的质量型检测器，是应用最广泛的气相色谱检测器。缺点是一般只能测定含碳化合物，检测时样品需被破坏，且需要三种气源及其流速控制系统，尤其是对防爆有严格的要求。《中国药典》（2020年版）中，除另有规定外，一般使用氢火焰离子化检测器，用氢气作为燃气，空气作为助燃气，氮气作为载气（流动相），火焰温度、离子化程度和收集效率都与载气、氢气、空气的流量和相对比值有关。三者的流量关系一般为N_2：H_2：空气=1：（1～1.5）：10。使用该检测器时，检测器温度要求及其他注意事项见表N-2-1，尤其注意关机要求。

表N-2-1　FID使用时注意事项

注意项目	注意要求
是否使用校正因子	几乎所有挥发性的有机物在FID都有响应，尤其同类化合物的相对响应值都很接近，一般不用校正因子就可以直接定量，而含不同杂原子的化合物彼此相对响应值相差很大，定量时必须采用校正因子
检测器温度的影响	增加FID的温度会同时增大响应和噪声。在使用FID检测器时，检测器温度一般应高于柱温，并不得低于150℃，以免水蒸气在FID内凝结，通常为250～350℃。FID停机时必须在100℃以上熄火（通常是先停H_2，后停FID检测器的加热电流），这是FID检测器使用时必须严格遵守的操作
气体纯度	从FID检测器性能来讲，在常量分析时，要求氢气、氮气、空气的纯度为99.9%以上即可，但是在痕量分析时，则要求纯度高于99.999%，尤其空气中的总烃要低于0.1μL/L，否则会造成FID的噪声和基线漂移，影响定量分析
定量指标选择	FID为质量型检测器，在进样量一定时，峰高与载气流速成正比，而对峰面积影响较小，因此一般采用峰面积定量，在用峰高定量时，需保持载气流速恒定
检测器拆装时	FID相对响应值与FID的结构、操作压力、载气、燃气与辅助气的流速都有关，所以引用文献数据时一定要注意实验条件是否一致。最可靠的方法是自己测定相应的校正因子。而且使用者在拆装清洗时必须按说明书要求，安装位置、尺寸等要特别注意

2.热导检测器

热导检测器（TCD）也称热导池检测器，是根据被测组分与载气的热导率不同，采用热敏元件响应进行检测的，是一种结构简单、性能稳定、线性范围宽、对无机物质及有机物质都有响应、灵敏度适中的检测器，在气相色谱中广泛应用。通常载气与样品的热导率相差越大，灵敏度越高。常用载气的热导率大小顺序为氢气＞氦气＞氮气，且氢气和氦气的热导率比有机化合物的热导率大很多，因此灵敏度较高，且不会出倒峰。在使用热导池检测器时，一般选用氢气为载气。使用注意事项见表N-2-2。

表N-2-2　TCD使用注意事项

注意项目	注意要求
载气流速的影响	热导检测器为浓度型检测器，当进样量一定时，峰面积与载气流速成反比，而峰高受流速影响较小，因此用峰面积定量时，需严格保持流速恒定
桥电流的影响	热导检测器的响应值与桥电流的三次方成正比，增加桥电流可提高灵敏度，但桥电流增加，热丝易被氧化，噪声也会变大，还易烧坏热敏元件。所以在灵敏度足够的情况下，应尽量采取低桥电流，以保护热敏元件
操作顺序要求	为避免热丝被烧断，在没通载气时，不能加桥电流，而在关仪器时应先切断桥电流再关载气（开：先气后电。关：先电后气）
检测器温度控制	检测器温度不得低于柱温，以防样品组分在检测室中冷凝引起基线不稳，通常检测室温度应高于柱温20～50℃。检测室温度过高会降低灵敏度

3.电子捕获检测器

电子捕获检测器（ECD）是一种高选择性、高灵敏度的检测器，它只对含有强电负性元素的物质，如含有卤素、硝基、羰基、氰基等的化合物有响应。元素的电负性越强，检测灵敏度越高，其检测下限可达 10^{-14}g/mL。电子捕获检测器是浓度型的高选择性检测器。高选择性是指只对含有电负性强的元素的物质，如含有卤素、S、P、N等的化合物等有响应。物质电负性越强，检测灵敏度越高。应使用高纯的载气，一般采用高纯氮气（纯度≥99.99%）。使用注意事项见表N-2-3。

表N-2-3　ECD使用注意事项

注意项目	注意要求
载气纯度的影响	要求高纯度载气。载气中若含有少量的 O_2 和 H_2O 等电负性组分对检测器的基流和响应值有很大的影响，长期使用将严重污染检测器。因此，除采用高纯的载气外，还应采用脱氧管等净化装置除去其中的微量杂质
载气流速的影响	载气流速对基流和响应信号也有影响，可根据条件实验选择最佳载气流速，通常为40 ～ 100mL/min
检测器拆卸	检测器中含有放射源，应注意安全，不可随意拆卸

4.火焰光度检测器

火焰光度检测器（FPD）又叫硫磷检测器，是一种选择性检测器，它对含硫、磷的化合物有高选择性和灵敏度。适宜于分析含硫、磷的农药及环境分析中监测含微量硫、磷的有机污染物。

火焰光度检测器使用三种气体，即燃气（氢气）、助燃气（空气）和载气。氢气和氧气的比例决定火焰的性质和温度，影响灵敏度，实际工作根据待测组分性质及仪器说明书选择最佳比例。载气最好用氢气，其次是氩气，最好不用氮气。最佳载气流速根据具体情况实验确定。

（五）数据处理及记录系统

数据处理及记录系统是气相色谱分析中必不可少的一部分，虽然对分离和检测没有直接的作用，但是分离效果的好坏，检测器性能的好坏，都要通过数据处理系统所收集显示的数据反映出来。数据处理系统基本的功能是将检测器输出的信号随时间变化的曲线（色谱图）绘制显示出来。可分为记录仪、积分仪以及计算机工作站等。计算机工作站是由一台微型计算机来实时控制色谱仪器，并进行数据采集和处理的系统。它由硬件（计算机）和软件两个部分组成。计算机工作站可以设置仪器分离参数，记录色谱曲线，处理色谱图数据得出最后结果。在数据处理方面的功能有：色谱峰的识别、基线校正、重叠峰和畸变峰的解析、计算峰参数（包括保留时间、峰高、峰面积、半峰宽等）；定量计算组分含量（归一化法、内标法、外标法等）等。还有谱图再处理功能，包括对已储存的色谱图整体或局部的调出、检查；色谱峰的加入和删除；使色谱图放大或缩小；对色谱图进行叠加或相减运算等。

（六）温度控制系统

温度控制主要指对色谱柱、气化室、检测器三处的温度控制，尤其对色谱柱的控温精度要求很高。

1.柱温箱

柱温箱的可操作温度范围一般为室温至450℃，各仪器能操作的温度范围有具体说明。部分气相色谱仪带有低温功能，低温一般用液氮或液态二氧化碳来实现。柱温箱温度的波动会影响色谱柱的选择性、柱效、色谱分析结果的重现性，《中国药典》（2020年版）规定，柱温箱的精度应在±1℃，且温度波动小于每小时0.1℃。检测器和气化室也有自己独立的恒温调节装置，其温度控制和色谱柱的恒温箱类似。

2.气化室

正确选择样品的气化温度十分重要，尤其是对高沸点和易分解的样品，要求样品在气化温度下瞬间气化而不分解。在保证试样不分解的前提下，适当提高气化温度对分离和定量都是有利的。一般进样口温度选择与样品的沸点、进样量和检测器的灵敏度有关，通常选择气化温度高于沸点温度，并应比柱温高50～100℃，以便于样品完全气化。一般仪器的最高气化温度350～420℃，有的可达450℃，大部分气相色谱仪应用的气化温度在400℃以下。有些高档的气相色谱仪有程序升温功能。

3.检测器

不同检测器对温度要求不同，一般原则是检测器温度应高于柱温20～50℃，且不低于120℃，最好不低于150℃。

在气相色谱法中，温度控制是重要的指标，它直接影响柱的分离效能、检测器的灵敏度和稳定性。实际使用仪器过程中，为防止温度控制系统受到损害，要注意温控系统的维护，应严格按照仪器的说明书操作，不得随意乱动。校准和检查的方法可参考相关仪器的说明书。

二、气相色谱仪检定与校准

与其他仪器一样，气相色谱仪用于分析测试工作时，为保证数据的准确性需要定期检定和日常检定。

（一）国家计量检定规程JJG 700—2019

JJG 700—2019是气相色谱仪现行的检定规程。该规程对适用仪器情况、计量器具的适用范围、计量特性、检定项目、检定条件、检定方法、检定周期以及检定数据处理等作出了技术规定。

（1）规程适用的一般范围　包括配有热导检测器（TCD）、氢火焰离子化检测器（FID）、火焰光度检测器（FPD）、电子捕获检测器（ECD）、氮磷检测器（NPD）的气相色谱仪的首次检定、后续检定和使用中检查。

（2）规定了仪器的计量性能　包括载气在10min内流速的稳定性，柱温箱在10min内的稳定性，程序升温重复性，基线噪声，30min基线漂移，灵敏度，检测限，定性重复性和定量重复性应达到的要求。

（3）规定了仪器外观和气路系统要求。

（4）规定了计量器具控制；检定条件中的检定环境条件、仪器安装要求；燃气及助燃气的纯度；检定用标准物质及设备、微量注射器、使用的铂电阻温度计、流量计、气压表等的检查等方法和要求。

（5）规定了首次检定、后续检定及使用中检查的检查项目。

（6）规定了不同检测器的检测项目、各项目的检定方法、使用物质及条件、数据记录及计算、结果表述。

（7）规定了不符合要求的指标相关的校正方法。

（二）系统适用性试验

《中国药典》规定了气相色谱仪日常使用条件通过系统适用性试验控制，具体规定及方法除另有规定外，具体方法参照"M-2任务　高效液相色谱仪"中"三、高效液相色谱仪的检定与校准（二）色谱系统适用性试验"方法进行。

三、气相色谱仪的使用及维护保养

气相色谱仪相关部件的使用和维护技术是气相色谱法的主要技术，各部件使用及维护保养列于表N-2-4。

表 N-2-4　气相色谱仪及各部件的使用及维护保养

项目	使用及维护保养方法
操作规程	严格按说明书要求，进行规范操作，这是正确使用和科学保养仪器的前提
电压	仪器应该有良好的接地，使用稳压电源，避免外部电器的干扰
气源	1.纯度：使用高纯载气，纯净的氢气和压缩空气，尽量不用氧气代替空气 2.比例：确保载气、氢气、空气的流量和比例适当、匹配，指导流速依次为载气30mL/min，氢气30mL/min ，空气300mL/min，针对不同的仪器特点，在此基础上，上下做适当调整 3.气源压力过低（如不足10～15个大气压），气体流量不稳，应及时更换新钢瓶，保持气源压力充足、稳定
气路	1.检漏：气相色谱仪的气路要求密封，若不密封，实验将会出现异常现象，使数据不准确。要经常进行试漏检查（包括进样垫），确保整个流路系统不漏气。现在高档的仪器都可自动进行检漏，但早期仪器的气路要认真仔细地进行检漏。特别是用氢气作载气时，更要十分注意气密性，因为，氢气若从柱接口漏进恒温箱，可能会发生爆炸事故 2.检漏方法有两种：①皂膜检漏法，即用毛笔蘸上肥皂水涂在各接头上检漏，若接口处有气泡产生或逸出，则表明该处漏气，应重新拧紧，直到不漏气为止。检漏完毕应使用干布将皂液擦净。②堵气观察法，即用橡皮塞堵住出口处，转子流量计流量为"0"，同时关闭稳压阀，压力表不下降，则表明不漏气。若转子流量计流量指示不为"0"，或压力表压力缓慢下降（在半小时内，仪器上压力表指示的压力下降大于0.005MPa），则表明该处漏气，则重新拧紧各接头至不漏气为止

续表

项目	使用及维护保养方法
气化室 （进样口）	保持气化室的惰性和清洁，防止样品的吸附、分解。每周应检查一次玻璃衬管，如污染应清洗烘干后再使用 由于仪器的长期使用，硅橡胶微粒可能会积聚造成进样口管道堵塞，或气源净化不够，使进样口沾污，此时应对进样口清洗。其方法是首先从进样口处拆下色谱柱，旋下散热片，清除导管和接头部件内的硅橡胶微粒（注意：接头部件千万不能碰弯），接着用丙酮和蒸馏水依次清洗导管和接头部件，并吹干。然后，按与拆卸的相反顺序安装后，进行漏气检查
六通阀	使用时应绝对避免带有小颗粒固体杂质的气体进入六通阀，否则，在拉动阀杆或转动阀盖时，固体颗粒会擦伤阀体，造成漏气；六通阀长时间使用后，应该按照结构装卸要求卸下进行清洗
进样量	避免超负荷进样（否则会造成多方面的不良后果）。对不经稀释直接进样的液态样品进样体积可先试0.1μL（约100μg），然后再做适当调整
色谱柱	1.尽量采用惰性好的玻璃柱（硼硅玻璃、熔融石英玻璃柱），以减少或避免金属催化分解和吸附现象。气-液色谱柱的填充主要包括：色谱柱柱管的选择、试漏及清洗；固定液的涂渍；色谱柱的装填、色谱柱的老化 2.定期检查柱头和填塞的玻璃棉是否污染。至少应每月拆下柱子检查一次。如污染应擦净柱内壁，更换1～2cm填料，塞上新的经硅烷化处理的玻璃棉，老化2h，再投入使用 3.新制备的或新安装的色谱柱必须进行老化处理。色谱柱老化：对OV-101、OV-17、OV-225等试剂级固定液，老化时间不应少于24h；对SE-30、QF-1工业级的固定液因纯度低，老化时间不应少于48h 4.新购买的色谱柱在分析样品之前最好先测试柱性能是否合格 5.按要求做色谱系统适用性试验。其他分析情况下，当分析结果有问题时应该用测试标样测试色谱柱，并将结果与前一次测试结果相比较，这有助于确定色谱柱是否正常，以便有效查找原因，排除故障。每次测试结果都应保存起来作为色谱柱使用记录，确定使用寿命 6.色谱柱暂不使用时，应将其从仪器上取下，在柱两端套上保护装置（不锈钢帽或硅橡胶套），并放在相应的柱包装盒中，以免柱头被污染 7.每次关机前都应将柱温箱的温度降到50℃以下，然后再关电源和载气。若温度过高时切断载气，则空气（氧气）扩散进入柱管会造成固定液氧化和降解。仪器有过温保护功能时，每次新安装色谱柱都要重新设定保护温度（超过此温度仪器会自动停止加热），以确保柱箱温度不超过色谱柱的最高使用温度，避免对色谱柱造成一定的损伤（如固定液流失或固定相颗粒脱落），降低色谱柱的使用寿命 8.对于毛细管柱，如果使用一段时间后柱效有大幅度的降低，可能表明固定液流失太多，但有时也可能是由于一些高沸点的极性化合物的吸附而使色谱柱丧失分离能力，这时可以在高温下进行老化，用载气将污染物冲洗出来。若柱性能仍不能恢复，就得从仪器上卸下色谱柱，将柱头部分截去一段（10cm或更长些），去除掉最容易污染的柱头后再安装测试，往往能恢复柱的性能。若不起作用，则可通过反复注入溶剂进行清洗，常用的溶剂依次为丙酮、甲苯、乙醇、三氯甲烷和二氯甲烷。每次可进样5～10μL，该法通常能见效

续表

项目	使用及维护保养方法
检测器	保持检测器的清洁、畅通。为此，检测器温度可设得高一些，并用乙醇、丙酮和专用金属丝经常清洗和疏通
微量注射器	1.洗涤：使用前要先用丙酮等溶剂洗净（一般先用溶剂抽洗10次左右，然后再用被测溶液抽洗10次左右）。使用后立即清洗处理（一般常用下述溶液依次清洗：5%NaOH水溶液、蒸馏水、丙酮、三氯甲烷，最后用真空泵抽干），以免芯子被样品中高沸点物质沾污而堵塞。切忌用浓碱液清洗，以免受腐蚀而影响使用寿命 2.使用：取样时缓缓抽取一定量的试样（稍多于需要量），排去多余的样品（不能有气泡：吸样时要慢、快速排出再慢吸，反复几次，10μL注射器 金属针头部分体积0.6μL，有气泡也看不到，多吸1～2μL把注射器针尖朝上使气泡上升到顶部再推动针杆排除气泡），立即进样。进样时左手轻扶针头，但不要拿注射器的针尖，右手拿注射器（不要拿有样品部位），迅速刺穿硅橡胶垫，每次进样保持相同速度，针尖到气化室中部时轻巧、迅速地将样品注入，完成后立即拔出。进样时要求操作稳当、连贯、迅速。进针位置及速度、针尖停留及拔出速度都会影响进样的重现性。一般进样相对误差为2%～5% 3.维护：对于针头为固定式的进样器，不宜吸取有较粗悬浮物质的溶液，防止堵塞；一旦针尖堵塞，可用粗细合适的不锈钢丝（通常直径为0.1mm）串通；高沸点样品在注射器内部分冷凝时，不得强行多次来回抽动拉杆，以免发生卡住或磨损而造成损坏；如发现注射器内有不锈钢氧化物（发黑现象）影响使用时，可在不锈钢丝上蘸少量肥皂水塞入注射器内，来回抽拉几次，然后清洗即可；注射器针尖不宜在高温下工作，更不可直接用火烧，以免针尖退火而失去戳穿能力
实验容器	尽量用磨口玻璃瓶作试剂容器。避免使用橡皮塞，因其可能造成样品污染。如果使用橡皮塞，要包一层聚乙烯膜，以保护橡皮塞不被溶剂溶解
分析对象	对于欠稳定的农药、中间体，最好用溶剂稀释后再分析，可以减少样品的分解
工作站	一般不同厂家的仪器工作站有所不同，但是大同小异。每种仪器都有其操作规程，具体参照相关仪器手册
结束实验	做完实验，用适量的溶剂（如丙酮）等冲一下色谱柱和检测器

四、气相色谱柱的选择

在气相色谱中，待测样品分离过程是在色谱柱中完成的。混合组分能否在色谱柱中达到分离要求，很大程度上取决于所用的色谱柱是否合适，因此色谱柱的选择就成为色谱分析中的关键问题。在常规分析中一般标准方法都指定了所使用色谱柱的类型，这些色谱柱有时也需要自己填充制备。关于气相色谱柱，在仪器部件中已介绍过从形式上可分为填充柱和开管毛细管柱，实际工作中也有其他分类情况，如根据固定相性质分为气-固色谱柱和气-液色谱柱。

（一）气–固色谱柱的选择

气-固色谱的固定相为固体，所以色谱柱的选择就是固体固定相的选择。固体固定相一般采用固体吸附剂，主要有强极性的硅胶、中等极性的氧化铝、非极性的活性炭及特殊作用的分子筛，因吸附剂种类不多，加之其他缺点，应用范围有限，主要用于惰性气体和H_2、O_2、N_2、CO、CO_2、CH_4等一般气体及低沸点有机化合物的分析。固体吸附剂的优点是吸附容量大、热稳定性好、无流失现象，且价格便宜。缺点是重现性差、柱效低、吸附活性中心易中毒、进样量稍大就得到不对称峰、且因为温度稍高常具有催化活性，不适合分析高沸点和有活性的试样。吸附剂在使用前需要先进行活化处理，然后再装填进柱中使用，近来，有报道吸附剂作为涂层应用到开口柱中。常用吸附剂及使用情况见表N-2-5。

表N-2-5　气相色谱法常用吸附剂的性能说明

吸附剂	化学成分	极性	分析对象	活化方法
活性炭	C	非极性	永久性气体及低沸点烃类	用苯浸泡，在350℃用水蒸气洗至无浑浊，在180℃烘干备用
炭黑	C	非极性	分离气体及烃类，对高沸点有机化合物峰形对称	
硅胶	$SiO_2 \cdot nH_2O$	极性（氢键型）	永久性气体及低沸点烃类	用（1+1）盐酸浸泡2h，在180℃烘干备用；或装柱后200℃载气活化2h
氧化铝	Al_2O_3	极性	分离烃类及有机异构体，低温时可分离氢的同位素	200～1000℃烘烤活化，冷却备用
分子筛	$x(MO) \cdot y(Al_2O_3)$ $x(SiO_2) \cdot H_2O$	强极性	永久性气体及惰性气体	350～550℃烘烤活化3～4h，冷却备用

（二）气-液色谱柱的选择

气-液色谱填充柱中所用的填料是液体固定相，它由惰性固体支持物和其表面上涂渍的高沸点液膜所构成。通常把惰性固体支持物称为"载体"（也称担体），把涂渍的高沸点有机物称为"固定液"。

1.固定液

一般是一种高沸点的有机物的液膜，通过对不同组分的不同分子间的作用，使组分在色谱柱中得到分离。对气相色谱用的固定液，一般有以下几点要求。

（1）在操作温度下蒸气压低，热稳定性好，不分解。

（2）在操作温度下呈液态，而且黏度愈低愈好。物质在高黏度的固定液中传质速度慢，柱效率因而降低。这决定固定液的最低使用温度。

（3）化学稳定性好，在操作温度下不能与待分析组分或载气发生不可逆反应。

（4）能牢固地附着在载体上，并形成均匀和结构稳定的薄层。

（5）被分离的物质必须在其中有一定的溶解度及较好的选择性（对沸点相近而类型不同的物质有分离能力，即保留一种类型化合物的能力大于另一种类型化合物。这种分离能力即是固定液的选择性），不然就会很快地被载气带走而不能在两相之间进行分配。

2.常用固定液的分类

在气-液色谱中所使用的固定液种类很多，为了便于选择和使用，一般按固定液的"极性"大小进行分类。固定液的极性通常用相对极性（P）来表示，按一定的方法测定选定物质对在固定液与参照物质中的相对保留值。这种表示方法规定参照物β, β'-氧二丙腈的相对极性$P=100$，角鲨烷的相对极性$P=0$，其他固定液以此为标准通过实验测出它们的相对极性均在$0\sim100$之间。通常根据相对极性值将固定液分为五级，即五级分类法。每20个相对单位为一级，$0\sim20$为非极性，用"+1"表示，以此类推，（也可用-1表示非极性），具体见表N-2-6。五级分类法简单直观，但是因为选择的物质对通常为苯和环己烷，主要反映的是分子之间的诱导力，按相对极性分类不能反映出固定液和组分分子之间的全部作用力，在表达固定液性质上不够完善。气-液色谱柱常见固定液的类型见表N-2-7。

表 N-2-6   固定液五级分类法

P值	级数	极性	P值	级数	极性
$0\sim20$	+1	非极性	$61\sim80$	+4	强极性
$21\sim40$	+2	弱极性	$81\sim100$	+5	强极性
$41\sim60$	+3	中等极性			

表 N-2-7   气-液色谱柱常见固定液类型

固定液的类型	极性	常用例子	适用范围（分离对象）
烃类	非极性	角鲨烷、石蜡烷	非极性物质分离
聚硅氧烷类	弱极性	甲基硅氧烷、苯基硅氧烷	不同极性物质分离
	中极性	氨基聚硅氧烷	
	强极性	氰基聚硅氧烷	
醇和醚类	强极性	聚乙二醇	强极性物质分离
酯和聚酯类	中极性	邻苯二甲酸二壬酯	各类物质
腈和腈醚类	强极性	氧二丙腈	极性物质
有机皂土	弱极性		芳香异构体

3.固定液的选择

根据被分离组分和固定液分子间的相互作用关系，固定液的选择一般根据所谓的相似性原则，即固定液的性质与被分离组分之间的某些相似性，如官能团、化学键、极性、化学性质等。性质相似时，两种分子间的作用力就强，被分离组分在固定液中的溶解度就大，分配系数大，因而保留时间就长；反之溶解度小，分配系数小，因而能很快流出色谱柱。下面就不同情况进行讨论。

（1）分离极性化合物   采用极性固定液。这时样品各组分与固定液分子间作用力主要是定向力和诱导力，各组分出峰次序按极性顺序，极性小的先出峰，极性越大，出峰越慢。

（2）分离非极性化合物   应用非极性固定液。样品各组分与固定液分子间作用力是色散力，没有特殊选择性，这时各组分按沸点顺序出峰，沸点低的先出峰。对于沸点相近的异构物的分离，效率很低。

（3）分离非极性和极性化合物的混合物时　可用极性固定液，这时非极性组分先流出，固定液极性越强，非极性组分越易流出。

（4）对于能形成氢键的样品　如醇、酚、胺和水的分离，一般选择极性或氢键型的固定液，这时依组分和固定液分子间形成氢键能力的大小进行分离。

相似相溶性原则是选择固定液的一般原则，有时利用现有的固定液不能达到满意的分离结果时，往往采用混合固定液，即应用两种或两种以上性质各不相同的、按适合比例混合的固定液，既可使分离获得比较满意的选择性，又不致使分析时间延长。经过多年的研究，已优选出12种使用较多分离性能较好的固定液及适用范围，见表N-2-8。固定液的选择有一定的原则可以遵循，但是色谱过程比较复杂，待测样品组成千变万化，实际工作中固定液（色谱柱）的选择还是要通过实验完成。

表N-2-8　常用12种最佳固定液

固定液名称	型号	相对极性	最高使用温度/℃	溶剂	分析对象
角鲨烷	SQ	−1	150	乙醚，甲苯	气态烃、轻馏分液态烃
甲基硅油或甲基硅橡胶	SE-30 OV-101	+1	350 200	三氯甲烷，甲苯	各种高沸点化合物
苯基（10%）甲基聚硅氧烷	OV-3	+1	350	丙酮，苯	各种高沸点化合物、对芳香族和极性化合物保留值增大
苯基（25%）甲基聚硅氧烷	OV-7	+2	300	丙酮，苯	各种高沸点化合物、对芳香族和极性化合物保留值增大
苯基（50%）甲基聚硅氧烷	OV-17	+2	300	丙酮，苯	各种高沸点化合物、对芳香族和极性化合物保留值增大
苯基（60%）甲基聚硅氧烷	OV-22	+2	300	丙酮，苯	各种高沸点化合物、对芳香族和极性化合物保留值增大
三氟丙基（50%）甲基聚硅氧烷	QF-1 OV-210	+3	250	三氯甲烷，二氯甲烷	含卤化合物、金属螯合物、甾类
β-氰乙基（25%）甲基聚硅氧烷	XE-60	+3	275	三氯甲烷，二氯甲烷	苯酚、酚醚、芳胺、生物碱、甾类
聚乙二醇	PEG-20M	+4	225	丙酮，三氯甲烷	选择性保留分离含O、N官能团及O、N杂环化合物
聚己二酸二乙二醇酯	DEGA	+4	250	丙酮，三氯甲烷	分离C1～C4脂肪酸甲酯，甲酚异构体
聚丁二酸二乙二醇酯	DEGS	+4	220	丙酮，三氯甲烷	分离饱和及不饱和脂肪酸酯，苯二甲酸酯异构体
1,2,3-三（2-氰乙氧基）丙烷	TCEP	+5	175	丙酮，甲醇	选择性保留低级含O化合物、伯胺、仲胺、不饱和烃、环烷烃等

五、分离操作条件的选择及优化

在进行方法学研究时，通常要选择用哪种类型的色谱柱及检测器。但在完成常规分析检测任务时，通常标准检测方法中色谱条件都已给定（色谱柱、固定相类型、检测器等），需要做的多是优化色谱的分离条件，使试样中难分离（待测）的相邻两组分在较短的时间内实现定量分离。在固定相及检测器一定的情况下，要进行下面几项分离操作条件的选择和优化。

1. 载气及其流速的选择

选择载气首要考虑与所用检测器的匹配，一般检测器确定了基本上载气种类也就确定了，相关内容在检测器的章节中已有说明。如使用FID用氮气作载气，而使用TCD用氢气做载气。

速率理论说明载气的流速对分离效率有影响，在一个气相色谱系统中，有一个最佳的载气流速，使分离达到最好的效果。最佳流速通常通过实验来选择。一般方法是：选择好色谱柱和柱温后，固定其他实验条件，只改变载气流速，将一定量的待测物质注入色谱仪，出峰后，分别测出在不同载气流速下的有效塔板高度（可以在工作站直接得出，也可以根据色谱峰的保留时间及峰宽，计算出有效塔板数，再根据柱长计算出有效塔板高度），然后以载气流速为横坐标，以有效塔板高度为纵坐标，绘制曲线（H-u曲线）。曲线的最低点对应的流速即为最佳流速。在实际工作中，因为使用最佳流速分析速度较慢，所以在不明显增加塔板高度的情况下，选择比最佳流速稍大的流速进行分析测定。对一般的色谱柱（内径 3～4mm）常用的流速为 20～100mL/min。

2. 柱温的选择

柱温是气相色谱的重要操作条件，柱温直接影响色谱柱的使用寿命，柱的选择性，柱效能和分析速度。柱温低有利于分配，有利于组分的分离，但柱温过低，被测组分可能在柱中冷凝，或者色谱峰扩张、拖尾。柱温高，不利于分离，一般通过实验选择最佳柱温。原则是：既可使物质分离完全，又不致使峰扩张、拖尾。

（1）对于组分沸点范围较接近的样品分析时　柱温一般选择各组分的沸点平均温度或稍低。表 N-2-9 列出了各不同沸点样品适宜的柱温及固定液配比，可供参考。

表 N-2-9　不同沸点范围样品适宜的柱温选择

样品沸点/℃	固定液配比/%	柱温/℃
气体、气态烃、低沸点化合物	15～25	室温或 < 50
100～200 的混合物	10～15	100～150
200～300 的混合物	5～10	150～200
300～400 的混合物	< 3	200～250

（2）当待分析组分的沸点范围很宽时　用同一柱温往往造成低沸点组分分离不好，而高沸点组分的峰形扁平，此时采用程序升温的办法能使高沸点及低沸点组分都获得满意的分离效果。

（3）应该注意的是，采用的柱温不能高于固定液的最高使用温度（避免固定液的大量挥发、损失），同时柱温必须高于固定液的熔点（使固定液有效地发挥作用）。

3.气化室温度的选择

合适的气化室温度应该是：既能保证样品迅速且完全气化，又不引起样品分解。一般气化室温度比柱温高30～70℃或比样品组分最高沸点高30～50℃，就可以满足分析要求。但是温度是否合适，可以通过实验来检查。方法是：重复进样时，若出峰的数目发生变化，重现性差，则说明气化室温度过高；若峰形不规则，出现平头峰或宽峰则说明气化室温度太低；若峰形正常，峰数不变，峰形重现性好则说明气化室温度合适。

4.进样量的选择

在进行气相色谱分析时，进样量要适当。若进样量过大，所得到的色谱峰峰形不对称程度增加，峰变宽，分离度变小，保留值发生变化，峰高峰面积与进样量不呈线性关系，无法定量。若进样量太小，又会因检测器灵敏度不够，不能检出。色谱柱最大进样量也可以通过实验确定。方法是：其他实验条件不变，仅逐渐加大进样量，直至所出的峰的半峰宽变宽或保留值改变时，此时的进样量就是最大允许进样量。

 **知识拓展**

一、气-液色谱固定相载体

气-液色谱柱的填料是由载体和固定液构成，载体是一种多孔性化学惰性固体，在气相色谱柱中用来支撑固定液。通常分为硅藻土和非硅藻土两大类，每一类又有很多小类。

1.硅藻土类型

这类载体是以硅藻土为主要原料煅烧而成。

（1）白色硅藻土　比表面积小，疏松，质脆，吸附性能小，经适当处理，可分析强极性或碱性组分。

（2）红色硅藻土　有较大的比表面积和较好的机械强度，但吸附性较大。可用于非极性或弱极性组分的分离。

2.非硅藻土类型

（1）氟载体　表面惰性好，可用来分析高极性和腐蚀性物质，但装柱不易，柱效率低些。

（2）玻璃微球　表面积小，用它做载体柱温可以大大降低，而分离完全且快速。但涂渍困难，柱效低。

（3）多孔性高聚物小球　机械强度高，热稳定性好，吸附性低，耐腐蚀，分离效率高，是一种性能优良的新型色谱固定相。

（4）碳分子筛　中性，比表面积大，强度高，寿命长，在微量分析上具有无比的优越性。

（5）活性炭　可以单独作为固定相。

3.载体的预处理方法

常用的载体表面并非惰性，它具有不同程度的催化作用和吸附性（特别是固定液含量低时和分离极性物质时）造成色谱峰拖尾和柱效下降，保留值改变等影响，因而需要预处理。现将一般处理方法简述如下。

（1）酸洗法　用浓盐酸加热处理载体20～30min，然后用自来水冲洗至中性，再用甲醇漂洗，烘干备用。此法主要除去载体表面的铁等无机物杂质。分离酸性物质如酚类，要用酸洗处理的载体。

（2）碱洗法　用10%的氢氧化钠或5%的氢氧化钾-甲醇溶液浸泡或回流载体，然后用水冲洗至中性，再用甲醇漂洗，烘干备用。碱洗的目的是除去表面的三氧化二铝等酸性作用点，但往往在表面上残留微量的游离碱，它能分解或吸附一些非碱性物质，使用时要注意。分离碱性物质如乙醇胺，要用碱洗处理的载体。

（3）硅烷化　用硅烷化试剂与载体表面的硅醇、硅醚基团起反应，除去表面的氢键结合能力，可以改进载体的性能。常用的硅烷化试剂有二甲基二氯硅烷和六甲基二硅胺等。硅烷化白色载体可用于强极性氢键型物质如废水测定，微量分析要用硅烷化的载体。

（4）釉化　把欲处理的载体在2.3%的碳酸钠-碳酸钾（1+1）水溶液中浸泡一天，烘干后先在870℃下煅烧3～5h，然后升温到980℃煅烧约40min。经过这样处理，载体表面形成一层玻璃化的釉质，故称"釉化载体"。这种载体吸附性能小、强度大，当固定液中加入少量的去尾剂后，能分析如醇、酸等极性较强的物质。但对非极性物质柱效能则稍有下降。此外甲醇和甲酸等物质在釉化载体上有一定的不可逆化学吸附，在定量分析时应予以注意。釉化红色载体（如301）可用于中等极性物质。

（5）其他纯化方法　凡是用化学反应来除去活性作用点或用物理覆盖以达到纯化载体表面性质的方法都可以使用。

4.常用的载体粒径

对于4～6mm内径、较长的色谱柱，选用载体目数一般为40～80目；对于较短色谱柱选用载体目数一般为80～100目（每平方英寸内的筛孔数目为目）。各种载体名目繁多，有些特殊的情况下要用特殊的载体，如氟载体分离异氰酸酯类。但是在普通的常量分析中，对载体可以不必讲究，甚至如耐火砖粉粒、玻璃砂和海沙也可以使用。

二、常用检测器的结构及工作原理

（一）FID结构和工作原理

氢火焰离子化检测器由电离室［包括离子化室、火焰喷嘴、发射极（环状金属圈，负极）、收集极（金属圆筒，正极）］和放大电路组成，如图N-2-2所示。发射极和收集极间加90～300V的极化电压，形成外加电场。

其工作原理：在检测时，是以氢气在空气中燃烧为能源，载气（N_2）携带被分析组分和可燃气（H_2）从喷嘴进入检测器，助燃气（空气）从四周导入，被测组分在火焰中被解离成正、负离子，在极化电压形成的电场中，正、负离子向各自相反的电极移动，形成电流，产生的电流很微弱，经放大器（放大10^7～10^{10}倍）便获得可测量的电信号产生色谱峰，产生微电流的大小与进入离子室的被测组分含量成比例关系。FID离子化的机理近年才明朗化，但对烃类和非烃类其机理是不同的。FID对烃类化合物有很高的灵敏度和选择性，一直作为烃类化合物的专用检测器。其主要特点是对几乎所有挥发性的有机化合物均有响应，对所有烃类化合物（碳数≥3）的相对响应值几乎相等，对含杂原子的烃类有机物中的同系物（碳数≥3）的相对响应值也几乎相等，这给化合物的定量带来很大的方便。而且具有灵敏度高（$10^{-13} \sim 10^{-10}$g/s），基流小（$10^{-15} \sim 10^{-14}$nm），线性范围宽（$10^{6} \sim 10^{7}$），死体积小（≤1μL），响应快（1ms），可以和毛细管柱直接联用，对气体流速、压力和温度变化不敏感等优点。

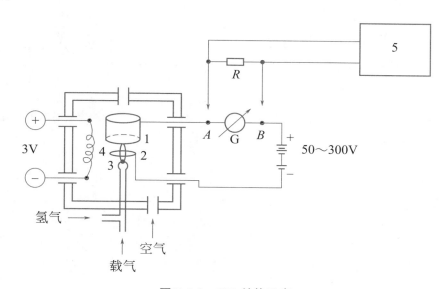

图N-2-2 FID 结构示意

1—收集极；2—发射极；3—氢火焰；4—点火线圈；5—微电流放大器

（二）TCD 结构和工作原理

1.结构和工作原理

热导检测器的主要部件是一个热导池，它由池体和热敏元件构成。有双臂热导池和四臂热导池。如将两个材质、电阻相同的热敏元件（钨丝或铼钨丝）装入一个双腔池体（池体由不锈钢制成，与热敏元件绝缘）中构成双臂热导池，其结构如图N-2-3所示。一臂连接在色谱柱后，称为测量臂，另一臂连接在色谱柱前，只通载气，称为参考臂。两臂的电阻分别为$R_{测}$和$R_{参}$，将参比臂和测量臂与两个阻值相等的固定电阻R_1和R_2组成惠斯通电桥（如图N-2-4所示）。当测量时，给热导池通入恒定的电流，钨丝升温，所产生的热量被载气带走，并以热导方式传给池体。当热量的产生与散热建立动态平衡后，钨丝的温度恒定，其电阻值也恒定。当参考臂和测量臂中均只通纯载气时，两个热导池钨丝温度相等，则$R_{测}=R_{参}$，$R_{测}/R_{参}=R_1/R_2$，电桥处于平衡状态，检流计无电流通过。当柱后载气携带样品组分进入测量臂时，组分与载气的二元体系的热导率与纯载气的热导率不同，钨丝温度即变化，此时$R_{测}$也变化，而参比臂电阻值保持不变，则$R_{测}\neq R_{参}$，$R_{测}/R_{参}\neq R_1/R_2$，检流计指针偏转，就有信号产生，信号大小与组分含量成比例。如果R_1和R_2也换成热敏元件，则构成四臂热导池，其检测灵敏度高于双臂热导池。

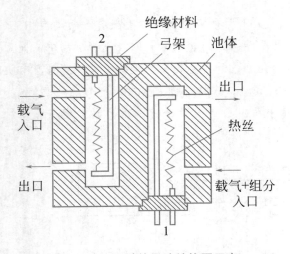

图 N-2-3　双臂热导池结构图示意
1—测量臂；2—参考臂

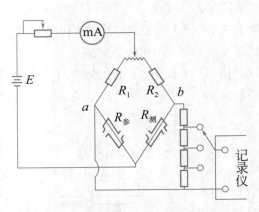

图 N-2-4　热导池惠斯通电桥测量线路

2.载气

在其他条件一定时，热导检测器载气和被测组分间热导率差值越大，检测器的灵敏度越高。由于被测组分的热导率一般较小，故应选用热导率高的气体作为载气。一些气体的热导率列于表 N-2-10。常用载气的热导率大小顺序为氢气＞氦气＞氮气，且氢气和氦气的热导率比有机化合物的热导率大很多，因此灵敏度较高，且不会出倒峰。故在使用热导池检测器时，一般选用氢气为载气。

表 N-2-10　一些气体的热导率 $[\lambda \times 10^5, \ J/(cm \cdot s \cdot ℃), \ 100℃]$

气体	热导率	气体	热导率
氢气	224.3	甲烷	45.8
氦气	175.6	丙烷	26.4
氮气	31.5	乙醇	22.3
空气	31.5	丙酮	17.6

（三）ECD 结构和工作原理

1.结构和工作原理

早期电子捕获检测器由两个平行电极制成。现多用放射性同轴电极。在检测器池体内，装有一个不锈钢棒作为正极，一个圆筒状的 β 射线放射源（^3H、^{63}Ni，一般常用后者，因寿命长）作为负极，两极间施加直流电或脉冲电压。如图 N-2-5 所示。

其工作原理为：当纯载气（通常用高纯 N_2）进入检测室时，受射线照射，电离产生正离子（N_2^+）和电子 e^-，生成的正离子和电子在电场作用下分别向两极运动，形成恒定的（约 $10^{-9}nm$）电流——基流。加入样品后，若样品中含有某种电负性强的元素，即易与电子结合的分子时，就会捕获这些低能电子，产生带负电荷阴离子（电子捕获），这些阴离子和载气电离生成的正离子结合生成中性化合物，被载气带出检测室外，从而使基流降低，产

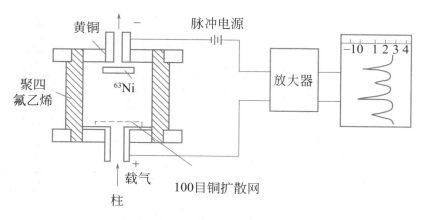

图 N-2-5　电子捕获检测器结构示意

生负信号，形成倒峰。倒峰的强弱（高低）与组分浓度呈正比，因此，电子捕获检测器是浓度型的检测器。电子捕获检测器是一种高选择性检测器。高选择性是指只对含有电负性强的元素的物质，如含有卤素、S、P、N 等的化合物等有响应，物质电负性越强，检测灵敏度越高。

2. 载气及要求

应使用高纯的载气，一般采用高纯氮气（纯度 $\geqslant$ 99.99%）。载气中若含有少量的 O_2 和 H_2O 等电负性组分对检测器的基流和响应值有很大的影响，长期使用将严重污染检测器。因此，除采用高纯的载气外，还应采用脱氧管等净化装置除去其中的微量杂质。

3. 使用注意事项

载气流速对基流和响应信号也有影响，可根据条件实验选择最佳载气流速，通常为 40 ~ 100mL/min；检测器中含有放射源，应注意安全，不可随意拆卸。

（四）FPD 结构和工作原理

火焰光度检测器又叫硫磷检测器，是一种选择性检测器，它对含硫、磷的化合物有高选择性和灵敏度。适宜于分析含硫、磷的农药及环境分析中监测含微量硫、磷的有机污染物。

火焰光度检测器由氢焰部分和光度部分构成。氢焰部分包括火焰喷嘴、遮光槽、点火器等；光度部分由石英窗滤光片（硫用 394nm，磷用 526nm 滤光片）、光电倍增管构成，如图 N-2-6 所示。其工作原理是当含 S、P 化合物由载气携带，先与空气（或纯氧）混合后，由检测器下部进入喷嘴（在喷嘴周围有四个小孔，供给过量的燃气——氢气），在富氢焰中燃烧，硫、磷被激发而发射出特征波长的光谱。

有机含硫化合物首先氧化成 SO_2，被氢还原成 S 原子后生成激发态的 S_2^* 分子，当其回到基态时，发射出 350 ~ 430nm 的特征分子光谱，最大吸收波长为 394nm（蓝紫色）。通过相应的滤光片，由光电倍增管接收，经放大后由记录仪记录其色谱峰。此检测器对含 S 化合物不呈线性关系而呈对数关系。

当含磷化合物氧化成磷的氧化物，被富氢焰中的 H 还原成 HPO^* 裂片，此裂片被激发后发射出 480 ~ 600nm 的特征分子光谱，最大吸收波长为 526nm（绿色光）。且发射光的强度（响应信号）正比于 HPO^* 浓度。

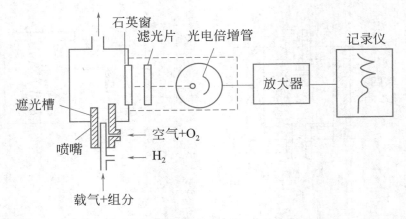

图 N-2-6　火焰光度检测器（FPD）结构示意

目标自测

答案

一、填空题

1.气相色谱仪由_____、_____、_____、_____、_____和_____组成。

2.气相色谱中常用的检测器有_____、_____、_____、_____，药品检测中最常用的检测器是_____。

3.描述一根毛细管色谱柱一般需要_____、_____、_____和_____四个参数。

4.气相色谱柱使用前必须_____，老化时色谱柱必须与检测器_____，以防_____。

5.气相色谱中常用的载气是_____、_____等。

6.在GC中，气体的净化常用变色硅胶作净化剂，其作用是除去气体中的_____。

7.在GC中，分离中等极性物质，选用_____的固定液，分离时，组分基本上按_____流出色谱柱，若样品中兼有极性和非极性组分，则_____组分先流出。

8.热导检测器是基于_____而产生的电信号。

9.气相色谱法中柱温控制方式有_____和_____。

10. ECD检测器适用于_____物质的测定，常用的载气是_____。

11.气-固色谱中，各组分的分离是基于组分在吸附剂上的_____能力不同，而在气-液色谱柱中，分离是基于组分在固定液中的_____能力不同。

12.在GC中，如气化室温度过低，样品不能迅速气化，则峰形变_____，但气化温度太高，可能会导致某些热不稳定样品的_____。

13.在GC中，FID检测器的温度一般不低于_____，最好不低于_____。

14.在GC中，FID检测器需要使用_____气体；_____做载气；_____做燃气；_____做助燃气。

15.在GC中，常用的固定液极性按五级分类法为_____、_____、_____、_____、_____。

二、选择题（单项）

1.可作为气-液色谱固定液的是（　　　）。

A.具有不同极性的有机化合物　　　　B.具有不同极性的无机化合物

C.有机离子交换剂　　　　D.硅胶

2.气相色谱中饱和烃分析常采用（　　　）。

A.非极性固定液　　　　B.中等极性固定液

C.强极性固定液　　　　D.氢键型固定液

3.使用气相色谱仪时，应首先（　　　）。

A.加热柱箱　　　　B.接通助燃气

C.加热检测器　　　　D.接通载气

4.为了提高热导检测器的灵敏度，应当（　　　）。

A.增加载气流速　　　　B.增加检测器温度

C.增加桥流　　　　D.增加气化室温度

5.在气相色谱分析中，参数（　　　）与被测组分含量呈正比关系。

A.保留时间　　　　B.相对保留值

C.半峰宽　　　　D.峰面积

三、选择题（多项）

1.能用气相色谱有效分离的化合物属于（　　　）。

A.挥发性好的物质　　　　B.热稳定性不好的物质

C.分子量小的化合物　　　　D.离子型物质

2.气相色谱法中，色谱柱老化的目的是（　　　）。

A.除去固定相表面水分

B.除去固定相中的粉状物

C.除去固定相中残余溶剂及其他挥发性杂质

D.促使固定液均匀分布

3.不能够使分配系数发生变化的是（　　　）。

A.降低柱温　　　　B.增加柱长

C.改变固定相　　　　D.减小流动相流速

4.在气-液色谱中，首先流出色谱柱的组分是（　　　）。

A.在固定液中溶解度小的　　　　B.分配系数大的

C.挥发性小的　　　　D.挥发性大的

5.程序升温的特点是（　　　）。

A.分离效率高　　　　B.峰窄且对称性好

C.沸点范围宽　　　　D.基线漂移

N-3任务　气相色谱法应用

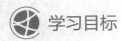 学习目标

1. 掌握使用保留时间定性的方法。
2. 掌握常用的定量分析方法。
3. 了解其他定性方法。

气相色谱法具有分析快速、选择性好、柱效能高、应用范围广等特点。气相色谱法属于柱色谱法，与高效液相色谱一样，定性指标为保留时间或相对保留时间；定量指标为峰高或峰面积。

气相色谱法常用的定性和定量分析方法和液相色谱法相同。定性方法以利用对比"保留时间"鉴别的方法应用较多。定量方法也用外标法、内标法、归一化法等常用方法。但因为气相色谱仪及分析对象与高效液相色谱仪及分析对象有差别，气相色谱法有其自身的特点，所以在具体方法等方面会有差别。如气相色谱的进样量一般仅数微升，为减小进样误差，尤其当采用手工进样时，由于留针时间和室温等对进样量也有影响，故以采用内标法定量为宜；当采用自动进样器时，由于进样重复性的提高，在保证分析精度的前提下，也可采用外标法定量。当采用顶空进样时，由于供试品和对照品处于不完全相同的基质中，故可采用标准溶液加入法，以消除基质效应的影响；当标准溶液加入法与其他定量方法结果不一致时，应以标准加入法结果为准。

标准加入法可以用于待测成分或杂质的测定。测定时，精密称（量）取待测成分或某个待查杂质的对照品适量，配制成适当浓度的对照品溶液，取一定量，精密加入供试品溶液中，根据外标法或内标法测定主成分或杂质含量，再扣除加入的对照品溶液含量，即得供试品溶液中主成分或某个杂质含量。

也可按下述公式进行计算，加入对照品溶液前后校正因子应相同，即：

$$\frac{A_{is}}{A_x}=\frac{c_x+\Delta c_x}{c_x}$$

则待测组分的浓度 c_x 可通过如下公式进行计算：

$$c_x=\frac{\Delta c_x}{(A_{is}/A_x)-1} \tag{N-3-1}$$

式中，c_x 为供试品中组分 X 的浓度；Δc_x 为所加入的已知浓度的待测组分对照品的浓度；A_x 为供试品中组分 X 的色谱峰面积；A_{is} 为加入对照品后组分 X 的色谱峰面积。

 **知识拓展**

在色谱发展开始阶段，常用保留指数法定性；定量所用色谱峰的峰高和峰面积也需要手工量取并计算，下面我们介绍保留指数定性法和峰面积测量技术。

一、保留指数法

保留指数又称为 Kovats 指数，与其他保留数据相比，是一种重现性较好的定性参数。保留指数是将正构烷烃作为标准物，把一个组分的保留行为换算成相当于含有几个碳的正构烷烃的保留行为来描述，这个相对指数称为保留指数，定义式如下。

$$I_X=100[z+n\frac{\lg t'_{R(X)}-\lg t'_{R(Z)}}{\lg t'_{R(Z+n)}-\lg t'_{R(Z)}}]\qquad(\text{N-3-2})$$

式中，I_X 为待测组分的保留指数；Z 与 $Z+n$ 分别为正构烷烃对的碳数。规定正己烷、正庚烷及正辛烷等的保留指数为 600、700、800，其他类推。在有关文献给定的操作条件下，将选定的标准和待测组分混合后进行色谱实验（要求被测组分的保留值在两个相邻的正构烷烃的保留值之间）。由上式计算出待测组分 X 的保留指数 I_x，再与文献值对照，即可定性。

二、色谱峰面积的测量技术

1.峰高乘半峰宽法

对于对称色谱峰，可用下式计算峰面积。

$$A=1.065\times h\times W_{h/2}\qquad(\text{N-3-3})$$

式中各参数同前。在涉及峰面积比值的相对计算时，系数 1.065 可约去。

2.峰高乘平均峰宽法

对于不对称峰的测量，在峰高 0.15 和 0.85 处分别测出峰宽，由下式计算峰面积。

$$A=h\times\frac{1}{2}\times(W_{0.15h}+W_{0.85h})\qquad(\text{N-3-4})$$

式中各参数同前。此法测量时比较麻烦，但计算结果较准确。

3.自动积分法

具有微处理机（工作站、数据站等），能自动测量色谱峰面积，对不同形状的色谱峰可以采用相应的计算程序自动计算，得出准确的结果，并由打印机打出保留时间和 A 或 h 等数据。现在分析使用的色谱仪基本采用这种方法。

目标自测

填空题

1.GC 分析中常用的定性参数是_____。

2.GC 分析中常用的定量参数是_____和_____。

答案

3.气相色谱法常用的定量分析方法有＿＿＿＿、＿＿＿＿、＿＿＿＿和＿＿＿＿。

4.色谱定量分析中，适用于样品中各组分不能全部出峰或在多组分中只定量分析其中某几个组分时，可采用＿＿＿＿法和＿＿＿＿法；当样品中所有组分都流出色谱柱产生相应的色谱峰，并要求对所有组分都作定量分析时，宜采用＿＿＿＿法。

5.色谱定量分析中，采用顶空进样时，为了消除基质影响，可以采用＿＿＿＿法。

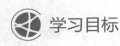

N-4实训　测定维生素E含量

思维导图

学习目标

1.掌握柱色谱鉴别物质（维生素E）的方法。

2.掌握色谱系统适用性试验并采集数据。

3.掌握测定校正因子的方法。

4.能在指导下用内标法测定维生素E的含量。

5.熟悉完成一次气相色谱实验的基本过程。

一、任务（实验）内容

（一）质量标准

1.鉴别

在含量测定项下记录的色谱图中，供试品溶液主峰的保留时间应与对照品溶液主峰的保留时间一致。

2.含量测定

照气相色谱法（通则0521）测定。

内标溶液　取正三十二烷适量，加正己烷溶解并稀释成每1mL中含1.0mg的溶液。

供试品溶液　取本品约20mg，精密称定，置棕色具塞锥形瓶中，精密加内标溶液10mL，密塞，振摇使溶解。

对照品溶液　取维生素E对照品约20mg，精密称定，置棕色具塞锥形瓶中，精密加内标溶液10mL，密塞，振摇使溶解。

系统适用性溶液　取维生素E与正三十二烷各适量，加正己烷溶解并稀释制成每1mL中约含维生素E 2mg与正三十二烷1mg的混合溶液。

色谱条件　用聚硅氧烷（OV-17）为固定液，涂布浓度为2%的填充柱，或用100%二甲基聚硅氧烷为固定液的毛细管柱；柱温为265℃；进样体积1～3μL。

系统适用性要求　系统适用性溶液色谱图中，理论塔板数按维生素E峰计算不低于500（填充柱）或5000（毛细管柱），维生素E峰与正三十二烷峰之间的分离度应符合规定。

测定法　精密量取供试品溶液与对照品溶液，分别注入气相色谱仪，记录色谱图。按内标法以峰面积计算。[《中国药典》（2020年版，二部）。]

（二）方法解析

该方法为《中国药典》（2020年版）中使用气相色谱仪完成的色谱鉴别和定量分析方法的内标法（一点法）。下面依照《中国药典》（2020年版）的相关规定按实际工作过程，分解相关技术单元逐步完成该项检测任务。在该法下学习内标法的具体过程及气相色谱法的一般操作过程。

二、实验原理

利用加入内标物正三十二烷的维生素E对照品溶液测定校正因子；加入正三十二烷的维生素E供试品溶液在气相色谱柱中与杂质分离后，进入FID检测器，维生素E的色谱峰面积的大小与其含量有关，采用内标法，消除进样等因素的干扰，根据校正因子及相关峰面积的大小和实验条件，计算出维生素E的含量。

三、实验过程

（一）实验准备清单

见表N-4-1。

表N-4-1　维生素E含量的测定（内标法）准备清单

	名称	规格	数量及单位	用途
仪器及配件	气相色谱仪	岛津GC-2010（配FID检测器）	1台	
	分析天平	感量为0.00001g，0.0001g	各1台	
	微量进样器	或自动进样器	1支	用于进样
	HP-1毛细管色谱柱	100%二甲基聚硅氧烷	1根	仪器配置，分离
	具塞锥形瓶	50mL	4只	配制测定用试液
	过滤膜	有机系	适量	需过滤备用
	气相小瓶	5mL	适量	装测定所需样液
试药试液	维生素E	原料药	适量	待测物（供试品）
	正三十二烷	色谱纯（标准品）	适量	内标物
	正己烷	分析纯	适量	溶剂
	维生素E对照品	对照品	适量	定量用
	空白溶液	正己烷	适量	
	内标溶液	1.0mg/1mL	100mL	待配制
	供试品溶液	（2.0mg维生素E+1.0mg内标）/mL	10mL	待配制
	对照品溶液	（2.0mg维生素E+1.0mg内标）/mL	10mL	待配制
	系统适用性溶液	（2.0mg维生素E+1.0mg内标）/mL	适量	同对照品溶液

（二）工作流程图及技能点解读

依据《中国药典》（2020年版）的相关规定，该法包括气相色谱法定性鉴别和内标法测定含量的工作过程。按主要技能点可以切割成以下几个步骤：配制相关试液→安装色谱柱→开机（气相色谱仪）→方法设定→系统适用性试验→样品分析→数据采集→关机等，以及贯穿全过程的数据记录和实验后的数据处理、实验注意事项及实验中的三废处理。不同品牌和型号仪器的操作界面稍有差异，这里以岛津GC-2010气相色谱仪为例，具体实验时请在指导教师的指导下严格按仪器操作规程进行。技能解读见表N-4-2。

1.流程图

见图N-4-1。

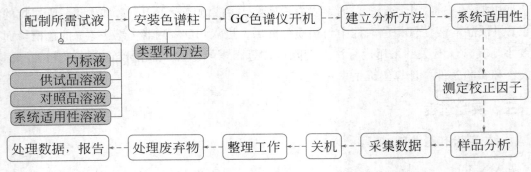

图 N-4-1　GC法检查残留溶剂（外标法）工作流程

2.技能解读

见表N-4-2。

表 N-4-2　气相色谱法测定维生素E含量内标法技能解读

GC法测定物质含量（内标法）技能单元解析：以维生素E为例		
序号	技能单元	具体操作及要求
1	配制相关试液 / 内标溶液	精密称定100mg正三十二烷对照品，置于100mL容量瓶中，用正己烷溶解并稀释至刻度，得溶液浓度1.0mg/mL
	供试品溶液	（供试品加内标溶液）精密称定约20mg（记录$m_{样}$）样品，置于棕色具塞瓶中，精密加入10mL内标溶液溶解
	对照品溶液	（对照加内标溶液）精密称定20mg维生素E对照品，置于棕色具塞瓶中，精密加入10mL内标溶液溶解，得溶液浓度2.0mg/mL。贴上标签并应注明品名、批号、取样量、稀释倍数（浓度）、配制日期
	系统适用性溶液	取维生素E与正三十二烷各适量，加正己烷溶解并稀释制成每1mL中约含维生素E 2mg与正三十二烷1mg的混合溶液
	空白溶液	正己烷
2	安装色谱柱	检查气相色谱仪的配置（包括顶空进样器）：开启柱箱门，将色谱柱（HP-1）接至所选用的检测器和进样口的相应接口上（用装柱的专用工具，控制插入接口的毛细管长度，长的为检测器，短的为进样口；如色谱柱需老化应按要求操作）

续表

序号	技能单元	具体操作及要求
3	气相色谱仪开机	打开载气（氮气）高压阀，缓缓旋动低压阀的调节杆，调节气压至0.5～0.6MPa。接通电源，依次打开主机、计算机、氢气发生器、空气发生器和打印机的开关
4	建立分析方法	主机（工作站）的操作（设置分析检测条件：系统配置、仪器分析参数等）。 1.登录（GC实时分析） 双击电脑【GC solution】图标→点击【操作】显示登录窗，点击【确定】，显示GC实时分析主屏幕 2.点击【配置维护】，点击【系统配置】，设置所选择的系统配置（包括色谱柱、进样口、自动进样器、检测器等） 3.点击【仪器参数】，进入仪器参数设置页面（这里主要设置色谱条件） （1）进样口参数 进样口温度270℃、载气2mL/min、恒压、分流比20：1。 （2）设置柱温箱的参数 柱温265℃，维持20min，进样量：1μL。点击该页面内的【设置】键，选择所注册的色谱柱（或重新注册并选择）并确定 （3）设置检测器的参数 温度280℃，氢气30mL/min，空气300mL/min （4）用毛细管时，需设定进样分流或不分流方式，并设定相应的分流比。通常尾吹气流量30.0mL/min，氢气的流量为40.0mL/min，空气流量为400.0mL/min （5）应用FID检测器时，设加电流值。 4.点击【下载】，将所设的参数，传输至仪器的控制系统 5.点击【开启系统】，仪器启动，仪器运行各参数并自动达到设定值（包括自动点火） 6.设置进样参数：准备好所用试液（空白、供试品及对照品溶液） （1）自动进样 设置好各溶液的位置和进针方案，本实验进针方案：空白2针，对照品溶液5针，供试品溶液2针，对照品溶液1针（进样时，单击【开始】，则仪器进入采样测定。空白要求完全重合，无杂质） （2）手动进样 则按步骤5进行 7.检查基线 仪器启动后至GC状态显示"准备就绪"，基线平稳时，即可进样。（如果基线向上或向下漂移，或者基线上出现不规则小峰，应稳定1～2h，待基线稳定后进样）
5	系统适用性试验	1.点击"单次运行（或批处理）"键，弹出对话框，在对话框中输入"样品名""方法""数据文件"等。填完后点击"确认"，出现触发窗口，进样后，立即单击【开始】，仪器进入采样测定 2.按进2针空白（完成后检查数据，应符合要求），5针系统适用性溶液（对照品溶液）依次重复上述操作 3.按步骤7采集各性能参数（理论塔板数、分离度、拖尾因子、重复性）应符合系统适用性要求（5针维生素E峰面积RSD小于10%，维生素E理论塔板数不少于5000，维生素E和正三十二烷的分离度不小于1.5），若不符合进行相关优化使其符合

续表

序号	技能单元	具体操作及要求
6	测定校正因子	1.进2针对照品溶液，记录色谱图，采集相关数据，计算校正因子 2.如果系统适用性溶液使用对照品溶液，则使用系统适用性数据计算校正因子
7	分析样品	点击【单次分析】，进入"单次分析"界面，点击【样品记录】，输入相应参数，样品名称，样品编号。若自动进样器应输入样品号 重复技能5，每个供试品溶液进样2针，对照品溶液进样1针（换溶液要清洗进样器）
8	采集数据	在"再解析"功能下，按分析时设置数据文件路径调取数据文件设置积分条件并进行相应的批处理，采集系统适用性需要的实验数据和样品分析数据（峰面积等），或打印相关数据及实验报告或填写表N-4-3
9	关机	1.样品测定完毕后，调入降温系统〔柱温（50℃）、进样器温度、检测器温度降到100℃以下〕，关氢气发生器、空气压缩机电源开关。关闭色谱系统 2.退出操作系统，关闭计算机、打印机、GC-2010主机、电源开关 3.放出空气压缩机剩余空气。关断各项气源，关闭仪器总开关
10	整理工作	具体步骤及要求：填写仪器使用记录。清理台面，清理实验室；清洗器皿：按要求清洗进样针后人盒保存；按要求洗涤实验所用器皿并保存；整理工作台：仪器室和实验准备室的台面清理，物品摆放整齐，凳子放回原位

（三）全过程数据记录

见表N-4-3。

表N-4-3　气相色谱法测定维生素E含量——内标法数据记录

基本信息	仪器相关信息							
	供试品信息							
内标液配制								
供试品溶液配制								
对照品溶液配制								
系统适用性溶液配制								
色谱系统适用性试验	次数	1	2	3	4	5	6	均值
	A_{VE}							
	t_R							
	n							
	R							
	RSD（%）（$A_{面积}$）			RSD（%）（t_R）				

续表

测定校正因子	序号	1	2	平均值
	峰面积			
	对照品			
	内标物			
	校正因子			

样品分析	序号	$A_{面积}$		$A_{平均}$
	1			
	2			
	……			

实验过程中特殊问题			

实验检查	项目	是	否（说明原因）
	所需数据测定		
	记录是否完整		
	仪器使用登记		
	器皿是否洗涤		
	台面是否整理		
	三废是否处理		

教师评价			

（四）数据处理

1.色谱系统适用性

将对照品溶液共6针实验的峰面积按数据采集方法，进行批处理，得到分离度、理论塔板数、保留时间重复性和峰面积的重复性

2.计算校正因子

根据对照品溶液的配制方法和公式计算校正因子，并填入记录表。

$$f=\frac{f'_i}{f'_s}=\frac{A_s/c_s}{A_R/c_R}$$

式中，A_s 为内标物质的峰面积；A_R 为对照品的峰面积；c_s 为内标物质的浓度；c_R 为对照品的浓度。

3.计算含量

根据供试品溶液配制方法和公式计算含量。

$$含量=f\times\frac{m_{内}\times A_{样}}{A_{样内标}\times m_{样}}\times100\%$$

式中，$A_{样}$ 为供试品溶液中维生素E峰面积的平均值；$A_{样内标}$ 为样品溶液中内标物的峰面积；$m_{内}$ 为供试品溶液中内标物的质量；$m_{样}$ 为供试品称样量。

根据标准规定（含维生素E在96.0% ～ 102.0%）判断其含量是否合格。

4.维生素E鉴别计算

参照M-5实训中"（四）实验数据处理"计算，得出鉴别结论。

（五）实验注意事项

气相色谱仪比较精密，在使用过程中需要注意以下几个方面：为保证气相色谱仪能够正常运行，确保分析数据的准确性、及时性，需要对气相色谱仪进行定期维护。

技能点	操作及注意事项
开关机	注意开关机的顺序，特别是注意不同检测器对开关机的顺序要求
色谱柱	安装注意 1.安装、拆卸色谱柱必须在常温下 2.毛细管色谱柱安装插入的长度要根据仪器的说明书而定，不同的色谱气化室结构不同，所以插进的长度也不同
柱温箱	保持清洁
气源	1.钢瓶必须独立房间，直立固定，分类保管，远离热源，避免暴晒及强烈震动；易燃气体要使用防护装置，氢气室内存放量不得超过2瓶 2.减压阀与钢瓶配套使用，不同气体钢瓶所用的减压阀是不同的。氢气减压阀接头为反向螺纹，安装时需小心 3.氧气钢瓶的氧气表要专用，安装时螺扣要上紧，且氧气钢瓶和专用工具严禁与油类接触 4.操作时严禁敲打，发现漏气必须立即修好 5.用后气瓶的剩余残压不应少于980kPa 6.减压阀的使用及注意事项：关闭气源时，先关闭减压阀，后关闭钢瓶阀门，再开启减压阀，排出减压阀内气体，最后松开调节螺杆 7.气源检查：发生器或者气体钢瓶是否处于正常状态
微量注射器	1.微量注射器是易碎器械，使用时应多加小心，不用时要洗净放入盒内，过程中可以练习，但不要玩弄，以免降低准确度 2.使用前后都需用丙酮等溶剂清洗 3.对容积10 ～ 100μL范围内的，如遇针尖堵塞，宜用合适的细钢丝耐心穿通，不能用火烧的方法 4.取试液时，应多次润洗，慢慢抽入多于需要量的试样，将针头朝上，使气泡上升排出，调至需要刻度，用滤纸吸去针尖外所沾试液 5.取好样后应立即进样，进样时，注射器应与进样口垂直，针尖刺穿硅橡胶垫圈，插到底后迅速注入试样，完成后立即拔出注射器，进样速度要快（但不宜特快），每次进样保持相同速度，针尖到气化室中部开始注射样品
气化室	进样室螺帽、隔垫吹扫出口、载气入口、分流气出口、进样衬管。不同的部件有不同的维护方式： 1.硅橡胶垫在几十次进样后，容易漏气，需及时更换 2.进样室螺帽、隔垫吹扫出口、载气入口及分流气出口4个部件需按厂家要求定期清洗，若有损坏应及时更换 3.进样衬管必须定期进行清洗，若有损坏应及时更换

续表

技能点	操作及注意事项
检测器	FID：定期清洗维护；合适的气体比例（氢气和空气的比例应为1：10） TCD：氢气做载气时尾气一定要排到室外；先通气后给桥流，没通载气不能给桥流，桥流要在仪器温度稳定后开始做样前再给
测定时	1.样品进样前先混匀，再用0.45μm滤膜过滤，再混匀后进样 2.对照品与样品进样量要尽量保持一致，样品峰面积与对照品峰面积尽量保持一致（不要超过一倍，可适当调整进样量或稀释倍数） 3.系统适用性要符合要求，否则需优化 4.默认平行进针要求RSD＜2%，特殊要求除外 5.进样针每次改进不同样品或对照品时，需用色谱甲醇涮洗五次以上，涮洗位置要超过进样量位置

（六）三废处理

实验废物		处理方法
废液	废液桶废液	定期回收，统一收集处理
	剩余供试品溶液及废液	实验室废液桶回收
固体废物	实验残余维生素E	回收到固定容器

四、实验报告

按要求完成实验报告。

五、拓展提高

各种制剂中乙醇的含量测定（20℃）

内标溶液　正丙醇。

供试品溶液　精密量取恒温至20℃的供试品适量（相当于乙醇约5mL）和正丙醇5mL，加水稀释成100mL，混匀，作为供试品溶液。

对照品溶液　另精密量取恒温至20℃的无水乙醇和正丙醇各5mL，加水稀释成100mL，混匀，作为对照品溶液。

系统适用性溶液　另精密量取无水乙醇4mL、5mL、6mL，分别精密加入正丙醇（作为内标物质）5mL，加水稀释成100mL，混匀（必要时可进一步稀释）。

色谱条件　用直径为0.18～0.25nm的二乙烯苯-乙基乙烯苯型高分子多孔小球作为载体，柱温为120～150℃；进样体积1～3μL。

系统适用性要求　用正丙醇计算的理论塔板数应大于700；乙醇和正丙醇两峰的分离度应大于2；3份溶液各进样5次，所得15个校正因子的相对标准偏差不得大于2.0%。

测定法 按照气相色谱法测定：上述两溶液必要时可进一步稀释。取对照品溶液和供试品溶液各适量，在上述色谱条件下，分别连续进样3次，按内标法依峰面积计算供试品的乙醇含量，取3次计算的平均值作为结果。

方法解析： 本测定含量法为内标法。请完成下列任务。

1. 校正因子的计算：计算内标物正丙醇对乙醇的校正因子。

2. 供试品的含量计算：计算乙醇的百分含量。

3. 请比较同条件下测定乙醇含量，外标法和内标法哪个准确度更高？请说明原因。

N−5实训　测定丁醇异构体含量

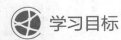 **学习目标**

1. 能完成归一化法测定物质含量的试液配制。

2. 能完成相关计算。

3. 掌握完成气相色谱实验的基本过程、实验技能及注意事项。

一、任务内容

1. 实验方法

色谱条件与系统适用性试验 色谱柱（PEG-20M，2m×3mm，100～120目），柱温90℃，气化室温度160℃，检测器温度140℃，各组分峰的分离度应符合要求。

校正因子的测定 取一个干燥洁净的样品瓶，吸取3mL水，再分别加入100μL叔丁醇、仲丁醇、异丁醇与正丁醇（GC级），精密称定，其质量分别记为m_1、m_2、m_3、m_4。摇匀，备用。取1μL注入气相色谱仪，计算校正因子（以正丁醇为对照物质）。

测定法 取待测样品（可自制：加上述四种醇少量，用水作溶剂）适量于已加入适量纯化水的样品瓶中，精密称量，记录质量，取1μL注入气相色谱仪，测定，计算，即得。

2. 方法解读

本方法设计一个学习归一化法的实验，所用色谱柱能够使样品溶液中异构体分离后，进入FID检测器，利用峰面积和校正因子，计算出含量。过程中可以训练校正因子的测定方法，训练归一化法实验技能，加深对相关理论知识的理解。

二、实验原理

聚乙二醇是一种常用的具有强极性带有氢键的固定液，用它制备的PEG-20M色谱柱对醇类有很好的选择性，特别是对四种丁醇异构体的分析，在一定的色谱条件下，四种丁醇异构体通过色谱柱分离后，利用FID检测器，得到色谱图，可进行归一化法定量。

三、实验过程及技能点

（一）实验准备清单

见表N-5-1。

表N-5-1　丁醇异构体含量的测定（归一化法）准备清单

	名称	规格	数量及单位	用途
仪器及配件	气相色谱仪	岛津GC-2010（配FID检测器）	1台	
	分析天平	感量为0.00001g，0.0001g	各1台	
	微量进样器	或自动进样器	1个	用于进样
	色谱柱	PEG-20M	1根	仪器配置，分离
	过滤膜	有机系	适量	需过滤备用
	气相小瓶	5mL	10个	装样液
试药试液	丁醇	化学纯；优级纯（标准品）	适量	待测物；对照品
	正丁醇	优级纯（标准品）	适量	测定用
	异丁醇	优级纯（标准品）	适量	测定用
	仲丁醇	优级纯（标准品）	适量	测定用
	叔丁醇	优级纯（标准品）	适量	测定用
	校正因子测定液	100μL/3mL	3mL	待配制
	供试品溶液		3mL	待配制
	正丁醇溶液	100μL/3mL	3mL	测定用
	异丁醇溶液	100μL/3mL	3mL	测定用
	仲丁醇溶液	100μL/3mL	3mL	测定用
	叔丁醇溶液	100μL/3mL	3mL	测定用

（二）工作流程图及技能单元解读

1.流程图

见图N-5-1。

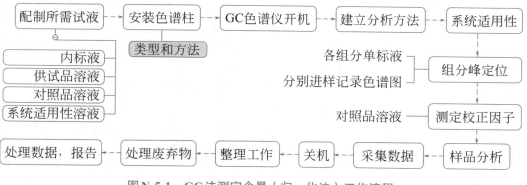

图N-5-1　GC法测定含量（归一化法）工作流程

2.技能解读

见表N-5-2。

表 N-5-2　气相色谱法测定丁醇异构体含量——归一化法技能解读

GC法测定物质含量（归一化法）技能单元解析：以丁醇异构体为例		
序号	技能单元	具体操作及要求
1	配制相关试液　叔丁醇溶液	取一个干燥洁净的样品瓶，吸取3mL水，再加入100μL叔丁醇（GC级），精密称定，其质量记为m_1。摇匀
	仲丁醇溶液	取一个干燥洁净的样品瓶，吸取3mL水，再加100μL仲丁醇，精密称定，其质量记为m_2。摇匀
	异丁醇溶液	取一个干燥洁净的样品瓶，吸取3mL水，再加入100μL异丁醇，精密称定，其质量记为m_3。摇匀
	正丁醇溶液	取一个干燥洁净的样品瓶，吸取3mL水，再加入100μL正丁醇（GC级），精密称定，其质量记为m_4。摇匀
	校正因子测定液	按实验方法配制
	供试品溶液	取一个干燥洁净的样品瓶，吸取3mL水，再加100μL丁醇样品，精密称定，其质量记为w
2	安装色谱柱	将色谱柱安装到气相色谱仪上（具体方法参见N-4实训）
3	气相色谱仪开机	具体方法参见N-4实训
4	建立分析方法	具体方法参见N-4实训 本实验进针方案：叔丁醇溶液、仲丁醇溶液、异丁醇溶液、正丁醇溶液、校正因子测定溶液各3针，供试品溶液2针
5	组分保留时间定位	分别进样叔丁醇溶液、仲丁醇溶液、异丁醇溶液、正丁醇溶液，记录色谱图，记录各自的保留时间，作为确定混合物中各组分峰的位置
6	系统适用性试验	略（使用校正因子测定液，连续进样5针） 因为是学习任务，本实训中省略色谱系统适用性试验，具体参照N-1任务
7	测定校正因子	进2针校正因子测定液，记录色谱图，采集相关数据，计算校正因子
8	分析样品	配制好的供试品溶液进样2针（具体方法参照N-1任务）
9	采集数据	打印相关数据及实验报告或填写表N-5-3～表N-5-5： 表N-5-3　各组分保留时间记录表 表N-5-4　校正因子测量记录表 表N-5-5　供试品测量数据记录表
10	关机	具体参照N-1任务
11	整理工作	具体步骤及要求：填写仪器使用记录。清理台面，清理实验室。清洗器皿：按要求清洗进样针后入盒保存；按要求洗涤实验所用器皿并保存。整理工作台：仪器室和准备实验室的台面清理，物品摆放整齐，凳子放回原位。填写表N-5-6

（三）全过程数据记录

见表N-5-3～表N-5-6。

表N-5-3 各组分保留时间记录

组分名称	叔丁醇	仲丁醇	异丁醇	正丁醇
保留时间/min				

表N-5-4 校正因子测量记录（用校正因子测定液进样）

组分名称	质量/g	峰面积（A）	f'	f'平均值	相对平均偏差/%
叔丁醇					
仲丁醇					
异丁醇					
正丁醇					

表N-5-5 供试品测量数据记录

组分名称	峰面积（A）	f'	含量/%	含量平均值/%	相对平均偏差/%
叔丁醇					
仲丁醇					
异丁醇					
正丁醇					

表 N-5-6　实验后检查记录

实验过程中特殊问题			
	项目	是	否（说明原因）
实验检查	所需数据测定		
	记录是否完整		
	仪器使用登记		
	器皿是否洗涤		
	台面是否整理		
	三废是否处理		
教师评价			

（四）数据处理

1.计算校正因子

计算校正因子，并填入记录表。

$$f'_i = \frac{m_i}{A_i}$$

式中，A_i 为各组分的峰面积；m_i 为校正因子测定液中各组分的质量。

2.计算各组分的含量

根据公式计算出各组分的百分含量。

$$w_i = \frac{m_i}{m_1 + m_2 + \cdots + m_n} \times 100\% = \frac{f'_i A_i}{f'_1 A_1 + f'_2 A_2 + \cdots + f'_n A_n} \times 100\%$$

（五）实验注意事项

注意配制试液时试剂的挥发性，应在通风橱中完成。其他参照N-2任务。

四、实验报告

按要求完成实验报告。

五、拓展提高

1.根据实验数据计算出各组分以正丁醇为对照品的校正因子。

2.根据各组分与正丁醇的相对校正因子计算出各组分的含量。

3.比较归一化法与内标法的异同点。

N-6实训　检查维生素E残留溶剂

 学习目标

1.掌握用外标法检查残留溶剂（杂质）的方法。
2.掌握解读气相色谱法的条件。
3.能计算残留溶剂的含量并正确判断结果。

一、任务内容

（一）质量标准

残留溶剂　照残留溶剂测定法（通则0861第一法）测定。

供试品溶液　取维生素E适量，精密称定，加 N, N-二甲基甲酰胺溶解并定量稀释制成每1mL中约含50mg的溶液。

对照品溶液　取正己烷适量，精密称定，加 N, N-二甲基甲酰胺定量稀释制成每1mL中约含10μg的溶液。

色谱条件　以5%苯基甲基聚硅氧烷为固定液（或极性相近的固定液），起始柱温为50℃，维持8min，然后以每分钟45℃的速率升温至260℃，维持15min。

测定法　取供试品溶液与对照品溶液，分别顶空进样，记录色谱图，正己烷的残留量应符合规定（天然型）。[《中国药典》（2020年版，二部）。]

（二）内容解析

单纯从技能方面讲，本实训是使用气相色谱仪根据外标法测定维生素E中残留溶剂正己烷的含量，在M-5实训中已学习了外标法，本实训除了继续训练外标法分析外，还要注意其在测含量和测杂质含量时的差异；继续训练气相色谱仪使用技能外，还要注意程序升温和顶空进样的相关知识和技能；另外，还有平行分析的实际操作和计算等。

二、实验原理

气相色谱法主要用于易挥发组分的测定。其基本方法是选择一定极性的固定相，选择合适的检测器，以合适的载气为流动相，载带在气化室迅速气化的待测样品进入色谱柱，在柱内分离后进入检测器，用数据处理装置记录色谱图，处理数据，得到测定结果。维生素E中残留的有机溶剂（正己烷）通过顶空进样，在5%苯基甲基聚硅氧烷为固定液的色谱柱中，通过一定的程序升温过程与其他组分分离后，进入FID检测器产生相应的检测信号强度（峰面积）与各自含量成正比，通过与已知浓度的对照品溶液进行比较，计算，可得出正己烷含量。

三、实验过程

（一）实验准备清单

见表N-6-1。

表 N-6-1　残留溶剂的检查（外标法）准备清单

	名称	规格	数量及单位	用途
仪器及配件	气相色谱仪	配FID检测器	1台	分析
	分析天平	感量为0.0001g	各1台	称样
	顶空进样器		1套	用于进样
	毛细管色谱柱	5%苯基甲基聚硅氧烷	1根	分离组分
	容量瓶	100mL；50mL；25mL；10mL	各2只	配制测定用试液
	过滤膜	有机系	适量	需过滤备用
	顶空瓶	20mL	4只	装测定所需样液
试药试液	维生素E	原料药	适量	待测物（供试品）
	N,N-二甲基甲酰胺	分析纯	适量	溶剂
	正己烷	对照品	适量	待测物的标准
	空白溶液	N,N-二甲基甲酰胺	适量	
	供试品溶液	50mg维生素E/mL	25mL	待配制
	对照品溶液	10μg正己烷/mL	10mL	待配制

（二）工作流程图及技能点解读

1.流程图

见图N-6-1。

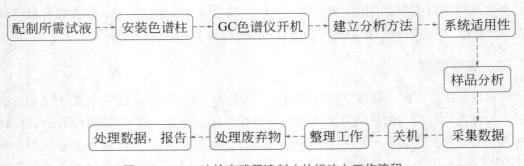

图 N-6-1　GC法检查残留溶剂（外标法）工作流程

2.技能解读

见表N-6-2。

表 N-6-2 气相色谱法检查残留溶剂（外标法）技能解读

GC法检查残留溶剂含量（外标法）：以维生素E中环己烷检查为例		
序号	技能单元		具体操作及要求
1	配制相关试液	供试品溶液	精密称定1.25g样品，置于25mL容量瓶中，用空白溶液溶解并稀释至刻度，得浓度50mg/mL的样品溶液作为供试品溶液（每个样品精密称取两份，进行平行实验），将适量溶液置顶空瓶中，分别为供试品溶液①、②
		对照品溶液	对照品溶液①：精密称定0.5g正己烷对照品，置于50mL容量瓶中，用空白溶液溶解并稀释至刻度，得溶液浓度10mg/mL，精密移取1.0mL该溶液（10mg/mL）置于100mL容量瓶中，用空白溶液溶解并稀释至刻度，得溶液浓度0.1mg/mL，精密移取1.0mL 该溶液（0.1mg/mL）置于10mL容量瓶中，用空白溶液溶解并稀释至刻度，得浓度10μg/mL的标准溶液，置顶空瓶中 对照品溶液②：按对照品溶液①同样方法配制的另一份溶液
		空白溶液	N, N-二甲基甲酰胺
2	安装色谱柱		检查气相色谱仪的配置（包括顶空进样器）：开启柱箱门，将色谱柱接至所选用的检测器和进样口的相应接口上
3	开机		参照N-4实训，打开载气，依次打开主机、计算机、氢气发生器、空气发生器和打印机的开关；开顶空进样器
4	建立分析方法		参照N-4实训，主机（工作站）的操作（设置分析检测条件：系统配置、仪器分析参数等步骤）。相同点这里不赘述 1.登录（GC实时分析） 完成【系统配置】和仪器各部件参数设置（包括色谱柱、进样口、自动进样器、检测器等） 2.设置进样参数 若自动进样要设置进样的参数：包括样品溶液的位置。进针方案：本实验空白2针，要求完全重合，无杂质，对照品溶液①5针，对照品溶液②1针，供试品溶液①、②各2针，对照品溶液①1针，要求对照品溶液①共6针，RSD小于10% 3.设置顶空条件 本实验顶空条件：顶空瓶温度90℃；定量环温度100℃；传输线温度110℃；加压时间0.5min；进样时间1min ②手动进样，则按步骤5进行 4.检查基线
5	系统适用性试验		进针方案：对照品溶液①5针，对照品溶液②1针，供试品溶液①、②各2针，对照品溶液①1针，其中对照品溶液①6针为系统适用性试验，要求对照品溶液①共6针RSD小于10%。其他要求按默认值
6	分析样品		进针方案中，对照品和供试品为样品分析，如手动则进样供试品溶液
7	采集数据		参照N-4实训采集相关数据记录到数据表中，或打印
8	关机		1.样品测定完毕后，调入降温系统［柱温（50℃）、进样器温度、检测器温度降到100℃以下］，关氢气发生器、空气压缩机电源开关。关闭色谱系统 2.退出操作系统，关闭计算机、打印机、GC-2010主机、电源开关 3.放出空气压缩机剩余空气。关断各项气源，关闭仪器总开关
9	整理工作		具体步骤及要求：填写仪器使用记录。清理台面，清理实验室。清洗器皿：按要求清洗进样针后入盒保存；按要求洗涤实验所用器皿并保存。整理工作台：仪器室和实验准备室的台面清理，物品摆放整齐，凳子放回原位

（三）全过程数据记录

见表 N-6-3。

表 N-6-3　检查维生素 E 残留溶剂（外标法）数据记录

基本信息	仪器相关信息							
	供试品信息							
供试品溶液配制								
对照品溶液配制								
色谱系统适用性试验	次数	1	2	3	4	5	6	均值
	A_{VE}							
	t_R							
	n							
	R							
	RSD（%）（$A_{面积}$）			RSD（%）（t_R）				
样品分析	序号		$A_{面积}$			$A_{平均}$		
	1							
	2							
对照品	1							
	2							
实验过程中特殊问题								
实验检查	项目		是		否（说明原因）			
	所需数据测定							
	记录是否完整							
	仪器使用登记							
	器皿是否洗涤							
	台面是否整理							
	三废是否处理							
教师评价								

（四）数据处理

1.色谱系统适用性

将对照品溶液共6针实验的峰面积按软件数据采集方法，进行批处理，得到分离度、理论塔板数、保留时间重复性和峰面积的重复性。

2.计算残留溶剂含量

根据供试品溶液配制方法和公式，根据《中国药典》（2020年版）规定（残留溶剂正己烷限度为0.029%）判断是否合格。

$$正己烷(\%)=\frac{A_样 \times c_对 \times V}{A_对 \times W \times 10^6} \times 100\%$$

式中，$A_样$为供试品溶液中正己烷峰面积的平均值；$A_对$为对照品溶液中正己烷峰面积平均值；$c_对$为对照品溶液中正己烷的浓度，μg/mL；W为供试品称样量，g；V为供试品溶液的体积，mL。

（五）实验注意事项

气相色谱仪比较精密，在使用过程中需要注意以下几个方面：为保证气相色谱仪能够正常运行，确保分析数据的准确性、及时性，需要对气相色谱仪进行定期维护，前面已介绍的这里不再赘述，请大家参考。

技能点	操作及注意事项
开关机	注意开关机的顺序，特别是注意不接通检测器对开关机的顺序要求
数据处理	1.本实验采用两份平行分析方法 2.计算时，应该每份供试品对每份对照品计算出结果，实际工作中通过两个平行结果判断实验过程的正常与否，减小偶然误差对测定结果的影响

（六）三废处理

实验废物		处理方法
废液	废液桶废液	定期回收，统一收集处理
	剩余供试品溶液及废液	实验室废液桶回收
固体废物	实验残余维生素E	回收到固定容器

四、实验报告

按要求完成实验报告。

五、拓展提高

在药物质量检测、中药材及中药制剂分析检测中，残留溶剂、挥发性组分的测定基本采用气相色谱法，如中药灯盏花素中丙酮残留的检验方法如下。

灯盏花素中丙酮残留的检验

丙酮残留物 照残留溶剂测定法（通则0861第一法）测定（供注射用）。

色谱条件与系统适用性试验 以聚乙二醇为固定相，采用弹性石英毛细管柱（柱长为30m，内径为0.32mm，膜厚度为0.5μm）；柱温为程序升温：初始温度为60℃，维持16分钟，以每分钟20℃升温至200℃，维持2分钟；检测器温度300℃；进样口温度240℃；载气为氮气，流速为每分钟1.0mL。顶空进样，顶空瓶平衡温度为90℃，平衡时间为30分钟。理论塔板数以丙酮峰计算应不低于10000。

对照品溶液的制备 取丙酮对照品适量，精密称定，加0.5%的碳酸钠溶液制成每1mL含100μg的溶液，作为对照品溶液。精密量取5mL，置20mL顶空瓶中，密封瓶口，即得。

供试品溶液的制备 取本品约0.1g，精密称定，置20mL顶空瓶中，精密加入0.5%的碳酸钠溶液5mL，密封瓶口，摇匀，即得。

测定法 分别精密量取对照品和供试品溶液顶空瓶气体1mL，注入气相色谱仪，记录色谱图，按外标法以峰面积计算，即得。 本品含丙酮不得过0.5%。[《中国药典》（2020年版，一部）。]

解析： 与案例基本相同，为气相色谱法测定残留溶剂，定量方法为外标法。请回答下列步骤。

1. 分析两个方法的异同。
2. 写出测定步骤。
3. 写出需要采集的数据及数据处理的方法。

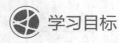 N-7实训　检查维生素E中有关物质

🌐 学习目标

1. 能正确解读规程，完成实验准备，理解需采集的数据及目的。
2. 能用自身稀释（高低浓度）法检查杂质。
3. 能根据质量标准使用色谱仪完成检测。
4. 进一步熟悉色谱工作站的使用。

一、任务内容

1.质量标准

有关物质（合成型）照气相色谱法（通则0521）测定。

供试品溶液 取本品，用正己烷稀释制成每1mL中约含2.5mg的溶液。

对照溶液 精密量取供试品溶液适量，用正己烷定量稀释制成每1mL中约含25μg的溶液。

系统适用性溶液 取维生素E与正三十二烷各适量，加正己烷溶解并稀释制成每1mL中约含维生素E 2mg与正三十二烷1mg的混合溶液。

色谱条件 用聚硅氧烷（OV-17）为固定液，涂布浓度为2%的填充柱，或用100%二甲基聚硅氧烷为固定液的毛细管柱；柱温为265℃；进样体积1μL。

系统适用性要求 系统适用性溶液色谱图中，理论塔板数按维生素E峰计算不低于500（填充柱）或5000（毛细管柱），维生素E峰与正三十二烷峰之间的分离度应符合规定。

测定法 精密量取供试品溶液与对照溶液，分别注入气相色谱仪，记录色谱图至主成分峰保留时间的2倍。

限度 供试品溶液色谱图中如有杂质峰，α-生育酚（杂质Ⅰ）（相对保留时间约为0.87）峰面积不得大于对照溶液主峰面积，其他单个杂质峰面积不得大于对照溶液主峰面积的1.5倍，各杂质峰面积的和不得大于对照溶液主峰面积的2.5倍。[《中国药典》（2020年版，二部）。]

2.内容解析

本实训是检查维生素E中有关物质是否符合标准要求。具体方法在《中国药典》（2020年版）中称为自身稀释对照法（也称高低浓度法）。该法是色谱分析法（TLC、HPLC、GC等）在药品质量控制中常用的方法。关键点为配制一份供试品溶液和一份对照溶液（注意不是对照品溶液），且对照溶液是用供试品溶液稀释而得。

二、实验原理

该法的逻辑思维是药物中除主成分外其他都是杂质，且排除已知杂质的量后，剩余的就是未知杂质的量。化学合成药物中含有与药物本身结构和性质相似的一类杂质，有时因为这类杂质的结构不清楚或是没有对照品（标准物质），称其为有关物质，与谁有关？当然是主成分物质了。这类杂质的检查通常采用色谱分析技术（TLC、HPLC、GC）将其分离，然后根据纯度的要求，利用较稀浓度的供试品溶液作为对照溶液，通过供试品溶液中杂质的峰面积与对照溶液中药物的峰面积比较，控制其在药物中的含量不超过限量值。

三、实验过程

（一）实验准备清单

见表N-7-1。

（二）工作流程图及技能点解读

1.流程图

见图N-7-1。

表 N-7-1　有关物质的检查（自身稀释法）准备清单

	名称	规格	数量及单位	用途
仪器及配件	气相色谱仪	配FID检测器	1台	分析
	进样器（或自动）	10μL	1	进样
	分析天平	感量为0.0001g	1台	称样
	毛细管色谱柱	100%二甲基聚硅氧烷	1根	分离组分
	容量瓶	100mL；25mL	各2只	配制测定用试液
	过滤膜	有机系	适量	需过滤备用
	气相小瓶	5mL	4只	装测定所需样液
试药试液	维生素E	原料药	适量	待测物（供试品）
	正三十二烷	分析纯	适量	内标物
	正己烷	对照品	适量	待测物的标准
	正三十二烷溶液		适量	内标溶液
	空白溶液	环己烷	适量	溶剂
	供试品溶液	2.5mg维生素E/mL	25mL	待配制
	对照溶液	25μg维生素E/mL	10mL	待配制
		（2.0mg维生素E+1.0mg内标）/mL	10mL	

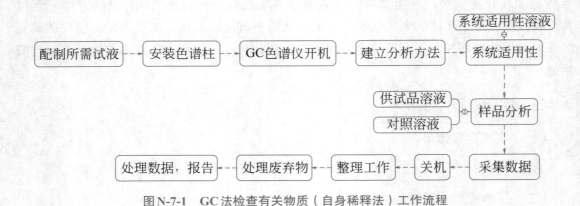

图 N-7-1　GC 法检查有关物质（自身稀释法）工作流程

2.技能解读

见表 N-7-2。

表 N-7-2　气相色谱法检查有关物质（自身稀释法）技能解读表

序号	技能单元		具体操作及要求
1	配制相关试液	供试品溶液	精密称定约62.5mg维生素E，置于25mL容量瓶中，用空白溶液溶解并稀释至刻度，得浓度2.5mg/mL的样品溶液作为供试品溶液
		对照溶液	精密量取上述供试品溶液适量，用正己烷稀释制成每1mL中约含25μg的溶液，作为对照溶液
		三十二烷溶液	精密称定100mg正三十二烷对照品，置于100mL容量瓶中，用正己烷溶解并稀释至刻度，得溶液浓度1.0mg/mL
		系统适用性溶液	精密称定20mg维生素E，置于棕色具塞瓶中，精密加入10mL三十二烷溶液
		空白溶液	环己烷
2	安装色谱柱		参照N-4实训
3	开机		参照N-4实训
4	建立分析方法		参照N-4实训，主机（工作站）的操作（设置分析检测条件：系统配置、仪器分析参数等步骤）。相同点这里不赘述 1.登录（GC实时分析） 完成【系统配置】和仪器各部件参数设置（包括色谱柱、进样口、自动进样器、检测器等） 2.设置进样参数 若自动进样要设置进样的参数：包括样品溶液的位置。本实验进针方案：空白2针，要求完全重合，无杂质，系统适用性溶液5针，供试品溶液2针，对照溶液2针，系统适用性溶液1针，要求系统适用性溶液6针RSD小于10% 3.检查基线
5	系统适用性试验		进6针系统适用性溶液做系统适用性试验，要求6针峰面积RSD小于10%。其他要求按默认值
6	分析样品		进针方案中，供试品溶液和对照溶液进样分析即为分析样品
7	采集数据		参照N-4实训采集相关数据记录到数据表中，或打印 采集哪些数据？为什么？
8	关机		参照N-4实训
9	整理工作		参照N-4实训

（三）全过程数据记录

见表 N-7-3。

表 N-7-3　检查维生素 E 中有关物质（自身稀释法）数据记录

基本信息	仪器相关信息							
	供试品信息							
供试品溶液配制								
对照溶液配制								
色谱系统适用性	次数	1	2	3	4	5	6	均值
	A_{VE}							
	t_R							
	n							
	R							
	RSD（%）（$A_{面积}$）				RSD（%）（t_R）			
供试品溶液（杂质）	样号	1				2		
	t_R							
	A							
对照溶液（主峰）	t_R							
	A							
实验过程中特殊问题								
实验检查	项目	是			否（说明原因）			
	所需数据测定							
	记录是否完整							
	仪器使用登记							
	器皿是否洗涤							
	台面是否整理							
	三废是否处理							
教师评价								

（四）数据处理

1.色谱系统适用性

将系统适用性溶液共 6 针实验的峰面积按软件数据采集方法，进行批处理，得到分离度、理论塔板数、保留时间重复性和峰面积的重复性。

2.定位 α-生育酚并记录峰面积

保留时间		
峰面积		

根据规定[α-生育酚（杂质Ⅰ）（相对保留时间约为0.87）峰面积不得大于对照溶液主峰面积（1.0%）]判断是否符合要求。

3.记录其他杂质峰并计算杂质峰面积的和

序号	保留时间	峰面积
1		
2		
3		
4		
5		
总和		

计算α-生育酚及其他所有杂质峰的和，并根据规定[其他单个杂质峰面积不得大于对照溶液主峰面积的1.5倍（1.5%），各杂质峰面积的和不得大于对照溶液主峰面积的2.5倍（2.5%）]判断是否合格。

（五）实验注意事项

气相色谱仪比较精密，在使用过程中需要注意以下几个方面：为保证气相色谱仪能够正常运行，确保分析数据的准确性、及时性，需要对气相色谱仪进行定期维护，前面已介绍的这里不再赘述。

技能点	操作及注意事项
开关机	注意开关机的顺序特别是注意不接通检测器对开关机的顺序要求
供试品溶液	分析时色谱图记录时间应为主峰时间的2倍（即足够长）
数据处理	色谱分析通常一个样品进样两针，所有数据为2针的平均值；在自身稀释对照法中，对照溶液主峰峰面积通常是杂质峰判断的参照值。有时也需要计算具体含量

（六）三废处理

实验废物		处理方法
废液	废液桶废液	定期回收，统一收集处理
	剩余供试品溶液及废液	实验室废液桶回收
固体废物	实验残余维生素E	回收到固定容器

四、实验报告

按要求完成实验报告，根据实验结果给出有关物质是否符合规定的结论。

五、拓展提高

1. 请说明对照品溶液和对照溶液的异同点。

2. 请查阅《中国药典》（2020年版，二部），找出两个以自身稀释法检查有关物质的案例。

项目〇　离子色谱法

〇-1任务　离子色谱技术简介

 学习目标

1. 熟悉离子色谱法的基本原理。
2. 了解离子色谱法与液相色谱法的异同。
3. 了解离子色谱仪的组成及与液相色谱仪的异同。
4. 能解读相关检测规程。

一、离子色谱法基础

离子色谱法（ion chromatography，IC）是采用高压输液泵系统将规定的洗脱液泵入装有填充剂的色谱柱，对可解离物质进行分离测定的色谱方法。注入的供试品由洗脱液带入色谱柱内进行分离后，进入检测器（必要时经过抑制器或衍生系统进入检测器），由积分仪或数据处理系统记录色谱信号，进而完成物质分离分析的方法。

在前述色谱基础上，将色谱柱中混合组分按离子交换的机理分离的色谱法定义为离子交换色谱法，属于高效液相色谱法。实际上传统的高效液相色谱方法主要采用紫外-可见检测器。大多数有机化合物有足够的共轭双键，具备一定的紫外吸收，因此高效液相色谱法可以对大多数有机化合物进行分析。对于大多数无机离子虽然可以用离子交换色谱分离，因为没有合适的检测手段（电导检测器因为用作流动相的都是强电解质溶液，具有很高的背景电导，被测离子洗脱到流动相中所引起的电导变化很小，因此，无法用电导检测器区别流动相中淋洗离子和待测离子。而紫外或可见光检测器只能检测少数离子性物质），使之无法用一般的高效液相色谱仪进行分析，所以国际上很多文献从20世纪80年代开始均将离子色谱单独分类，成为与高效液相色谱、气相色谱和毛细管电泳并列的色谱类型。《中国药典》（2010年版）也首次在附录中包含了离子色谱的部分，至今沿用这种分类方法。

离子色谱法常用于无机阴离子、无机阳离子、有机酸、糖醇类、氨基糖类、氨基酸、

蛋白质等物质的定性和定量分析。其分离机制主要是离子交换，即基于离子交换树脂上可解离的离子与流动相中具有相同电荷的溶质离子之间进行的可逆交换；离子色谱法的其他分离机制还有离子对、离子排阻等。离子色谱法应用于药物分析、食品分析、环境等相关领域。如《中国药典》（2020年版，二部）有些药品中的叠氮化物、亚硝酸盐和硝酸盐、磷酸盐和亚磷酸盐；阿仑膦酸钠肠溶片、肾上腺素含量；氯磷酸二钠及制剂中的有关物质及含量等都采用离子色谱法进行分析。

1.离子色谱法的原理

离子色谱法的分离机理主要为离子交换，即基于离子交换色谱固定相上的离子与流动相中具有相同电荷的溶质离子之间进行的可逆交换，有时也用离子排斥和离子对。其原理是通过洗脱剂将溶于流动相中的样品导入色谱柱中，利用各种离子性化合物与固定相表面离子性功能基团之间的电荷相互作用（离子交换）的差异来分离，并用检测器测定离子种类成分的方法。离子色谱法操作形式属于柱色谱，其是基于色谱图进行分析的，色谱图及相关术语和参数都适用于离子色谱法，但因离子色谱法的特点，有些参数和术语稍有不同，与色谱法通用术语不同的术语见表O-1-1。

表O-1-1　离子色谱法常用术语及定义

术语	定义
离子色谱仪	对阳离子和阴离子混合物进行分离和检测的色谱仪
抑制装置	使用电导检测器情况下，在不影响测定离子种类成分检出前提下降低背景电导率的装置
抑制法	使用抑制装置的测定方法
非抑制法	不使用抑制装置，通过使用低电导率的洗脱剂分离离子种类成分，并用电导检测器测定的方法
再生剂	为了再生抑制功能或继续维持使用的液体
电导检测器	测定洗出液中被测组分电导率的检测器
洗脱（淋洗）剂	在分离柱中保持分离样品中的离子成分并能使其溶出的溶剂
前置柱	用于待测样品离子种类成分的浓缩、预分离及除去异物等，置于进样阀前的柱子
分离柱	具有以待测样品离子种类成分进行分离为目的的柱子
洗出液	由流动相（洗脱剂）展开时从分离柱中流出的液体

2.离子色谱法的特点

离子色谱法具有分析速度快、检测灵敏度高、选择性好、多种离子同时分析且离子色谱柱稳定性高等特点。

（1）分析速度快　一般而言，离子色谱法分析一个样品平均只需约10min，并实现多种同类离子（同是阴离子或者阳离子）同时定量分析。

（2）检测灵敏度高　随着信号处理和检测器制造技术的进步，不经过预浓缩可以直接检测μg/L级的离子。如采用预浓缩技术，检测下限可以达到ng/L级。

（3）选择性好　通过选择合适的分离模式和检测方法，可以获得较好的选择性。一定的分离模式只对某些离子有保留，如在分离含有机物的食品、生物制品时，离子色谱可以较好地避免有机物的干扰。在使用抑制型电导检测器时，可以通过抑制器将被测离子的反离子从体系中排出，只有与被测离子带相同电荷的离子有响应。

（4）多种离子同时分析　离子色谱法分析无机离子和有机离子、离子与非离子极性化合物、阴离子与阳离子等不同类型离子已不再困难。10个以上离子的同时分离可以在20min左右的时间内实现。离子色谱法的峰面积工作曲线的线性范围一般有2～3个数量级，含量相差数百倍或上千倍的不同离子也可以一次进样同时准确测量。近年来个别分析过程烦琐、条件影响较大的离子的显色比色法已被离子色谱法替代。

（5）离子色谱柱稳定性高　色谱柱的稳定性主要取决于所用填料的类型。离子色谱法中使用最多的是以有机聚合物作为基质的填料，这种填料比反相HPLC中通常用的硅胶基质填料要耐强酸和强碱性流动相，但不如其耐有机溶剂。在离子色谱中，为了改善疏水性离子的色谱峰形状，在流动相中加入有机溶剂时必须控制很小的有机溶剂比例（5%以下）。近年已有能耐100%有机溶剂和在全pH值范围（pH 1～14）内适用的高性能离子色谱柱上市。

二、离子色谱仪

离子色谱法与高效液相色谱法的区别主要在分离机制和仪器个别部件上。下面主要介绍与高效液相色谱仪不同的部分。

（一）离子色谱仪的基本构成及主要部件

离子色谱仪是对阳离子和阴离子混合物进行分离和检测的色谱仪。一般有流动相输送系统、进样系统、分离系统、抑制或衍生系统、检测系统及数据处理系统等几个部分。其主要部件及结构见图O-1-1。

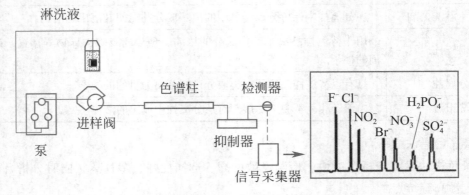

图O-1-1　离子色谱仪基本组成示意

离子色谱仪的主要部件和HPLC仪器相同的是，流动相（离子色谱中有时称为洗脱剂）输送系统包括储液瓶、高压输液泵、梯度淋洗装置、脱气装置等；进样系统有微量进样器、六通阀进样器、自动进样器，有时加有浓缩柱；分离系统核心部件是色谱柱（分离柱）。不同的部分主要是色谱柱的固定相、检测系统中检测器的类型，特别是离子色谱中有抑制器或衍生系统。

离子色谱仪中所有与洗脱液或者供试品接触的管道、器件应使用惰性材料，如聚醚醚酮（PEEK）等。特别是抑制型离子色谱中往往用强酸性或强碱性物质作为流动相，因此，仪器的流路系统耐酸耐碱的要求更高一些。

1.色谱柱

离子色谱法与高效液相色谱法之所以分离机制不同，主要是因为色谱柱填充剂（固定相）性质不同。离子色谱法的色谱柱填充剂通常分为有机聚合物载体填充剂和无机聚合物载体填充剂两种。

（1）有机聚合物载体填充剂　有机聚合物载体填充剂应用较多。该类填充剂在载体表面通过化学反应键合了大量阴离子交换功能基（如烷基季铵基、烷醇季铵基等）或阳离子交换功能基（如磺酸、羧酸、羧酸-膦酸和羧酸-膦酸冠醚等），可分别用于阴离子或者阳离子的交换分离。该类填充剂耐酸碱性能好，在较宽的酸碱范围（pH 0 ~ 14）内稳定性较好，耐有机溶剂腐蚀性一般，所以在流动相中要控制有机溶剂的加入量。其载体一般为苯乙烯-二乙烯基苯共聚物、乙基乙烯基苯-二乙烯基苯共聚物、聚甲基丙烯酸酯或聚乙烯聚合物等有机聚合物。

（2）无机载体填充剂　该类填充剂一般以硅胶为载体。在硅胶表面的硅醇基通过化学键合季铵基等阴离子交换功能基或者磺酸基、羧酸基等阳离子交换功能基，可分别用于阴离子和阳离子的交换分离。硅胶载体填充剂力学稳定性好，在有机溶剂中不会溶胀或收缩。硅胶载体填充剂在pH 2 ~ 8的洗脱液中稳定，一般适用于阳离子样品的分离。

离子色谱柱的内径为0.2 ~ 9mm，长度为10 ~ 500mm，柱子两头采用紧固螺丝。离子色谱柱特别是阳离子色谱柱一般采用聚四氟乙烯材料，以防止金属对测定的干扰。随着离子色谱的发展，细内径柱受到人们的重视，2mm柱不仅可以使溶剂消耗量减少，而且对于同样的进样量，灵敏度可以提高4倍。

2.洗脱液

离子色谱对复杂样品的分离主要依赖于色谱柱的填充剂，而洗脱液相对较为简单。分离阴离子常采用稀碱溶液、碳酸盐缓冲液等作为洗脱液；分离阳离子常采用稀甲基磺酸溶液等作为洗脱液。通过增加或减少洗脱液中酸碱溶液的浓度可提高或降低洗脱液的洗脱能力。在洗脱液内加入适当比例的有机改性剂，如甲醇、乙腈等可改善色谱峰峰形。

洗脱液的要求：制备洗脱液的去离子水应经过纯化处理，电阻率大于18MΩ·cm。使用的洗脱液需经脱气处理，常采用氦气在线脱气的方法，也可采用超声、减压过滤或冷冻的方式进行离线脱气。

3.检测器

电导检测器是离子色谱常用的检测器，其他检测器还有紫外检测器、安培检测器、蒸发光散射检测器等。

电导检测器主要用于测定无机阴离子、无机阳离子和部分极性有机物，如羧酸等。离子色谱法中常采用抑制型电导检测器，即使用抑制器将具有较高电导率的洗脱液在进入检测器之前中和成具有极低电导率的水或者其他较低电导率的溶液，从而显著提高电导检测的灵敏度。

安培检测器用于分析解离度低，但具有氧化或还原性质的化合物。直流安培检测器可以测定碘离子（I^-）、硫氰酸根离子（SCN^-）和各种酚类化合物等。积分安培检测器和脉冲安培检测器常用于测定糖类和氨基酸类化合物。

紫外检测器适用于在高浓度氯离子等存在下痕量的溴离子（Br^-）、亚硝酸根离子（NO_2^-）、硝酸根离子（NO_3^-）以及其他具有强紫外吸收成分的测定。柱后衍生-紫外检测法常用于分离分析过渡金属离子和镧系金属等。

蒸发光散射、原子吸收、原子发射光谱、电感耦合等离子体原子发射光谱、质谱（包括电感耦合等离子体质谱）也可作为离子色谱的检测器。离子色谱在与蒸发光散射检测器或质谱检测器等联用时，一般采用带有抑制器的离子色谱系统。

4.离子色谱的抑制或衍生系统

对于抑制型（双柱型）离子色谱系统，抑制系统是极其重要的一个部分，也是离子色谱有别于高效液相色谱的最重要特点。抑制器在检测器前，在流出液进入检测器前对样品进行前处理。抑制器的作用将具有较高响应信号的洗脱液在进入检测器之前转化成具有极低检测信号的溶液，从而显著提高检测器检测的灵敏度。

抑制器的发展经历了多个时期，而目前商品化的离子色谱仪采用的主要有树脂填充抑制器、纤维抑制器、微膜抑制器和电解抑制器。

衍生化系统是通过化学反应将样品中难于检测的目标化合物定量转化成另一易于分析检测的化合物，通过对转化后的化合物的定量分析而得出目标化合物的含量。即使流出液与衍生化试剂、pH调节液进行混合，必要时进行加热处理。比如，当有些物质没有紫外吸收（不能用紫外检测器进行分析时），可以对其进行处理，如加上生色团等，使其产生紫外吸收。

衍生化技术在液相色谱及气相色谱技术中也有应用，包括柱前衍生化、柱后衍生化等。

（二）离子色谱仪的检验和校正

离子色谱仪和其他仪器一样，也要进行检验和校正。通常规定2年检测一次，检测方法参照计量规程规范《离子色谱仪》（JJG 823—2014）、《离子色谱仪型式评价大纲》（JJF 1715—2018）检定。日常检测分析中，与高效液相色谱仪和气相色谱仪一样，要进行色谱系统适用性试验，方法参照高效液相色谱法进行。

（三）仪器的维护及保养

作为一种常规分析仪器，离子色谱仪已经在许多部门使用。要延长仪器的使用寿命，平时对仪器的精心维护是必不可少的。

部件	维护及保养方法
分析泵	清洗　经常用去离子水对泵进行清洗有助于使泵处于一个良好的状态。使用强酸或强碱后必须要用去离子水清洗，以防止泵内密封圈受到损害。某些正相有机溶剂（如二氯甲烷等）对PEEK材料有腐蚀作用，应避免使用
	维护　使用过程中应适时添加淋洗液以避免溶剂耗光，造成泵空抽现象。产生气泡后应先停机，然后排除。特别要防止在无人的情况下，泵内进入气泡，泵为维持压力平衡而加快转速造成对电机转子的磨损。防止泵内进气泡的最好的方法就是对淋洗液瓶加压。在排除流路中的气泡后，加压的系统基本上不会再产生气泡
色谱柱	清洗　应注意：清洗前，应先将系统中的保护柱取下，并连接到分离柱后，但色谱柱流动方向不变。这样做的目的是防止保护柱内的污染物冲至相对清洁的分离柱内。将分离柱与系统分离让废液直接排出。另外，每次清洗后应用去离子水冲洗10min以上，再用淋洗液平衡系统。清洗时的流速不宜过快，最好在1mL/min以下。化学抑制型与非抑制型离子色谱两者所使用的色谱柱填料有所不同，因此，在清洗前应参考相应的色谱柱使用手册
	保存　色谱柱填料的不同，其色谱柱的保存方法也各异。一般而言，大多数阴离子分离柱在碱性条件下保存，而阳离子分析柱在酸性条件下保存。保存方法可参考色谱柱的使用说明书。色谱柱需要长时间（30天以上）保存时，先按要求将柱内泵入保存液，然后将柱子从仪器上取下，用无孔接头将柱子两端堵死后放在一通风干燥处保存
抑制器	清洗　化学抑制型离子色谱抑制器长时间使用后性能会有所下降。清洗时可使溶液由分析泵直接进入抑制器，然后从抑制器排至废液。液体流动的方向是：分析泵→抑制器淋洗液进口→淋洗液出口→再生液进口→再生液出口→废液
	保存
	（1）阴离子抑制器的保存　短时间的保存（1周内），如果系统没有使用过有机溶剂，直接用接头将所有螺孔拧紧。若使用了有机溶剂，泵10mL去离子水通过抑制器后用接头拧紧。对于长时间保存的抑制器（1周以上），如果系统没有使用过有机溶剂，则向抑制器内泵入30mL氢氧化钠溶液（80～100mmol/L），用接头将所有螺孔拧紧。若使用了有机溶剂，先泵10mL去离子水通过抑制器，然后再泵入30mL氢氧化钠溶液（80～100mmol/L），之后将接头拧紧
	（2）阳离子抑制器的保存　短时间内（1周），如果系统内没有使用过有机溶剂，直接用接头将所有螺孔拧紧。若使用了有机溶剂，泵10mL去离子水通过抑制器后接头拧紧。对于长时间（1周以上）保存的，如果系统没有使用过有机溶剂，则向抑制器内泵入30mL 18～25mmol/L MSA（甲基磺酸）或硫酸。若使用了有机溶剂，先泵10mL去离子水通过抑制器，然后再泵入30mL 18～25mmol/L MSA（甲基磺酸），之后将接头拧紧

三、离子色谱法的应用

离子色谱法常应用于无机阴离子、无机阳离子、有机酸、糖醇类、氨基糖类、氨基酸、蛋白质、糖蛋白等物质的定性和定量分析。

1.定性分析

在相同条件下，将测定得到的对照品溶液（标准溶液）和供试品溶液（样品溶液）的未知物色谱图保留时间进行比较，即保留时间作为定性参数，通过是否具有一致性判断结果。

2.定量分析

离子色谱定量指标通常为峰面积。定量方法有外标法、内标法、归一化法及具体的标准曲线法和标准加入法等，以外标法和标准曲线法最常用。

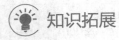 **知识拓展**

案例O-1-1　阿仑膦酸钠肠溶片含量的测定

（一）质量标准

照离子色谱法（通则0513）测定。

供试品溶液　取本品20片，精密称定，研细，精密称取细粉适量（约相当于阿仑膦酸20mg），置50mL量瓶中，加水适量超声使阿仑膦酸钠溶解，用水稀释至刻度，摇匀，以转速为每分钟3000转离心3分钟，取上清液，滤过，取续滤液。

对照品溶液　取阿仑膦酸钠对照品适量，精密称定，加水适量使溶解并定量稀释制成每1mL中约含阿仑膦酸0.4mg的溶液。

色谱条件　用阴离子交换色谱柱（Dionex RFIC™LonPac AS23色谱柱，保护柱：Dionex LonPac™AG23；或效能相当的色谱柱）；检测器为电导检测器，检测方式为非抑制电导检测；柱温30℃；以6mmol/L的草酸溶液为流动相；流速为每分钟1.0mL；进样体积20μL。

系统适用性要求　阿仑膦酸峰的保留时间约为7分钟，理论塔板数按阿仑膦酸峰计算不低于2000。

测定法　精密量取供试品溶液与对照品溶液，分别注入液相色谱仪，记录色谱图。按外标法以峰面积计算。[《中国药典》（2020版，二部）。]

（二）方法解析

本法在《中国药典》（2020年版）定义为离子色谱法，但是使用的高效液相色谱仪分析。色谱柱填料（固定相）为阴离子交换树脂，检测器为电导检测器。操作详情参见M-6实训。

案例O-1-2　肝素钠中有关物质的检查

（一）质量标准

照高效液相色谱法（通则0512）测定。

供试品溶液　取本品适量，精密称定，加水溶解并定量稀释制成每1mL中约含100mg的溶液，涡旋混合至完全溶解，精密量取0.5mL，加1mol/L盐酸溶液0.25mL与25%亚硝酸钠溶液0.05mL，振摇混匀，反应40分钟，加1mol/L氢氧化钠溶液0.2mL终止反应。

对照品溶液（1）　取肝素对照品0.25g，精密称定，精密加水2mL，涡旋混匀至完全溶解。

对照品溶液（2）　精密量取对照品溶液（1）1.2mL，加2%硫酸皮肤素对照品0.15mL与2%多硫酸软骨素对照品0.15mL。

对照品溶液（3）　取对照品溶液（2）0.1mL，用水稀释至1mL。

对照品溶液（4）　取对照品溶液（1）0.4mL，加水0.1mL，混匀，加1mol/L盐酸溶液0.25mL与25%亚硝酸钠溶液0.05mL，振摇混匀，反应40分钟，加1mol/L氢氧化钠溶液0.2mL终止反应。

对照品溶液（5）　精密量取对照品溶液（2）0.5mL，加1mol/L盐酸溶液0.25mL和25%亚硝酸钠溶液0.05mL，振摇混匀，反应40分钟，加1mol/L氢氧化钠溶液0.2mL终止反应。

色谱条件　以乙基乙烯基苯-二乙烯基苯聚合物树脂为填充剂（AS11-HC阴离子交换柱，2mm×250mm，与AG1-HC保护柱，2mm×50mm，或其他适宜的色谱柱）；以0.04%磷酸二氢钠溶液（用磷酸调节pH值至3.0，0.45μm滤膜过滤，临用前脱气）为流动相A，以高氯酸钠-磷酸盐溶液（取高氯酸钠140g，用0.04%磷酸二氯钠溶液溶解并稀释至1000mL，用磷酸调节pH值至3.0，0.45μm滤膜过滤，临用前脱气）为流动相B，按下表进行线性梯度洗脱；流速为每分钟0.22mL；检测波长为202nm；进样体积20μL。

时间/min	流动相A/%	流动相B/%
0～10	75	25
10～35	75～0	25～100
35～40	0	100

系统适用性要求　对照品溶液（4）色谱图中应不出现肝素峰，对照品溶液（5）色谱图中硫酸皮肤素与多硫酸软骨素色谱峰的分离度不得小于3.0。

测定法　精密量取供试品溶液，注入液相色谱仪，记录色谱图。

限度　供试品溶液色谱图中硫酸皮肤素的峰面积不得大于对照溶液（5）中硫酸皮肤素的峰面积（2.0%）；除硫酸皮肤素峰外，不得出现其他色谱峰.[《中国药典》（2020版，二部）。]

（二）方法解析

肝素钠是目前临床上广泛应用的一种抗凝血药物，《中国药典》（2020年版）中其有关物质的检查归到高效液相色谱法。但其含有的杂质主要有硫酸皮肤素、多硫酸软骨素等，需通过离子色谱柱分离后检测，因其具有紫外吸收，故可以采用带有紫外检测器的液相色谱仪测定。

根据案例O-1-1和案例O-1-2回答下列问题。

1.《中国药典》（2020年版）区分高效液相色谱法和离子色谱法的依据是什么？

2.说明两个案例中哪几份溶液需要绘制色谱图，目的是什么？

🗎 目标自测

简答题

1.什么是离子色谱法，简述离子色谱法与高效液相色谱法的区别。

2.离子色谱法有什么特点？

3.离子色谱仪与高效液相色谱仪的区别是什么？

4.离子色谱法的主要应用领域和对象有哪些？

答案

项目 P　毛细管电泳法

P-1 任务　毛细管电泳法简介

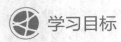 学习目标

1. 掌握毛细管电泳法的主要术语。
2. 掌握毛细管电泳仪的主要组成部件。
3. 了解毛细管电泳法的模式。

一、毛细管电泳法基础

毛细管电泳法（capillary electrophoresis，CE）系指以弹性石英毛细管为分离通道，以高压直流电场为驱动力，依据样品中各组分淌度和（或）分配行为上的差异而实现分离的一种分离分析方法。

毛细管电泳为一种高分辨、快速和仪器化的电泳技术，又称高效毛细管电泳。在电泳技术中，使用高电场强度会使电泳介质发热，即产生焦耳热。焦耳热会引起电泳分离介质的温度梯度、黏度梯度以及速度梯度，从而引起区带展宽，使柱效降低。在毛细管电泳法中，由于毛细管具有很高的表面积-体积比，有利于热量从管壁扩散，可有效地克服焦耳热的影响，因而具有很高的柱效。

（一）毛细管电泳法的常见术语及电泳法的原理

1. 毛细管电泳法的常用术语

见表 P-1-1。

表 P-1-1　毛细管电泳法的常用术语

术语	定义
电泳	带电颗粒在电场作用下，向着与其电性相反的电极移动
淌度	单位电场强度下的迁移速度
电渗流（EOF）	在电场的作用下，溶液的整体移动称为电渗流
焦耳热	使用高电场强度会使电泳介质发热，即产生焦耳热
总长度	毛细管长度称为总长度
有效长度	进样端至检测器间的长度称为有效长度

2.电泳法的原理

在电场作用下，依据各带电荷组分之间的淌度不同，在惰性支持介质中向对应的电极方向按各自的速度进行泳动而实现组分分离的方法，称为电泳法（electrophoresis）。电泳法主要适用于蛋白质、核酸等生化药物的分析。

影响电泳分离的因素包括：

（1）缓冲液的pH值和离子强度　pH直接影响组分的荷电情况，是电泳分离的最重要条件，因此电泳时需用缓冲液维持恒定的pH值。如果离子强度太小，则缓冲容量不足，且区带易扩散；若太大，则因受相反电荷离子的牵制力，组分移动速度慢，且发热严重，也使区带扩散。

（2）电场强度　电场强度越大，淌度越大，分离也越完全。但若大于20V/cm时，因发热使蒸发剧烈，缓冲液浓缩，电流增大，甚至会将滤纸等烧断。

（3）样品浓度　通常以1%为宜。太浓会拖尾，太稀则定量测定结果精密度差，甚至不易检出。

（二）毛细管电泳的模式

见表P-1-2。

表P-1-2　毛细管电泳的常见模式

类型	原理
以毛细管空管为分离载体时，毛细管电泳模式	
毛细管区带电泳（CZE）	将待分析溶液引入毛细管进样一端，施加直流电压后，各组分按各自的电泳和电渗流的矢量和流向毛细管出口端，按阳离子、中性粒子和阴离子及其电荷大小的顺序通过检测器。中性组分彼此不能分离，出峰时间称为迁移时间，相当于高效液相色谱法和气相色谱法的保留时间
毛细管等速电泳（CITP）	采用前导电解质和尾随电解质，在毛细管中充入前导电解质后，进样，电极槽中换用尾随电解质进行电泳分析。带不同电荷的组分迁移至狭窄区带
毛细管等电聚焦电泳（CIEF）	将毛细管内壁涂覆聚合物减少电渗流，再将供试品和两性电解质混合进样，施加电压后在毛细管中电解质逐渐形成pH梯度，各溶质在毛细管迁移至各自的等电点时变为中性形成聚焦的区带，再用压力或其他方法使溶质顺序进入检测器
胶束电动毛细管色谱（MEK）	当操作缓冲液中加入大于其临界胶束浓度的离子型表面活性剂时，表面活性剂聚集形成胶束。各溶质在水和胶束两相间进行分配，各溶质因分配系数存在差异而被分离
亲和毛细管电泳（ACE）	在缓冲液或管内加入亲和作用试剂，实现物质的分离。如将蛋白质（抗原或抗体）预先固定在毛细管柱内，利用抗原-抗体的特异性识别反应，毛细管电泳的高效快速分离能力、激光诱导荧光检测器的高灵敏度，来分离检测样品混合物中能与固定化蛋白质特异结合的组分

续表

类型	原理
以毛细管填充管为分离载体时，毛细管电泳模式	
毛细管凝胶电泳 （CGE）	单体和引发剂引发聚合反应生成凝胶（如聚丙烯酰胺凝胶、琼脂糖凝胶等），主要用于测定蛋白质、DNA等生物大分子；利用聚合物溶液（如葡聚糖等）的筛分作用分析，称为毛细管无胶筛分。有时统称为毛细管筛分电泳，再分为凝胶电泳和无胶筛分两类
毛细管电色谱 （CEC）	毛细管内壁涂覆固定相或填充固定相，或以聚合物原位交联聚合的形式在毛细管内制备聚合物整体柱，以电渗流驱动操作缓冲液（有时再加辅助压力）进行分离。根据填料不同，可分为正相、反相及离子交换等模式
除以上常用的单根毛细管电泳外，还有利用一根以上的毛细管进行分离的毛细管阵列电泳以及芯片毛细管电泳	
毛细管阵列电泳 （CAE）	采用激光诱导荧光检测，分为扫描式检测和成像式检测两种方式，主要应用于DNA的序列分析，解决了毛细管电泳一次只能分析一个样品的问题
芯片式毛细管电泳 （ChipCE）	是将常规的毛细管电泳操作转移到芯片上进行，利用玻璃、石英或各种聚合物材料加工出微米级通道，通常以高压直流电场为驱动力，对样品进行进样、分离及检测。具备分离时间短、分离效率高、系统体积小且易实现不同操作单元的集成等优势，在分离生物大分子样品方面具有一定的优势

在这些分离模式中，以模式1和5使用较多。模式5和7两种模式的分离机制以色谱为主，但对荷电溶质则兼有电泳作用。

二、毛细管电泳仪

毛细管电泳仪的主要部件有毛细管可调直流高压电源（0～30kV）、电极和电极槽、冲洗进样系统、检测器、数据处理系统和进样装置等，见图P-1-1。

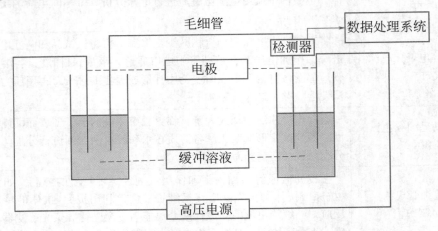

图 P-1-1　毛细管电泳仪结构示意

1.毛细管

弹性石英毛细管，内径小于100μm，50μm和75μm两种使用较多。细内径分离效果好，且焦耳热小，允许施加较高电压；但若采用柱上检测，则因光程较短，其检测限比较粗内径管要差。毛细管长度称为总长度，根据分离度的要求，长度可选20～100cm；进样端至检测器间的长度称为有效长度。毛细管常盘放在管架上控制在一定温度下操作，以控制焦耳热。

2.直流高压电源

采用0～30kV（或相近）可调节直流电源，可供应约300pA电流，具有稳压和稳流两种方式可供选择。

3.电极和电极槽

两个电极槽里放入操作缓冲液，分别插入毛细管的进口端与出口端以及铂电极；铂电极连接至直流高压电源，正负极可切换。多种型号的仪器将试样瓶同时用做电极槽。

4.冲洗进样系统

每次进样之前毛细管要用不同溶液冲洗，有自动冲洗进样仪器较为方便。进样方法有压力进样、负压进样、虹吸进样和电动（电迁移）进样等。进样时通过控制压力或电压及时间来控制进样量。

5.检测系统

紫外-可见检测器、激光诱导荧光检测器、电化学检测器、质谱检测器、核磁共振检测器、化学发光检测器、LED检测器、共振瑞利散射光谱检测等。其中以紫外-可见分光光度检测器应用最广，包括单波长、程序波长和二极管阵列检测器。

6.数据处理系统

与一般色谱数据处理系统基本相同。

三、系统适用性试验

为考察所配置的毛细管分析系统和设定的参数是否适用，系统适用性的测试项目和方法与高效液相色谱法或气相色谱法相同，相关的计算式和要求也相同。

 知识拓展

抑肽酶的杂质检查

（一）质量标准

去丙氨酸-去甘氨酸-抑肽酶和去丙氨酸-抑肽酶照毛细管电泳法（通则0542）测定。

供试品溶液 取本品适量，加水溶解并定量稀释制成每1mL中约含5单位的溶液。

对照品溶液 取抑肽酶对照品，加水溶解并定量稀释制成每1mL中约含5单位的溶液。

电泳条件 用熔融石英毛细管为分离柱（75μm×600mm，有效长度500mm）；以120mmol/L磷酸二氢钾缓冲液（pH 2.5）为操作缓冲液；检测波长为214mm；毛细管温度为

30℃；操作电压为12kV，进样端为正极，1.5kPa压力进样，进样时间为3秒。每次进样前，依次用0.1mol/L氢氧化钠溶液、去离子水和操作缓冲液清洗毛细管柱2分钟、2分钟和5分钟。

系统适用性要求　对照品溶液电泳图中，去丙氨酸-去甘氨酸-抑肽酶峰相对抑肽酶峰的迁移时间为0.98，去丙氨酸-抑肽酶峰相对抑肽酶峰的迁移时间为0.99；去丙氨酸-去甘氨酸-抑肽酶峰与去丙氨酸-抑肽酶峰间的分离度应大于0.8，去丙氨酸-抑肽酶峰与抑肽酶峰间的分离度应大于0.5。抑肽酶峰的拖尾因子不得大于3。

测定法　取供试品溶液进样，记录电泳图。

限度　按公式100（r_i/r_s）计算，其中r_i为去丙氨酸-去甘氨酸-抑肽酶或去丙氨酸-抑肽酶的校正峰面积（峰面积/迁移时间），r_s为去丙氨酸-去甘氨酸-抑肽酶、去丙氨酸-抑肽酶与抑肽酶的校正峰面积总和。去丙氨酸-去甘氨酸-抑肽酶的量不得大于8.0%，去丙氨酸-抑肽酶的量不得大于7.5%。

（二）方法解析

本案例为毛细管电泳法的应用案例。

1.请大家找出与高效液相色谱法相同的点。

2.请大家找出给定的毛细管电泳的条件有哪些？

3.用什么作为检测器？

目标自测

简答题

1.说明毛细管电泳分离的机制。

2.说明毛细管电泳定量分析的检测指标。

3.毛细管电泳的分离模式有哪些？

答案

模块五　质谱法

项目Q　质谱法

Q-1任务　质谱法基础

学习目标

1. 掌握质谱分析法的常用术语。
2. 熟悉质谱分析法的基本原理。
3. 理解各种离子峰及特点。

一、质谱法定义

质谱法（mass spectrometry，MS）是利用多种离子化技术，使待测化合物产生气态离子，再按质荷比（m/z，离子质量与电荷之比）大小将离子排序，进行检测的分析方法，也称为质谱分析法。其检测限可达 $10^{-15} \sim 10^{-12}$mol/L。质谱法可以提供分子质量和结构信息，也可以完成定量分析。可以将其看成是一台特殊的天平，称量离子的质量和相对量，根据质荷比差异来完成分析检测。

二、质谱法常用术语

质谱法的原理是质谱仪使物质分子失去外层价电子形成分子离子（M^{+}），若获得的能量超过其离子化所需能量时，分子离子中的某些化学键可能继续发生断裂而形成不同质量的碎片离子（fragmention ion）。

$$M \xrightarrow{-e^{-}} M^{+} + 碎片离子 + 中性分子$$

质谱仪一般选择其中带正电荷的离子进入质量分析器，使其在电场或磁场的作用下根据其质荷比（m/z）的差异进行分离，所得结果以表格或图谱表达，最常用的是图谱表达，即所谓的质谱图（亦称质谱，mass spectrum），利用质谱图来进行定性、定量和物质结构分析。

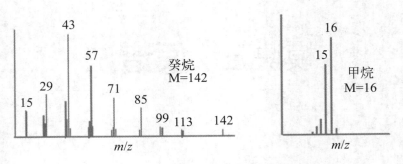

图 Q-1-1　癸烷和甲烷的质谱图

常见的质谱图（图 Q-1-1）是经计算机处理的棒（或线）图（bar graph），图中每一线段（棒）代表一种质荷比（质量）的离子。质谱图中可以看到离子的质量数（峰位）和强度，根据峰位（棒位）可进行定性鉴别，根据相对强度可进行定量分析。质谱法常用术语见表 Q-1-1。

表 Q-1-1　质谱法常用术语及定义

序号	术语	定义
1	质谱图	是以离子质荷比（m/z）对离子相对强度记录的图谱。纵坐标表示离子的相对强度，横坐标表示离子的质荷比（m/z）
2	基峰	质谱图中离子强度最大的峰称为基峰，定义它的高度（强度）为100，即 $I_B=100$（%）
3	相对强度	除基峰外其余峰按与基峰的比例来表示离子流强度。其他离子流的强度与基峰强度相比的百分强度为该离子的强度。也称为相对丰度
4	质荷比	离子的质量（以原子量单位计）与其所带电荷（以电子电量为单位计）的比值（简写为 m/z）
5	分子离子	化合物分子通过某种方式失去一个电子后形成的离子，通常表示为 M^+
6	碎片离子	由分子离子发生某些化学键断裂所形成的质荷比较小的离子
7	亚稳离子	离子（m_1）脱离离子源后并在到达质量分析器前，由于其内能较高或相互碰撞等因素，在飞行过程中可能发生裂解而形成的低质量的离子，用 m^* 表示
8	质量范围	质谱仪能测量的质荷比下限与上限之间的一个范围
9	分辨率	在给定的样品条件下，仪器对相邻的两个质谱峰的区分能力。两个峰的分辨能力 R 的表示法是当峰谷为峰高的10%时所表示的质量的平均值与质量差的比值
10	质量准确性	某种离子的测量质荷比与实际（理论）质荷比的偏离程度
11	灵敏度	在规定的条件下，对于选定化合物产生的某一个质谱峰，仪器对单位样品所产生的响应值
12	仪器校准样品	为检验仪器的灵敏度、分辨率、质量准确性和操作条件，所选用的纯物质样品

续表

序号	术语	定义
13	总离子流色谱图	未经质量分离的各种质荷比离子所产生的总信号强度与保留时间相对应的关系图
14	提取离子色谱图	在一系列质谱数据中选择特定的一个或几个质荷比，绘制其信号强度随保留时间变化的色谱图
15	本底	在与分析样品相同的条件下，不送入样品时所产生的质谱信号
16	信噪比	在质谱分析中，信号强度与噪声强度的比值
17	选择离子检测	混合物定量分析的一种常用方法。选择能够表征该成分的一个质谱峰进行检测，称为单离子检测（SID）。选择多个质谱峰进行检测，称为多离子检测（MID）

注：1.选择离子检测，这种方法的灵敏度高于全谱扫描方法，多用于痕量组分的测定。

2.通过数据处理从全谱中选出特定离子的质谱峰进行检测也是常用的方法，叫做选择离子检索（selected ion refrievel），也叫质量碎片法或质量色谱法，它的灵敏度和选择离子检测相比低 $2 \sim 3$ 个数量级。

三、离子峰的主要类型

在质谱中的大多数离子峰是根据有机物自身结构特点，按自身裂解规律形成的。下面主要介绍有机质谱中出现的分子离子峰、碎片离子峰、同位素离子峰、亚稳离子峰等。

（一）分子离子峰

化合物分子通过某种方式失去一个电子后形成的离子的峰，称为分子离子峰（$M \xrightarrow{-e^-} M^+$）。分子离子峰一般为质谱图中质荷比（m/z）最大的峰。分子离子的质量与化合物的分子量相等，由其在谱图中的位置（m/z）可确定该化合物的分子量，其相对强度可以大致指示被测化合物的类型，这也是质谱分析的一个主要特点。但需要注意的是并不是所有的化合物都有分子离子峰。分子离子峰在质谱图中是否出现与其稳定性有关。

有机化合物分子离子峰的稳定性顺序为芳香化合物＞共轭链烯＞烯烃＞脂环化合物＞直链烷烃＞酮＞胺＞酯＞醚＞酸＞支链烷烃＞醇。醇类化合物极易失去一个水分子，很难在质谱图上找到分子离子峰。

判断质谱图上分子离子峰的方法如下。

（1）形成分子离子需要的能量最低，一般约10eV。降低裂解电压有利于形成分子离子，质谱图上出现分子离子峰及其丰度增加。

（2）分子离子峰必须符合N律　N律包括如下几点：①由C、H、O组成的有机化合物，M一定是偶数；②由C、H、O、N组成的有机化合物，N奇数，M奇数；③由C、H、O、N组成的有机化合物，N偶数，M偶数。

（3）分子离子峰与相邻峰的质量差必须合理。

大家找找图Q-1-1中的分子离子峰。

（二）碎片离子峰

碎片离子产生的峰由分子离子发生某些化学键断裂所形成的质荷比较小的离子称为碎片离子。若获得的能量较高，初级碎片离子可进一步裂解产生质荷比更小的碎片离子。

$$M \xrightarrow{-e} M^{+} \xrightarrow{\text{裂解}} 初级碎片离子 \xrightarrow{\text{裂解}} 次级碎片离子 \cdots\cdots$$

一般有机化合物的电离能为$7 \sim 13eV$，质谱中常用的电离电压为$70eV$，可以使分子结构发生裂解，产生各种"碎片"离子。大家思考图Q-1-1中是哪些碎片离子产生的峰？

（三）同位素离子峰（M+1峰）

同位素是指具有相同核电荷但不同原子质量的原子（核素）称为同位素。由于同位素的存在，其元素组成中含有一个非最高天然丰度的同位素，有同位素表现的元素在质谱图上就会显示出同位素峰，可以看到比分子离子峰大一个质量单位的峰；有时还可以观察到M+2、M+3……同位素峰对质谱的定性具有很重要的作用。

例如，化学上，氯的原子量是35.5，但质谱上对于含有一个氯原子的离子，在M和M+2各出一个峰，且相对强度为3：1。这是因为自然界中有^{35}Cl和^{37}Cl且丰度比约为3：1，质谱测定的是微观离子，不是宏观上的平均概念。组成有机物的常见C、H、N、O、F、Si、S、Cl、Br等都具有天然同位素。有些在质谱图上表现明显的特征性。具体内容不详述，有兴趣可以查阅质谱专著。

（四）亚稳离子峰

离子（m_1）脱离离子源后并在到达质量分析器前，由于其内能较高或相互碰撞等因素，在飞行过程中可能发生裂解而形成低质量的离子（m_2），这种离子的能量比在离子源中产生的离子的能量小，且很不稳定，在质谱中称其为亚稳离子，通常用m^*表示。亚稳离子具有峰弱（峰强仅为m_1峰的1% $\sim$ 3%）；峰钝（一般可跨2 $\sim$ 5个质量单位）；在小于m_2离子质量数的位置出现；质荷比一般不是整数等特点。

$$m_1^{+}(前体离子) \xrightarrow{\text{在离子源中裂解}} m_2^{+}(产物离子) + 碎片离子$$

$$m_1^{+}(前体离子) \xrightarrow{\text{在飞行途中裂解}} m^*(亚稳离子) + 碎片离子$$

每一类物质分子、每一个物质分子会产生哪些离子峰，是有一定的规律可循的。根据分子化学结构有特定的裂解方式，掌握这些规律有助于根据质谱图解析物质结构，根据质谱图物质特征峰、分子离子峰、同位素峰、样品来源及质谱仪的谱图库检索，也可以结合其他光谱分析数据推测物质分子结构。

📑 目标自测

一、判断题

1.质谱法可以确定同位素的丰度。（　　　　）

答案

2.分子离子峰一定是质谱图中最高的峰。（　　　）

3.有机混合物经过质谱分析，既可确定组分含量，又可确定各组分的结构。（　　　）

4.凡是由C、H、O、N组成的化合物，其质谱的分子离子峰的质量数都是奇数。（　　　）

5.质谱中是以基峰（最强峰）的高度为标准（定为100%），除其他各峰高度所得的分数，即为各离子的相对强度（即相对丰度）。（　　　）

二、填空题

1.增大分子离子峰的方法之一是_____。

2.甲苯、甲醇、甲酸三个化合物中，分子离子峰最稳定的可能是_____。

3.离子峰的主要类型有_____、_____、_____。

三、选择题（单项）

1.在质谱图中，基峰是特指（　　　）。

A.分子离子峰　　　　　　　　　B.质荷比最大的峰

C.强度最大的峰　　　　　　　　D.碎片离子质量最大的峰

2.由C、H、O、N组成的有机化合物（　　　）。

A.N奇数，M奇数；N偶数，M偶数　　B.N奇数，M偶数；N偶数，M奇数

C.C、H、O、N都为偶数，M偶数　　D.无法判断

3.某化合物分子量为150，下面五个分子式中不可能的是（　　　）。

A. $C_9H_{12}NO$　　　　　　　　　B. $C_9H_{14}N_2$

C. $C_{10}H_2N_2$　　　　　　　　　D. $C_{10}H_{14}O$

4.下面四种化合物中，分子离子峰最强者是（　　　）。

A.芳香环　　　　　　　　　　　B.共轭烯

C.酰胺　　　　　　　　　　　　D.醇

5.质谱图中强度最大的峰，规定其相对丰度为100%，这种峰称为（　　　）。

A.分子离子峰　　　　　　　　　B.基峰

C.亚稳离子峰　　　　　　　　　D.准分子离子峰

6.下面说法中正确的是（　　　）。

A.质量数最大的峰为分子离子峰

B.强度最大的峰为分子离子峰

C.质量数第二大的峰为分子离子峰

D.只凭一个离子峰的信息无法准确判断是否为分子离子峰

四、简答题

1.解释下列术语：基峰、分子离子峰、碎片离子峰、同位素峰、亚稳离子峰、氮律。

2.如何确定分子离子峰？

3.简述质谱的离子峰类型及应用。

 **Q-2任务　质谱仪**

思维导图

学习目标

1.掌握质谱仪的基本结构和主要部件。
2.掌握质谱仪的主要性能指标。
3.熟悉质谱仪的工作原理。
4.了解常用的进样方式、离子源类型和质量分析器类型。

质谱仪（mass spectrometer）是以离子源、质量分析器和离子检测器为核心，将离子按照质荷比差异进行分离和检测的仪器。第1台质谱仪是英国科学家弗朗西斯·阿斯顿于1919年制成的。利用这台装置，发现了多种元素同位素。他研究了53个非放射性元素，发现了天然存在287种核素中的212种，第1次证明原子质量亏损，为此荣获1922年诺贝尔化学奖。质谱仪种类非常多，工作原理和应用范围也有很大的不同。按应用范围分为无机质谱仪、同位素质谱仪、生物质谱仪、有机质谱仪；按分辨能力分为高分辨率、中分辨率和低分辨率质谱仪；按工作原理分为静态仪器和动态仪器。

无机质谱仪包括火花源双聚焦质谱仪、电感耦合等离子体质谱仪（ICP-MS）和二次离子质谱仪（SIMS）。主要用于无机元素的微量分析。相对应的方法称为无机质谱法。

同位素质谱仪能精确测定元素的同位素比值，广泛用于核科学、地质年代测定。对应的方法称为同位素质谱法，如同位素稀释质谱分析、同位素示踪分析等。

生物质谱仪如基质辅助激光解吸电离-飞行时间质谱（MALDI-TOF），有时也将其归于有机质谱仪一类。解决生物大分子分子量检测、磷酸化位点检测等生物学问题。

有机质谱仪以有机物为研究对象，它能提供有机物的分子量、分子式、所含结构单元及连接次序等信息，是有机物结构分析的重要工具之一。

在以上各类质谱仪中，数量最多、用途最广的是有机质谱仪，通常说的质谱仪和质谱法就指这一类。

除上述根据分析对象分类外，还可以根据质谱仪所用的质量分析器的不同，把质谱仪分为单聚焦质谱仪、双聚焦质谱仪、四极杆质谱仪、飞行时间质谱仪、离子阱质谱仪、傅里叶变换质谱仪等。

一、质谱仪的主要组成部件

质谱仪的主要组成部件如图Q-2-1所示。包括真空系统、进样系统、离子源、质量分析器、检测器、计算机系统等主要部件。在由泵维持的 $10^{-5} \sim 10^{-3}\text{Pa}$ 真空状态下，离子源产生的各种正离子（或负离子），经加速进入质量分析器分离，再由检测器检测。计算机系统用于控制仪器，记录、处理并储存数据，当配有标准谱库软件时，计算机系统可以将测得的质谱与标准谱库中图谱比较，获得可能化合物的组成和结构信息。离子源、质量分析器和离子检测器都有不同类型，类似于光谱仪中的光源、单色器和检测器。《中国药典》（2020年版）通则中将质谱法列于光谱分类下，但二者的原理不同，质谱不属于光谱的范畴。

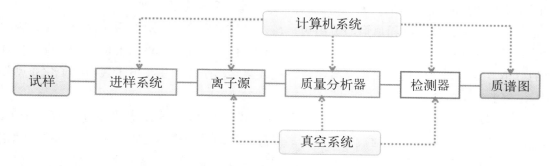

图 Q-2-1　质谱仪的组成部件

二、真空系统

真空系统包括高真空泵（机械泵和分子涡轮泵二者组合较常用）、低真空泵、真空测量仪表和真空阀件、管路等。仪器所需的真空度需达到 $10^{-6} \sim 10^{-3}$ Pa，即 $10^{-8} \sim 10^{-5}$ mmHg，离子源需达到 $10^{-5} \sim 10^{-3}$ Pa，质量分析器需达到 10^{-6} Pa。

质谱仪必须在高真空状态下工作，原因有三：一是大量氧会烧坏离子源的灯丝；二是高真空避免用作加速离子的几千伏高压引起放电；三是避免引起额外的离子-分子反应，改变裂解模型，使谱图复杂化。

三、进样系统

样品导入应不影响质谱仪的真空度。进样方式的选择取决于样品的性质、纯度及所采用的离子化方式。

1.直接进样

常温常压下，气态或液态化合物的中性分子，通过可控漏孔系统进入离子源。

吸附在固体上或溶解在液体中的挥发性待测化合物，可采用顶空分析法提取和富集，程序升温解吸附，再经毛细管导入质谱仪。

挥发性固体样品可置于进样杆顶端，在接近离子源的高真空状态下加热气化，采用解吸离子化技术，可以使热不稳定的、难挥发的样品在气化的同时离子化。

多种分离技术已实现了与质谱的联用，经分离后的各种待测成分可以通过适当的接口导入质谱分析仪。

2.气相色谱-质谱联用（GC-MS）

在使用毛细管气相色谱柱及高容量质谱真空泵的情况下，色谱流出物可直接引入质谱仪。适用于低沸点有机混合物的分离分析、有机合成中间产物的快速分析、新化合物的鉴定、天然产物中有效成分的分析与结构确定。

3.液相色谱-质谱联用（LC-MS）

适用于高沸点有机混合物的分离分析。在色谱系统分离的化合物，形成适合于质谱分析的气态分子或离子，需要特殊的接口，为减少污染，避免化学噪声和电离抑制，流动相中所含的缓冲盐或添加剂通常应具有挥发性，且用量也有一定的限制。

（1）粒子束接口　液相色谱的流出物，在去溶剂室雾化、脱溶剂后，仅待测化合物的中性分子被引入质谱离子源。粒子束接口适用于分子质量小于1000Da的弱极性热稳定化合物的分析，测得的质谱可以由电子轰击离子化或化学离子化产生，电子轰击离子化质谱常含有丰富的结构信息。

（2）移动带接口　流速为0.5～1.5mL/min的液相色谱流出物，均匀滴加在移动带上，蒸发除去溶剂后，待测化合物被引入质谱离子源，移动带接口不适宜于极性大或热不稳定化合物的分析，彻底的质谱可以用电子轰击离子化或化学离子化或快原子轰击离子化产生。

（3）大气压离子化接口　是目前液相色谱-质谱联用广泛采用的接口技术，由于兼具离子化功能，这些接口将在离子源部分介绍。

4.超临界流体色谱-质谱联用（SFC-MS）

超临界流体色谱-质谱联用主要采用大气压化学离子化或电喷雾离子化接口，色谱流出物通过一个位于柱子和离子源之间的加热限流器转变为气态，进入质谱仪分析。

5.毛细管电泳-质谱联用（CE-MS）

几乎所有的毛细管电泳操作模式均可与质谱联用，选择接口时应注意毛细管电泳的低流速特点并使用挥发性缓冲液。电喷雾离子化是毛细管电泳与质谱联用最常用的接口技术。

四、离子源

离子源是使试样分子在高真空条件下离子化的装置。电离后的分子因接受了过多的能量会进一步碎裂成较小质量的多种碎片离子和中性粒子。它们在加速电场作用下获取具有相同能量的平均动能而进入质量分析器。根据待测化合物的性质及获取的信息类型，可以选用不同的离子源。

1.电子轰击离子化（EI）

处于离子源的气态待测化合物分子，受到一束能量（通常是70eV）大于其电离能的电子轰击而离子化。质谱中往往含有待测化合物的分子离子（M^+）及具有待测化合物结构特征的碎片离子。电子轰击离子化适用于热稳定的易挥发化合物的离子化，是气相色谱-质谱联用最常用的离子化方式。当采用粒子束或移动带等接口时，电子轰击离子化也可以用于液相色谱-质谱联用。

2.化学离子化（CI）

离子源的试剂气分子（如甲烷、异丁烷和氨气）受高能电子轰击离子化，进一步发生离子-分子反应，产生稳定的试剂气离子，再使化合物离子化。化学离子化可产生待测化合物（M）的（M+H）$^+$和（M-H）$^-$特征离子或待测化合物与试剂气分子产生的加合离子。与电子轰击离子化质谱相比，化学离子化的普通碎片离子比较少，适用于采用电子离子化无法得到分子质量信息的、热稳定的、易挥发化合物的分析。

3.快原子轰击（FAB）或液体二次离子质谱（LSIMS）

高能中性原子（如氙）或高能铯离子置于金属表面、分散于惰性黏稠基质（如甘油）中的待测化合物离子化。产生（M+H）$^+$和（M−H）$^-$特征离子或待测化合物与基质分子的加合离子。快原子轰击或快离子轰击离子化，非常适合于各种极性的热不稳定化合物的分子质量测定及结构表征，广泛应用于分子质量高达10000Da的肽、抗生素、核苷酸、脂质、有机金属化合物及表面活性剂的分析。

快原子轰击或快离子轰击离子化用于液相色谱-质谱联用时，需在色谱流动相中添加1%～10%的甘油，且必须保持很低流速（1～10μL/min）。

4.基质辅助激光解吸离子化（MALDI）

将溶于适当基质中的供试品涂布于金属靶上。用高强度的紫外或红外脉冲激光照射，使待测化合物离子化。基质辅助激光解吸离子化，主要用于分子质量在100000Da以上的生物大分子分析，适宜与飞行时间分析器结合使用。

5.电喷雾离子化（ESI）

离子化在大气压下进行，待测溶液（如液相色谱流出物）通过一终端加有几千伏高压的毛细管进入离子源，气体辅助雾化，产生的微小液滴去溶剂形成单电荷或多电荷的气态离子。这些离子再经逐步减压区域，从大气压状态传输到质谱仪的高真空中。电喷雾离子化，可在1μL/min～1mL/min的流速下进行，适合极性化合物和分子质量高达100000Da的生物大分子研究，是液相色谱-质谱联用、毛细管电泳-质谱联用最成功的接口技术。

6.大气压化学离子化（APCI）

原理与化学离子化相同，但离子化在大气压下进行，流动相在热及氮气流的作用下雾化成气态，经由带有几千伏高压的放电电极时离子化，产生的是试剂气离子与待测化合物分子发生离子-分子反应，形成单电荷离子，正离子通常是（M+H）$^+$，负离子则是（M−H）$^-$。大气压化学离子化能在流速高达2mL/min下进行。常用于分析分子质量小于1500Da的小分子或弱极性化合物，主要产生的是（M+H）$^+$或（M−H）$^-$，很少有碎片离子，是液相色谱-质谱联用的重要接口之一。

7.大气压光电离子化（APPI）

与大气压化学离子化不同，大气压光电离子化是利用光子使气相分子离子化。该离子化源主要用于非极性物质的分析，是电喷雾离子化、大气压化学离子化的一种补充。大气压光电离子化，对于实验条件比较敏感，掺杂剂、溶剂及缓冲液的组成等均会对特定的选择性、灵敏度产生较大影响。

五、质量分析器

质量分析器是质谱仪的核心部件，它是将同时进入其中的不同质量的离子按质荷比（m/z）大小分离的装置。分离后的离子依次进入离子检测器，采集放大离子信号，经计算机处理，绘制成质谱图。

　　质量范围、分辨率是质量分析器的两个主要性能指标。其他常用指标还有分析速度、离子传输效率、质量准确度，其中质量准确度与质量分析器的分辨率及稳定性密切相关。

　　质量范围是指质量分析器所能测定的质荷比的范围，通常用上限表示。

　　分辨率表示质量分析器在给定的样品条件下，对相邻的质量差异很小的质谱峰的区分能力，用 R 表示，根据公式 $R=m/\Delta m$ 得出。分辨率 R 在磁质谱中的定义是指相邻等高的两个质谱峰，其峰谷不大于峰高的10%时，就定义为可以区分。两个峰的分辨率（R）的 m 是当峰谷为峰高的10%时相邻两峰质量的平均值，Δm 为质量差的比值。有机质谱通常用质量差表示，而且是两个质谱峰，其峰谷不大于峰高的50%时就定义分开。为了实际操作的方便，现在就简化为单峰讨论，分辨率也常通过测定某独立峰（m）在峰高50%处的峰宽作为 Δm 来计算，这种分辨率称为FWHM。扇形磁场分析器、傅里叶变换分析器（又称离子回旋共振分析器）通常用 R 作为分辨率；而四极杆分析器、离子阱分析器、飞行时间分析器等多采用半峰宽（FWHM）测量分辨率。

　　以 R 计算的高分辨率质谱仪通常指其质量分析器的分辨率大于 10^4。以FWHM计算的分辨率 $\geqslant 10000$ 时，称高分辨率；分辨率 $\leqslant 10000$ 为低分辨。高分辨率质量分析器可以提供待测物分子的准确质量，有利于推测该物质的元素组成。值得注意的是，当描述所用的质谱峰的质荷比时，最好说明对应分辨率，因为不同的仪器，其分辨率随质荷比的不同而有变化。不同类型的质量分析器对分辨率的具体定义存在差异。下面简单介绍不同类型的质量分析器的原理及特点。

　　1.扇形磁场分析器

　　离子源中产生的离子经加速电压（V）加速，聚焦进入扇形磁场（磁场强度 B），在磁场的作用下，不同质荷比的离子发生偏转，符合质谱方程式（$m/z=B^2r^2/2V$），按各自的曲率半径（r）运动。改变磁场强度，可以使不同质荷比的离子具有相同的曲率半径（r），轨迹飞行通过狭缝出口，达到检测器，不同质荷比的碎片离子实现分离。

　　扇形磁场分析器可以检测分子质量高达15000Da的单电荷离子。当与静电场分析器结合，构成双聚焦扇形磁场分析器时，分辨率可以达到 10^5。使用该类质量分析器的质谱仪有单聚焦质谱仪和双聚焦质谱仪。

　　2.四极杆分析器

　　分析器由四根平行排列的金属杆状电极组成，直流电压（DC）和射频电压（RF）作用于电极上形成了高频振荡电场（四极场），在特定的直流电压和射频电压条件下，一定质荷比的离子可以稳定地穿过四极场到达检测器。改变直流电压和射频电压大小，但维持它们的比值恒定，可以实现扫描。四极杆分析器和检测的分子质量上限通常是4000Da，分辨率约为 10^3。使用该类质量分析器的质谱仪为四极杆质谱仪。

　　3.离子阱分析器

　　四极离子阱（QIT）由两个端盖电极和位于它们之间的环电极组成。端盖电极处在低电位，而环盖电极施加射频电压（RF），以形成三维四极场。选择适当的射频电压，四极场可以储存质荷比大于某特定值的所有离子，采用"质量选择不稳定性"模式，提高射频电压值，可以将离子按质量从高到低依次射出离子阱。挥发性待测化合物的离子化和质量分析，可以在同一四极场内完成。通过设定时间序列，单个四极离子阱可以实现多级质谱（MS^n）的功能。线性离子阱（LIT）是二维四极离子阱，结构上等同于四极质量分析器，但操作模式与三维离子阱相似，四极线性离子阱具有更好的离子储存效率和储存容量，可改善离子喷射效率以及更快的扫描速度和较高的检测灵敏度。离子阱分析器与四极杆分析器具有相近的质量上限及分辨率。使用该类质量分析器的质谱仪为离子阱质谱仪。

4.飞行时间分析器

具有相同功能、不同质量的离子，因飞行速度不同而实现分离。当飞行距离一定时，飞行需要的时间与质荷比的平方根成正比，据其质量的不同，而在真空室漂移的时间不同，质量小的离子在较短时间到达检测器。为了确定飞行时间，将离子以不连续的组引入质量分析器，以明确起始飞行时间。离子组可以由脉冲式离子化（如基质辅助激光解吸离子化）产生，也可通过门控系统将连续产生的离子流在给定时间引入飞行管。

飞行时间分析器（TOF）的质量分析上限约为15000Da，离子传输效率高（尤其是谱图获取速度快），质量分辨率大于10^4，使用该类质量分析器的质谱仪为飞行时间质谱仪。由于可以通过多种方式使碎片离子漂移的路径加长，这类仪器可以实现小型化。

5.离子回旋共振分析器

在高真空（$10^{-7}Pa$）的状态下，离子在超导磁场中做回旋运动，运行轨道随着共振交变电场而改变。当交变电场的频率和离子回旋频率相同时，离子被稳定加速，轨道半径越来越大，动能不断增加。关闭交变电场，轨道上的离子在电极上产生交变的相电流，利用计算机进行傅里叶变换，将相电流信号转换为频谱信号获得质谱。

待测化合物的离子化和质量分析可以在同一分析器内完成。离子回旋共振分析器（ICR）的质量分析上限大于10^4Da，分辨率高达10^6，质荷比测定精确到1‰，可以进行多级质谱（MS^n）分析。

6.串联质谱

串联质谱（MS-MS）是时间上或空间上两级以上质量分析器的结合，测定第一级质量分析器中的前体离子（precursor ion）与第二级质量分析器中的产物离子（product ion）之间的质量关系，多级质谱实验常以MS^n表示。

（1）产物离子扫描（product ion scan） 在第一级质量分析器中，选择某质荷比（m/z）的离子作为前体离子，测定该离子在第二级质量分析器中，一定的质量范围内，所有的碎片离子（产物离子）的质荷比的相对强度，获得该前体离子的质谱。

（2）前体离子扫描（precursor ion scan） 在第二级质量分析器中，选择某质荷比（m/z）的产物离子，测定第一级质量分析器中，一定的质量范围内，所有能产生该碎片离子的前体离子。

（3）中性丢失扫描（neutral-loss scan） 以恒定的质量差异在一定的质量范围内同时测定第一级、第二级质量分析器中的所有前体离子和产物离子，以发现能产生特定中性碎片（如CO_2）丢失的化合物或同系物。

（4）选择反应检测（selected-reaction monitoring，SRM） 选择第一级质量分析系统中

某前体离子（$(m/z)_1$），测定该离子在第二级质量分析器中的特定产物离子（$(m/z)_2$）的强度，以定量分析复杂混合物中低浓度待测化合物。

（5）多反应检测（multiple-reaction monitoring，MRM）是指同时检测两对及以上的前体离子-产物离子。

六、检测器

检测器由离子收集器、放大器构成。法拉第圆筒接收器是常用的离子收集器，其精确度高。电子倍增器、光电倍增管是常用的放大器，有较高的灵敏度。

七、计算机系统

由接口、计算机、软件构成。除了具有基本的数据采集、存储、处理、检索和仪器自动控制外，针对不同类型仪器还应具备自动校正、自动调谐、背景扣除、谱库比对、数据监控和审计追踪等功能。

八、仪器的准备

1.仪器的检定

参考《质谱分析方法通则》（GB/T 6041—2020）和《有机质谱仪检定规程》[JJG（教委）003—1996]。

2.一般规定

（1）样品分析前应确认仪器处于合适的环境条件并具备良好的性能，并检查确认离子源、检测器、记录仪及计算机数据系统工作正常，仪器真空度和所有供电已达到规定的要求。

（2）仪器运行的环境条件温度与湿度应符合仪器规定要求，温度应在20～30℃，相对湿度通常应小于70%，避免震动和阳光直接照射。工作环境中避免高浓度有机溶剂蒸气或腐蚀性气体。电源应符合规定，供电电源的电压及频率应稳定。应避免各种强磁场、高频电场的干扰。

3.仪器的校准

上述两个标准中规定了校准的项目和常用的标准物质和试剂及方法等。

📖 **目标自测**

答案

一、填空题

1.分子分离器的类型有_____，_____，_____，_____。

2.质谱仪与色谱仪通过_____连接可分析混合物。

二、选择题（单项）

1.质谱仪中的最核心部件是（　　　）。

A.电离源   B.检测器   C.真空泵   D.质量分析器

2.质谱仪的工作状态通常是在（　　　）。

A.高真空下　　　　B.常压下　　　　C.充入惰性气体　　D.一定压力下

3.质谱分辨率与哪项因素有关（　　　）。

A.电离源电压　　　B.检测器性能　　　C.所选分子质量　　D.分子稳定

4.应用扇形磁场质量分析器，当磁场恒定，加速电压逐渐增加时，哪种离子首先通过检测器（　　　）。

A.质荷比最高的正离子　　　　　　B.质荷比最低的正离子

C.质量最大的正离子　　　　　　　D.质量最小的正离子

5.分别以电子轰击和场电离作为离子源，得到的谱图的最大区别是（　　　）。

A.前者灵敏度更高　　　　　　　　B.前者分辨率更高

C.前者碎片峰更多　　　　　　　　D.前者碎片峰更少

6.在质谱仪器的性能指标中，用于评价相邻质荷比离子能否分开的指标是（　　　）。

A.灵敏度　　　　　B.分辨率　　　　C.质量范围　　　　D.精密度

7.下列质量分析器中，可以进行原位多级离子分析的是（　　　）。

A.飞行时间质量分析器　　　　　　B.四极杆质量分析器

C.扇形磁场质量分析器　　　　　　D.离子阱质量分析器

三、简答题

1.质谱仪由哪几个部分组成?

2.质谱仪为什么需要高真空?

3.简述质谱仪常用的离子源及其特点。

Q-3任务　质谱法的应用

学习目标

1.掌握质谱分析的特点。

2.熟悉质谱定性分析方法。

3.熟悉质谱定量分析方法。

质谱法能做什么? 质谱法是唯一能确定分子质量的方法；具有高的灵敏度和专属性；试样量少到微克级，检测限达10^{-12}mol/L。所以根据质谱图提供的信息可以进行多种有机物及无机物的定性和定量分析、复杂化合物的结构分析、样品中各种同位素比的测定及固体表面的结构和组成分析。但是具体应用情况与仪器配置，特别是离子源和质量分析器的配置有关。在进行供试品分析前，应对测定用单级质谱仪或串联质谱仪进行质量校正，可采用参比物质单独校正，或与被测物混合测定校正的方式。

一、定性分析

1.测定物质的分子量

使用高分辨质谱仪测定物质的质谱（以质荷比为横坐标，以离子的相对丰度为纵坐标），可以测定物质的准确分子量。

2.鉴别药物、杂质或非法添加物

（1）在相同的仪器及分析条件下，直接进样或流动注射进样，分别测定对照品和供试品的质谱。观察特定质荷比（m/z）处离子的存在，可以鉴别药物、杂质或非法添加物。

（2）产物离子扫描，可以用于极性的大分子化合物的鉴别。

（3）采用色谱-质谱联用仪或串联质谱仪，可以实现复杂供试品中待测成分的鉴定。质谱中不同质荷比离子的存在及其强度信息，反映了待测化合物的结构特征，结合串联质谱分析结果可以推测或者确定待测化合物的分子结构。

（4）当采用电子轰击离子化时，可以通过比对待测化合物的质谱与标准谱库谱图的一致性，快速鉴定化合物。

（5）解析未知化合物的结构 常常需要综合应用各种质谱技术（确定分子离子峰、分子量、分子饱和度、同位素峰、碎片离子峰等），还要结合供试品的来源，必要时还应结合元素分析、光谱分析（如紫外光谱、红外光谱、核磁共振及X射线衍射等）的结果互相印证，综合判断，确定未知化合物的结构。

二、定量分析

采用选择离子检测（selected-ion monitoring，SIM）或选择反应检测或多反应检测，用外标法或内标法定量。内标化合物可以是结构类似物，或其稳定同位素（^2H、^{13}C、^{15}N）标记物。

1.限量法检查杂质

分别配制一定浓度的供试品及杂质对照品溶液，采用色谱-质谱联用分析。若供试品溶液的特征m/z离子处的响应值（或响应值之和）小于杂质对照品在相同特征m/z的响应值（或响应值之和），则供试品所含杂质符合要求。

2.分析复杂样品中的有毒有害物质、非法添加物、微量药物及其代谢物

这类分析通常采用色谱-质谱串联方法，分析过程如图Q-3-1。通过色谱的分离特性使混合物分离后各组分依次进入质谱仪定性定量分析。具体采用标准曲线法（外标法）分析较多。

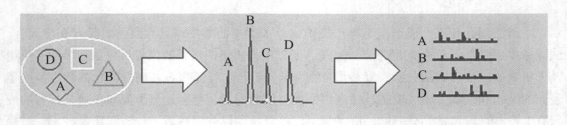

图Q-3-1　色谱-质谱串联分析过程示意

通过测定相同体积的系列标准溶液在特征 m/z 离子处的响应值，获得标准曲线及回归方程，按规定制备供试品溶液，测定其在特征 m/z 离子处的响应值，代入标准曲线或回归方程计算，得到待测物的浓度。

内标校正的标准曲线法是将等量的内标加入系列标准溶液中，测定待测物与内标物在各自特征 m/z 离子处的响应值。以响应值的比值为纵坐标，待测物浓度为横坐标绘制标准曲线，计算回归方程。使用稳定同位素标记物作内标时，可以获得更好的分析精密度和准确度。

目标自测

谱图解析题

1.下图是哪种类型的有机化合物的质谱图？给出可能结构。

答案

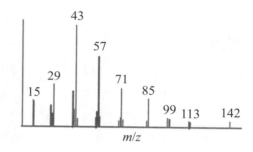

2.红外分析知某化合物为酮类化合物，质谱分析所得质谱图如下所示，推断该化合物的结构式。

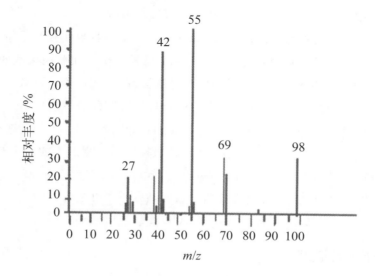

项目R　色谱－质谱联用技术

R-1任务　气相色谱－质谱联用基础知识

🌐 学习目标

1. 掌握气相色谱－质谱联用法原理。
2. 掌握气相色谱－质谱联用仪器的主要组成部件。
3. 熟悉气相色谱－质谱分析步骤。

一、气相色谱－质谱联用法

气相色谱-质谱联用法（简称气-质联用，GC-MS）将高效的气相色谱分离技术与能够提供丰富结构信息和专属性定量结果的质谱技术相结合，广泛应用于易挥发的或经衍生化处理后易挥发的有机物分析。站在气相色谱法的角度，质谱仪作为气相色谱仪的检测器；站在质谱仪的角度，气相色谱仪是质谱仪的进样系统。气-质联用是分析仪器中较早实现联用技术的仪器。

自1975年霍姆斯（J. C. Holmes）和莫雷尔（F. A. Morrell）首次实现气相色谱和质谱联用，至今得到快速发展且应用广泛。目前很多有机物分析实验室几乎都把装配GC-MS仪作为主要的定性确认手段之一，很多情况下也用气-质联用进行定量分析。GC-MS法与LC-MS法互补，已成为药物研究、生产、临床检测的重要技术手段。

GC-MS仪器的分类有多种方法，按照操作形式有台式气质联用仪和手持式联用仪分类；又可以按照仪器的性能，粗略地分为高档、中档、低档三类气质联用仪或研究级和常规检测级两类。按照质谱技术GC-MS通常是指四极杆质谱或磁质谱，GC-ITMS通常是指气相色谱-离子阱质谱，GC-TOFMS是指气相色谱-飞行时间质谱等。按照质谱仪的分辨率，又可以分为高分辨（通常分辨率高于5000）、中分辨（通常分辨率在1000～5000之间）、低分辨（通常分辨率低于1000）气质联用仪。小型台式四极杆质谱检测器（MSD）的质量范围一般低于1000。四极杆质谱由于其本身固有的限制，一般GC-MS分辨率在2000以下。市场占有率较大的、与气相色谱联用的高分辨磁质谱一般最高分辨率可达60000以上。与气相色谱联用的飞行时间质谱（TOFMS），其分辨率可达5000左右。

二、仪器组成及原理

GC-MS联用仪由气相色谱、接口、离子源、质量分析器、离子检测器、计算机系统和真空系统等主要部件组成，图R-1-1为主要组成部件框图。

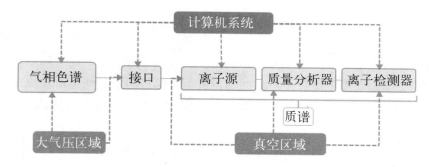

图 R-1-1　气相色谱-质谱联用仪主要组成部件框图

GC-MS联用仪器的基本原理是气相色谱仪在大气压下分离待测样品中的各组分；接口把气相色谱流出的各组分导入处于真空状态的质谱仪，起着气相色谱和质谱之间适配器的作用；质谱作为气相色谱的检测器，将分离后的各组分离子化→质量分析→离子检测；计算机系统是GC-MS的中央控制单元，控制气相色谱、接口和质谱仪各部件，并采集和处理实验数据。

1. 进样方式

常采用直接进样或色谱分离后进样方式。

（1）直接进样　微量注射器将少量的待测化合物溶液经接口导入质谱仪分析。

（2）分离后进样　经气相色谱分离后的不同组分，部分或全部经接口导入质谱仪。

2. 接口

GC-MS联用仪的接口是解决气相色谱和质谱联用的关键组件。质谱离子源的真空度在10^{-3}Pa，而GC色谱柱出口压力高达10^{5}Pa，接口的作用就是要使两者压力匹配，理想的接口是既能除去全部载气，又能把待测化合物从气相色谱仪传到质谱仪。目前常用的各种GC-MS接口主要有直接导入型、开口分流型和喷射式分离器等。

直接导入型接口（interface of direct coupling）灵敏度高、传输率100%，广泛应用于毛细管气相色谱-质谱联用。其工作原理示意如图R-1-2。

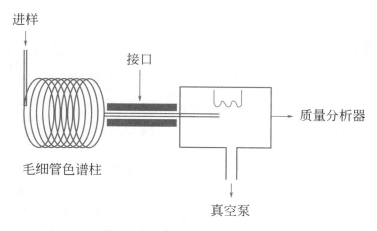

图 R-1-2　直接导入型接口示意

待测组分与载气（氦气）一起从内径为 0.25 ～ 0.32mm 的毛细管气相色谱柱内流出，通过一根金属毛细管（长约 50cm，内径 0.5mm）直接引入质谱仪的离子源。载气为惰性气体，不发生电离，被真空泵抽走，而待测组分被电离，形成各种离子，进一步质谱分析。接口的实际作用是支撑插入端毛细管，使其准确定位，以保持温度，使色谱柱流出物不发生冷凝。具有低流速的毛细管气相色谱柱很容易与现代质谱仪 1 ～ 2mL/min 的速度相匹配。

3. 离子源

气相色谱-质谱联用仪中最常用的离子化方法为电子轰击离子化（EI）和化学离子化（CI）。

电子轰击离子化属硬离子化方式，不适用于难挥发的、热不稳定的化合物的分析。电子轰击离子化产生的质谱，包含了分子离子以及碎片离子的信息，即待测化合物的结构信息，重现性较好，对碎片离子的裂解规律研究已较深入，已有数十万种有机化合物的 EI 谱被收集，建立标准谱图库以供检索，如目前比较常用的通用质谱谱库 NIST/EPA/NIH Mass Spectral Library、Wiley Registry of Mass Spectral Data 等。

化学离子化属软离子化方式，通常得到准分子离子。相对于电子轰击离子化，质谱中碎片离子较少，适宜于热不稳定化合物的分析。化学离子化常采用正化学电离（PCI）源、负化学电离（NCI）源。对于含硝基、卤素原子或通过化学衍生化引入硝基、卤素原子的待测物来说，采用负化学电离测定，可以使检测灵敏度提高 100 ～ 1000 倍。

4. 质量分析器

与高效液相色谱-质谱联用仪相同，质量分析器是质谱仪的核心，它将离子源产生的离子按其质荷比的不同进行分离。目前，与气相色谱仪联用最多的质量分析器是四极杆质谱仪、离子阱质谱仪、飞行时间质谱仪。根据分析对象的复杂程度和检测要求，还可以采用串联质谱仪作为气相色谱的检测器。有关质量分析器的详述请参阅 Q-2 任务中"五、质量分析器"部分内容，本节不再赘述。

5. 离子检测器

参阅 Q-2 任务中"六、检测器"部分的介绍。

6. 真空系统

参阅 Q-2 任务中"二、真空系统"部分的介绍。

三、仪器检定

参考中华人民共和国标准《气相色谱-单四极质谱仪性能测定方法》（GB/T 32264—2015）和国家教育委员会《有机质谱仪检定规程》进行检定［JJG（教委）　003—1996］。

四、操作及注意事项

用 GC-MS 分析的关键是设置合适的分析条件。使各组分能够得到满意的分离，得到好的分离色谱图和质谱图，才能得到满意的定性和定量分析结果。在分析样品之前应尽量了解样品的情况，比如样品组分的多少、沸点范围、分子量范围、化合物类型等。这些是选择分析条件的基础。有关 GC-MS 分析中要设置的色谱条件与普通的气相色谱相同，但是要注意二者对条件要求的差异性，特别是色谱柱。

质谱条件的选择包括扫描范围、扫描速度、灯丝电流、电子能量、光电倍增器电压等。扫描范围就是可以选择分析器的离子的质荷比范围，该值的设定取决于欲分析化合物的分子量，应该使化合物所有的离子都出现在设定的扫描范围之内。扫描速度视色谱峰宽而定，一个色谱峰出峰时间内最好能有 7～8 次质谱扫描，这样得到的重建离子流色谱图比较圆滑，一般扫描速度可设为 0.5～2s 扫一个完整质谱即可。灯丝电流一般设置为 0.20～0.25mA。灯丝电流小，仪器灵敏度太低；电流太大，则会降低灯丝寿命。电子能量一般为 70eV，标准质谱图都是在 70eV 下得到的。

改变电子能量会影响质谱中各种离子间的相对强度。如果质谱中没有分子离子峰或分子离子峰很弱，为了得到分子离子，可以降低电子能量到 15eV 左右。此时分子离子峰的强度会增强，但仪器灵敏度会大大降低，而且得到的不再是标准质谱。光电倍增器电压与灵敏度有直接关系。在仪器灵敏度能够满足要求的情况下，应使用较低的光电倍增器电压，以保护倍增器，延长其使用寿命。

GC-MS 分组的主要信息有三个：样品的总离子流色谱图或重建离子色谱图；样品中每一个组分的质谱图；每个质谱图的检索结果。此外，还可以得到质量色谱图、三维色谱质谱图等。对于高分辨率质谱仪，还可以得到化合物的精确分子量和化学式。

（1）总离子流色谱图　色谱-质谱法测得的各种质荷比的离子总数及其随时间变化的曲线。随时间变化的总离子流色谱图是由一个个质谱得到的，所以它包含了样品所有组分的质谱。它的外形和由一般色谱仪得到的色谱图是一样的。只要所用色谱柱相同，样品出峰顺序就相同，其差别在于，重建离子色谱所用的检测器是质谱仪，而一般气相色谱仪所用检测器是氢火焰离子化检测器和热导池检测器等。两种色谱图中各成分的校正因子不同。

（2）质谱图　由总离子流色谱图可以得到任何一个组分的质谱图。一般情况下，为了提高信噪比，通常由色谱峰峰顶处得到相应质谱图。但如果两个色谱峰有相互干扰，应尽量选择不发生干扰的位置得到质谱图，或通过扣本底消除其他组分的影响。

（3）质量色谱图　总离子流色谱图是将每个质谱的所有离子加合得到的色谱图。同样，由质谱中任何一个质量的离子也可以得到色谱图，即质量色谱图。由于质量色谱图是由一个质量的离子得到的，因此，其质谱中不存在这种离子的化合物，也就不会出现色谱峰，一个样品只有几个甚至一个化合物出峰。利用这一特点可以识别具有某种特征的化合物，也可以通过选择不同质量的离子做离子质量色谱图，使正常色谱不能分开的两个峰实现分离，以便进行定量分析，操作及注意事项见表 R-1-1。

表 R-1-1　GC-MS 操作及注意事项

序号	操作技能点	操作及注意事项
1	载气、色谱柱	应选用高纯氦气作为载气 鉴于质谱仪属精密的痕量分析仪器，为避免污染，GC-MS 联用前需确定所用毛细管色谱柱应为 MS 专用柱

序号	操作技能点	操作及注意事项
1	载气、色谱柱	GC-FID中使用的毛细管柱，特别是极性毛细管柱和大口径毛细管柱，不能随意在GC-MS中使用 已建立的GC-FID方法用于GC-MS分析时，应再进行预实验，防止由于载气的不同而造成色谱峰保留时间的差异
2	样品的准备	为防止质谱仪被污染，供试样品应采用非水溶剂溶解，浓度一般控制在ppb级，未知样品的浓度应遵循宁稀勿浓、由低到高的原则，经预试验后确定。比较复杂的混合物样品一般不宜直接进样
3	离子源准备	根据待测化合物的热稳定性、挥发度、极性及分子量大小等性质，选择适宜的离子源，并在开机前完成离子源的安装
4	流速的选择	根据待测样品的不同，选择适宜的气相色谱流速及一定的分流比（20～500）。通常，直接导入型接口适宜的柱后载气流量为1～2mL/min。当毛细管色谱柱出口的流速较大时，可采用开口分流型接口（open-split interface）代替直接导入型接口，将各待测组分引入质谱仪的离子源 因填充柱的流速大，分流比要求高，造成灵敏度偏低，故开口分流型接口不适用于填充柱
5	开机	气质联用仪工作温度应维持在15～25℃，相对湿度应小于70% 首先打开稳压电源，检查输出电压在220V±10V，频率50Hz，稳定15min，同时检查碰撞气及载气出口压力应符合规定值 再按照仪器的使用要求，启动计算机、气相色谱、质谱仪。注意质谱仪应先抽真空至仪器真空度达到要求后方能够进行测定。为确保质谱真空系统良好的工作状态，真空泵泵油以及涡轮分子泵油芯需定期更换
6	校准质量数	仪器稳定后，质谱仪采集质量校准用标准物质的质谱图，检查仪器质量数标定的可靠性［参照计量规程规范《气相色谱-质谱联用仪校准规范》（JJF 1164—2018）］
7	设置分析条件	色谱条件的确定：根据样品情况，选择合适的色谱柱及载气速度。优化气相色谱条件，实现混合样品的良好分离 质谱条件的确定：根据样品性质，选择适宜的接口、离子源及离子化参数以及质谱分析条件。将确定的色谱条件及质谱条件储存为计算机文件
8	定性分析	单级质谱分析通过选择合适的Scan参数来测定待测物的质谱图。串联质谱分析则选择化合物的分子离子峰，通过优化质谱参数，进行二级或多级质谱扫描，获得待测物的质谱 高分辨质谱可以通过准确质量测定获得分子离子的元素组成，低分辨质谱信息结合待测化合物的其他分子结构的信息，可以推测出未知待测物的分子结构
9	定量分析	采用选择离子检测（SIM）或选择反应检测（SRM）、多反应监测（MRM）等方式，通过测定某一特定离子或多个离子的丰度，并与已知标准物质的响应比较，质谱法可以实现高专属性、高灵敏度的定量分析

续表

序号	操作技能点	操作及注意事项
9	定量分析	外标法和内标法是质谱常用的定量方法，内标法具有更高的准确度。质谱法所用的内标化合物可以是待测化合物的结构类似物或稳定同位素标记物
10	仪器维护	气相色谱-质谱仪使用完毕，应断开色谱、质谱的连接部分；按照气相色谱的维护要求，将各部分温度降至室温后关闭电源。质谱仪置于待机状态、备用；如需关机，应按照相应仪器规定的程序进行
11	分析报告	结果报告：完成GC-MS分析后，按要求提供待测样品的不同色谱图、质谱图、定性分析及定量分析数据

 目标自测

答案

一、选择题（单项）

1. GC-MS的标准谱库的谱图是在标准电离条件下获得的化合物质谱图，标准电离条件是指（　　　）。

A. EI 70eV　　　　　　B. CI 70eV　　　　　　C. EI 60eV　　　　　　D. CI 60eV

2. 毛细管柱气相色谱-质谱法测定水中有机氯农药时，质谱定量扫描方式为（　　　）。

A. 全扫描　　　　　B. 选择离子　　　　　C. 以上两者都有　　　　D. 连续扫描

3. 调谐报告中，发现电子倍增管电压（EMV）变高，说明可能是以下哪种情况？（　　　）

A. 漏气　　　　　B. 质量轴不正确　　　　　C. 离子源脏　　　　　D. 进样口堵塞

4. 下列离子源属于硬电离源的是（　　　）。

A. 电子轰击源　　　B. 大气压化学电离源　　C. 电喷雾源　　　　D. 化学电离源

二、简答题

1. GC-MS联用系统一般由哪几个部分组成？

2. GC-MS联用仪接口的实际作用是什么？

R-2任务　液相色谱-质谱联用基础知识

学习目标

1. 掌握液相色谱-质谱联用法原理。

2. 掌握液相色谱-质谱联用仪的主要组成部件。

3. 熟悉液相色谱-质谱分析步骤。

一、液相色谱－质谱联用法

液相色谱-质谱联用法（简称液-质联用，LC-MS），将高分离能力、使用范围极广的液相色谱分离技术与高灵敏、高专属的具有定性及定量功能的质谱技术实现在线相连的一种分析技术。已成为一种强有力、多用途的定性、定量分析工具。

目前，液相色谱-质谱联用法在药学领域主要应用于：药物（包括生物大分子）结构信息的获取、分子质量的确定；药物质量控制（尤其是药物杂质、异构体、抗生素组分的分析，药物稳定性及降解产物研究）；药物的体内过程分析、药物代谢产物研究、临床血药浓度检测；代谢组学、高通量药物筛选研究等。

二、仪器组成及原理

液相色谱-质谱联用仪由液相色谱、接口装置、质谱、数据处理系统组成。现在常用的仪器主要组成部件有液相色谱（进样系统）、色谱-质量接口装置（离子源和真空接口）、质量分析器、离子检测器、计算机系统和真空装置等。图R-2-1是仪器主要组成框架结构示意图。

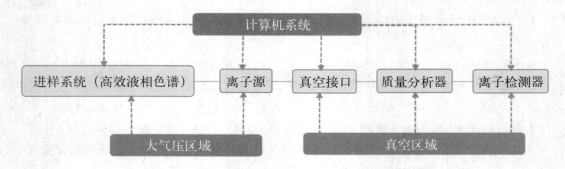

图 R-2-1　液相色谱-质谱联用仪主要组成框架结构示意

其原理是利用试样各组分在色谱柱中的流动相和固定相中的分配系数和吸附系数不同，由流动相把试样带入色谱柱中进行分离后，经接口装置，在离子源中生成各种气态正离子（或负离子），这些离子经真空接口进入质量分析器，按质荷比（m/z）分离后，被离子检测器检测，检测信号经转换、计算机系统处理后，获得依质量顺序排列的质谱图；若待测样品经色谱分离后，被部分或全部地依次引入离子源时，将获得该待测样品的色谱图。通过对质谱图处理，可以得到样品的定性、定量分析结果。

（一）进样系统

1.进样方式

常采用直接进样或色谱分离后进样方式。

（1）直接选样　待测化合物溶液受一定流速的高效液相色谱流动相的驱动，或在流动注射泵的作用下，进入离子源离子化后，进行质量分析。

（2）分离后进样　经高效液相色谱柱分离后的不同组分，部分或全部导入离子源，离子化后，进行质量分析。

2.系统要求

进样系统应密封性好，死体积小，重复性好，保证中心进样，进样时对色谱系统的压力、流量影响小，所以，常用自动进样。经分离进样要求色谱柱柱效高，选择性好，分析速度快，死体积小。

（二）大气压离子化接口（离子源）

液相色谱与质谱联机的关键得益于接口技术的成熟与发展。目前商品化LC-MS仪中主要的接口装置是大气压电离源（API）。其包括电喷雾离子源（ESI）、大气压化学离子源（APCI）和大气压光电离子源（APPI）等。ESI可在1μL/min～1mL/min流速下进行，适合极性化合物和分子质量高达100000Da的生物大分子研究，是液相色谱-质谱联用、高效毛细管电泳-质谱联用最成功的接口技术。大气压化学离子源能够在流速高达2mL/min下进行，是液相色谱-质谱联用的重要接口之一。商业化的设计中，ESI源与APCI常共用一个真空接口，很容易相互更换，选择电喷雾离子源还是大气压化学离子源，不仅要考虑溶液（如液相色谱流动相）的性质、组成和流速，待测化合物的化学性质也至关重要。

1.电喷雾离子源（ESI）

ESI适用于强极性化合物的分析，相比于APCI更适合于热不稳定的样品。包括碱性化合物，很容易加合质子形成（M+H）$^+$；酸性化合物则容易丢失质子形成（M–H）$^-$。使用过程中应注意以下几点。

（1）ESI适用于反相色谱 如果特别需要使用ESI作正相LC-MS分析，可以采用在色谱柱后添加适当的溶剂来实现。

（2）纯水或纯有机溶剂作为流动相不利于去溶剂或形成离子 在高流速情况下，流动相含有少量水或至少20%～30%的有机溶剂有助于获得较高的分析灵敏度，其他适用的溶剂还包括四氢呋喃、丙酮、分子较大的醇类（如异丙醇、丁醇）、二氯甲烷、二氯甲烷-甲醇混合物、二甲亚砜及二甲基甲酰胺，但需注意二氯甲烷、二甲亚砜及二甲基甲酰胺等有机溶剂对PEEK管道的作用。

（3）慎用四氢呋喃 因其易燃，且对许多有机物有良好的溶解性（能溶解除聚乙烯、聚丙烯及氟树脂以外的所有有机化合物，特别是对聚氯乙烯、聚偏氯乙烯等）。

（4）不适用溶液 烃类（如正己烷）、芳香族化合物（如苯）以及四氯化碳等溶剂不适合ESI。

（5）缓冲盐和添加剂使用注意事项 硫酸盐和磷酸盐应避免在LC-MS分析中使用，因为难以完全兼容含不挥发性缓冲盐和添加剂的流动相；挥发性酸、碱、缓冲盐，如甲酸、乙酸、氨水、乙酸铵、甲酸铵等，常常用于LC-MS分析，但是缓冲盐或添加剂的量都有一定的限制，如甲酸、乙酸、氨水的浓度应控制在0.01%～1%（体积分数）之间；乙酸铵、甲酸铵的浓度最好保持在20mmol/L以下；强离子对试剂三氟乙酸会降低ESI信号，若流动相中含有0.1%（体积分数），可以通过柱后加入含50%丙酸的异丙醇溶液来提高分析灵敏度。

（6）虽然在通常情况下有必要除去多余的Na$^+$、K$^+$，但ESI偶尔也需要加入一些阳离子以帮助待测物生成$(M+Na)^+$、$(M+K)^+$等加合离子，浓度为$10 \sim 50\mu mol/L$的钠、钾溶液是常用的添加剂。

2.大气压化学离子源（APCI）

适用于中等极性化合物的分析，APCI常用于分析分子质量小于1500Da的小分子或非极性、弱极性化合物（如甾族化合物类固醇、雌激素等），主要产生的是单电荷离子，易与正相液相色谱联用。

许多中性化合物同时适合于电喷雾离子源及大气压化学离子源，且均具有相当高的灵敏度，无论是电喷雾离子源还是大气压化学离子源，选择正离子或负离子电离模式，主要取决于待测化合物自身性质。离子源的性能决定了离子化效率，因此很大程度上决定了质谱检测的灵敏度。

（三）质量分析器

在高真空状态下，质量分析器将离子按质荷比分离。根据作用原理不同，常用的质量分析器有扇形磁场分析器、四极杆分析器、离子阱分析器、飞行时间分析器和傅里叶变换分析器（又称傅里叶变换-离子回旋共振分析器、FT-ICR或FT-MS）。四极杆分析器具有扫描速度快、对真空度要求低的特点，是色谱-质谱联用中使用最为广泛的质量分析器。采用扫描（Scan）、选择离子检测（SIM）等方式，单级四极杆分析器可以获得待测物的定性和定量结果，因而广泛应用于制药工业，尤其是新药开发领域。离子阱分析器因其体积小巧、造价低廉，同时又具有多级MS的功能而广泛应用于LC-MS仪及GC-MS仪。有关质量分析器的详情请参阅Q-2任务中"五、质量分析器"。

（四）离子检测器

通常为光电倍增器或电子倍增器。电子倍增器（又称转换拿极）首先将离子流转化为电流，再将信号多级放大后转化为数字信号，计算机处理，获得质谱图。

（五）真空系统

离子的质量分析必须在高真空状态下进行。质谱仪的真空系统一般为机械泵和涡轮分子泵组合构成差分抽气高真空系统，真空度必须达到$10^{-6} \sim 10^{-3}Pa$，即$10^{-8} \sim 10^{-5}mmHg$。有关真空系统的详情请参阅Q-2任务中"二、真空系统"。

（六）计算机系统

计算机系统用于控制仪器，记录、处理并储存数据。当配有标准谱库软件时，计算机系统可以将测得的化合物质谱与标准谱库中图谱比较，进而可以获得相应化合物可能的分子组成和结构的信息。数据处理采用Scan方式，色谱-质谱联用分析可以获得不同组分的质谱图。以色谱保留时间为横坐标，以各时间点测得的总离子强度为纵坐标，可以测得待测混合物的总离子流色谱图（TIC）。当固定检测某离子的质荷比，对整个色谱流出物进行选择性检测时，将得到选择离子检测色谱图（SIMC）。

三、仪器检定

参考中华人民共和国标准《液相色谱飞行时间质谱联用仪性能测定方法》（GB/T 37849—2019）、《液相色谱-串联四极质谱仪性能的测定方法》（GB/T 35410—2017）、国家教育委员会《有机质谱仪检定规程》[JJG（教委）003—1996]、中华人民共和国国家标准化指导性技术文件《液相色谱-质谱联用分析方法通则》（GB/T 35959—2018）进行检定。

四、液相色谱-质谱联用操作及注意事项

序号	操作技能点	操作及注意事项
1	流动相准备	色谱流动相应避免使用非挥发性添加剂、无机酸、金属碱、盐及表面活性剂等试剂，一般选择色谱纯级甲醇、乙腈、异丙醇。水应充分除盐，如超纯水或多次石英器皿重蒸水 流动相的添加剂，如甲酸铵、乙酸铵、甲酸、乙酸、氨水、碳酸氢铵，应选择分析纯级以上的试剂，慎用三氟乙酸 挥发性酸、碱的浓度应控制在0.01%～1%（体积分数），盐的浓度最好保持在20mmol/L以下
2	样品的准备	所有样品必须过滤，盐浓度高的样品应预先进行脱盐处理 未知样品分析时应遵循浓度宁稀勿浓、由低到高的规律（高浓度和离子化能力很强的样品容易在管道残留形成污染，难以消除） 采用直接进样方式时，样品溶液的浓度一般不宜高于20μg/mL，若浓度高于100μg/mL时信号值仍偏小，应考虑所用条件、参数、离子检测模式等是否合适，仪器状态是否正常等 混合物样品一般不宜采用直接进样方式分析
3	离子源准备	根据待测样品的性质选择合适的离子源检测离子的极性和模式及参数。在开机前完成离子源的更换和安装
4	流速的选择	应根据离子化方式的不同，选择导入离子源的液体流速，并采用恰当的接口参数辅助流动相挥发，减少对质谱的污染，提高检测灵敏度。尽管电喷雾离子化可在1μL/min～1mL/min流速下进行，大气压化学离子源容许的流速可达2mL/min，常规ESI分析的适宜流速为0.1～0.3mL/min，APCI为0.2～1.0mL/min。当色谱分离因采用常规柱而使用较大的流动相流速时，需在色谱柱后对洗脱液分流，仅将一定比例的液体引入离子源分析
5	气体的要求	碰撞气应为惰性气体（如氩气），氮气主要作为雾化气
6	开机	液质联用仪工作温度一般应维持在15～25℃，相对湿度小于70% 打开稳压电源，检查输出电压在220V±10V，频率50Hz，稳定15min，同时检查碰撞气及氮气出口压力，应符合规定值
7	校准质量数	仪器稳定后，质谱仪采集质量校准用标准物质的质谱图，检查仪器质量数标定的可靠性（参照计量规程规范《液相色谱-质谱联用仪校准规范》（JJF 1317—2011）
8	设置仪器条件	色谱条件的确定 根据样品情况，选择合适的色谱柱。确定正相或反相的流动相体系、梯度洗脱条件及洗脱速度。优化液相色谱条件，实现混合样品的良好分离

续表

序号	操作技能点	操作及注意事项
8	设置仪器条件	质谱条件的确定根据样品性质，选择适宜的离子源及离子化参数以及质谱分析条件 将确定的色谱条件及质谱条件储存为计算机文件
9	定性分析	单级质谱分析通过选择合适的Scan参数来测定待测物的质谱图。串联质谱分析则选择化合物的准分子离子峰，通过优化质谱参数，进行二级或多级质谱扫描，获得待测物的质谱。高分辨质谱可以通过准确质量测定获得分子离子的元素组成，低分辨质谱信息结合待测化合物的其他分子结构的信息，可以推测出未知待测物的分子结构
10	定量分析	定量分析采用选择离子检测（SIM）或选择反应检测（SRM）、多反应监测（MRM）等方式，通过测定某一特定离子或多个离子的丰度，并与已知标准物质的响应比较，质谱法可以实现高专属性、高灵敏度的定量分析。外标法和内标法是质谱常用的定量方法，内标法具有更高的准确度。质谱法所用的内标化合物可以是待测化合物的结构类似物或稳定同位素标记物
11	仪器维护	液相色谱-质谱仪使用完毕，应断开色谱、质谱的连接部分，按照液相色谱的维护要求，清洗色谱体系，使色谱柱保存在适宜的介质（如甲醇：水=7：3）中。离子源的清洁注意不要引入外来污染，如使用了注射泵，应对注射器及管路进行清理，质谱仪通常置于待机状态，备用，如需关机，应按照仪器规定的程序进行
12	分析报告	完成LC-MS分析后，除按要求提供待测样品的不同色谱图、质谱图、定性分析及定量分析数据外，还应记录以下项目：①分析日期、时间、温度；②仪器厂商及型号；③样品名称、来源、溶剂、浓度及进样量；④液相色谱柱参数、流动相组成及液相色谱操作参数；⑤接口及质谱操作参数；⑥操作人员签名

 目标自测

简答题

答案

1. LC-MS联用仪大都使用大气压电离源作为接口装置和离子源，大气压电离源有大气压电喷雾电离源（APESI）和大气压化学电离源（APCI）两种。APESI和APCI分别适用于什么物质的电离？

2. 液相色谱法与液相色谱-质谱法联用所用的流动相有哪些不同？

3. 液相色谱-质谱联用法在分析药物杂质及非法添加物中的优势是什么？

4. 液相色谱-质谱联用仪一般由哪几个部分组成？

5. 常用的质量分析器主要有哪些类型？

R-3实训　测定化妆品中禁用物质甲硝唑

 学习目标

1. 能正确解读质量标准。
2. 熟悉液相色谱-质谱联用实验应控制的条件。
3. 能确定采集哪些数据。
4. 能正确处理数据并得出结论。
5. 训练分析问题能力及检测行业思维。

一、任务内容

（一）实验样液的配制

1. 供试品溶液的配制

称取1.0g（精确至0.01g）试样于10mL刻度离心管中，加入0.5%甲酸-甲醇溶液约8mL，旋涡摇匀，超声波提取10min，冷却至室温后加0.5%甲酸-甲醇溶液定容至刻度。将部分溶液放入离心管，于4℃、8000r/min离心10min。对类脂含量较高的样品置于-10℃冰箱中放置1h，使类脂凝聚。然后，取清液微孔滤膜过滤后进样测定，按照外标法进行定量计算。

2. 空白溶液的配制

以溶剂代替样品，同样品按相同步骤处理即得。

3. 标准工作曲线的制作

用空白样品基质提取液为溶剂，将甲硝唑标准储备溶液逐级稀释，得到浓度分别为1.0ng/mL、10.0ng/mL、50.0ng/mL、100.0ng/mL、200.0ng/mL的标准工作溶液，浓度由低到高进样检测，以定量离子峰的峰面积为纵坐标，与其对应的浓度为横坐标作图，绘制标准工作曲线。

（二）测定条件

（1）液相色谱操作条件

① 色谱柱：C_{18}柱，100mm×2.1mm（i.d.），1.7μm，或性能相当者。

② 流动相：乙腈（A）、水-0.5%甲酸（B），A∶B=15∶85等梯度洗脱。

③ 流速：0.2mL/min。

④ 柱温：40℃。

⑤ 进样体积：2μL。

（2）质谱测定参考条件

① 电离方式：电喷雾电离，正离子。

② 毛细管电压：3.0kV。

③ 离子源温度：110℃。

④ 脱溶剂气温度：450℃。

⑤ 脱溶剂气（N_2）流量：500L/h。

⑥ 锥孔气（N_2）流量：500L/h。

⑦ 六极杆透镜电压：0.1V。

⑧ 碰撞室压力：3.5×10^{-3}MPa。

⑨ 扫描模式：多反应监测。

⑩ 甲硝唑保留时间、定性离子对、定量离子对、锥孔电压、碰撞能量参见表R-3-1。

表 R-3-1　甲硝唑保留时间、定性离子对、定量离子对、锥孔电压、碰撞能量

名称	保留时间/min	定性离子对（m/z）	定量离子对（m/z）	锥孔电压/V	碰撞能量/eV
甲硝唑	1.79	172＞128	172＞128	25	15
		172＞82			25

（三）测定方法

1.定性测定

将空白添加标准溶液和待测样品在实验条件下进行测定，若样品与基质标准溶液质量色谱图中甲硝唑的保留时间一致，且定性离子对的相对丰度偏差符合表R-3-2的规定，则可判定样品中存在甲硝唑。

表 R-3-2　定性测定时相对离子丰度的最大允许偏差

相对离子丰度	＞50%	＞20%～50%	＞10%～20%	＜10%
允许的相对偏差	±20%	±25%	±30%	±50%

2.定量测定

将标准曲线和待测样品在实验条件下进行测定，在满足定性的条件下，按外标法计算含量。

二、任务解析

本实验原理为样品中的甲硝唑经溶剂提取后，经液相色谱分离，用带有电喷雾离子源的三重四极杆质谱检测正离子模式下检测，外标法定量。

1.试剂与试液的准备

（1）乙腈（色谱纯）。

（2）甲醇（色谱纯）。

（3）甲酸（色谱纯）。

（4）甲硝唑标准品　纯度不小于99%。

（5）甲硝唑标准储备溶液（100μg/mL）　称取10.0mg标样于100mL容量瓶中，用甲醇溶解并定容至刻度。4℃避光储存。

（6）微孔滤膜　有机相，孔径0.2μm。

（7）0.5%甲酸溶液　量取1mL甲酸，用水定容至200mL，即得0.5%甲酸溶液。

（8）0.5%甲酸-甲醇溶液　量取1mL甲酸，用甲醇定容至200mL，即得0.5%甲酸-甲醇溶液。

2.仪器和设备

（1）高效液相色谱-质谱联用仪　具电喷雾离子源和三重四极杆质量分析器。

（2）分析天平　感量0.1mg和0.01mg。

（3）涡旋混合器。

（4）低温高速离心机　制冷温度4℃，转速至少8000r/min。

（5）冰箱　制冷温度至少-10℃。

3.甲硝唑的标准溶液选择性离子流图

见图R-3-1。

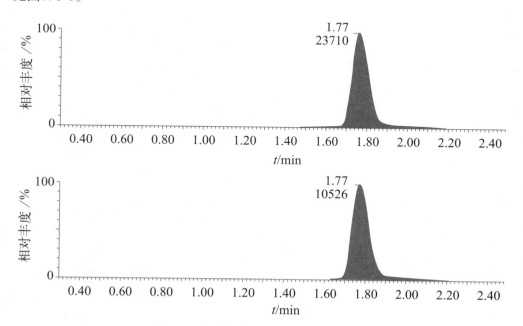

图R-3-1　甲硝唑标准溶液选择性离子流图

4.注意事项

（1）空白试验　除不称取样品外，均按上述测定条件和步骤进行。

（2）试剂和材料　除非另有说明，所用试剂均为分析纯，水为GB/T 6682—2008规定的一级水。待测样液中待测物的响应值应在标准曲线线性范围内，超过线性范围的则应稀释后再进样分析。

三、拓展提高

1.分析该实训方法与高效液相色谱法的异同点。

2.质谱分析时应设置的条件有哪些？

参考文献

[1] 中国药典委员会. 中国药典 [M]. 北京：中国医药科技出版社，2020.

[2] 中国药典委员会. 中国药典分析检测技术指南 [M]. 北京：中国医药科技出版社，2017.

[3] 中国食品药品检验研究所. 中国药品检验标准操作规范（2019）[M]. 北京：中国医药科技出版社，2019.

[4] 严拯宇. 仪器分析 [M].2 版. 南京：东南大学出版社，2014.

[5] 张华.《现代有机破谱分析》学习指导与综合练习[M]. 北京：化学工业出版社，2007.

[6] 张丽. 化学分析与仪器分析习题集[M]. 北京：科学出版社，2018.

[7] 黄一石，吴朝华，杨小林. 仪器分析 [M]. 2 版. 北京：化学工业出版社，2009.

[8] 李发美. 分析化学 [M]. 6 版. 北京：人民卫生出版社，2007.

[9] 梁立东，陶子文. 化学的故事 [M]. 北京：化学工业出版社，2016.